全国高等院校计算机基础教育“十三五”规划教材

计算机应用基础教程（Windows 7+Office 2010）

吴晓霞　张袖斌　主　编

胡泳霞　刘　宁　李　君　副主编

中国铁道出版社有限公司
CHINA RAILWAY PUBLISHING HOUSE CO., LTD.

内容简介

本书以目前使用最为广泛的 Windows 7+Office 2010 为背景和实施环境，根据全国高等学校水平考试（CCT）“计算机应用”的考核内容和要求，以“章”-“节”-“点”为目录树结构的形式细分知识点。

本书共 6 章，内容包括计算机概述、Windows 7 操作系统、Word 2010 文字处理、Excel 2010 电子表格处理、PowerPoint 2010 演示文稿设计与制作、互联网应用。

本书提供丰富的教学资源满足课堂学习需求同时方便学生自主学习，可作为高等职业院校计算机应用基础课程的教学用书，也适合掌握计算机基本技能的人员使用。

图书在版编目（CIP）数据

计算机应用基础教程：Windows 7 + Office 2010/吴晓霞，张袖斌主编. —北京：中国铁道出版社，2018.3（2022.12重印）

全国高等院校计算机基础教育“十三五”规划教材

ISBN 978-7-113-24218-3

Ⅰ.①计… Ⅱ.①吴… ②张… Ⅲ.①Windows 操作系统-高等学校-教材②办公自动化-应用软件-高等学校-教材 Ⅳ.①TP316.7 ②TP317.1

中国版本图书馆 CIP 数据核字(2018)第 019357 号

书　　名：计算机应用基础教程（Windows 7 + Office 2010）

作　　者：吴晓霞　张袖斌

策　　划：韩从付　　**编辑部热线**：（010）51873202

责任编辑：刘丽丽　贾淑缓

封面设计：穆　丽

责任校对：张玉华

责任印制：樊启鹏

出版发行：中国铁道出版社有限公司（100054，北京市西城区右安门西街 8 号）

网　　址：http://www.tdpress.com/51eds/

印　　刷：三河市国英印务有限公司

版　　次：2018 年 3 月第 1 版　　2022 年12月第 9 次印刷

开　　本：787mm×1092 mm　1/16　**印张**：19.25　**字数**：465 千

书　　号：ISBN 978-7-113-24218-3

定　　价：52.00 元

PREFACE

前言

当今社会，计算机、互联网的应用已深入到人们的日常生活和学习工作中，运用计算机进行信息处理已成为人们必备的技能。掌握好计算机操作技能，能更好地适应社会、开阔视野、拓展自己的学习和工作空间，提高学习和工作效率，同时也成为当今大学生必须拥有的基本能力之一。

现代大学生不仅要掌握计算机的基本操作技能，还应该掌握“互联网+”环境下的互联网特有的文化、思维方式。因此，在高职教育校企合作、工学结合的背景下，如何构架计算机公共课程的培养方案，培养适应“互联网+”发展的高素质、高技能、应用型人才已经成为教学团队迫在眉睫的重要任务。为此，编者通过大量的社会调研和毕业生的反馈信息，对人才需求、岗位能力、知识模块进行了详细分析，并确定了高职高专计算机公共课程的培养目标与培养方案。

本书内容紧跟互联网时代步伐，使用最为广泛的 Windows 7 + Office 2010 为背景和实验环境，以理论加实际应用为主要目的，全书采用“基础知识+应用案例”的理念设计并组织书写。教材介绍了计算机技术的最新动态、Windows 7 操作系统和 Office 2010 办公软件的基本操作方法及部分高级应用技巧，其中包括大量具实用价值的内容。本书第 1 章为计算机概述，第 2 章为 Windows 7 操作系统，第 3 章为 Word 2010 文字处理，第 4 章为 Excel 2010 电子表格处理，第 5 章为 PowerPoint 2010 演示文稿设计与制作，第 6 章为互联网应用。每章节知识点都配有相应的应用案例进行说明，章节后面都配有与该项目对应的项目课后练习，包括基础知识和综合应用技能的练习，通过这些内容的学习，学生能够巩固所学知识与技能，对自己的学习成果予以客观评价，为后续学习做好必要的准备。

全书坚持学以致用的原则，强调应用性，将学习内容渗透到要实现的具体案例中，突出学习的目的性和主动性。每个应用案例都紧扣知识点，或者特色鲜明，或者层层迭代，都有明确的目标、具体的工作要求，根据工作生活中的实际需要进行选取。另外，各案例都赋予详细的操作步骤，学生可以根据具体步骤将案例完整操作，达到技能学习的目的。操作步骤语言简洁，充分利用图表展现更多的信息，在问题叙述过程中注意突出原理和操作目的。

本书提供了一体化教学资源，包括课程标准、教学课件、各章节案例素材、综合实训素材等，并且提供了全书案例的操作视频。本书参考学时为 60 学时，其中实践环节为 36 学时。

本书由吴晓霞、张袖斌任主编，胡泳霞、刘宁、李君任副主编。参与编写的都是有多年教学和实践经验的一线教师，具体编写分工如下：第 1 章、第 2 章由吴晓霞编写，第 3 章由张袖斌编写，第 4 章由吴晓霞、李君编写，第 5 章由胡泳霞编写，第 6 章由刘宁编写。在此，对所有在编写本书过程中给予关心、支持的人员表示感谢！

在本书的编写过程中，参考了大量的教材、文献和资料，或借鉴了其思想，或引用了其内容，绝大部分都已在参考文献中列出，谨向这些作者表示崇高的敬意！

由于时间仓促，水平有限，疏漏之处在所难免，恳请广大读者批评指正。

编　者

2017 年 12 月

CONTENTS

目录

第 1 章　计算机概述

1.1　计算机基础知识

电子计算机是20世纪人类最伟大的发明之一，它正以磅礴之势、非凡的魅力和渗透力，展示着迷人的风采，彻底融入了人们的工作、学习和生活中，在世界范围内形成了一种崭新的文化和文明。在当今的信息社会，计算机已经作为不可或缺的工具。掌握信息技术的一般应用，已成为国民生产各行业对广大从业人员的基本素质要求之一。

1.1.1　计算机的发展

世界上第一台电子数字计算机于 1946 年 2 月诞生在美国宾夕法尼亚大学，它的名字叫ENIAC（Electronic Numerical Integrator And Computer，电子数字积分计算机），是由美国物理学家莫克利（John Mauchly）教授和他的学生埃克特（Presper Eckert）为计算弹道和射击特性表而研制的。ENIAC 的诞生开创了电子数字计算机时代，在人类文明史上具有划时代的意义。1955年10月2日，ENIAC宣告“退役”后，被陈列在华盛顿的一家博物馆里。

根据使用的电子元器件不同，电子计算机的发展大致可分为4代，见表1.1.1。

表 1.1.1　电子计算机的发展

类别	起止年份	主要元件	速度（次/秒）	特点	代表机型	应用
第1代	1946—1957	电子管	5 000～10 000	体积大，耗电量大，寿命短，可靠性差，存储容量小，输入输出慢，成本高	ENIAC EDVAC	科学和工程计算
第2代	1958—1964	晶体管	几万至几十万	体积减少，重量减轻，能耗降低，成本下降，可靠性和运算速度得到提高，有了系统软件，出现了高级语言	TRADIC IBM 1401	数据处理、事务管理、工业控制领域
第3代	1965—1970	中小规模集成电路	几十万至几百万	体积小，重量更轻，耗电更少，寿命更长，成本更低，运算速度有了更大的提高，存储器容量大幅度增加，系统的处理能力增强，出现了分时操作系统和结构化程序设计语言	PDP-8 机、PDP-11 系列机、VAX-11 系列机	拓展到文字处理、企业管理、自动控制等方面
第4代	1971年至今	大规模和超大规模集成电路	几千万至数十亿	体积、重量、成本均大幅降低，出现了微型机，主存的集成度越来越高、容量越来越大；广泛使用软件、硬盘和光盘等外存，输入/输出设备层出不穷，多媒体技术崛起	IBM PC 、Pentium 系列、Core 系列、APPLE iMac C5	广泛应用于社会生活的各个领域

1.1.2　计算机的特点、分类和应用

1．计算机的特点

① 运行速度快，计算能力强。运算速度是指计算机每秒能执行的指令条数，一般用 MIPS（百万条指令 / 秒）来描述，它是衡量计算机性能的重要指标。当前的计算机运算速度已达到万亿次每秒，微型机也可达亿次以上每秒。

② 计算精度高，数据准确度高。20 世纪 40 年代，外国数学家共同发表了圆周率π的 808 位小数值，成为人工计算圆周率的最高纪录。2011 年，日本计算机奇才近藤茂将其计算到小数点后 10 万亿位，创造了吉尼斯世界纪录。

③ 具有超强的记忆和逻辑判断能力。借助于逻辑运算，计算机可以分析命题是否成立。1976 年，两位美国数学家凭借计算机“不畏重复、不惧枯燥”、快速高效的优势证明了四色定理。

④ 自动化程度高，通用性强。计算机具有存储能力，人们可以将指令预先输入其中。工作开始后，计算机从存储单元中依次取出指令以控制流程，从而实现了操作的自动化。同一台计算机，只要安装不同的软件或连接到不同的设备上，即可完成不同的任务。

⑤ 支持人机交互。计算机具有多种输入/输出设备，配上适当的软件后，可以很方便地与用户进行交互，以广泛使用的鼠标为例，当用户手握鼠标，只需将手指轻轻一点，计算机便随之完成某种操作，真可谓“得心应手，心想事成”。

2．计算机的分类

根据性能差异，计算机分为超级计算机、大型机、小型机和微型机。

① 超级计算机又称巨型机，通常由成百上千甚至更多的处理器组成，多用于战略武器开发、空间技术、天气预报等高精尖领域，是综合国力的重要标志。2014 年 11 月，在国际 TOP500 组织公布的全球超级计算机排名中，我国的“天河二号”（见图 1.1.1）持续计算速度为 3.39 亿亿次 / 秒，比美国“泰坦”的运算速度快近一倍，已连续第 4 次获得冠军。

② 大型机（见图 1.1.2）具有极强的综合处理能力和极大的性能覆盖面，主要应用于政府部门、银行、大公司等。虽然大型机在运算速度方面已经不比微型机更有优势，但其 I/O 处理水平、非数值计算能力、稳定性和安全性却远强于后者。

③ 小型机是指采用 8～32 个颗处理器，是性能和价格介于微型机、服务器和大型机之间的一种高性能 64 位计算机，相对于服务器而言，小型机最重要的特点是高可靠性、高可用性、高服务性，非常适合于中小企事业单位使用。

图 1.1.1　天河二号

图 1.1.2　大型机

④ 微型机简称微机，是应用最普及、产量最大的机型，其体积小、功耗低、成本低、灵活性大、性价比高。微机按结构和性能可划分为单片机、单板机、个人计算机（Personal Computer，包括台式机、一体机、笔记本式计算机和平板电脑）、工作站和服务器等。著名的台式机品牌有联想、戴尔、惠普、华硕、苹果等，著名的笔记本式计算机品牌有苹果、联想、华硕、ThinkPad、戴尔等。

根据用途不同，计算机可分为专用计算机和通用计算机。专用计算机是为适应某种特殊应用而设计的计算机，其运行效率和精度较高，速度较快。控制轧钢过程、计算导弹弹道的计算机都属于专用计算机。通用计算机是指一般科学计算、程序设计和数据处理等领域的计算机，即通常所说的计算机。

3. 计算机的主要应用领域

（1）科学计算

科学计算又称数值计算，是指利用计算机处理科学研究和工程技术中提出的数学问题的过程，是计算机最早的应用领域。

（2）信息处理

信息处理又称数据处理，是对数据进行存储、整理、分类、加工、利用和传播等活动。据统计，80%以上的计算机主要用于数据处理，这也决定了计算机应用的主导方向。办公自动化、情报检索、图书管理、人口统计、银行业务都属于该范畴。

（3）过程控制

过程控制又称实时控制，是指用计算机及时地采集检测数据，按最优值迅速地对受控对象进行自动调节或控制。该领域涉及的范围很广，如工业、交通运输的自动运输，对导弹发射、人造卫星的跟踪与控制等控制。

（4）计算机辅助系统

计算机辅助系统包括计算机辅助设计（CAD）、计算机辅助制造（CAM）、计算机辅助教学（CAI）、计算机辅助工程（CAE）等。

（5）人工智能

人工智能（AI）由英国著名科学家图灵提出，是一门研究和开发用于模拟、延伸和扩展人类智能的理论、方法、技术及应用系统的新兴学科，被认为是21世纪的三大尖端技术（基因工程、纳米科学、人工智能）之一。经过最近30年的迅速发展，人工智能在机器视觉、专家系统、智能搜索等领域取得了丰硕的成果。

（6）网络应用

现代通信技术与计算机技术结合，构成计算机网络，它使人际交流跨越了时间和空间的障碍，已成为建立信息社会的基础。

（7）多媒体应用

多媒体应用即利用计算机对文本、图形、图像、声音、动画、视频等多种信息进行综合处理，建立逻辑关系和人机交互。目前，多媒体技术在知识学习、电子图书、视频会议中得到了极大的应用。

（8）虚拟现实

虚拟现实即通过计算机图形构成三维模型，并编制生成以视觉感受为主，同时包括听觉、触觉的综合感知的人工环境。虚拟现实正在医学、娱乐、航天、设计、文物古迹、游戏、教育等领域得到广泛应用。

1.1.3 计算机的发展趋势

未来的计算机将朝着超高速、超小型、并行处理和智能化的方向发展，具有感知、思考、判断、学习能力以及一定的自然语言能力。

（1）量子计算机

量子计算机利用原子所具有的量子特性进行信息处理的一种全新概念的计算机，其运算速度可比奔腾 4 芯片快 10 亿倍。

（2）光子计算机

光子计算机核心部分是用激光产生的光波代替电波进行 0 和 1 之间的转换。由于光比电携带更多的信号，而且不易受外界干扰，这样，光子计算机之间更容易相互结合，处理互为交叉的问题。

（3）分子计算机

分子计算机体积小、耗电少、运算快、存储量大，其运算过程是蛋白质分子与周围介质相互作用的过程。分子计算机的运行速度比人的思维速度快 100 万倍，其消耗的能量极小，只有电子计算机的十亿分之一。美国、以色列的科学家在分子计算机研制方面已取得一定的成果，预计 20 年后分子计算机将进入实用阶段。

（4）纳米计算机

应用纳米（1 纳米=10^{-9}米，大约是氢原子直径的 10 倍）技术研制的计算机内存芯片，其体积只有数百个原子大小，相当于头发丝直径的千分之一。纳米计算机是用纳米技术研发的新型高性能计算机，它几乎不耗费任何能源，性能要比今天的计算机强大许多倍。

1.2 数制和信息编码

计算机中的信息分为数据和指令，前者是被计算机处理的信息，分为数值型数据与非数值型数据（如字符、图像等），后者则是计算机产生各种控制命令的基本依据。

1.2.1 数制与转换

1．数制

数制是数的表示及计算的方法。数值数据是有大小的，人们习惯采用的是十进制。但在计算机内，各种信息都是以二进制代码形式表示的，这是因为采用二进制表示信息物理器件容易实现，并且二进制数据运算简单，可靠性高、能用性强。在设计研究计算机时常采用八进制、十六进制。

（1）十进制计数制

基数：10。

数码：0、1、2、3、4、5、6、7、8、9。

位权：以 10 为底的幂。

进位规则：逢十进一。

十进制是人们最习惯使用的一种进位计数制。

（2）二进制计数制

基数：2。

数码：0、1。

位权：以 2 为底的幂。

进位规则：逢二进一。

二进制是计算机中最常用数制。

（3）八进制计数制

基数：8。

数码：0、1、2、3、4、5、6、7。

位权：以 8 为底的幂。

进位规则：逢八进一。

（4）十六进制计数制

基数：16

数码：0、1、2、3、4、5、6、7、8、9、A、B、C、D、E、F。

位权：以 16 为底的幂。

进位规则：逢十六进一。

在计算机中，通常用数字后面跟一个英文字母表示该数进位计数制。十进制数一般用 D（Decimal）或 d、二进制用 B（Binary）或 b、八进制用 O（Octal）或 o、十六进制数用 H（Hexadecimal）或 h。

2. 转换

人们习惯采用十进制数，计算机采用的是二进制数，书写时又多采用八进制数或十六进制数，因此，必然产生各种进位计数制之间的相互转换问题。

（1）任意进制数（用 R 表示）转换为十进制数

位权相加法：把 R 进制数每位上的权数与该位上的数码相乘，然后求和即得要转换的十进制数。即：

$$N = a_{n-1}R^{n-1}+a_{n-2}R^{n-2}+\cdots+a_1R^1+a_0R^0+\cdots+a_{-m}R^{-m}=\sum_{i=-m}^{n-1}a_iR^i$$

【例 1.2.1-1】将二进制数 10111 转换成十进制数。

$(10111)_2=1\times2^4+0\times2^3+1\times2^2+1\times2^1+1\times2^0=16+0+4+2+1=(23)_{10}$

【例 1.2.1-2】将八进制数 127 转换成十进制数。

$(127)_8=1\times8^2+2\times8^1+7\times8^0=64+16+7=(87)_{10}$

【例 1.2.1-3】将十六进制数 15B 转换成十进数。

$(15B)_{16}=1\times16^2+5\times16^1+11\times16^0=256+80+11=(347)_{10}$

（2）十进制数转换为 R 进制数

转换方法：将十进制转换成 R 进制时，需对整数部分和小数部分进行分别处理。

① 整数部分连续除以 R，其余数的序列就是对应的进位计数制的整数部分。

② 小数部分连续乘以 R，取其整数构成的序列就是对应的进位计数的小数部分。

【例 1.2.1-4】将十进制数 44.125 转换成二进制数。

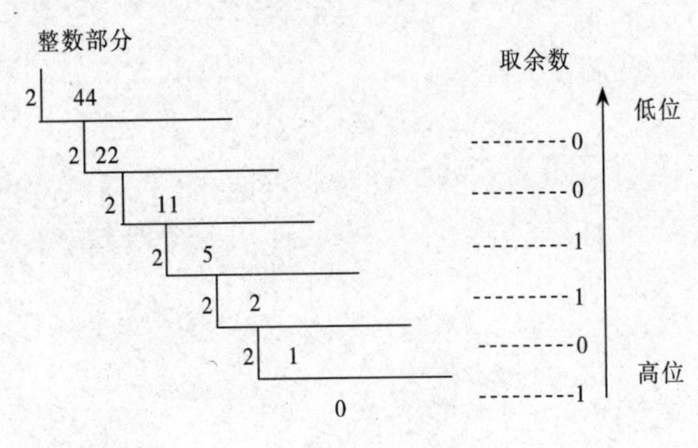

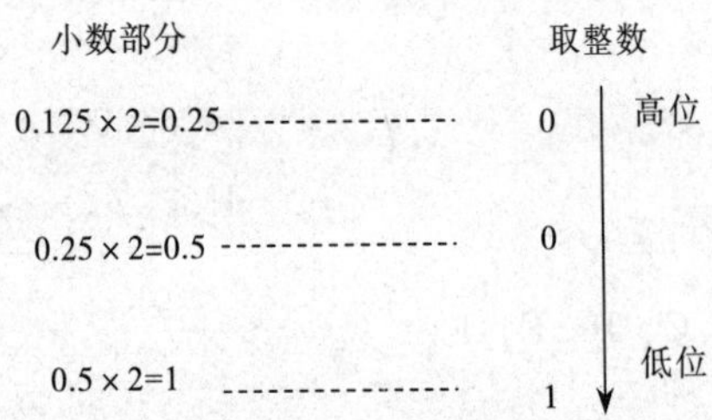

转换结果：$(44.125)_{10} = (101100.001)_2$

【例 1.2.1-5】将十进制数 44.125 转换成八进制数。

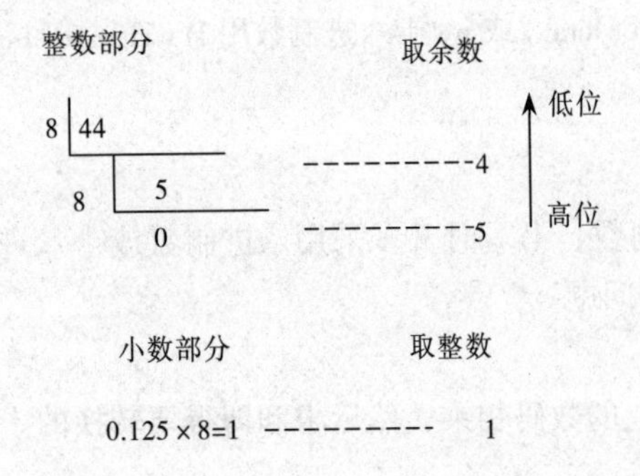

转换结果：$(44.125)_{10} = (54.1)_8$

【例 1.2.1-6】将十进制数 44.125 转换成十六进制数。

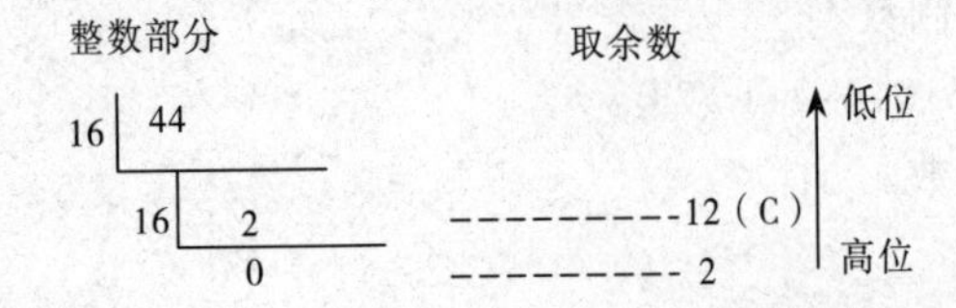

小数部分　　　　　　　　取整数

0.125 × 16=2 ---------- 2

转换结果：$(44.125)_{10}=(2C.2)_{16}$

（3）二进制与八进制、十六进制数之间的转换

大家知道，$2^3=8$、$2^4=16$，也就是说，1个八进制位等于3个二进制位，1个十六进制位等于4个二进制位。因此，很容易实现二进制与八进制、十六进制之间的转换。

① 二进制转换成八进制或十六进制。

转换方法：从小数点开始，向左或向右每3位或4位二进制数分成一组（不足位数，整数部分高位补0，小数部分低位补0），然后按对应位置写出每组二进制数等值的八进制数或十六进制数。

【例 1.2.1-7】将二进制数 10011010110 转换成八进制数。

010　011　010　110（最高位不足3位时补0）

↓　↓　↓　↓

2　3　2　6

转换结果：$(10011010110)_2=(2326)_8$

【例 1.2.1-8】将二进制数 1001.1010110 转换成十六进制数。

1001 . 1010　1100（最低位不足四位时补0）

↓　↓　↓

9　A　C

转换结果：$(1001.1010110)_2=(9.AC)_{16}$

② 八进制或十六进转换成制二进制。

转换方法：将每位八进制或十六进制数用3位或4位二进制数代替即可，小数点不动。

【例 1.2.1-9】将八进制数 7153 转换成二进制数。

7　1　5　3

↓　↓　↓　↓

111　001　101　011

转换结果：$(7153)_8=(111001101011)_{16}$

【例 1.2.1-10】将十六进制数 9A28 转换成二进制数。

9　A　2　8

↓　↓　↓　↓

1001　1010　0010　1000

转换结果：$(9A28)_{16}=(1001101000101000)_2$

（4）八进制与十六进制数之间的转换

八进制与十六进制数之间不能直接转换，它们之间可通过二进制间接来实现转换。

【例 1.2.1-11】将八进制数 476 转换成十六进制数。

$(476)_8=(100111110)_2=(13E)_{16}$

【例 1.2.1-12】将十六进制数 3C45 转换成八进制数。

$(3C45)_{16}=(0011110001000101)_2=(36105)_8$

各种进制数对照表如表 1.2.1 所示。

表 1.2.1　各种进制数对照表

十进制	二进制	八进制	十六进制	十进制	二进制	八进制	十六进制
0	0	0	0	8	1000	10	8
1	1	1	1	9	1001	11	9
2	10	2	2	10	1010	12	A
3	11	3	3	11	1011	13	B
4	100	4	4	12	1100	14	C
5	101	5	5	13	1101	15	D
6	110	6	6	14	1110	16	E
7	111	7	7	15	1111	17	F

1.2.2　信息存储单位

计算机中数据的常用单位有位、字、字节。

1. 位（bit，缩写为 b）

位又称比特，是计算机表示信息的数据编码中的最小单位。1 位二进制的数码用 0 或 1 来表示。

2. 字节（byte，缩写为 B）

字节是计算机存储信息的最基本单位。1 个字节用 8 位二进制数表示。通常计算机以字节为单位来计算存储容量。例如，计算机内存容量、磁盘的存储容量等都是以字节为单位表示的。

存储空间容量的单位除了用字节表示以外，还可以用千字节（KB）、兆字节（MG）、吉字节（GB）、太字节（TB）等表示。它们之间的换算关系如下：

$1\ KB = 2^{10}\ B = 1\ 024\ B$　　$1\ MB = 2^{10}\ KB = 1\ 024\ KB=2^{20}\ B$

$1\ GB = 2^{10}\ MB = 1\ 024\ MB = 2^{30}B$　　$1\ TB = 2^{10}\ GB = 1\ 024\ GB = 2^{40}\ B$

3. 字（Word）

字由若干个字节组成（一般为字节的整数倍），如 16 位、32 位、64 位等。它是计算机进行数据处理和运算的单位，其包含的二进位个数称为字长。不同档次的计算机有不同的字长，字长是计算机一个重要的性能指标。

1.2.3　信息编码

数据泛指一切可以被计算机接受并处理的符号，可包括数值、文字、图形、声音、视频等各种信息。在计算机中，数据信息只有转换成数字编码的形式，计算机才能进行处理。编码就是将一类数据按某一编码表转换成对应代码的过程，编码技术应用于许多方面。计算机中只识别 0 和 1 码，因此，在计算机中对数字、字符及汉字就要用二进制的各种组合形式来表示，这就是二进制的编码系统。

1. 数值数据的编码

数值数据指我们日常生活中所说的数或数据，它有正负、大小之分，还有整数和实数之分，数值数据在计算机中是用二进制代码来表示的。我们把一个数在计算机内部表示成的二进制形式称为机器数，原来的数称为这个机器数的真值。机器数有不同的表示方法，常用的有原码、反码、补码等。

原码是最简单的一种机器数表示方法。原码表示的规则是：最高位（最左边一位）表示数的符号："0"表示正号，"1"表示负号；其余各位表示数的大小，即这个数的绝对值。

补码表示的规则是，正数的补码即是它本身；负数的补码可以用以下简便的方法求得：符号位取 1，其余各位按其真值取反（即 0 变 1，1 变 0），然后在它的末位上加 1。

反码与补码的不同之处仅仅在于负数的反码只求反而不加 1。

对于小数的表示方法有两种，即定点数表示和浮点数表示。

2. 非数值数据的编码

非数值数据是指除数值数据之外的字符，如各种符号、数字、字母、汉字等。同样，它们也是用二进制代码来表示的。

（1）字符编码

在计算机中使用最广泛的字符编码是 ASCII 码（American Standard Code for Information Interchange，美国标准信息交换码），ASCII 码被国际化标准组织确定为世界通用的国际标准。如表 1.2.2 所示。

表 1.2.2 ASCII 字符编码表

$d_3d_2d_1d_0$	$d_6d_5d_4$							
	000	001	010	011	100	101	110	111
0000	NUL	DLE	SP	0	@	P	、	p
0001	SOH	DC1	!	1	A	Q	a	q
0010	STX	DC2	"	2	B	R	b	r
0011	ETX	DC3	#	3	C	S	c	s
0100	EOT	DC4	$	4	D	T	d	t
0101	ENQ	NAK	%	5	E	U	e	u
0110	ACK	SYN	&	6	F	V	f	v
0111	BEL	ETB	'	7	G	W	g	w
1000	BS	CAN	(	8	H	X	h	x
1001	HT	EM	)	9	I	Y	i	y
1010	LF	SUB	*	:	J	Z	j	z
1011	VT	ESC	+	;	K	[	k	{
1100	FF	FS	,	<	L	\	l	
1101	CR	GS	-	=	M	]	m	}
1110	SO	RS	.	>	N	↑	n	~
1111	SI	US	/	?	O	-	o	DE

表中可以看出，每个字符用 7 位二进制码表示。一个字符在计算机内用 8 位表示，基本 ASCII 码最高位为 0，扩充 ASCII 码的最高位为 1。基本 ASCII 码共有 128 个字符，其中 95 个编码对应着计算机终端输入并可以显示的字符，如英文大小写字母各 26 个、0～9 十个数字符、标点符号等，另外 33 个字符是控制码，控制着计算机某些外围设备的工作特性和软件运行情况。

如果需要确定字母、数字及各种符号的 ASCII 码值，可在表中查出其所在的位置，根据字符所在行的高 3 位（$d_6d_5d_4$）和列的低 3 位（$d_3d_2d_1d_0$）编码查出。

例如，字符“A”的 ASCII 码是 1000001，若用十六进制表示为 41H，若用十进制表示为 65D。

（2）二～十进制的数字编码

我们日常生活中习惯使用十进制数，为了使计算机能识别、存储十进制数，并能直接用十进制数形式进行运算，就需要对十进制数进行编码，即用 0 和 1 的不同组合形式来表示十进制数的各个数位上的数字，进而表示一个十进制数。

将十进制数表示为二进制编码的形式，称为十进制数的二进制编码，简称二～十进制编码或 BCD（Binary Coded Decimal）码。

最常用的二～十进制的数字编码是 8421 码，其表示方法是每一位十进制数用 4 位二进制数表示，从左到右分别为 8、4、2、1 权码，4 位二进制数有 16 种编码，只取 0000～1001 十种表示十进制数中的 0～9。表 1.2.3 列出十进制数与 BCD 码以及二进制数的对比关系。

表 1.2.3　BCD 码与十进制数、二进制数的对比关系

十进制	BCD 码	二进制	十进制	BCD 码	二进制
0	0000	0	8	1000	1000
1	0001	1	9	1001	1001
2	0010	10	10	00010000	1010
3	0011	11	11	00010001	1011
4	0100	100	12	00010010	1100
5	0101	101	13	00010011	1101
6	0110	110	14	00010100	1110
7	0111	111	15	00010101	1111

（3）汉字编码

汉字编码主要用于解决汉字输入、处理和输出的问题。根据对汉字的输入、处理、输出的不同要求，汉字的编码主要分为 4 类：汉字输入码、汉字内部码、汉字字形码、汉字交换码。

① 汉字输入码（外码）。输入汉字时使用的编码称为汉字输入码，也称为汉字的外码（简称外码），其作用是实现按照某一方式输入汉字。目前我国的汉字输入码编码方案有上千种，主要分为 4 类：数字编码（国际区位码、电报码）、拼音编码（全拼、双拼）、字型编码（五笔）和音形编码（自然码）。

② 汉字内部码（内码）。汉字内部码是指在计算机内部处理汉字信息时所使用的汉字编码，汉字内部码也称为汉字机内码（简称内码）。汉字输入计算机后，计算机系统一般都会把各种不同的汉字输入编码转换成唯一的机内码。在汉字信息系统内部，对汉字信息的采集、传输、存储、加工运算的各个过程都要用到汉字机内码。

③ 汉字字形码（字模码）。汉字字形码是指文字字形存储在字库中的数字化代码。当需要显示或打印汉字时，通常是把单个汉字离散成网点，每点以一个二进制位表示，由此组成的汉字点阵字形（字模）称为汉字字形码，一个汉字信息系统所有的汉字字形码的集合构成了该系统的汉字库。

根据输出汉字的要求不同，汉字点阵的多少也不同。汉字点阵点数的多少直接影响汉字的造型和质量，点数越多，汉字的质量越高。目前在微机中，普遍采用的 16×16、24×24、32×

32、48×48 等点阵。从使用上分为简易型、普通型、提高型、精密型，不同字体的汉字需要不同的点阵字库。字模点阵信息量很大，占存储空间也很大。以 16×16 点阵汉字为例，每个汉字就要占用 16×16／2＝32（B）。

根据汉字库中汉字字形码的存储方式的不同，可把汉字库分为软字库和硬字库两种。软字库是将汉字库文件存储在软盘或硬盘中；硬字库是利用汉卡（由 Rom 和 Ram 芯片制成）将汉卡安装在机器的扩展槽中。

④ 汉字交换码。

GB 2312—1980 标准：为了适应汉字信息处理技术日益发展的需要，国家标准局于 1981 年发布了《中华人民共和国标准信息交换用汉字编码字符集·基本集》，简称 GB 2312—1980，这种编码简称为国标码。共收录包括一级汉字 3 755 个和二级汉字 3 008 个，各种符号 682 个，总计 7 445 个。

国标码规定每个字符由 2 个字节代码组成，每个字节最高位为 0，其余 7 位用于组成各种不同的码值。

GBK 标准：是 GB 2312—1980 的扩展，共有 21 883 个汉字和符号。

ISO 10646 标准：国际标准化组织公布的一个标准，它包括了世界上的各种语言，GBK 包含在其中。

从汉字编码的转换角度，图 1.2.1 显示了几种编码之间的关系，其间都需要各自的转换程序来实现。

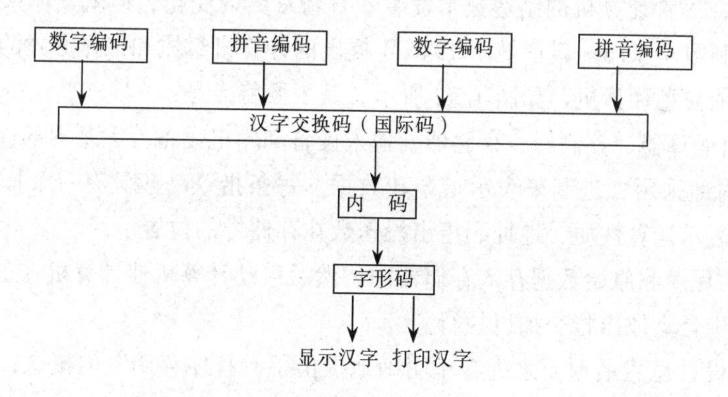

图 1.2.1　各种编码之间的关系

1.3　计算机系统的组成

一个完整的计算机系统由硬件系统和软件系统两大部分组成，如图 1.3.1 所示。硬件系统是计算机系统的物理装置，即电子线路、元器件和机械部件构成的具体装置，是看得见、摸得着的实体，是计算机能够运行程序的物质基础，计算机性能在很大程度上取决于硬件配置。软件是为解决问题而编制的程序、数据以及相应的文档资料，是计算机系统运行所必需的，它是计算机正常工作的重要因素。硬件是物质基础，软件是指挥枢纽，是系统的灵魂，只有两者的协调工作，才能发挥计算机的最佳性能。

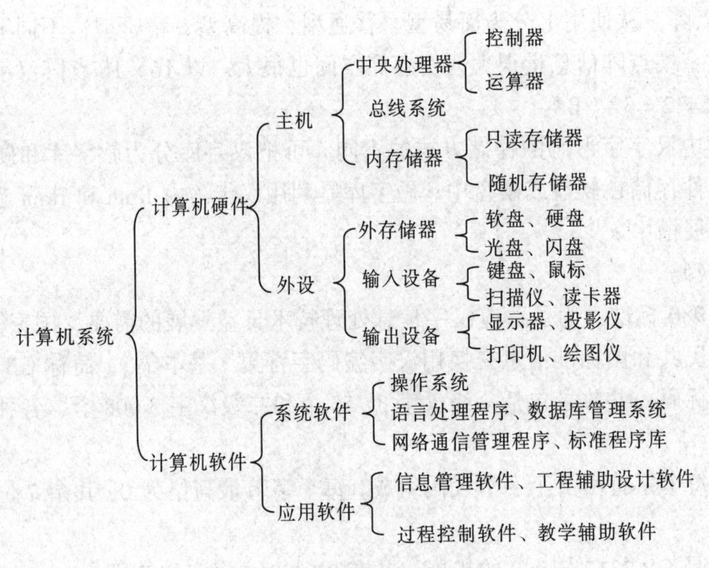

图 1.3.1　计算机系统的组成

1.3.1　计算机工作原理

1．“程序存储”设计思想

到现在为止，尽管计算机的制造技术发生着日新月异的变化，但就其体系结构而言，一直沿袭着美籍匈牙利数学家冯·诺依曼于 1946 年提出的计算机组成和工作方式的思想。这样的计算机称为冯·诺依曼型计算机，如图 1.3.2 所示，其主要特点是：

① 计算机由运算器、控制器、存储器、输入设备和输出设备五大基本部件组成。

② 计算机内部采用二进制来表示指令和数据。每条指令一般具有一个操作码和一个地址码。其中操作码表示运算性质，地址码指出操作数在存储中的位置。

③ 将编好的程序和原始数据存入存储器中，然后启动计算机使计算机在工作时能够自动、高速地从存储器中自动取出指令加以执行。

冯·诺依曼设计思想最重要之处在于明确地提出了“程序存储”的概念，他的全部设计思想实际上是对“程序存储”要领的具体化。

2．计算机的工作过程

如果要让计算机工作，就得先把程序编写出来，然后通过输入设备传送到存储器中保存起来，接下来就是执行程序。根据冯·诺依曼的设计，计算机应该能够自动执行程序，而执行程序又归结为逐条执行指令，执行一条指令又可分为以下基本操作：

① 取出指令：从存储器某个地址中取出要执行的指令送到 CPU 内部的指令寄存器暂存。

② 分析指令：把保存在指令寄存器中的指令送到指令译码器，译出该指令对应的微操作。

③ 执行指令：根据指令译码，向各个部件发出相应控制信号，完成指令规定的各种操作。

④ 计算机为执行下一条指令做好准备，即取出下一条指令地址。

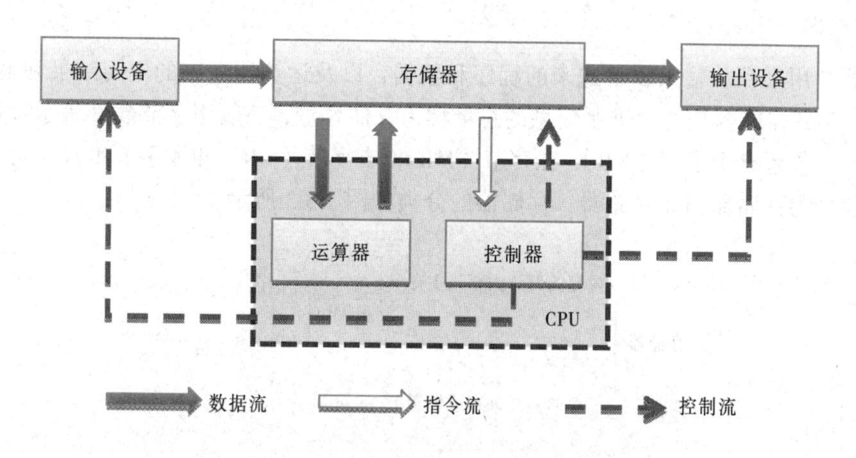

图 1.3.2　冯·诺依曼结构计算机

1.3.2　计算机硬件系统

计算机硬件是计算机中能看得见摸得着的电子线路和物理装置的总称。任何一台计算机系统的硬件系统都是由运算器、控制器、存储器、输入设备、输出设备五大部件组成。由于运算器、控制器、内存储器 3 个部分是信息加工、处理的主要部件，所以把它们合称为“主机”，而输入、输出设备及外存储器则合称为“外围设备”。下面对计算机硬件系统的几个基本部件作简单介绍。

1. 运算器（Arithmetic Logic Unit，ALU）

运算器是对数据信息进行加工和处理的部件，它能够完成各种算术运算和逻辑运算，所以也叫做“算术逻辑运算部件”。算术运算包括加、减、乘、除等运算；逻辑运算包括与、或、非等运算。

在运算过程中，运算器不断得到由存储器提供的数据，运算后又把结果送回到存储器保存起来。整个运算过程是在控制器统一指挥下，按程序中编排的操作顺序进行的。

运算器主要由算术逻辑运算单元和寄存器两部分组成，运算器的性能是影响整个计算机性能的重要因素。

2. 控制器（Controller）

控制器是分析和执行指令的部件，是控制计算机各个部件有条不紊地协调工作的指挥中心。控制器从存储器中逐条取出指令、分析指令，然后根据指令要求完成相应操作，产生一系列控制命令，使计算机各部分自动、连续并协调工作，成为一个有机的整体，实现程序输入、数据输入以及运算并输出结果。

通常，运算器和控制器集成在一块芯片上，构成中央处理器（Central Processing Unit，CPU），CPU 是计算机的核心和关键，计算机的性能主要取决于 CPU。随着大规模集成电路技术的发展，如今 CPU 已能集成在一块半导体芯片上，称微处理器，采用微处理器作为计算机 CPU 是微型机的主要标志之一。

3．存储器（Memory）

存储器是用来存放输入设备送来的程序和数据，以及运算器送来的中间结果和最后结果的记忆装置。存储器能容纳的二进制信息的总量称为存储容量，一般用字节数 B 表示容量的大小。存储容量的单位还有千字节（KB）、兆字节（MB）、吉字节（GB）和太字节（TB）等。

存储器分内存储器和外存储器。存储器的分类如图 1.3.3 所示。

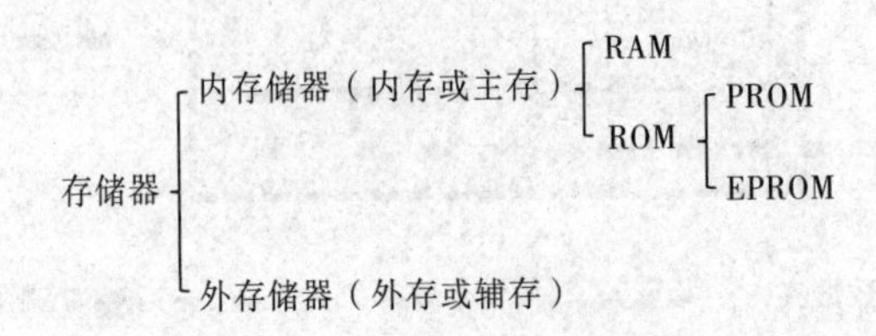

图 1.3.3　存储器的分类

（1）内存储器

内存储器简称内存，又称主存，是 CPU 能根据地址线直接寻址的空间，由半导体器件制成。内存是主机的一部分，用来存放正在执行的程序或数据，与 CPU 直接交换信息。其特点是存取速度快，但容量相对较小。内存按其功能和存储信息又可分成两大类，即随机存储器和只读存储器。

① 随机存储器（Random Access Memory，RAM）。RAM 在计算机工作时，即可从中读出信息，也可随时写入信息，所以 RAM 是一种在计算机正常工作时可读/写的存储器，但 RAM 中的信息掉电后会失去，因此，用户在操作过程中应养成随时存盘的习惯，以防断电丢失数据。通常所说内存容量是指 RAM 容量。

② 只读存储器（Read Only Memory，ROM）。ROM 与 RAM 的不同之处是它在计算机正常工作时只能读出信息，而不能写入信息。ROM 的最大特点是不会因断电丢失信息，利用这一特点，可以将操作系统的基本输入/输出程序固化于其内，机器在通电后，立即执行其中的程序，ROM BIOS 就是指含有这种基本输入/输出程序的 ROM 芯片。

只读存储器电路简单，集成度高。根据其特点和功能又可分为可编程只读存储器（PROM）和可改写只读存储器（EPROM）。ROM 中的信息在生产过程中由制造厂家写入，不能改写；PROM 中的信息可由用户自己在编程器上做一次性写入；EPROM 中的信息可由紫外线擦除，由用户重新写入。

（2）外存储器

外存储器简称外存，又称辅存，它作为一种辅助存储设备，主要用来存放一些暂时不用而又需长期保存的程序或数据，不能与 CPU 直接交换信息。当需要执行外存中的程序或处理外存中的数据时，必须通过 CPU 输入/输出指令，将其调入 RAM 中才能被 CPU 执行和处理，其性质与输入/输出设备相同，所以一般把外存储器归属于外围设备。外存储器的特点是存储容量大，其存取速度相对较慢。

4．输入设备（Input Device）

输入设备是将原始数据和程序输入到计算机的部件，它由输入装置和输入接口两部分组成。常见的输入装置有键盘、鼠标、光笔、图像扫描仪、数码照相机等；而输入接口则是插在主机和输入装置之间的一块称为“接口电路”的部件，它实现主机和输入装置的信息交换。

5. 输出设备（Out Device）

输出设备是将计算机工作的结果以数字、字符、图表等形式表现出来，它由输出装置和输出接口两部分组成，常见的输出装置有显示器、打印机、绘图仪等。

1.3.3 计算机软件系统

计算机软件是指为运行、维护、管理、应用计算机所编制的程序及程序运行所需要的数据文档资料的总合。一般把软件分为系统软件和应用软件两大类。

1. 系统软件

系统软件是指维持计算机系统正常运行和支持用户运行应用软件的基础软件。其主要功能是管理、监控、服务和维护计算机资源（包括硬件和软件），以及开发应用的软件。它包括操作系统、各种语言处理程序、数据库管理系统、系统支持和服务程序 4 个方面的软件。

（1）操作系统

操作系统（Operating System，OS）是保证计算机能够运行的基本程序。它的主要功能是：管理计算机软硬件资源，使之有效地被应用；组织协调计算机各组成部分的运行，以增强系统的处理能力；提供良好的人机界面，为用户操作提供方便。

操作系统是介于用户与计算机硬件之间的操作平台，只有通过操作系统才能使用户在不必了解计算机系统内部结构的情况下正确使用计算机。所有的应用软件和其他系统软件都是在操作系统支持之下运行的。操作系统一般分为批处理操作系统、分时操作系统、实时操作系统、网络操作系统等，其功能各具特色，适用于不同的场合。

（2）语言处理程序

计算机语言又称为程序设计语言，它是人与计算机交流时所使用的语言。计算机语言是随着计算机技术的发展，根据解决实际问题的需要逐步形成的。按其接近人类自然语言的程度划分为机器语言、汇编语言和高级语言。

① 机器语言。机器语言（Machine Language）是唯一能被计算机直接识别，用由 0 和 1 组成的二进制代码编写而成，不用经过任何转换。机器语言直接用计算机指令作为语句与计算机交换信息，一条机器指令就是机器语言的一个语句。

对于不同的计算机硬件，其机器语言一般是不相同的。每个计算机都有自己的指令集。指令是指一种规定了 CPU 执行某种特定操作的命令，也称为机器指令。每条指令都是二进制形式的指令代码，包括操作码和地址码两部分。其中操作码说明要执行的动作，地址码提供参加操作的数据的存放地址。通常一条指令对应一种基本操作，全部指令的集合称为指令系统。每台计算机的指令系统就是该机器的机器语言。

机器语言的缺点是编写困难、阅读困难、难于记忆修改、容易出错以及可移植性差等。

② 汇编语言。汇编语言（Assembly Language）是一种接近机器语言的符号语言。为了便于理解和记忆，在汇编语言中采用了能帮助记忆的英文缩写符号（称为指令助记符）来代替机器语言指令代码中的操作码，用地址符号来代替地址码。将用指令助记符及地址符号书写的指令称为汇编指令，而用汇编指令编写的程序称为汇编语言程序。

汇编语言采用了助记符，它比机器语言直观、容易记忆和理解、易读、易检查、易修改，但计算机是不能直接识别的，必须用汇编程序翻译成机器语言的目标程序，计算机才能执行。汇编语言与机器语言是一一对应的，因此，对于不同的计算机，针对同一问题所编写的汇编语言源程序是互不相通的，其通用性和可移植性仍然较差。

③ 高级语言。高级语言（High-level Language）是一种完全符号化的语言，采用自然语言（英语）和数学语言，完全独立于具体的计算机，具有很强的可移植性。使用高级语言编写的程序，计算机是不能直接执行的，必须翻译成机器语言才能运行。高级语言处理程序按其翻译方式的不同，可分为解释程序和编译程序两大类，解释程序对源程序的翻译采取边解释、边执行的方法，并不生成目标程序；编译程序必须先将源程序翻译成目标程序后，才能开始运行。

目前，高级语言有上百种之多，得到广泛应用的有几十种，如 Basic、C、Pascal 等都是常用的程序设计语言。随着 Windows 操作系统的普遍应用，程序设计语言也发生了很大的变化，除逐步采用可视化、图形化的编程环境，大量采用各种程序设计工具外，重要的是引入“面向对象程序设计”思想，从程序设计理念、编程的思维方式直到程序设计的具体方法都发生了变化。例如，目前流行的 C++、Visual C、Visual Basic、Java 等都采用了面向对象的程序设计思想和方法。

（3）数据库管理系统

数据库管理系统（DataBase Management System，DBMS）是在计算机应用于生产经营活动过程中逐渐发展起来的。数据库管理系统大约出现于 20 世纪 60 年代末，以数据库的方式组织和管理数据，通过 DBMS 实现数据的整理、加工、存储、检索和更新等日常管理工作。

数据库管理系统的功能包括对数据库的建立与维护功能；对数据库中的数据进行排序、检索和统计功能；数据或查询结果的输出功能；方便的编程功能；数据的安全性、完整性以及并发性控制等。

数据库系统实际是一个综合体，它包括了数据库、数据库管理系统、计算机的软硬件系统等。其中，数据库管理系统是整个数据库系统中的核心，目前常用的数据库管理系统有 Oracle、SQL Server、Sybase 等，Microsoft 公司的 Office 中的 Access 也是常用的数据库管理系统。

（4）系统支持和服务程序

服务性程序又称实用程序，是指为了帮助用户使用和维护计算机，提供服务性手段而编制的一类程序。这些程序在计算机软硬件管理中执行某个专门功能，例如，编辑程序、装配连接程序、诊断程序、监控程序、系统维护程序等。

2. 应用软件

应用软件是指用户利用计算机及其提供的系统软件为解决某一些具体问题而编制的各种程序和相关资料。应用软件相当丰富，依据应用范围可划分通用工具软件和用户专用软件。

（1）通用工具软件

通用工具软件是指由软件公司等单位或个人开发的通用软件或工具软件，例如，文字处理软件、图形及图像处理软件、网络工具软件等。

（2）用户专用软件

用户专用软件是指为用户解决各种具体问题而开发编制的用户程序，例如，财务管理系统、仓库管理系统、人事档案管理系统等。

系统软件和应用软件之间并没有严格的界限，随着计算机应用的普及，应用软件正向着标准化、商业化方向发展，并形成了各种软件库。

1.4 个人计算机

1.4.1 个人计算机的硬件组成

个人计算机，也称 PC（Personal Computer），源自 1981 年 IBM 第一部桌上型计算机。

个人计算机由硬件系统和软件系统组成，是一种能独立运行、完成特定功能的设备。个人计算机不需要共享其他计算机的处理器、磁盘和打印机等资源也可以独立工作。台式机（或称台式计算机、桌面电脑）、笔记本式计算机、上网本和平板电脑以及超级本等都属于个人计算机的范畴。

所谓硬件，是指构成计算机的物理设备，即由机械、电子器件构成的具有输入、存储、计算、控制和输出功能的实体部件。硬件系统由中央处理器（CPU）、内存储器（包括 ROM 和 RAM）、接口电路（包括输入接口和输出接口）和外围设备（包括输入/输出设备和外存储器）几个部分组成，通过 3 条总线（BUS）——地址总线（AB）、数据总线（DB）和控制总线（CB）进行连接。

① 电源是 PC 中不可缺少的供电设备，它的作用是将 220V 交流电转换为 PC 中使用的 5 V、12 V、3.3 V 直流电，其性能的好坏直接影响到其他设备工作的稳定性。

② 主板是 PC 中各个部件工作的一个平台，它把 PC 的各个部件紧密连接在一起，各个部件通过主板进行数据传输。也就是说，PC 中重要的“交通枢纽”都在主板上。

③ CPU（Central Processing Unit）即中央处理器，是一台计算机的运算核心和控制核心。其功能主要是解释计算机指令以及处理计算机软件中的数据。CPU 由运算器、控制器、寄存器、高速缓存及实现它们之间联系的数据、控制及状态的总线构成。作为整个系统的核心，CPU 也是整个系统最高的执行单元，因此 CPU 已成为决定 PC 性能的核心部件，很多用户都以它为标准来判断 PC 的档次。

④ 内存又称内部存储器（RAM），属于电子式存储设备，它由电路板和芯片组成，特点是体积小、速度快，有电可存、无电清空。内存有 DDR、DDR2、DDR3、DDR4 四大类，目前常用的容量为 1～16 GB。

⑤ 硬盘属于外部存储器，有记忆功能。硬盘容量很大，已达 TB 级，尺寸有 3.5 英寸（1 英寸=2.54 cm）、2.5 英寸、1.8 英寸、1.0 英寸等，接口有 IDE、SATA、SCSI 等，SATA 最普遍。

移动硬盘是以硬盘为存储介质，强调便携性的存储产品，多采用 USB、lEEE 1394 等传输速度较快的接口，可以较高的速度与系统进行数据传输。

固态硬盘与普通硬盘比较，具有启动快、存储快速、无噪声、能耗和发热量较低、不会发生机械故障、工作温度范围更大、体积小、重量轻等优点。固态硬盘目前最大的不足是价格昂贵、容量小，无法满足大量存储数据需求。

⑥ 声卡是组成多媒体 PC 必不可少的一个硬件设备，其作用是当发出播放命令后，声卡将

PC 中的声音数字信号转换成模拟信号送到音箱上发出声音。

⑦ 显卡在工作时与显示器配合输出图形、文字，显卡的作用是将计算机系统所需要的显示信息进行转换驱动，并向显示器提供行扫描信号，控制显示器的正确显示，是连接显示器和 PC 主板的重要元件，是“人机对话”的重要设备之一。

⑧ 网卡是工作在数据链路层的网络组件，是局域网中连接计算机和传输介质的接口。网卡的作用是充当 PC 与网线之间的桥梁，它是用来建立局域网并连接到 Internet 的重要设备之一。在整合型主板中常把声卡、显卡、网卡等部分或全部集成在主板上。

⑨ 光驱是 PC 用来读写光盘内容的机器，也是在台式机和笔记本式计算机里比较常见的一个部件。随着多媒体的应用越来越广泛，使得光驱在计算机诸多配件中已经成为标准配置。光驱可分为 CD-ROM 驱动器、DVD 光驱（DVD-ROM）、康宝（COMBO）和刻录机等。

⑩ 显示器的作用是把 PC 处理完的结果显示出来。显示器是输出设备，是 PC 不可缺少的部件之一。显示器分为 CRT、LCD、LED 三大类，主要的常见接口有 VGA、DVI、HDMI 三类。

⑪ 键盘是主要的输入设备，目前常用的为 107 键，用于把文字、数字等输到 PC 上。

⑫ 当人们移动鼠标时，可以快速地在屏幕上定位，它是人们使用 PC 不可缺少的部件之一。

⑬ 通过音箱可以把 PC 中的声音播放出来。

⑭ 通过打印机可以把 PC 中的文件打印到纸上，它是重要的输出设备之一。在打印机领域形成了针式打印机、喷墨打印机、激光打印机三足鼎立的主流产品，各自发挥其优点，满足各界用户不同的需求。

1.4.2 个人计算机的主要性能指标

个人计算机的主要性能指标包括：运算速度、字长、内存容量等。此外，机器的兼容性、系统的可靠性及可维护性，外围设备的配置等也都常作为计算机的技术指标。

一台微型计算机功能的强弱或性能的好坏，不是由某项指标来决定的，而是由它的系统结构、指令系统、硬件组成、软件配置等多方面的因素综合决定的。但对于大多数普通用户来说，可以从以下几个指标来大体评价计算机的性能。

（1）运算速度

运算速度是衡量计算机性能的一项重要指标。通常所说的计算机运算速度（平均运算速度），是指每秒钟所能执行的指令条数，一般用“百万条指令每秒”（Million Instructions Per Second，MIPS）来描述。微型计算机一般采用主频来描述运算速度，例如，常用的有 CPU 时钟频率（主频），例如 Pentium 4 1.5G 的主频为 1.5 GHz。一般说来，主频越高，运算速度就越快。

（2）字长

一般说来，计算机在同一时间内处理的一组二进制数称为一个计算机的“字”，而这组二进制数的位数就是“字长”。在其他指标相同时，字长越长计算机处理数据的速度就越快。早期的微型计算机的字长一般是 8 位、16 位或 32 位，到 2009 年大多数已经是 64 位的了。

（3）内存储器的容量

内存储器，也简称主存，是 CPU 可以直接访问的存储器，需要执行的程序与需要处理的数据就是存放在主存中的。内存储器容量的大小反映了计算机即时存储信息的能力。内存容量越大，系统功能就越强大，能处理的数据量就越庞大。

（4）外存储器的容量

外存储器容量通常是指硬盘容量（包括内置硬盘和移动硬盘）。外存储器容量越大，可存储的信息就越多，可安装的应用软件就越丰富。早期的硬盘容量一般为 10～60 GB，现在大多在 500 GB 以上。

1.4.3 个人计算机的选购

目前用户购买个人计算机（PC）一般有台式计算机和笔记本式计算机两种选择，而且可以选择购买品牌机或兼容机。品牌机产品的质量相对较好、稳定性和兼容性也较高，售后服务较好，但价格相对较高。兼容机是指根据买方要求现场组装（或自己组装）出来的计算机。兼容机先天就存在兼容性和稳定性的隐患，售后服务也往往较差，但价格一般较低。在选购 PC 之前，可按照自己的需求，选择不同档次、型号、生产厂家的计算机配件，具体如下：

1. 明确需求

不同的 PC 应用有不同的相应的购机方案。

（1）商务办公类型

对于办公型 PC，主要用途为处理文档、收发 E-mail 以及制表等，需要的 PC 应该稳定。建议配置一款液晶显示器，可以减小长时间使用 PC 对人体的伤害。

（2）家庭上网类型

一般的家庭中，使用 PC 进行上网的主要作用是浏览新闻、处理简单的文字、玩一些简单的小游戏、看看网络视频等，用户不必配置高性能的 PC，选择一台中低端的配置就可以满足用户需求了。

（3）图形设计类型

对于这样的用户，因为需要处理图形色彩、亮度，图像处理工作量大，所以要配置运算速度快、整体配置高的计算机，尤其对 CPU、内存、显卡上要求较高，同时应该配置 CRT 显示器来达到更好的显示效果。

（4）娱乐游戏类型

当前开发的游戏大都采用了三维动画效果，所以游戏用户对 PC 的整体性能要求更高，尤其在内存容量、CPU 处理能力、显卡技术、显示器、声卡等方面都有一定的要求。

2. 确定购买台式机还是笔记本式计算机

随着微型计算机技术的迅速发展，笔记本式计算机的价格在不断下降，好多即将购买 PC 的顾客都在考虑是购买台式机还是笔记本式计算机。对于购买台式机还是笔记本式计算机，应从以下几点考虑。

（1）应用环境

台式机移动不太方便，适用于普通用户或者固定办公的用户。笔记本式计算机的优点是体积小，携带方便，适用于经常出差或移动办公的用户。

（2）性能需求

对于同一档次的笔记本式计算机和台式机，在性能上有一定的差距，并且笔记本式计算机的可升级性较差。对有更高性能需求的用户来说，台式机是更好的选择。

（3）价格方面

相同配置的笔记本式计算机比台式机的价格要高一些，在性价比上，笔记本式计算机比不上台式机。

3. 确定购买品牌机还是组装机

目前，市场上台式机主要有两大类：一种是品牌机，另一种就是组装机（也称兼容机）。

（1）品牌机

品牌机指由具有一定规模和技术实力的计算机厂商生产，注册商标、有独立品牌的计算机。如 IBM、联想、戴尔、惠普等都是目前知名的品牌。品牌机出厂前经过了严格的性能测试，其特点是性能稳定，品质有保证，易用。

（2）组装机

组装机是 PC 配件销售商根据用户的消费需求与购买意图，将各种计算机配件组合在一起的计算机。组装机的特点是计算机的配置较为灵活、升级方便、性价比略高于品牌机。

4. 了解 PC 性能指标

对于一台 PC 来说，其性能的好坏不是由一项指标决定的，而是由各部分总体配置决定的。衡量一台 PC 的性能，主要考虑以下几个性能指标。

（1）CPU 的运算速度

CPU 的运算速度是衡量 PC 性能的一项重要指标，总体的主频越高，运算速度就越快。目前主流桌面级 CPU 厂商主要有 Intel 和 AMD 两家，如 Intel Core i7 5960X 是 Intel 的主频 3.0GHz 的 8 核 CPU。

（2）显卡类型

显卡性能指标是指显卡的流处理能力，以及显存大小和显存位宽（越大越好）。市场上比较流行的显卡芯片为 nVIDIA、AMD（ATI）显卡，以独立显卡容量大小作为衡量显卡性能指标的尺度。市场上以独立显存 2 CB 以上作为主流显卡。

（3）内存储器容量

内存容量反映了PC即时存储信息的能力，随着操作系统的升级和应用软件功能的不断增多，对内存的需求容量越来越大。内存的存取速度取决于接口、颗粒数量多少与存储容量（包括内存的接口，如：SDRAM133、DDR333、DDR2-533、DDR2-800、DDR3-1333. DDR3-1600、DDR4-2133. DDR4-2400. DDR4-3000），一般来说，内存容量越大，处理数据能力越强，而处理数据的速度主要看内存属于哪种类型（如 DDR 就没有 DDR3 处理得快）。

1.4.4 个人计算机的组装

组装之前需要准备好安装的环境和所用工具，最基本的组装工具是螺丝刀。

常规的装机顺序为：CPU→散热器→内存→电源→主板→电源连线→机箱连线→显卡→硬盘→光驱→数据线→机箱。

台式计算机的组件图如图 1.4.1 所示，台式计算机的安装流程如图 1.4.2 所示。

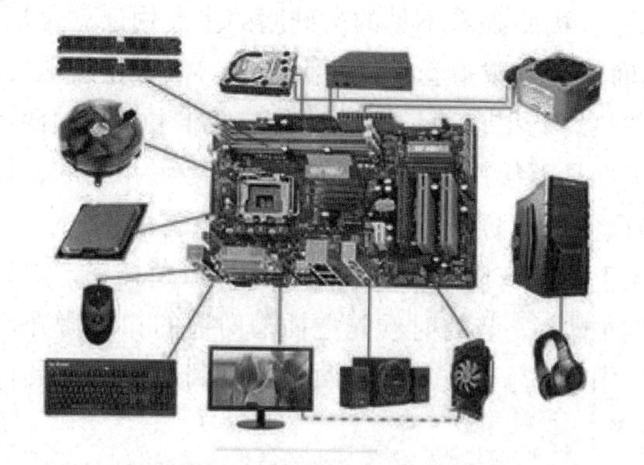

图 1.4.1　台式计算机的组件图

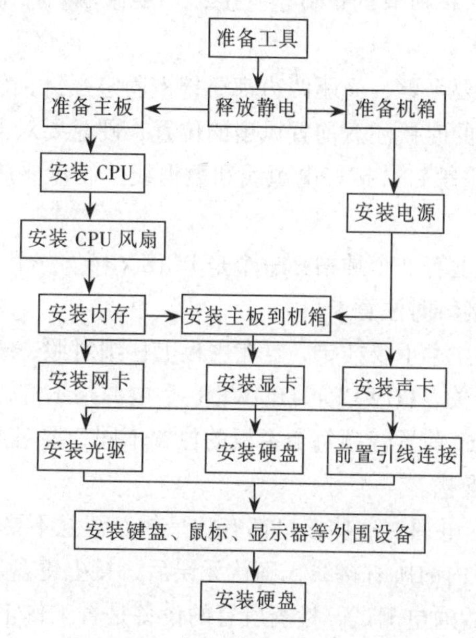

图 1.4.2　台式计算机的安装流程

1. 安装准备

① 准备工具。梅花螺丝刀、美工刀、剪子、硅脂、扎带。

② 防静电。身上的静电如果不注意，极有可能会对计算机的硬件造成损坏。装机前洗手可以有效防止静电。

2. 装机步骤

① 装踮脚螺钉。机箱内的铜螺钉要全部安装。如果装不全，时间长了主板就会变形，或在以后的拆装当中造成主板断裂。

② 装 CPU。注意 CPU 不要装反了，仔细观察 CPU 上面的防呆提示。

③ 扣上扣具。扣的时候有点紧，要用点力压，扣上就行。如果上一步没操作好，就会损坏 CPU 针脚。

④ 涂抹硅脂。涂抹硅脂时要均匀涂抹，在涂抹的时候要尽量涂薄，如果涂抹太厚就会隔热。

CPU 封装外壳上有很多凹凸，肉眼是看不见的，硅脂的主要用途就是填充这些凹凸，让 CPU 更好地接触散热器。涂抹的时候最好戴指套，以便涂抹均匀，防止出现气泡。

⑤ 安装散热器座。散热器有很多种，都很好装，对准主板上的四个孔装上就行。

⑥ 安装风扇。有的风扇是直接用螺钉拧上的，有的是带扣具的，仔细看就能看懂。装完风扇要把风扇电源接上，接口上也有防呆提示。

⑦ 安装内存。内存条上面都有防呆缺口，对准缺口避免插错。如果组建双通道，那两根内存就要插在同一种颜色的插槽上。装的时候先把插槽两边的扣具掰开，把内存垂直装上，往下按压的时候用力要均匀，用两个拇指按压内存两头，直到两边的扣具自动扣上。切不可前后晃动内存条，避免损坏内存条。

⑧ 安装主板。用手拿散热风扇把主板放到机箱内（要注意方向），在调整主板时注意下面的铜柱，不要损坏主板。然后把所有的螺钉全拧上，不要偷懒。拧螺钉的时候要按对角方式顺序进行，避免主板受力不均衡。

⑨ 安装光驱。注意前面要平整，光驱两边都要拧上固定螺钉，然后接好电源线和数据线。

⑩ 安装硬盘。安装硬盘的时候注意前置风扇的位置，硬盘要对准风扇的位置，这样有利于硬盘散热。同样需要拧上固定螺钉，接好电源线和数据线。硬盘要放稳，不要有抖动，否则硬盘很容易损坏。

⑪ 安装显卡。通常主板上有 2 个插槽：一个是 PCIE×16，一个是 PCIE×4。安装时注意显卡的插槽类型，接显卡供电接口时注意卡口。

⑫ 接指示灯。这一步要注意不要插错，要在主板上仔细对照，注意正负极。HDD LED 是硬盘指示灯，POWER 是电源开关，POWER+、POWER- 是电源指示灯，USB 就是 USB 接口，接错了有可能会烧主板。F-AUDIO 前置音频每个主板的位置不同，要对照主板说明书来连接，没有说明书的就只能在主板上慢慢找。

⑬ 连接主板电源和 CPU 电源，这些接口都有防呆扣，注意不要接错。

⑭ 通电测试。检查机箱内的所有接线，确认无误后，接上键盘、鼠标、显示器、打印机、耳麦、音箱等外围设备，然后通电测试，检查所有的设备是否工作正常。

⑮ 整理接线。确认整机能正常工作后，在断电情况下，将机箱里的接线整理整齐，以利于散热。整理接线后再次通电测试，如一切正常即可断电，装上机箱盖，组装完成。

1.5 多媒体技术基础

1.5.1 多媒体技术概述

多媒体技术（Multimedia Technology）是指通过计算机对文字、数据、图形、图像、动画、声音等多种媒体信息进行综合处理和管理，使用户可以通过多种感官与计算机进行实时信息交互的技术，又称为计算机多媒体技术。

多媒体技术的融入使计算机具有综合处理声音、文字、图像和视频的能力，它以丰富的声、文、图信息和方便的交互性，极大地改善了人机界面，改变了使用计算机的方式，从而为计算机进入人们生活和生产的各个领域打开了方便之门，给人们的工作、生活、学习和娱乐带来深刻的变化。

1. 常见的媒体元素

媒体元素是指多媒体应用中可显示给用户的媒体组成成分，目前常见的媒体元素有如下几种。

① 文本：指各种文字，包括各种字体、字号、格式及色彩的文本。

② 图形和图像：图形是指从点、线、面到三维空间的黑白或彩色几何图，图像是由像素组成的画面。

③ 视频：若干有联系的图像数据连续播放可形成视频，它是图像数据的一种。

④ 音频：指音乐、语音和各种音响。

⑤ 动画：利用人眼的视觉短暂特性，快速播放一连串静态图像，使人感觉图像在动。

2. 常见声音和音乐文件

常见声音和音乐文件格式见表 1.5.1。

表 1.5.1 常见声音和音乐文件格式

文件格式	文件扩展名	说明
WAV	wav	波形文件，利用该格式记录的声音文件和原声基本一致，质量非常高，但文件数据量大，几乎所有的音频编辑软件都支持 WAV 格式
MP3	mp3	波形文件，是一种有损压缩格式。MP3 格式是目前比较流行的声音文件格式，因其压缩率大，在网络上被广泛地应用
MIDI	mid/rmi	目前较成熟的音乐格式，记录的并不是一段录制好的声音，而是记录声音的信息，现已成为一种产业标准
Audio	au	一种经过压缩的数字声音文件格式，是 Internet 上常用的声音文件格式

3. 常见的图像、视频和动画文件格式

常见的图像、视频和动画文件格式见表 1.5.2。

表 1.5.2 常见的图像、视频和动画文件格式

文件格式	文件扩展名	说明
BMP	bmp	一种与硬件设备无关的 Windows 环境中的标准图像文件格式，是未经压缩的图像文件，文件数据量较大
GIF	gif	主要用于保存网页中需要高传输速率的图像文件，支持动画，被广泛用于网页，但无法存储声音信息，只能形成无声动画。
JPEG	jpg/jpeg	最常用的图像文件格式，由于它可以把文件压缩到最小的格式，因此，JPEG 格式是目前网络上最流行的图像格式，也是一种有损压缩格式
PNG	png	一种最新的网络图像文件格式，PNG 格式能够提供长度比 GIF 格式小 30%的无损压缩图像文件
PDF	pdf	一种与操作系统无关的用于进行电子文档发布和数字化信息传播的文件格式
AVI	avi	一种音频视频交错格式，可以将音频和视频交织在一起同步播放，主要用来保存电影、电视等各种影像信息
MPG	mpg	一种运动图像压缩算法的国际标准，它采用有损压缩方法来减少运动图像中的冗余信息，同时保证 30 帧/s 的图像动态刷新率，已被几乎所有计算机平台所支持
Real/Vide	ra/rm/rmvb	一种新型的流式视频文件格式，主要用于在低速率的广域网上实时传输活动视频影像
SWF	swf	一种矢量动画格式，动画缩放时不会失真，并能与 HTML 充分结合，添加音乐，形成二维的有声动画，因此常用于网页上，成为一种“准”流式媒体文件格式

4. 常用媒体播放软件

① 声音播放软件：包括 Windows 自带的录音机播放软件、Winamp、Windows Media Player 等。

② 图形图像浏览软件：ACDSee、FastPicture Viewer 等。

③ 动画播放软件：Flash Player、Windows Media Player 等。

④ 视频播放软件：RealPlayer、Windows Media Player、暴风影音等。

1.5.2 多媒体技术的应用

媒体技术借助日益普及的高速信息网，实现计算机的全球联网和信息资源共享，因此被广泛应用在各行各业，并正潜移默化地改变着人们生活的面貌。

① 多媒体技术涉及面相当广泛，主要包括：

- 音频技术：音频采样、压缩、合成及处理、语音识别等。
- 视频技术：视频数字化及处理。
- 图像技术：图像处理以及图像、图形动态生成。
- 图像压缩技术：图像压缩、动态视频压缩。
- 通信技术：语音、视频、图像的传输。
- 标准化：多媒体标准化。

② 多媒体技术涉及的内容，主要包括：

- 多媒体数据压缩：多模态转换、压缩编码。
- 多媒体处理：音频信息处理，如音乐合成、语音识别、文字与语音相互转换；图像处理、虚拟现实。
- 多媒体数据存储：多媒体数据库。
- 多媒体数据检索：基于内容的图像检索，视频检索。
- 多媒体著作工具：多媒体同步、超媒体和超文本。
- 多媒体通信与分布式多媒体：CSCW、会议系统、VOD 和系统设计。
- 多媒体专用设备技术：多媒体专用芯片技术，多媒体专用输入/输出技术。
- 多媒体应用技术：CAI 与远程教学、GIS 与数字地球、多媒体远程监控等。

1.6 计算机安全

1.6.1 计算机病毒和网络黑客

1. 计算机病毒

计算机病毒（Computer Virus）是指在计算机程序中插入的破坏计算机功能或者破坏数据，影响计算机使用并且自我复制的一组计算机指令或者程序代码，包括计算机蠕虫、特洛伊木马、恶意的机器人程序和间谍软件等，具有寄生性、破坏性、传染性、潜伏性、隐藏性、可触发性等特征。目前，计算机病毒种类繁多，其常见的分类方法见表 1.6.1。

表 1.6.1　计算机病毒的分类方法

分类方法	病毒类型	特　征
存在的媒体	网络病毒	通过计算机网络传播感染网络中的可执行文件
	文件病毒	感染计算机中的文件，如扩展名为 com、doc、exe 的文件
	引导型病毒	感染启动扇区和硬盘的系统引导扇区
传染方法	驻留型病毒	感染计算机后，把自身的内存驻留部分放在内存中，处于激活状态，一直到关机或重新启动
	非驻留型病毒	病毒在得到机会激活时并不感染计算机内存
破坏能力	无害型	除了传染时减少磁盘的可用空间外，对系统没有其他影响
	无危险型	这类病毒仅仅是减少内存、显示图像、发出声音
	危险型	这类病毒在计算机系统操作中造成严重的错误
	非常危险型	这类病毒删除程序、破坏数据、清除系统中重要的信息

2. 网络黑客

"黑客"一词是由英语 Hacker 音译而来的，是指专门研究、发现计算机和网络漏洞的计算机爱好者，他们伴随着计算机和网络的发展而产生、成长。黑客对计算机有着狂热的兴趣和执着的追求，他们不断地研究计算机和网络知识，发现计算机和网络中存在的漏洞，喜欢挑战高难度的网络系统并从中找到漏洞，然后向管理员提出解决和修补漏洞的方法。

但是到了今天，黑客一词已经被用于那些专门利用计算机进行破坏或入侵他人的代名词，对这些人正确的叫法应该是 Cracker，有人也翻译成"骇客"，也正是由于这些人的出现玷污了"黑客"一词，使人们把黑客和骇客混为一谈，现在黑客被人们认为是在网络上进行破坏的人。

黑客技术，简单地说，是对计算机系统和网络的缺陷和漏洞的发现，以及针对这些缺陷实施攻击的技术。这里说的缺陷，包括软件缺陷、硬件缺陷、网络协议缺陷、管理缺陷和人为的失误。常见的黑客的入侵手段有：

（1）口令入侵

所谓口令入侵，就是指用一些软件解开已经得到但被人加密的口令文档，不过许多黑客已大量采用一种可以绕开或屏蔽口令保护的程序来完成这项工作。对于那些可以解开或屏蔽口令保护的程序通常被称为"Crack"。这些软件的广为流传，使得入侵计算机网络系统有时变得相当简单，一般不需要深入了解系统的内部结构。

（2）特洛伊木马

特洛伊木马最典型的做法就是把一个能帮助黑客完成某一特定动作的程序依附在某一合法用户的正常程序中，这时合法用户的程序代码已被改变。一旦用户触发该程序，那么依附在内的黑客指令代码同时被激活，这些代码往往能完成黑客指定的任务。它常被伪装成工具程序或者游戏等诱使用户打开带有特洛伊木马程序的邮件附件或从网上直接下载，一旦用户打开了这些邮件的附件或者执行了这些程序之后，它们就会像古特洛伊人在敌人城外留下的藏满士兵的木马一样留在用户的计算机中，并在计算机系统中隐藏一个可以在操作系统启动时悄悄执行的程序。当计算机连接到因特网上时，这个程序就会通知黑客，来报告计算机的 IP 地址以及预先设定的端口。黑客在收到这些信息后，再利用这个潜伏在其中的程序，就可以任意地修改这台计算机的参数设定、复制文件、窥视整个硬盘中的内容等，从而达到控制该计算机的目的。

（3）WWW 的入侵术

在网上，用户可以利用 IE 等浏览器进行各种各样的 Web 站点的访问，如阅读新闻组、咨询产品价格、订阅报纸、进行电子商务等。然而一般的用户恐怕不会想到有这些问题存在：正在访问的网页已经被黑客篡改过，网页上的信息是虚假的！例如黑客将用户要浏览的网页的 URL 改写为指向黑客自己的服务器，当用户浏览目标网页的时候，实际上是向黑客服务器发出请求，那么黑客就可以达到欺骗的目的了。

（4）电子邮件攻击

电子邮件攻击主要表现为两种方式：一是电子邮件轰炸和电子邮件"滚雪球"，也就是通常所说的邮件炸弹，这指的是用伪造的 IP 地址和电子邮件地址向同一信箱发送数以千计、万计甚至无穷多次内容相同的垃圾邮件，致使受害人邮箱被"炸"，严重者可能会给电子邮件服务器操作系统带来危险，甚至瘫痪；二是电子邮件欺骗，攻击者佯称自己为系统管理员（邮件地址和系统管理员完全相同），给用户发送邮件要求用户修改口令（口令可能为指定字符串）或在看似正常的附件中加载病毒或其他木马程序。面对这类欺骗，只要用户提高警惕，一般危害性不是太大。

（5）寻找系统漏洞

许多系统都有这样那样的安全漏洞（Bugs），其中某些是操作系统或应用软件本身具有的，这些漏洞在补丁未被开发出来之前一般很难防御黑客的破坏。还有一些漏洞是由系统管理员配置错误引起的，如在网络文件系统中，将目录和文件以可写的方式调出，将未加 Shadow 的用户密码文件以明码方式存放在某一目录下，这都会给黑客带来可乘之机，应及时加以修正。

（6）利用账号进行攻击

有的黑客会利用操作系统提供的默认账户和密码进行攻击，例如许多 UNIX 主机都有 FTP 和 Cuest 等默认账户（其密码和账户名同名），有的甚至没有口令。黑客用 UNIX 操作系统提供的命令，如 Finger 和 Ruser 等收集信息，不断提高自己的攻击能力。这类攻击只要系统管理员提高警惕，将系统提供的默认账户关掉或提醒无口令用户增加口令，一般都能克服。

（7）偷取特权

偷取特权是指利用各种特洛伊木马程序、后门程序和黑客自己编写的导致缓冲区溢出的程序进行攻击，前者可使黑客非法获得对用户机器的完全控制权，后者可使黑客获得超级用户的权限，从而拥有对整个网络的绝对控制权。这种攻击手段，一旦奏效，危害性极大。

1.6.2 计算机病毒和黑客的防范

防范计算机病毒和黑客问题最重要的一点就是树立"预防为主，防治结合"的思想，树立计算机安全意识，防患于未然，积极地预防黑客的攻击和计算机病毒的侵入。购买并安装正版的具有实时监控功能的杀毒卡或反病毒软件，防止病毒的侵入。同时，要经常更新反病毒软件的版本，以及升级操作系统，安装漏洞的补丁。计算机处于网络环境时，应设置"病毒防火墙"。具体防范方法如下：

1. 提高安全意识

① 不要随意打开来历不明的电子邮件或文件，不要随便运行不太了解的人提供的程序，比如"特洛伊"类黑客程序就需要诱骗用户运行。

② 尽量避免从 Internet 下载不知名的软件、游戏程序。即使从知名的网站下载的软件也要及时用病毒和木马查杀软件对软件和系统进行扫描。

③ 密码设置尽可能使用字母数字混排。单纯的英文或者数字很容易穷举。将常用的密码进行区别，防止被人查出一个，连带到其他重要密码。重要密码最好经常更换。

④ 及时下载安装系统补丁程序。

⑤ 不随便运行黑客程序。不少这类程序运行时会发出个人信息。

⑥ 在支持 HTML 的 BBS 上，如发现提交警告，先看源代码，因为这可能是骗取密码的陷阱。

2. 使用防毒、防黑等防火墙软件

防火墙是一个用以阻止网络中的黑客访问某个机构网络的屏障，也称之为控制进、出两个方向通信的门槛。在网络边界上通过建立相应网络通信监控系统来隔离内部和外部网络，以阻挡外部网络的侵入。目前国内最常用的杀毒软件有百度杀毒、360 杀毒、卡巴斯基、BitDefender 等。

3. 设置代理服务器，隐藏 IP 地址

保护自己的 IP 地址是很重要的。事实上，即便机器上被安装了木马程序，若没有 IP 地址，攻击者也是没有办法的，而保护 IP 地址的最好方法就是设置代理服务器。代理服务器能起到外部网络申请访问内部网络的中间转接作用，其功能类似于一个数据转发器，它主要控制哪些用户能访问哪些服务类型。当外部网络向内部网络申请某种网络服务时，代理服务器接受申请，然后它根据其服务类型、服务内容、被服务的对象、服务者申请的时间、申请者的域名范围等来决定是否接受此项服务，如果接受，它就向内部网络转发这项请求。

1.7 课后练习

单选题

1. 机械硬盘的每一面都划分成很多的同心圆，称为________。

   A. 磁圈　　B. 磁道　　C. 扇区　　D. 柱面

2. 计算机病毒是指________。

   A. 计算机中已被破坏的程序

   B. 以危害系统为目的的特殊计算机程序

   C. 编制有错误的计算机程序

   D. 设计不完善的计算机程序

3. 微型计算机中，数据存储容量的基本单位 byte 表示________。

   A. 两个八进制位　　B. 一个二进制位

   C. 一个十进制位　　D. 八个二进制位

4. 世界上第一台申请专利的电子计算机 ENIAC，其主要逻辑元件是由________组成，属于第一代计算机范畴。

   A. 集成电路　　B. 电子管　　C. 晶体管　　D. 超大规模集成电路

5. 计算机能直接执行的程序是________。

   A. 源程序　　B. 机器语言程序

   C. BASIC 语言程序　　D. 汇编语言程序

6. 在计算机工作时不能用物品覆盖、阻挡个人计算机的显示器和主机箱上的孔，是为了________。

A. 有利于清除机箱内的灰尘　　B. 防止异物进入机箱内

C. 有利于机内通风散热　　D. 减少机箱内的静电积累

7. I/O 设备是指________。

A. Input/Output Device　　B. USB 接口的鼠标

C. 识别 1 和 0 的设备　　D. 打印机与键盘

8. 计算机病毒对计算机中的软件和数据具有破坏作用，因此，为保证个人数据的安全，应该________。

A. 时常备份数据到 U 盘或网盘，确保个人数据有安全的副本

B. 不要使用 U 盘

C. 每天用杀毒软件清理病毒

D. 断开网络，切断病毒来源

9. 微型计算机中，辅助存储器通常包括________。

A. 硬盘、内存条、U 盘　　B. 硬盘、U 盘、固态硬盘

C. 固态硬盘、内存条、U 盘　　D. 硬盘、光盘、U 盘

10. 在当今计算机的用途中，________领域的应用占的比例最大。

A. 过程控制　　B. 辅助工程　　C. 数据处理　　D. 科学计算

11. 微型计算机是当前最为流行的计算机，从计算机发展历史来看微型计算机属于第________代计算机范畴。

A. 4　　B. 3　　C. 2　　D. 5

12. 若发现某个 U 盘已经感染病毒，则可________。

A. 将该 U 盘上的文件复制到另一个 U 盘上使用

B. 用杀毒软件清除该 U 盘的病毒或在确认无病毒的计算机上格式化该 U 盘

C. 将该 U 盘报废

D. 换一台计算机再使用该 U 盘上的文件

13. 在 ASCII 码表中，ASCII 码值从小到大的排列顺序是________。

A. 小写英文字母、大写英文字母、数字

B. 数字、大写英文字母、小写英文字母

C. 大写英文字母、小写英文字母、数字

D. 数字、小写英文字母、大写英文字母

14. 在微机中，1 MB 准确等于________。

A. 1 024×1 024 个字节　　B. 1 024×1 024 个字

C. 1 000×1 000 个字节　　D. 1 000×1 000 个字

15. 把硬盘上的数据传送到计算机的内存中去，称为________。

A. 写盘　　B. 打印　　C. 读盘　　D. 输出

16. 显示器主要参数之一是分辨率，其含义是________。

A. 在同一幅画面上显示的字符数

B. 可显示的颜色总数

C. 显示屏幕光栅的列数和行数

D. 显示器分辨率是指显示器水平方向和垂直方向显示的像素点数

17. 与十六进制数 AB 等值的十进制数是________。

A. 172　　B. 173　　C. 170　　D. 171

18. 当前主流微型计算机的 CPU 字长是________。

A. 32　　B. 64　　C. 16　　D. 8

19. 安全卫士软件（如 360、金山等）是当前计算机中常用的计算机病毒防护与系统维护软件，以下观点正确的是________。

A. 多安装几种安全卫士不影响计算机的运行速度

B. 没必要安装安全卫士

C. 多安装几种安全卫士计算机系统就越安全

D. 安装一个安全卫士即可

20. 计算机中通常一个中文码字符用________表示。

A. 两个八位二进制　　B. 一个十进制位

C. 八个二进制位　　D. 一个二进制位

第 2 章　Windows 7 操作系统

操作系统（Operating System，OS）是最基本的系统软件，它是控制和管理计算机所有硬件和软件资源的一组程序，是用户和计算机之间的通信界面，用户通过操作系统的使用和设置，使计算机更有效地进行工作。操作系统具有进程管理、存储器管理、设备管理、文件管理和任务管理五个功能。Windows 是由微软公司成功开发的个人计算机操作系统。Windows 是一个多任务的操作系统，它采用图形窗口界面，用户对计算机的各种复杂操作只需要单击鼠标就可以实现。

2.1　Windows 7 基础

2.1.1　Windows 7 简介

Windows 7 是微软继 Windows XP、Vista 之后的操作系统，它比 Vista 性能更高、启动更快、兼容性更强，具有很多新特性和优点，比如提高了屏幕触控支持和手写识别、支持虚拟硬盘、改善多内核处理器、改善了开机速度和内核等。

1．Windows 7 系统的启动和退出

一般来说，只要安装了 Windows 7，接通电源后，按主机箱上的电源开关按钮，稍等片刻即启动了 Windows 7。进入 Windows 7 的登录界面，要求输入正确的账号密码。如果不适用当前账户，单击“切换用户”按钮，可以切换到其他账户登录系统。

单击“开始”→“关机”命令，默认状态是关机，单击其右边的箭头，有以下几个选项，如图 2.1.1 所示。

图 2.1.1　Windows 7 关机选项

①“切换用户”：切换到其他用户，但系统保留所有登录账户的使用环境，当需要时可以切换到账户切换前的使用环境。

②“注销”：退出当前用户运行的程序，并准备由其他用户使用计算机。

③“锁定”：不注销当前用户，回到欢迎界面，如果有密码，则需要密码才能再次进入。

④“重新启动”：相当于执行“关机”操作后再开机。用户也可以在关机之前关闭所有的程序，然后使用 Alt+F4 组合键快速打开。

⑤“睡眠”：关闭大部分硬件的电源，只对内存供电，只要激活一下就可以。

⑥“休眠”：用户暂时不使用计算机，可选择“休眠”选项，系统将其保持当前的运行，并转入低功耗状态。通常，计算机主机箱外侧的一个指示灯闪烁或变黄就标示计算机处于休眠状态。当用户再次使用计算机时，按下主机箱上的电源按钮，或者移动一下鼠标，计算机可以立即回复工作。

2. 桌面

桌面是打开计算机并登录到 Windows 之后看到的主屏幕区域，如图 2.1.2 所示。用户的工作都是在桌面上进行的。桌面上包括图标、任务栏、Windows 边栏等部分。

图 2.1.2　Windows 7 桌面

桌面图标是代表文件、文件夹、程序和其他项目的小图片，如图 2.1.2 所示。Windows 7 桌面上的常用图标有计算机、回收站、网络等，以及其他一些程序文件的快捷方式图标。

① 计算机：表示当前计算机中的所有内容，主要对计算机的资源进行管理，包括磁盘管理、文件管理、配置计算机软件和硬件环境等。

② 回收站：暂存用户从硬盘中删除的文件、文件夹、快捷方式等对象，当需要的时候，可以还原或彻底删除。

③ 网络：当用户的计算机连接到网络上时，通过它与局域网内的其他计算机进行交互。

任务栏是位于屏幕底部的一个水平的长条，由“开始”按钮、“快速启动”工具栏、任务按钮区、通知区域 4 个部分组成，如图 2.1.3 所示。

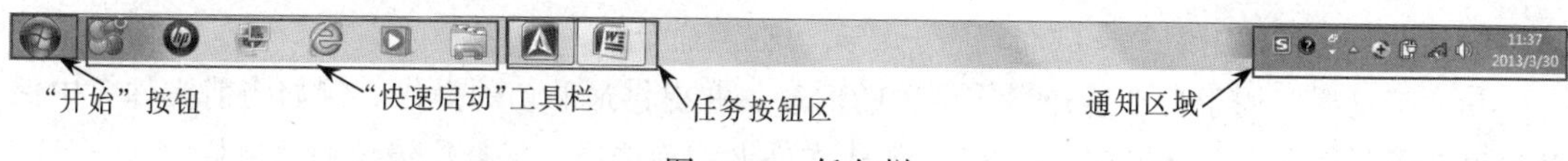

图 2.1.3　任务栏

①“开始”按钮：用于打开“开始”菜单。

②“快速启动”工具栏：单击其中的按钮即可启动程序。

③ 任务按钮区：显示已打开的程序和文档窗口的缩略图，并且可以在它们之间进行快速切换。单击任务按钮可以快速地在这些程序中进行切换。也可在任务按钮上右击，通过弹出的快捷菜单对程序进行控制。

④ 通知区域：包括时钟、输入法、音量以及一些告知特定程序和计算机设置状态的图标。

窗口和对话框是 Windows 7 系统的基本对象，桌面上用于查看应用程序或文件等信息的一个矩形区域。

3．窗口

虽然每个窗口的内容各有不同，但所有窗口都有一些共通点。典型的程序窗口包括以下各部分，如图 2.1.4 所示。

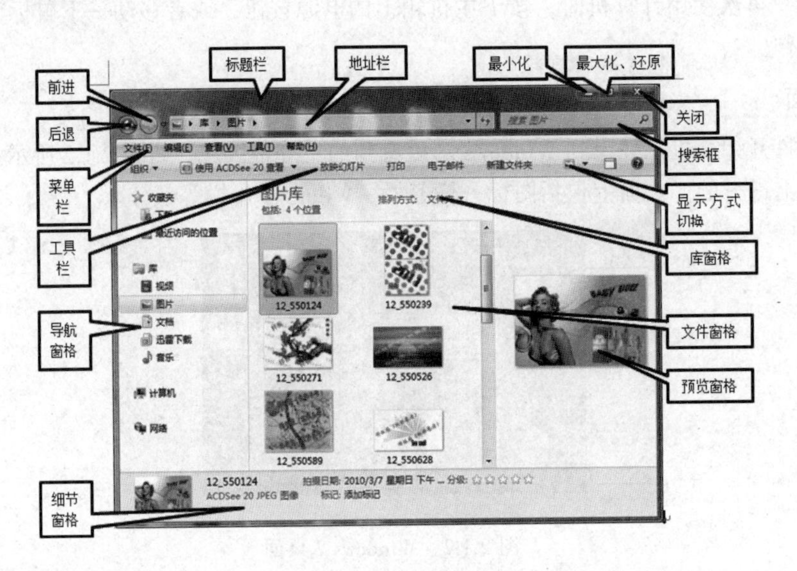

图 2.1.4　窗口的内容

①“后退”和“前进”按钮用于快速访问上一个和下一个浏览过的位置。

②“地址栏”显示了当前访问位置的完整路径，其中每个文件夹结点都显示为按钮，单击某个按钮即可快速跳转到对应的文件夹中。单击文件夹按钮右侧的下拉按钮，系统将列举出该文件夹的所有子文件夹列表、选择某个选项即可跳转到相应的文件夹中。

③“搜索框”用于当前位置进行搜索，凡是文件内部或文件名称中包含所输入的关键字者，都会显示出来。

④“菜单栏”默认是隐藏的，其中列出了与文件和文件夹操作有关的命令。如果希望只显示该元素一次，可以按下 A1t 键，单击窗口中其他任何界面元素即可将其再次隐藏；若要一直显示该元素，执行“组织”→“布局”→“菜单栏”命令。

⑤“工具栏”用于自动感知当前位置的内容，并提供最贴切的操作。例如当前文件夹中保存了很多子文件夹，则会提供“打开”“新建文件夹”等选项，以替代传统的菜单栏。

⑥“显示方式切换”开关中列出了用于控制当前文件夹使用的视图模式、显示或隐藏预览窗格以及打开帮助窗口的 3 个按钮。

⑦“导航窗格”中以树形图的方式列出了一些常见位置、同时该窗格中还根据不同位置的类型显示了多个结点，每个子结点可以展开或合并。

⑧“库窗格”提供了和库有关的操作，并且可以更改排列方式。如果希望隐藏该位置的库窗格，执行“组织”→“布局”→“库窗格”命令。

⑨“文件窗格”中列出了当前浏览位置包含的所有内容。在文件窗格中显示的内容，可以通过视图按钮更改显示视图。

⑩“预览窗格”默认是隐藏的，单击窗口右上角的“显示预览窗格”按钮即可将其打开。如果在文件窗格内选定了某个文件，其内容会显示在预览窗格中，从而可以直接了解每个文件的详细内容。

⑪ 细节窗格用于显示文件或文件夹的详细属性信息。

4．对话框

Windows 7 的对话框是一种次要窗口，包含按钮和各种选项，通过它们可以完成特定命令或任务，是人机交流的一种方式。用户通过对话框进行设置，计算机执行相应的命令。

对话框是特殊类型的窗口，可以提出问题，允许选择项来执行任务，或者提供信息。当程序或 Windows 需要操作者响应它才能继续时，经常会看到对话框。

图 2.1.5 是含有选项卡的选项设置型对话框，图 2.1.6 是问答型对话框。对于选项设置对话框，一般操作方式是，用户按规定的方式进行设置或数据的输入，完成后单击“确定”按钮使其生效，单击“取消”按钮或按 Esc 键则设置无效。

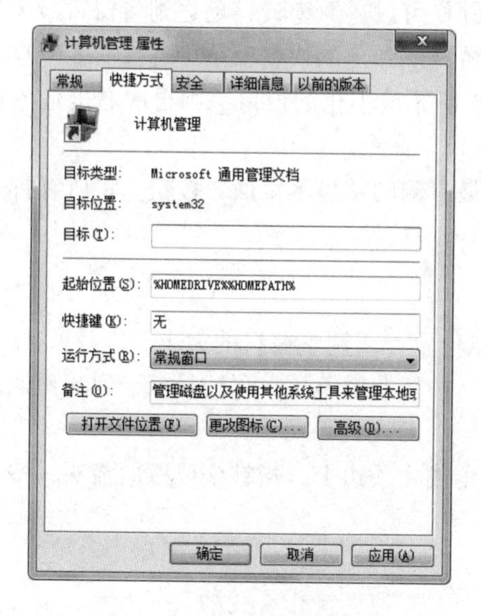

图 2.1.5　含选项卡的对话框

图 2.1.6　问答型对话框

对于问答对话框，通常有肯定（如“是”“保存”）、否定（如“否”“不保存”）、取消 3 个选项供用户选择，如单击“取消”按钮或按 Esc 键则表示不做选择，回到对话框出现之前的状态。与常规窗口不同，多数对话框无法最大化、最小化或者调整大小，但是它们可以被移动。

2.1.2　Windows 窗口基本操作

1．打开与关闭窗口

（1）打开窗口

在桌面、资源管理器或“开始”菜单等位置，通过单击或双击相应的命令或文件夹，都可以打开该对象对应的窗口。

（2）关闭窗口

关闭窗口有以下方法：

① 单击窗口的“关闭”按钮。

② 按 Alt+F4 组合键。

③ 按 Ctrl+W 组合键。

④ 可以在分组任务栏的项目上右击，在弹出的快捷菜单中选择“关闭窗口”命令。

⑤ 如果多个窗口以组的形式显示在任务栏上，可以在一组的项目上右击，在弹出的快捷菜单中选择“关闭所有窗口”命令。

⑥ 将鼠标指针移至任务栏窗口的图标上，右击出现的窗口缩略图，从弹出的快捷菜单中选择“关闭”命令。

2. 最小化、最大化和还原窗口

① 使用窗口按钮：单击窗口右上角的“最小化”“最大化”“关闭”按钮。

② 使用快捷菜单：右击窗口的标题栏，使用“最小化”“最大化”“关闭”命令。

③ 双击操作：当窗口最大化时，双击窗口的标题栏可以还原窗口；反之则将窗口最大化。

④ 执行任务栏菜单命令：右击任务栏的空白区域，从弹出的快捷菜单中选择“显示桌面”命令，将所有打开的窗口最小化以显示桌面。如果要还原最小化的窗口，则再次右击任务栏的空白区域，从弹出的快捷菜单中选择“显示打开的窗口”命令。

⑤ 通过任务栏通知区域：单击任务栏通知区域最右侧的“显示桌面”按钮，将所有打开的窗口最小化以显示桌面。如果要还原窗口，应再次单击该按钮。

3. 移动与改变窗口大小

在 Windows 系统中，可以将窗口移至桌面的任意位置，或调整窗口的大小。

① 移动窗口：将鼠标指针移到窗口的标题栏上，按住左键不放，移动鼠标，到达预期位置后，松开鼠标按键即可。

② 调整窗口大小：将鼠标指针放在窗口的 4 个角或 4 条边上，指针变成双向箭头，按住左键向相应的方向拖动即可。

4. 自动排列窗口

Windows 提供了层叠、堆叠和并排 3 种窗口的方式。右击任务栏的空白区域，从弹出的快捷菜单中选择“层叠窗口”“堆叠显示窗口”“并排显示窗口”命令之一便可更改窗口的排列方式。

5. 切换窗口

如果在桌面上打开了多个应用程序或文档，那么当前打开的窗口往往会遮挡其他的程序或文档，于是在使用其他应用程序时，需要进行窗口切换。

① 使用任务栏：只需单击窗口在任务栏上的图标，该窗口就会出现在其他窗口的前面，成为活动窗口。

② 使用 Alt+Tab 组合键：按住 Alt 键并重复按 Tab 键可以在所有打开的窗口缩略图和桌面之间循环切换。

③ 使用 Flip 3D：在按下 Windows 徽标键，重复按 Tab 键即可使用 Flip 3D 切换窗口。

2.1.3 控制面板

控制面板是 Windows 系统中重要的设置工具之一，方便用户查看和设置系统状态。单击 Windows 7 桌面左下角的“开始”按钮，从开始菜单中选择“控制面板”就可以打开 Windows 7 系统的控制面板，如图 2.1.7 所示。

图 2.1.7 打开 Windows 7 控制面板

Windows 7 系统的控制面板默认以“类别”的形式来显示功能菜单，分为系统和安全、用户账户和家庭安全、网络和 Internet、外观、硬件和声音、时钟语言和区域、程序、轻松访问等类别，每个类别下会显示该类的具体功能选项，如图 2.1.8 所示。

图 2.1.8 控制面板的“类别”查看方式

除了“类别”，Windows 7 控制面板还提供了“大图标”和“小图标”的查看方式，只需单击控制面板右上角“查看方式”旁边的小箭头，从中选择自己喜欢的形式就可以了，如图 2.1.9 所示。

Windows 7 系统的搜索功能非常强劲，控制面板中也提供了好用的搜索功能，只要在控制面板右上角的搜索框中输入关键词，回车后即可看到控制面板功能中相应的搜索结果，这些功能按照类别做了分类显示，一目了然，极大地方便用户快速查看功能选项，如图 2.1.10 所示。

图 2.1.9　控制面板的“大图标”和“小图标”查看方式

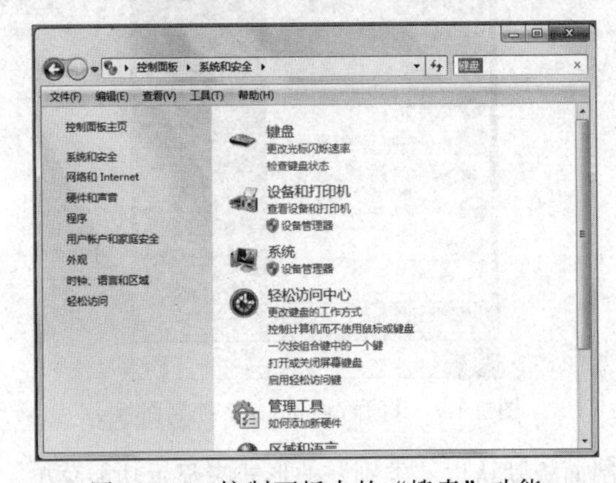

图 2.1.10　控制面板中的“搜索”功能

还可以充分利用 Windows 7 控制面板中的地址栏导航，快速切换到相应的分类选项或者指定需要打开的程序。单击地址栏每类选项右侧向右的箭头，即可显示该类别下所有程序列表，从中单击需要的程序即可快速打开相应程序，如图 2.1.11 所示。

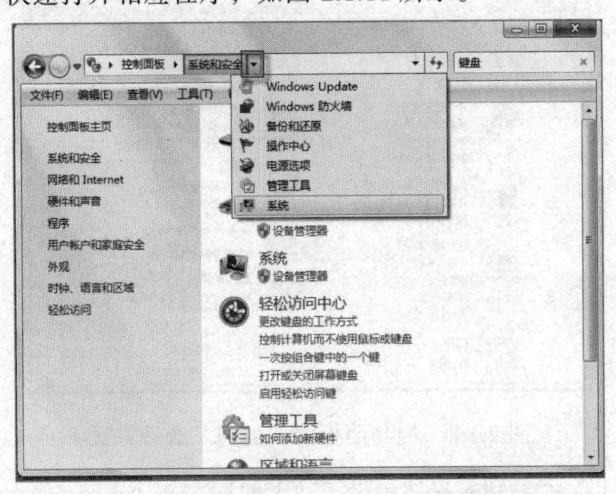

图 2.1.11　控制面板中的地址栏导航

2.1.4　Windows 7 系统优化

Windows 7 操作系统相比之前的 Vista 系统和 XP 系统，不仅操作界面美观，而且使用方便，但和其他 Windows 系统一样需要一定的系统维护，才能保证系统的优良性能。

1. 清理磁盘

在系统和应用程序的运行过程中，都会根据系统管理的需要而产生一些临时的信息文件，

随着临时文件的增加、磁盘上的可用空间越来越少，直接导致了计算机的运行速度下降。使用磁盘清理程序可以帮助用户释放硬盘空间，删除系统临时文件、Internet 临时文件，安全地删除不需要的文件，减少它们占用的系统资源，从而起到提高计算机运行速度的效果。

Windows 7 系统在“所有程序”→“附件”→“系统工具”中为用户提供了“磁盘清理”工具。使用这个工具，用户可以删除临时文件，释放磁盘上的可用空间。

如果要减少硬盘上不需要的文件数量，以释放磁盘空间并让计算机运行得更快，使用“磁盘清理”可删除临时文件、清空回收站并删除各种系统文件和其他不再需要的项。

清除与用户账户关联的文件以及计算机上的系统文件，操作步骤如下：

① 打开“磁盘清理”，在“驱动器”列表中，单击要清理的硬盘驱动器，然后单击“确定”按钮，如图 2.1.12 所示。

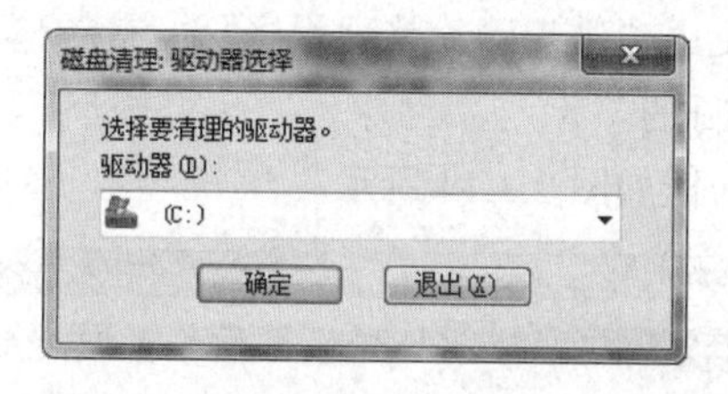

图 2.1.12　选择要进行磁盘清理的驱动器

② 如果要清除计算机上的系统文件，则在“磁盘清理”对话框中，单击“清理系统文件”按钮，然后重复第①步。

③ 在“磁盘清理”对话框中的“磁盘清理”选项卡上，选中要删除的文件类型的复选框，然后单击“确定”按钮，如图 2.1.13 所示。

④ 在出现的确认对话框中，单击“删除文件”按钮。

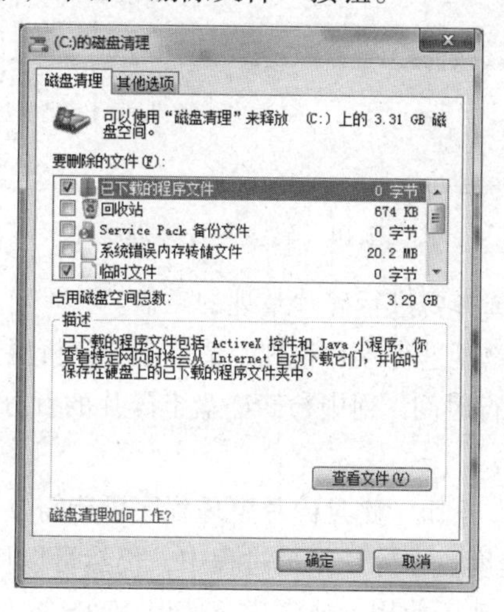

图 2.1.13　“磁盘清理”对话框

当选择了“清理系统文件”时，“磁盘清理”对话框会出现“更多选项”选项卡，此选项卡包含用于释放更多磁盘空间的两种其他方法：

①“程序和功能”。此选项在“控制面板”中打开，用户可以在其中卸载不再使用的程序。“程序和功能”中的“大小”列显示了每个程序使用的磁盘空间大小。

②“系统还原和卷影副本”。使用此选项，可以删除磁盘上的所有还原点（最近创建的还原点除外）。

系统还原使用还原点将系统文件及时还原到早期的还原点。如果计算机运行正常，可以通过删除先前还原点的方式来节省磁盘空间。

2. 整理磁盘碎片

在硬盘刚刚使用时，文件在磁盘上的存放位置基本是连续的，随着用户对文件的修改、删除、复制或者保存新文件等频繁的操作，使得文件在磁盘上留下许多小段空间，这些小的不连续区域就被称为磁盘碎片。

磁盘的整理操作可以单击“开始”按钮，选择“所有程序”→“附件”→“系统工具”→“磁盘碎片整理程序”命令。使用“磁盘碎片整理程序”，重新整理硬盘上的文件和使用空间，可以达到提高程序运行速度的目的。

“磁盘碎片整理程序”对话框如图 2.1.14 所示。

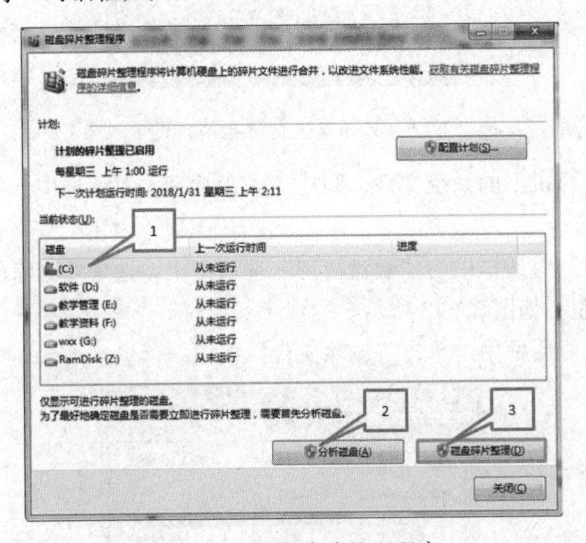

图 2.1.14　磁盘碎片整理程序

① 在“当前状态”下，选择要进行碎片整理的磁盘。

② 若要确定是否需要对磁盘进行碎片整理，请单击“分析磁盘”按钮。在 Windows 完成分析磁盘后，可以在“上一次运行时间”列中检查磁盘上碎片的百分比。如果数字高于 10%则应该对磁盘进行碎片整理。

③ 单击“磁盘碎片整理”按钮。磁盘碎片整理程序可能需要几分钟到几小时才能完成，具体取决于硬盘碎片的大小和程度。在碎片整理过程中，仍然可以使用计算机。

如果磁盘已经由其他程序独占使用，或者磁盘使用 NTFS 文件系统、FAT 或 FAT32 之外的文件系统格式化，则无法对该磁盘进行碎片整理。

3. 使用系统优化工具

除了使用 Windows 自带的工具对系统进行优化之外，还可以用第三方软件对 Windows 系统进行优化，如“Windows 优化大师”。

“Windows 优化大师”是一款功能强大的系统工具软件，它提供了全面有效且简便安全的系统检测、系统优化、系统清理、系统维护四大功能模块及数个附加的工具软件。Windows 优化大师能够有效地帮助用户了解自己的计算机软硬件信息、简化操作系统设置步骤，提升计算运行效率，清理系统运行时产生的垃圾，修复系统故障及安全漏洞，维护系统的正常运转。

“Windows 优化大师”是一款免费软件，可在其官方网站（http//www.youhua.com）自由下载安装，程序运行窗口如图 2.1.15 所示。

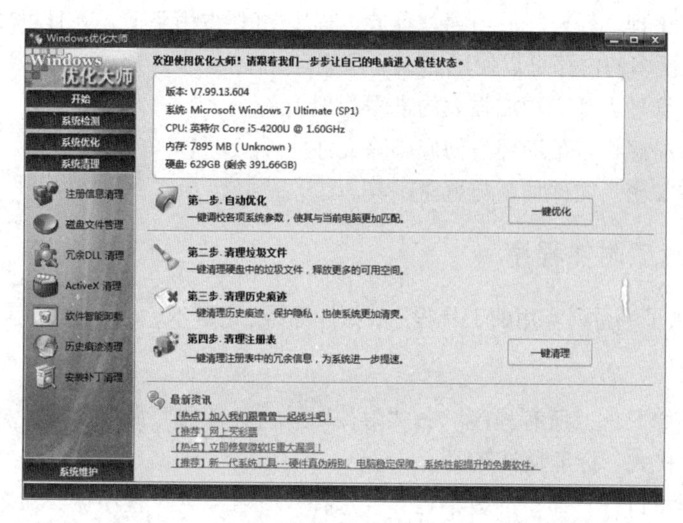

图 2.1.15 “Windows 优化大师”程序运行窗口

“Windows 优化大师”提供的优化功能大致如下：

（1）详尽准确的系统信息检测

Windows 优化大师深入系统底层，分析用户计算机，提供详细准确的硬件、软件信息，并据检测结果向用户提供系统性能进一步提高的建议。

（2）全面的系统优化选项

Windows 优化大师可以提供磁盘缓存、桌面菜单、文件系统、网络、开机速度、系统安全、后台服务等全方位优化。并向用户提供简便的自动优化向导，能够根据检测分析到的用户计算机软硬件配置信息进行自动优化。所有优化项目均提供恢复功能，用户若对优化结果不满意可以一键恢复。

（3）强大的清理功能

① 注册信息清理。快速安全扫描、分析和清理注册表。

② 磁盘文件管理。快速安全扫描、分析和清理选中硬盘分区或文件夹中的无用文件，统计选中分区或文件夹空间占用，重复文件分析，重启删除顽固文件。

③ 冗余 DLL 清理。快速分析硬盘中冗余动态链接库文件，并在备份后予以清除。

④ ActiveX 清理。快速分析系统中冗余的 ActiveX/COM 组件，并在备份后予以清除。

⑤ 软件智能卸载。自动分析指定软件在硬盘中关联的文件以及在注册表中登记的相关信息，并在备份后予以清除。

⑥ 历史痕迹清理。快速安全扫描、分析和清理历史痕迹，保护个人的隐私。

⑦ 备份恢复管理。所有被清理删除的项目均可从 Windows 优化大师自带的备份与恢复管理器中进行恢复。

（4）有效的系统维护模块

① 驱动智能备份。使用户免受重装系统时寻找驱动程序之苦。

② 系统磁盘医生。检测和修复非正常关机、硬盘坏道等磁盘问题。

③ 磁盘碎片整理。分析磁盘上的文件碎片，并进行整理。

④ Wopti 内存整理。轻松释放内存，释放过程中 CPU 占用率低，并且可以随时中断整理进程，让应用程序有更多的内存可以使用。

⑤ Wopti 进程管理大师。功能强大的进程管理工具。

⑥ Wopti 文件粉碎机。帮助用户彻底删除文件。

⑦ Wopti 文件加密。文件加密与解密工具。

2.1.5 Windows 7 附件程序

Windows 7 提供了一系列实用的工具程序，如计算器、记事本、画图、截图工具和媒体播放器。

1. 计算器

选择菜单“开始”→“所有程序”→“附件”→“计算器”命令，可以打开“计算器”窗口，并显示其默认格式：标准型计算器。

标准型计算器可以进行简单的数学运算。选择“查看”→“程序员”命令，可以转换成科学型计算器窗口，如图 2.1.16 所示。此时，不仅可以进行数学和逻辑运算，还可以实现不同进制数字之间的转换。

图 2.1.16 程序员计算器

2. 记事本

“记事本”程序是一个小型的文本编辑器，只能处理纯文本文件。选择菜单“开始”→“所有程序”→“附件”→“记事本”命令可以打开“记事本”窗口，接着就能输入文本了，如图 2.1.17 所示。

3. 画图

画图程序是 Windows 7 提供的位图绘图软件，具有绘制与编辑图形、文字处理等功能。选择“开始”→“所有程序”→“附件”→“画图”命令可以打开“画图”窗口，其顶部是功能区，包括“主页”和“查看”两个选项卡，如图 2.1.18 所示。

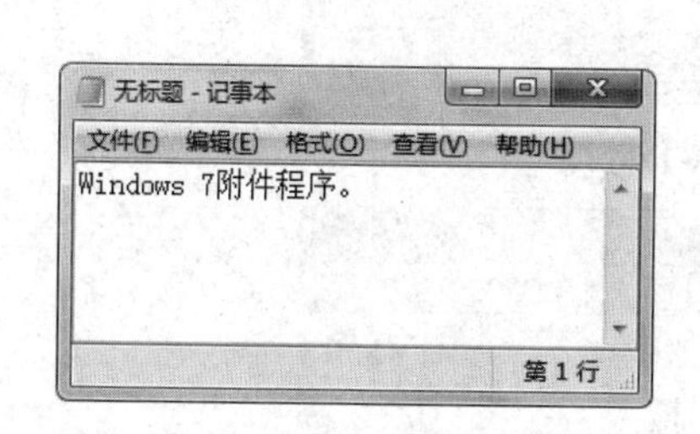

图 2.1.17 记事本

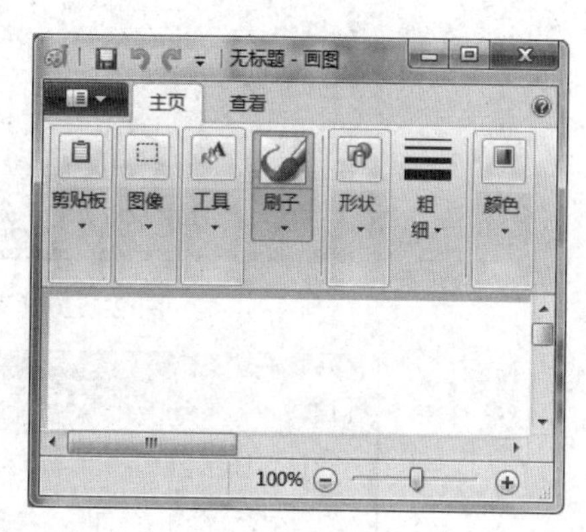

图 2.1.18 画图程序

在“画图”窗口中绘制图形的一般步骤：

① 定制画布尺寸。单击“图像”组中的“重新调整大小”按钮，打开“调整大小和扭曲”对话框进行设置。

② 选择颜色。“颜色”组中的“颜色 1”和“颜色 2”按钮分别用于选择前景色和背景色。

③ 设置线条的粗细、选择绘图工具。

④ 绘制图形、在画布上添加文本。

⑤ 按 Ctrl+S 组合键，在弹出的“保存为”对话框中设置路径、图片类型和名称。

4. 截图工具

Windows 7 系统自带的截图工具灵活性大，并且具有简单的图片编辑功能，方便对截取的内容进行处理。选择菜单“开始”→“所有程序”→“附件”→“截图工具”命令，可以打开“截图工具”窗口。单击“新建”下拉按钮，从下拉列表中选择合适的选项，即可开始截图，如图 2.1.19 所示。

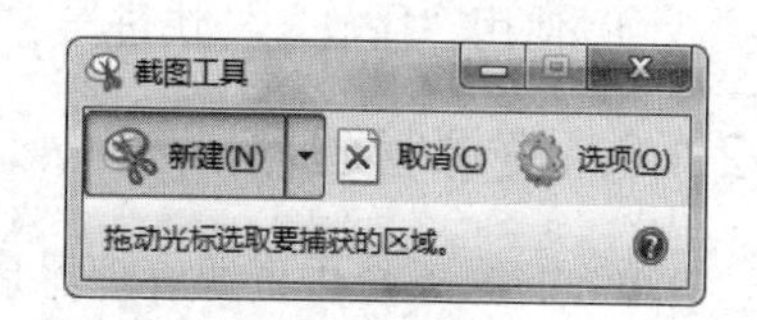

图 2.1.19 截图工具

5. Windows Media Player

Windows Media Player 12 是 Windows 7 系统提供的媒体播放与管理软件。选择菜单“开始”→“所有程序”→“Windows Media Player”命令，即可打开窗口，如图 2.1.20 所示。播放音乐或视频文件的操作步骤如下：

① 选择菜单“组织”→“管理媒体库”→“音乐”命令，打开“音乐库位置”对话框。

② 单击“添加”按钮，在打开的“将文件夹包含在‘音乐’中”对话框中选择目标文件夹，然后单击“包含文件夹”按钮，如图 2.1.21 所示，返回“音乐库位置”对话框。

图 2.1.20 Windows Media Player

图 2.1.21 "将文件夹包含在'音乐'中"对话框

③ 单击"确定"按钮。此时，打开音乐库的文件夹列表，指定的文件夹包含其中。

④ 使用"播放""快进""快退""停止"等按钮控制音乐或视频的播放。

2.1.6 资源管理器

Windows 系统中资源管理器是用户经常浏览和查看文件的重要窗口，在 Windows 7 系统中，微软对资源管理器进行了很多改进，并赋予了更多新颖有趣的功能，操作更便利，如图 2.1.22 所示。

1. 启动"资源管理器"

① 双击"计算机"图标，即可打开"资源管理器"窗口。

② 右击任务栏上的"开始"按钮，选择"Windows 资源管理器"。

③ 选择"开始"→"所有程序"→"附件"，→"Windows 资源管理器"。

④ 快捷键：Windows 徽标键+E。

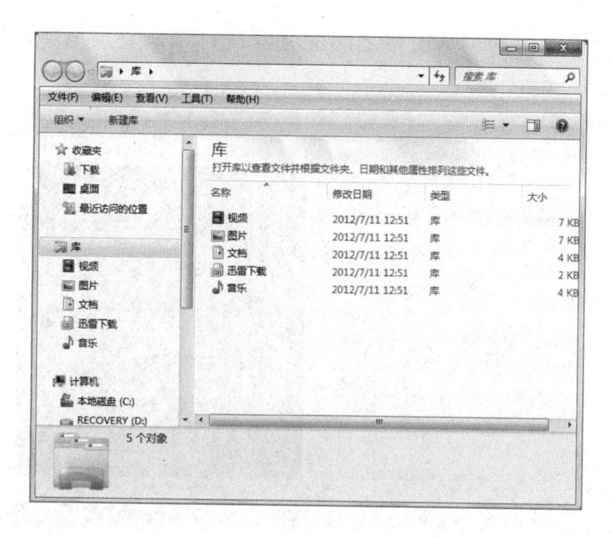

图 2.1.22 “资源管理器”窗口

2. 利用资源管理器浏览文件

在 Windows 7 资源管理器中，在窗口左侧的列表区，包含收藏夹、库、家庭网组、计算机和网络等五大类资源。当浏览文件时，特别是文本文件、图片和视频时，可以在资源管理器中直接预览其内容。

操作方法：在 Windows 7 资源管理器界面，单击右上角“显示预览窗格”图标，如图 2.1.23 所示，在资源管理器右侧即可显示预览窗格，如图 2.1.24 所示。

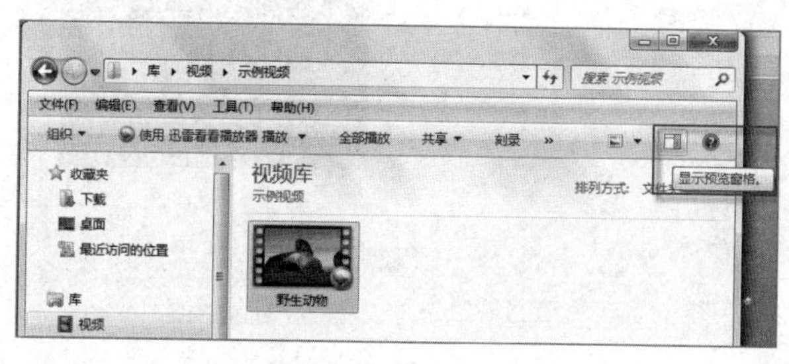

图 2.1.23 显示预览窗格图标

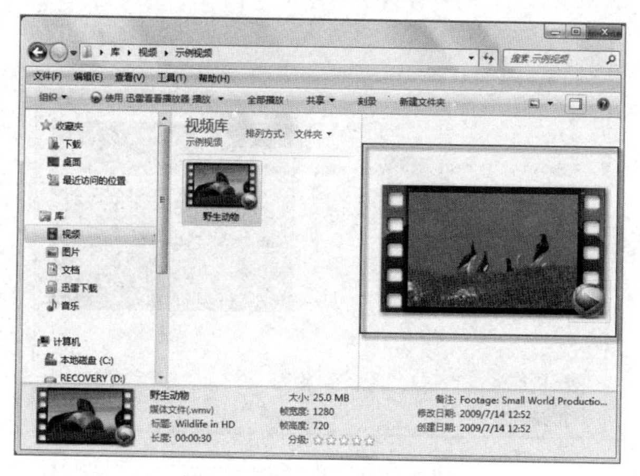

图 2.1.24 显示预览窗格

可以通过拉动文件浏览区和预览窗格之间的分隔线，来调整预览窗格的大小，以便用户预览需要的文件，如图 2.1.25 所示。

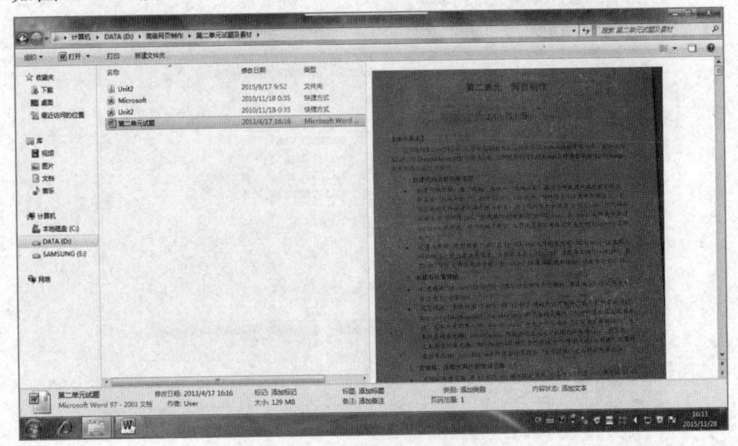

图 2.1.25　预览文本文件

在预览音乐和视频文件时，还可以进行播放，让用户无须运行播放器即可享受音乐或观看影片，真是非常方便实用，如图 2.1.26 和图 2.1.27 所示。

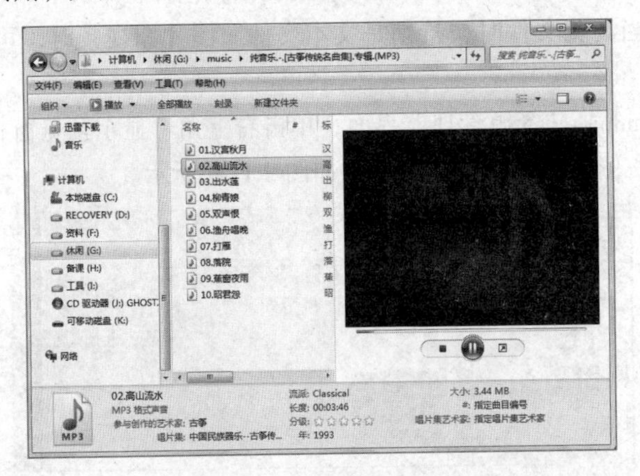

图 2.1.26　预览播放音乐

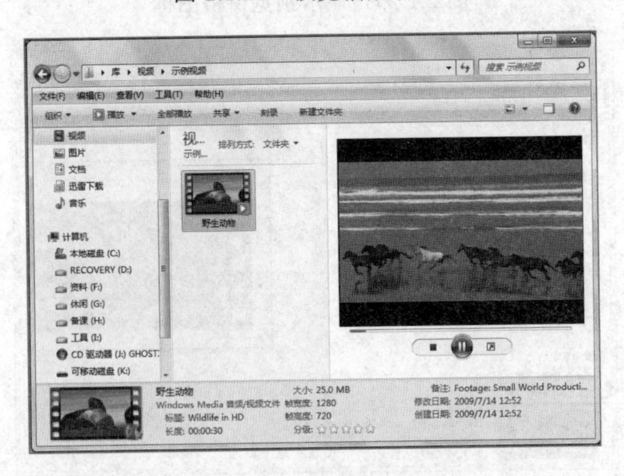

图 2.1.27　预览播放视频

在 Windows 7 中，微软还为资源管理器提供了多样化的视图模式，特别是超大图标、大图标等视图模式，特别便于用户预览缩略图，如图 2.1.28 所示。

图 2.1.28　超大图标浏览图片

2.2　管理文件和文件夹

计算机中所有信息都是以“文件”为单位存储在磁盘上的，在 Windows 7 系统中，管理文件操作更简单，效率更高，在文件夹管理方面也是如此。本任务介绍在 Windows 7 下管理文件和文件夹，包括创建、重命名、复制、移动、删除、恢复、查找和属性设置。

2.2.1　文件和文件夹的有关概念

1. 文件

文件是包含信息（例如文本、图像或音乐）的项。在计算机上，文件用图标表示，这样可以通过查看其图标来识别文件类型。Windows 的文件管理系统以文件为对象，按文件名进行管理。

在 Windows 7 中，所有文件都可由一个图标和一个文件名进行标识。通常文件名由两部分组成：文件主名和扩展名，中间用“.”隔开。文件主名的长度最长可达 255 个字符，可以是字母、数字、汉字、下画线、空格和其他符号，但不能包括“\”、“/”、“:”、“*”、“？”、“"”、“<”、“>”、“|”等字符。

命名文件尽量与内容或用途相关，以便记忆。文件的扩展名用于说明文件的类型，一般由创建文件的应用程序自动创建。

常见文件扩展名及其文件类型如表 2.2.1 所示。

表 2.2.1　常见文件类型及其扩展名

扩 展 名	文件类型	扩 展 名	文件类型
txt	记事本	rar/zip	压缩包
docx	Word 文档	html	网页
xlsx	Excel 工作表	rm/avi/mp4	视频文件
pptx	PowerPoint 演示文稿	mp3	音频文件

2. 文件夹

文件夹是可以在其中存储文件的容器。如果在桌面上放置数以千计的纸质文件，要在需要时查找某个特定文件几乎是不可能的。这就是人们时常把纸质文件分门别类存放在文件柜内不同的文件夹中的原因。计算机上文件夹的工作方式与此类似。磁盘是存储信息的设备，一个磁盘上存储了大量的文件。为了便于管理，将文件“分门别类”存放在不同的目录中，这些目录在 Windows 7 中称为文件夹。文件夹的命名规则和文件的命名规则相同。

文件夹采用树形结构的形式来组织和管理文件。文件夹不仅可以包含各种类型的文件，还可以包含其他文件夹（文件夹中包含的文件夹，通常称为“子文件夹”，每个子文件夹中又可以容纳任何数量的文件和其他子文件夹），从而可以实现对文件进行分门别类地组织与管理。

3. 盘符和路径

计算机处理的各种数据都以文件的形式存放在存储器中，存取这些数据时，应明确其所在的盘符、路径及文件名。

（1）盘符

盘符是表示存储器的符号。以字母 A、B、C、D、E 等为名。其中，软盘使用 A 和 B；硬盘从 C 开始，以此类推；其他类型的外存储器（如光盘等）列在硬盘之后。

（2）路径

文件所归属的各级文件夹列表，称为路径。这样，在具体指定一个文件时，应指定其所在的盘符、路径及文件名。各级文件夹之间用“\”分割，如 D:\新建文件夹\今天我们要走了.mp3。

【例 2.2.1】试用 Windows 的“记事本”创建文件：phetcha，存放于：D:\WINKS\Bangkok 文件夹中，文件类型为:TXT，文件内容如下（内容不含空格或空行）：泰国曼谷古城自驾游。（备注：练习前需要先把 WINK 文件夹放到 D 盘。）（扫描二维码获取案例操作视频）

操作步骤：

① 通过“开始”→“附件”→“记事本”命令创建文件，并输入指定内容。

② 保存为 txt 文件。

③ 将文件保存到指定路径。

2.2.2 选中文件或文件夹

选中文件或文件夹是告诉计算机要操作的对象。

① 选定单一文件或文件夹：直接单击要选择的文件或文件夹即可。

② 同时选定多个文件或文件夹：

a. 同时选定窗口中的全部文件和文件夹：单击窗口的“编辑”→“全选”命令，如图 2.2.1 所示，或者用快捷键 Ctrl+A。

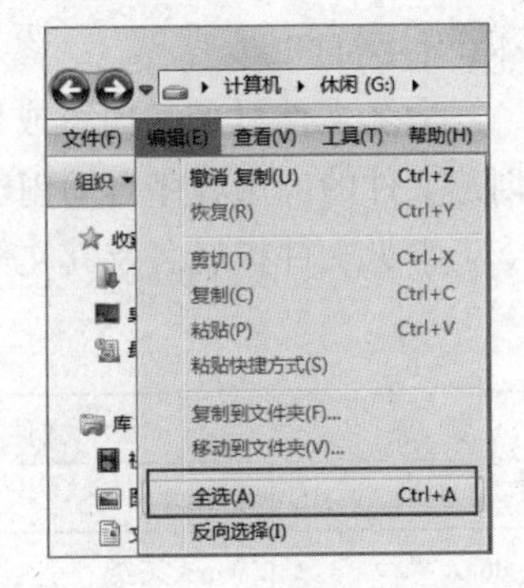

图 2.2.1 “全选”命令

b. 选定连续排列的一组文件或文件夹：单击该组的第一个文件或文件夹，按住 Shift 键，再单击该组的最后一个文件或文件夹即可，如图 2.2.2 所示。

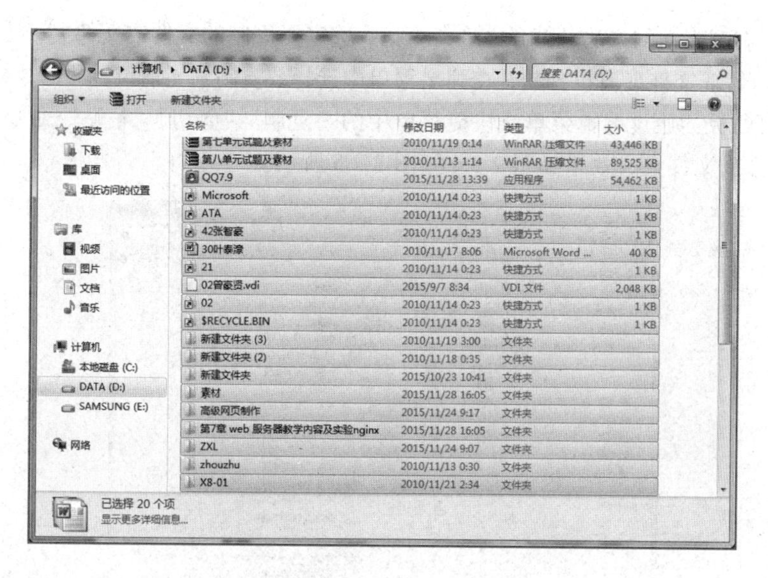

图 2.2.2　选择多个连续的文件或文件夹

c. 选定多个不连续文件和文件夹：按住 Ctrl 键后，再依次单击要选定的各个文件或文件夹，如图 2.2.3 所示。

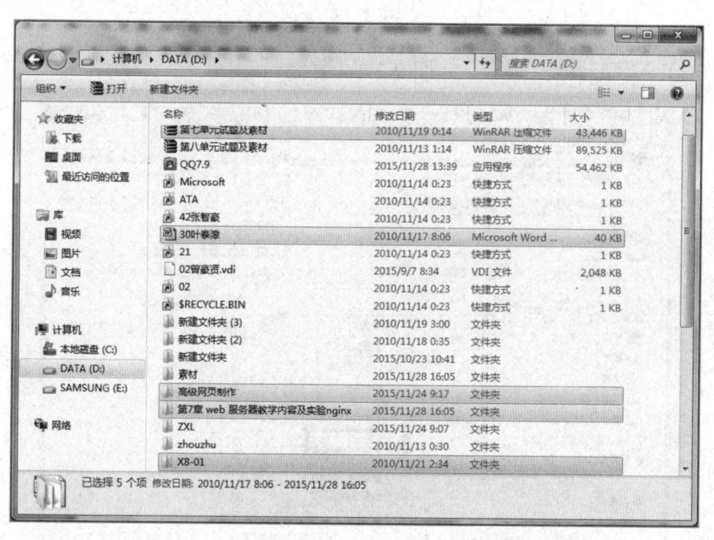

图 2.2.3　选择多个不连续的文件和文件夹

2.2.3　复制文件或文件夹

复制文件或文件夹就是将文件或文件夹复制一份，放到其他的地方。执行复制命令后，原位置和目标位置均有该文件或文件夹。复制文件或文件夹的方法有多种。

① 用鼠标左键拖动的方法：打开文件夹窗口，选择要复制的文件或文件夹。当在不同的驱动器之间复制时，直接按住鼠标左键拖动选定的文件或文件夹到目标驱动器或文件夹窗口中即可；当在统一驱动器的不同文件夹之间复制时，按住 Ctrl 键后按住鼠标左键拖动选定的文件或文件夹到目标文件夹窗口即可。

② 用鼠标右键拖动的方法：打开文件夹窗口，选定要复制的文件或文件夹，按住鼠标右键将其拖动到目标位置或文件夹窗口释放，在弹出菜单中选择“复制到当前位置”命令即可完成复制。

③ 使用剪贴板：通过编辑菜单或快捷菜单中的“复制”“剪切”“粘贴”命令，借助“剪贴板”来复制文件或文件夹，效果如图 2.2.4 和图 2.2.5 所示。

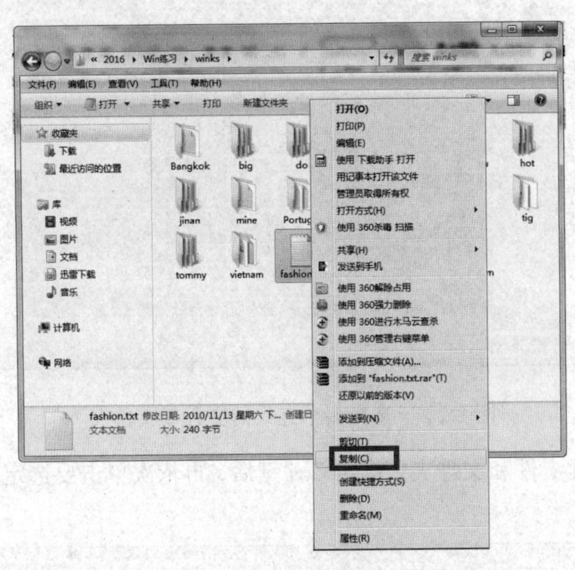

图 2.2.4　复制

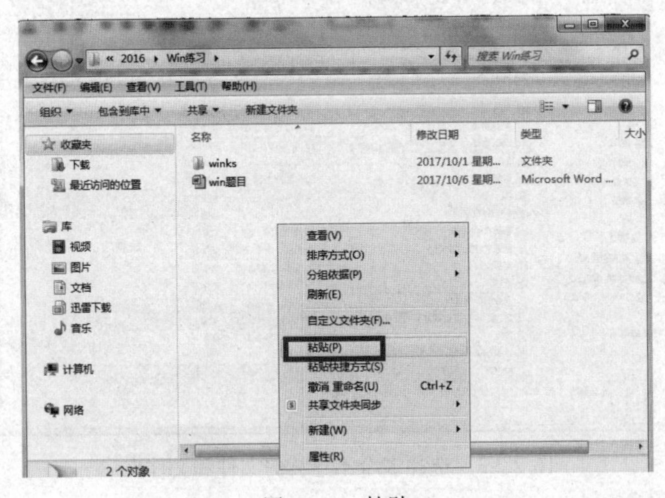

图 2.2.5　粘贴

【例 2.2.3】请将位于“D:\WINKS\hot\pig1”中的文件“april.txt”复制到目录“D:\WINKS\hot\pig2”内。（备注：练习前需要先把 WINK 文件夹放到 D 盘。）（扫描二维码获取案例操作视频）

操作步骤：

① 进到指定文件夹 pig1，找到指定文本文件 april。

② 选中文件 april，右击，在快捷菜单中选择“复制”命令。

③ 进到指定文件夹 pig2，空白处右击，在快捷菜单中选择“粘贴”命令。

2.2.4 移动文件或文件夹

移动文件或文件夹就是将文件或文件夹放到其他位置，通过“剪切”和“粘贴”来执行移动命令，执行之后，原位置的文件或文件夹消失。

【例 2.2.4】请将位于“D:\WINKS\Temp\June”上的文件“Append.exe”移动到目录“D:\WINKS\Temp\Adctep”内。（备注：练习前需要先把 WINK 文件夹放到 D 盘。）（扫描二维码获取案例操作视频）

操作步骤：

① 进到指定文件夹 June，找到指定文本文件 Append.exe。

② 选中文件 Append.exe 右击，在快捷菜单中选择“剪切”命令。

③ 进到指定文件夹 Adctep，空白处右击，在快捷菜单中选择“粘贴”命令。

2.2.5 删除文件或文件夹

删除文件或文件夹就是将文件或文件夹去除掉，通过删除命令或 Delete 命令操作，执行之后，原位置的文件或文件夹消失。

【例 2.2.5】请将“D:\WINKS\vietnam”目录下文件夹“Appsc”删除。（备注：练习前需要先把 WINK 文件夹放到 D 盘。）（扫描二维码获取案例操作视频）

操作步骤：

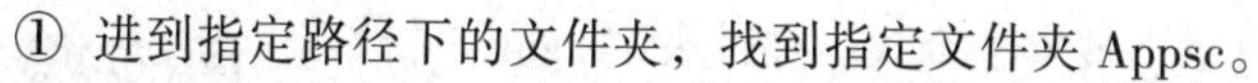

① 进到指定路径下的文件夹，找到指定文件夹 Appsc。

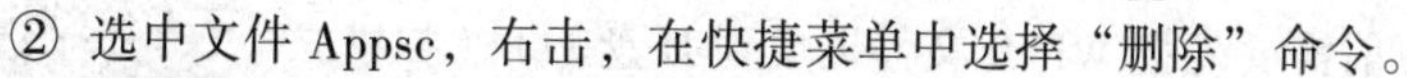

② 选中文件 Appsc，右击，在快捷菜单中选择“删除”命令。

2.2.6 文件搜索

用户在使用某文件或文件时，忘记了其存放的具体位置或具体名称，这时可以借助 Windows 7 提供的强大搜索功能快速地查找放在不同位置的文件或文件夹。Windows 7 在搜索时，支持使用通配符“*”（代表多个字符）和“？”（代表一个字符）；搜索功能还可以利用修改日期、文件大小等文件属性信息进行辅助搜索，这样就可以根据线索找到相关的文件。

可以用两种方法实现搜索功能。

① 单击“开始”菜单，可以看到下侧的搜索框。在框内输入要搜索的程序名称或文件名，输入名称的一部分，就会立刻出现搜索结果，如图 2.2.6 所示。输入完整的名称，系统会进一步缩小搜索范围。

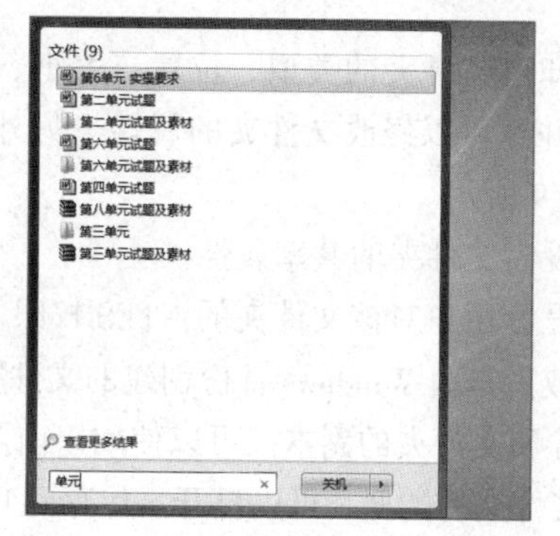

图 2.2.6　搜索框的搜索结果

② 打开资源管理器窗口，搜索框位于窗口右上侧，在框内输入文件名称就可进行程序或文件的搜索。如果确认文件位于某个盘符或文件夹内时，可以先进入到相应的位置再进行搜索，这样可以节约搜索时间，如图 2.2.7 所示。

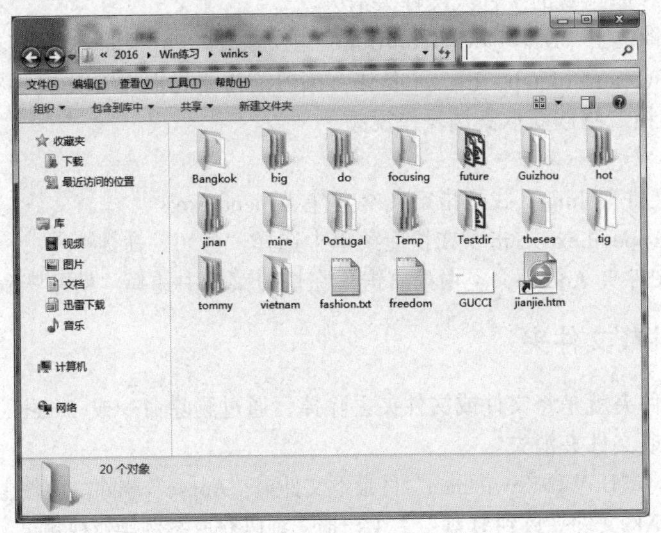

图 2.2.7　搜索

【例 2.2.6】请在“D:\WINKS”目录下搜索（查找）文件夹“sight”并改名为“summer”。（备注：练习前需要先把 WINK 文件夹放到 D 盘。）（扫描二维码获取案例操作视频）

操作步骤：

① 打开资源管理器，在地址栏输入 D:\WINKS，在右上角搜索框输入 sight。

② 文件窗格中显示出文件夹 sight。

③ 选中文件夹 sight 右击，在快捷菜单中选择重命名。

④ 输入新的文件夹的名字“summer”。

2.2.7　文件或文件夹属性

文件夹属性对话框有 5 个选项卡：“常规”“共享”“安全”“以前版本”“自定义”，如图 2.2.8 所示。

①“常规”选项卡：可以知道文件夹的类型、位置、大小、占用空间、包含的文件及文件夹数、创建的时间、属性等，并且可以修改文件夹的属性。另外，还包含存档和索引属性、压缩或加密属性的设置，如图 2.2.9 所示。

②“共享”选项卡：可以设为文件夹的共享属性。

③“安全”选项卡：可以设置用户对该文件夹的 NTFS 权限。

④“以前版本”：以前版本或者是由 Windows 备份创建的文件夹的副本，或者是 Windows 作为还原点的一部分自动保存的文件和文件夹的副本。可以使用以前版本还原意外修改、删除或损坏的文件或文件夹。根据文件或文件夹的类型，可以打开、保存到其他位置，或者还原以前版本。

⑤“自定义”选项卡：可以对文件夹图标等进行修改。

图 2.2.8　属性

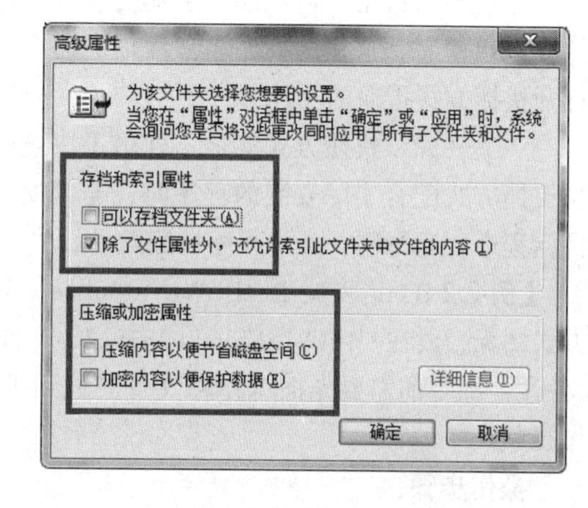

图 2.2.9　高级属性

【例 2.2.7】请在"D:\WINKS"目录下搜索（查找）文件"mybook1.txt"，并把该文件的属性改为"只读"，把"存档"或"可以存档文件"属性取消。（备注：练习前需要先把 WINK 文件夹放到 D 盘。）（扫描二维码获取案例操作视频）

操作步骤：

① 在指定路径下的资源管理器中右上角搜索区域中输入"mybook1.txt"。

② 文件窗格中选中文件"mybook1.txt"右击，在快捷菜单中选择"属性"命令。

③ 在常规属性选择"只读"选项，在高级属性中把"存档"或"可以存档文件"属性取消。

2.2.8　压缩文件

压缩文件占据较少的存储空间，与未压缩的文件相比，可以更快速地传输到其他计算机。多个文件被压缩以后，用户仍然可以像使用非压缩文件一样对它进行操作。Windows 7 系统的一个重要的新增功能就是置入了压缩文件程序，因此，用户无须安装第三方的压缩软件，就可以对文件进行压缩和解压缩。

【例 2.2.8】请将"D:\WINKS\tig"下的文件夹 classmate 用压缩软件压缩为"terry.rar"，保存到"D:\WINKS\tig\terry"目录下。（备注：练习前需要先把 WINK 文件夹放到 D 盘。）（扫描二维码获取案例操作视频）

操作步骤：

① 指定路径下找到文件夹 classmate。

② 选定文件夹 classmate 右击，在快捷菜单中选择压缩到同名压缩文件命令；

③ 将压缩文件 classmate 重命名为"terry.rar"，并移动到指定路径。

2.2.9 快捷方式

快捷方式是 Windows 提供的一种快速启动程序、打开文件或文件夹的方法，对经常使用的程序、文件和文件夹非常有用。如果没有快捷方式，需要根据记忆在众多目录的“包围”下找到自己需要的目录，再一层一层地去打开，最后再从一大堆文件中找到想要启动的文件夹、文件或应用程序，这样的操作非常烦琐。而有了快捷方式，我们只需双击桌面上的快捷图标即可打开快捷方式指向的文件。

一般来说，快捷方式就是一种用于快速启动程序的命令行，它和程序既有区别又有联系。当快捷方式配合实际安装的程序时，非常便利。删除了快捷方式，还可以通过“计算机”找到目标程序，运行它。而当程序被删除后，光有一个快捷方式就会毫无用处。

【例 2.2.9】请将位于“D:\WINKS\mine”上的文件“foreigners.txt”创建快捷方式图标，放在“D:\WINKS\mine\mine2”文件夹中，图标名称为“bookstore”。（备注：练习前需要先把 WINK 文件夹放到 D 盘。）（扫描二维码获取案例操作视频）

操作步骤：

① 在指定路径下找到文件“foreigners.txt”。

② 选定文件“foreigners.txt”右击，在快捷菜单中选择“创建快捷方式”命令，如图 2.2.10 所示。

③ 创建的快捷方式重命名为“bookstore”，并移动到指定路径。、

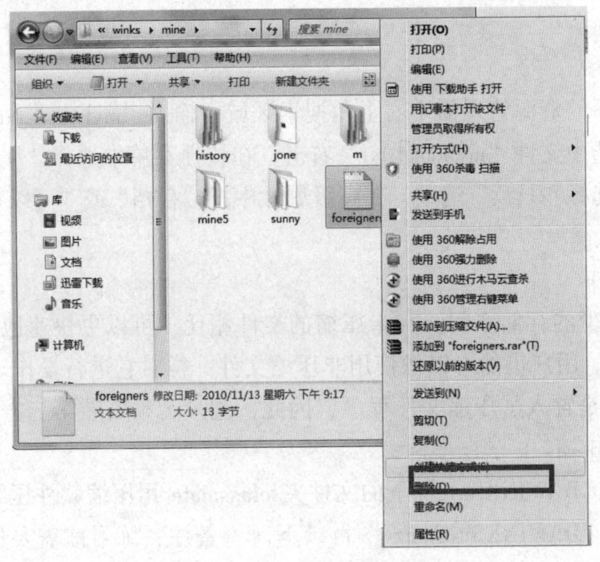

图 2.2.10 创建快捷方式

2.3 课 后 练 习

一、单选题

1. 在安装了 Windows 操作系统的计算机中，文件夹是指存储、管理文件的一种数据组织结构，目的是用于分类存放文件，使文件管理有条理。Windows 中使用的文件夹结构

为________。

A. 总线型结构　B. 环形结构　C. 树形结构　D. 星形结构

2. 用户在运行某些应用程序时，若程序运行界面在屏幕上的显示不完整时，正确的做法是________。

A. 更改窗口的字体、大小、颜色　B. 升级硬盘

C. 升级 CPU 或内存　D. 更改系统显示属性，重新设置分辨率

3. 操作系统所具有的 5 项功能中，通常用于负责外存储器文件的存储、检索、共享和保护，并且为用户提供方便的文件操作的是其________功能。

A. 存储器管理　B. 处理器管理

C. 作业管理　D. 文件管理

4. Windows 的“资源管理器”中，选择多个连续的文件的方法是________。

A. 单击第 1 个文件名，按住 Shift 键，再单击最后 1 个文件名

B. 单击第 1 个文件名，按住 Ctrl 键，再单击最后 1 个文件名

C. 逐个单击文件名

D. 按 Ctrl+A 组合键

5. ________是 Windows 7 推出的第一大特色，它就是最近使用的项目列表，能够帮助用户迅速地访问历史记录。

A. Aero 特效　B. Windows 家庭组

C. 跳转列表　D. Flip 3D

6. Windows 操作系统中，按 Ctrl+Shift+Esc 将弹出________窗口。

A. 任务管理器　B. 控制面板

C. 开始菜单　D. 资源管理器

7. Windows 操作系统中，文本文档的扩展名为________。

A. xls　B. doc　C. txt　D. wps

8. 下列操作中，选择________，可以确保打开一个记不清用何种程序建立的文档。

A. 建立该文档的程序

B. 使用“资源管理器”中的“搜索”文本框找到该文档，然后双击

C. “开始”菜单中的“文档”命令

D. “开始”菜单中的“运行”命令

9. 下列关于 Windows 菜单的说法中，不正确的是________。

A. 用灰色字符显示的菜单选项表示相应的程序被破坏

B. 当鼠标指针指向带有向右黑色等边三角形符号的菜单选项时，弹出一个子菜单

C. 带省略号（...）的菜单选项执行后会打开一个对话框

D. 命令前有“·”记号的菜单选项，表示该项已经选用

10. 在 Windows 中，错误的新建文件夹的操作是________。

A. 在 Word 程序窗口中，单击“文件”菜单中的“新建”命令

B. 右击资源管理器的“文件夹内容”窗口的任意空白处，选择快捷菜单中的“新建”子菜单中的“文件夹”命令

C. 在“资源管理器”窗口中，单击“文件”菜单中的“新建”子菜单中的“文件夹”命令

D. 在“计算机”的某驱动器或用户文件夹窗口中，单击“文件”菜单中的“新建”子菜单中的“文件夹”命令

11. Windows 将整个计算机显示屏幕看作是________。

A. 窗口　B. 桌面　C. 背景　D. 工作台

12. 在 Windows 中，打开“开始”菜单的组合键是________。

A. Alt + Ctrl　B. Ctrl + Esc　C. Alt + Esc　D. Shift + Esc

13. 计算机中，文件的含义通常解释为________。

A. 存储在一起的数据块

B. 可以按名字访问的一组相关数据的集合

C. 外存储器中全部数据的总称

D. 一批逻辑上独立的离散数据的无序集合

14. 计算机中，文件类型通常可通过文件扩展名来标识，以下做法正确的是________。

A. 存储一个文件时，直接输入文件名与需要的文件扩展名

B. 文件扩展名作用不大，可删除

C. 可用通过“属性”来修改文件类型

D. 存储一个文件时，在保存类型栏选择需要的文件类型

15. 操作系统根据指令长度可分为 8 bit、16 bit、32 bit、64 bit，内存为 4～16GB 的计算机应安装________位的 Windows 操作系统，才能发挥其优势。

A. 64　B. 8　C. 16　D. 32

16. 安装 Windows 操作系统的计算机中的硬盘，通常会分为若干个分区，每个分区称为一个逻辑盘，其中有一个活动分区，用于首次安装操作系统，称为________盘。

A. C　B. A　C. D　D. B

17. 在资源管理器窗口的左窗格中，单击文件夹的图标，则________。

A. 在左窗格中显示其子文件夹

B. 在左窗格中扩展该文件夹

C. 在右窗格中显示该文件夹中的文件

D. 在右窗格中显示该文件夹中的子文件夹和文件

18. 在桌面上，要移动任意程序窗口，可拖动该窗口的________。

A. 标题栏　B. 边框　C. 滚动条　D. 系统菜单按钮

19. Windows 7 操作系统中的“任务栏”上存放的是________。

A. 系统正在运行的所有程序　B. 系统前台运行的程序

C. 系统中保存的所有程序　D. 系统后台运行的程序

20. 菜单选项后出现的省略号，如“查找(F)...”，表示________。

A. 可查找的文件很多　B. 省略不重要的语句标志

C. 可弹出对话框　D. 有文件夹选项

二、综合实训

（备注：练习前请先将素材文件夹 WINKS 放到 D 盘根目录下。）（扫描二维码获取案例操作视频。）

1. 试用 Windows 的“记事本”创建文件:freedom，存放于:D:\WINKS\Guizhou 文件夹中，文件类型为：TXT，文件内容如下（内容不含空格或空行）：

感动黔行享自由之旅

2. 请在“D:\WINKS”目录下搜索（查找）文件“mybook4.txt”，并把该文件的属性改为“只读”，把“存档”或“可以存档文件”属性取消。

3. 请将位于“D:\WINKS\do\World”上的 DOC 文件复制到目录“D:\WINKS\do\bigWorld”内。

4. 请将位于“D:\WINKS\focusing”上的 TXT 文件移动到目录“D:\WINKS\Testdir”内。

5. 请在“D:\WINKS”目录下搜索（查找）文件夹“alook”并改名为“question”。

6. 请在“D:\WINKS\mine\sunny”目录下执行以下操作：将文件“sun.txt”用压缩软件压缩为“sun.rar”，压缩完成后删除文件“sun.txt”。

7. 请在“D:\WINKS\hot\pig4”中建立文件夹“win7”。

8. 请在“D:\WINKS”目录下搜索（查找）文件“mybook1.txt”，并把该文件的属性改为“只读”，把“存档”或“可以存档文件”属性取消。

9. 请将位于“D:\WINKS\mine”上的文件“foreigners.txt”创建快捷方式图标，放在“D:\WINKS\mine\mine2”文件夹中，图标名称为“bookstore”。

10. 请在“D:\WINKS”目录下搜索（查找）文件夹“learning”，并改名为“hostcity”。

第 3 章　Word 2010 文字处理

人们在日常工作中经常需要使用到文字处理、表格制作、幻灯片制作、图形图像处理、简单数据库处理等方面的办公软件。目前办公主要的文字处理软件有微软公司的 Office 2010 和金山公司的 WPS 等。

Office 2010 主要包括 Word 2010 文字处理软件、Excel 2010 电子表格处理软件、PowerPoint 2010 演示文稿制作软件、Access 2010 数据库管理系统、OneNote 2010 笔记程序、Outlook 2010 专业电子邮件、日历管理程序、Publisher 2010 出版物制作程序等组件，具有强大的数据分析、协作办公和可视化功能。本章主要介绍文字处理软件 Word 2010。

3.1　Word 2010 概述

Microsoft Word 2010 是微软公司开发的 Office 2010 办公组件之一，主要用于文字处理工作，提供专业的文字格式化、图文混排功能，具有丰富的模板和样式效果，可以制作通知、报告、合同、会议纪要、公文、宣传海报、书籍、杂志奖状等，可对文档进行编辑、排版和打印。

3.1.1　Word 2010 的启动与退出

1．Word 2010 的启动方法

使用 Word 2010 编辑文档之前，首先要启动 Word 2010 程序，可以通过以下 3 种方法启动 Word 2010 程序，启动后界面如图 3.1.1 所示。

方法 1：单击任务栏“开始”按钮，依次选择“所有程序”→Microsoft Office→Microsoft Word 2010 命令。

方法 2：双击已建好的 Word 2010 快捷方式图标。

方法 3：双击打开已建好的一个 Word 文档。

2．Word 2010 的退出方法

方法 1：单击“文件”→“退出”命令。

方法 2：单击 Word 2010 窗口右上角的“关闭”按钮。

方法 3：使用快捷键 Alt+F4。

方法 4：双击窗口左上角的控制菜单按钮或者右击控制菜单按钮，在弹出的快捷菜单中选择“关闭”命令，如图 3.1.2 所示。

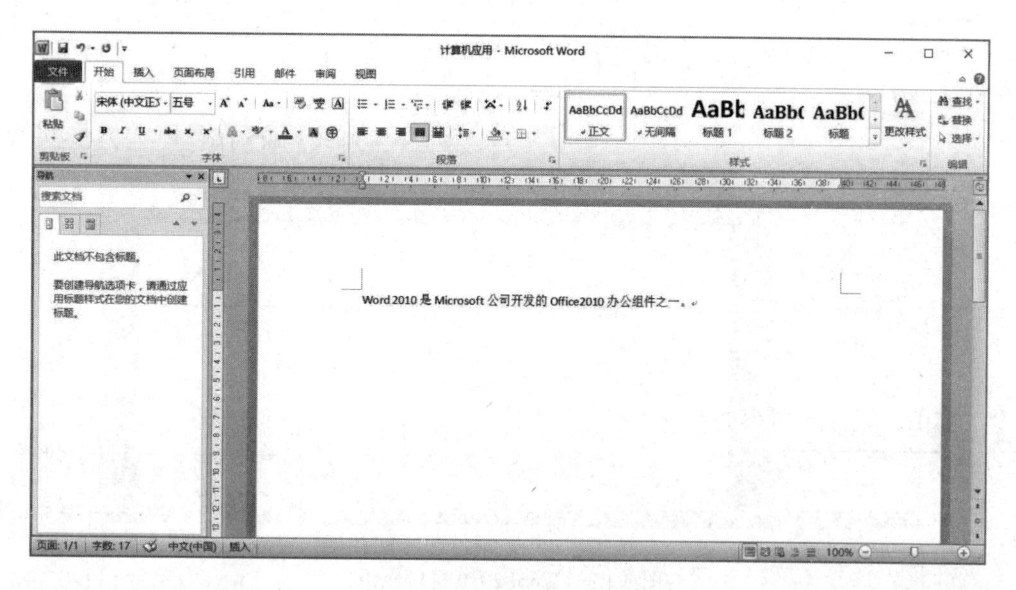

图 3.1.1　Word 2010 工作界面

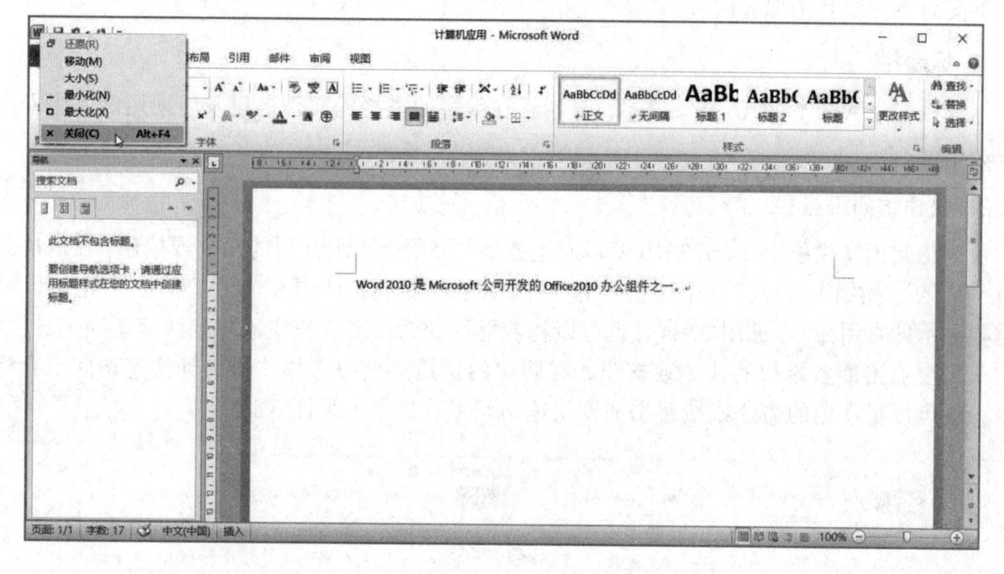

图 3.1.2　利用窗口控制菜单退出 Word 2010

注意

如果在退出前对打开的文档做了修改，则会弹出一个消息框，询问用户是否需要保存文档。

3.1.2　Word 2010 窗口介绍

Word 2010 的窗口主要包括标题栏、快速访问工具栏、功能区、选项卡、编辑区、视图栏、滚动条、状态栏、导航窗格、标尺等，如图 3.1.3 所示。

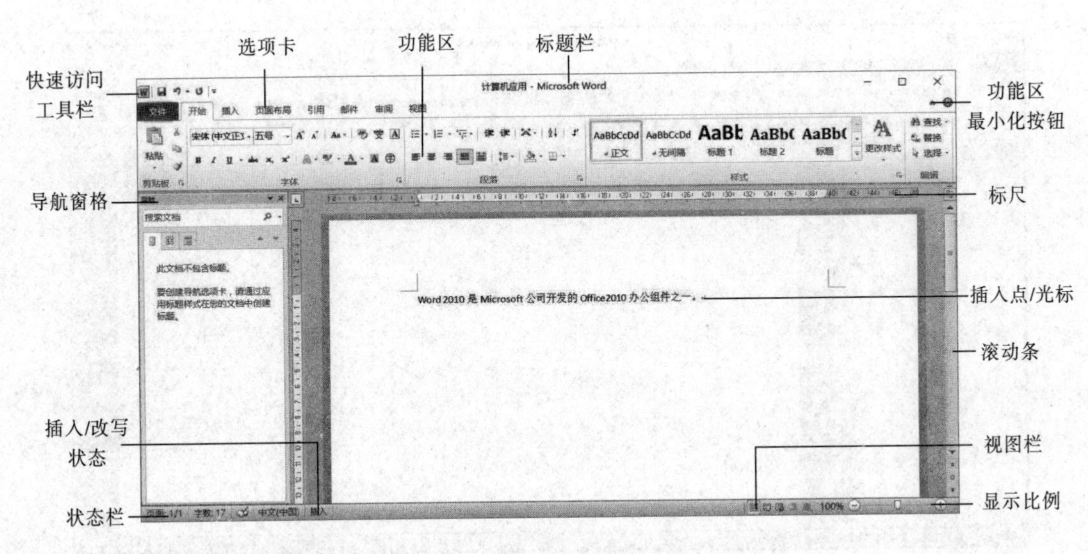

图 3.1.3　Word 2010 窗口介绍

下面简要介绍其中部分内容。

1. 标题栏

标题栏位于 Word 2010 窗口顶端，显示正在编辑的文档的文件名以及所使用的应用程序名 Microsoft Word。

2. 快速访问工具栏

快速访问工具栏位于 Word 2010 窗口左上方，主要用于显示常用的命令或按钮，默认情况下只有“保存”“撤销”“恢复”3 个按钮。用户可以单击快速访问工具栏右侧的下拉三角按钮 选中需要显示的常用命令（见图 3.1.4）；也可以将功能区的命令或者按钮添加到快速访问工具栏中，用户只需要右击准备添加的命令或按钮，在弹出的快捷菜单中选择“添加到快速访问工具栏”命令，就可以将常用的命令或按钮添加到快速访问工具栏中（见图 3.1.5）。

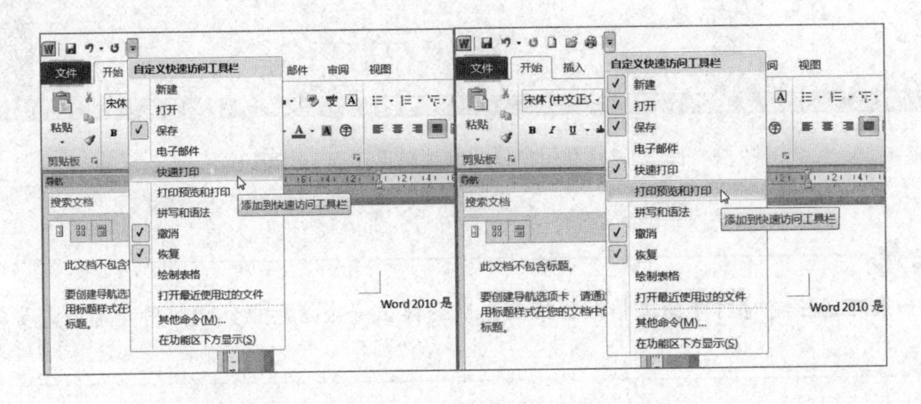

图 3.1.4　自定义快速访问工具栏

3.“文件”菜单

“文件”菜单包含了 Word 2010 的一些基本命令，如“保存”“另存为”“打开”“关闭”“新建”“打印”和“选项”等，如图 3.1.6 所示。

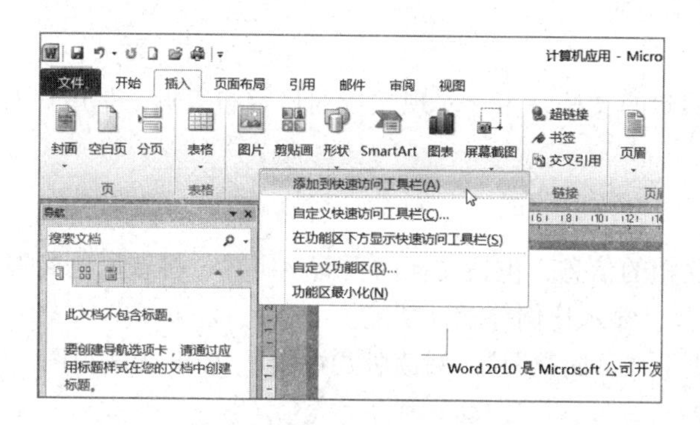

图 3.1.5　添加到快速访问工具栏

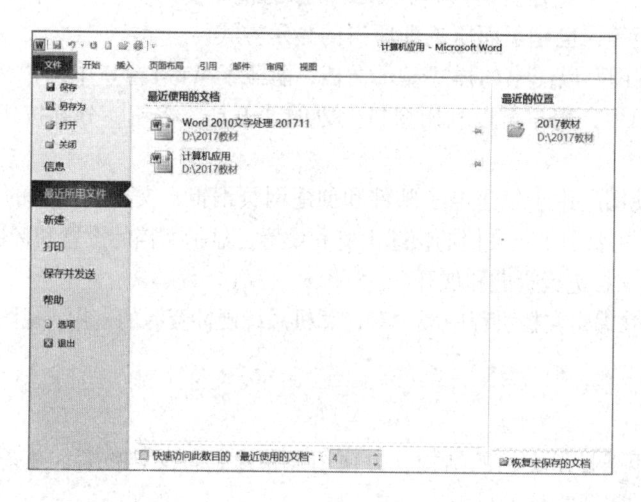

图 3.1.6　“文件”菜单

注意

通过选择“文件”→“最近所用文件”可以显示查看最近打开过的文件的列表。

4. 功能区

功能区包含了完成文档编辑所需的各种命令或按钮。这些命令和按钮按不同的类型集中在一个选项卡下，方便用户使用，如图 3.1.7 所示。

图 3.1.7　功能区

注意

用户单击功能区右上角的“功能区最小化”按钮（快捷键 Ctrl+F1），仅显示功能区上的选项卡名称，从而增加编辑区域。

5. 编辑区

编辑区显示正在编辑的文档，用于实现文档的显示和编辑，是用户对文档进行操作的主要区域。

6. 状态栏

状态栏显示当前文档的信息，包括文档的页面、字数、拼音语法检查、语言、改写/插入方式、Word 视图方式选择、显示比例等辅助功能。

Word 2010 中提供了“页面视图”“阅读版式视图”“Web 版式视图”“大纲视图”“草稿”5 种视图模式供用户选择。

①“页面视图”用于文档页面编辑，是最常用的视图模式，包括页眉、页脚、图形对象、分栏设置、页面边距等，也是页面所见即所得的显示方式。

②“阅读版式视图”以图书的样式显示文档，隐藏了 Word 窗口中的“文件”菜单、功能区等。在阅读版式视图中，用户可以利用窗口上方的“工具”按钮、分屏按钮、视图选项等按钮对文档进行操作。

③“Web 版式视图”用于发送电子邮件和创建网页编辑，文档以网页的形式显示。

④“大纲视图”主要用于长文档的快速浏览和设置，显示文档的设置和标题的层级结构，用户可以方便地按层级对文档进行折叠和展开。

⑤“草稿”可以在编辑文档过程中减少对计算机系统硬件资源的占用，视图中显示标题和正文，忽略其他设置。

7. 导航窗格

导航窗格主要用于显示文档的结构，方便用户快速定位文档位置，查看特定的内容段落、页面、文字和对象，实现文档的导航。

打开 Word 文档，单击“视图”选项卡，在“显示”选项组中选中“导航窗格”复选框（见图 3.1.8），就可以在 Word 窗口左侧显示导航窗格（见图 3.1.8）。导航窗格分为标题导航、页面导航、关键字（词）导航和特定对象导航。

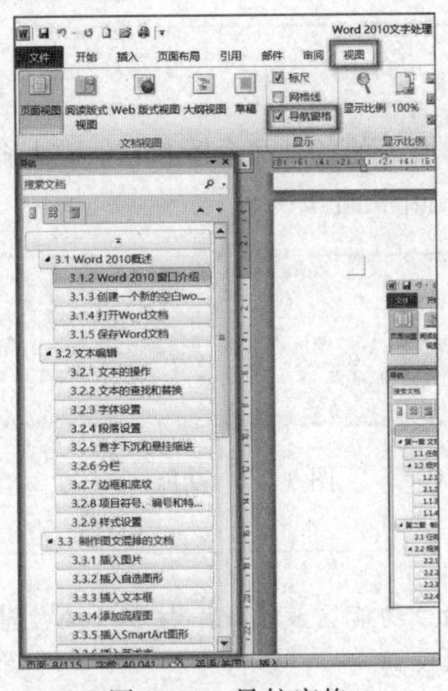

图 3.1.8　导航窗格

① 文档标题导航是最常用的导航方式，打开“导航”窗格后，单击“浏览您的文档中的标题”按钮，就可以将文档切换到“文档标题导航”方式，当前文档的标题就会在“导航”窗格中显示，用户只要单击标题，就会自动定位到相关段落。

注意

如果当前文档的标题没有设置段落的“大纲级别”，在“导航”窗格内则无法显示文档标题。

② 页面导航根据 Word 文档的分页进行导航，单击“导航”窗格上的“浏览您的文档中的页面”按钮，可以将文档切换到“文档页面导航”方式，这时在“导航”窗格上文档分页以缩略图形式显示，只要单击分页缩略图，就可以定位到相关页面。

③ 关键字（词）导航，当用户在导航窗格“搜索文档”文本输入框内输入关键字（词），“导航窗格”上“浏览您当前搜索的结果”就会列出包含关键字（词）的内容链接，单击这些导航内容链接，用户可以快速定位到文档的相关位置，文档中的关键字词也会突出显示。

④ 特定对象导航功能，可以方便用户快速查找文档中的图形、表格、公式、批注等特定对象。单击搜索框右侧放大镜后面的“▼”按钮，选择弹出菜单中的相关选项，就可以快速查找文档中的图形、表格、公式和批注。

3.1.3 创建一个新的空白 Word 文档

1．创建空白文档

方法 1：启动 Word 2010 程序的同时会创建一个新的空白的 Word 文档，默认文件名为“文档 1”。

方法 2：利用已打开的 Word 文档创建空白文档。在已打开的 Word 文档中，单击“文件”→“新建”命令，然后在“可用模板”中双击“空白文档”（或者选择“空白文档”，然后单击右侧“创建”按钮）即可创建一个新的空白文档，如图 3.1.9 所示。

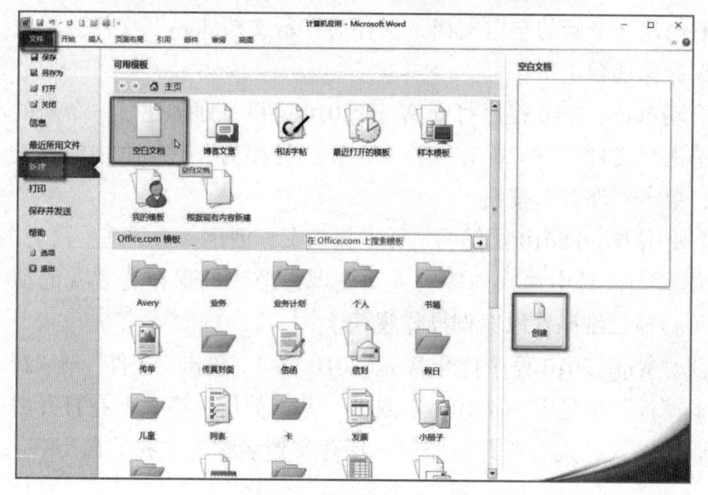

图 3.1.9　创建空白文档

方法 3：利用快速访问工具栏的“新建文档”按钮（快捷键 Ctrl+N）。当用户将“新建文档”按钮添加到快速访问工具栏时，在已打开的 Word 文档中，可以直接单击“快速访问工具栏”的“新建文档”按钮创建一个新的空白文档。

2. 使用模板创建文档

Word 2010 除了空白文档模板之外，还内置了博客文章、书法字帖、样本模板（包含简历、信函、报告、报表、传真等）等多种模板，利用这些模板，可以创建具有一定专业格式的文档；用户还可以联网在 Office.com 中下载其他模板。

在图 3.1.9 新建文档窗口中，可以选择“可用模板”类型，如果选择了“样本模板”，则提供了各种可用的模板，如图 3.1.10 所示，选择其中一种模板类型，如“基本简历”，双击“基本简历”（或者选择“基本简历”，在右侧选择“文档”类型，然后单击“创建”按钮）即可创建根据基本简历模板创建的文档。

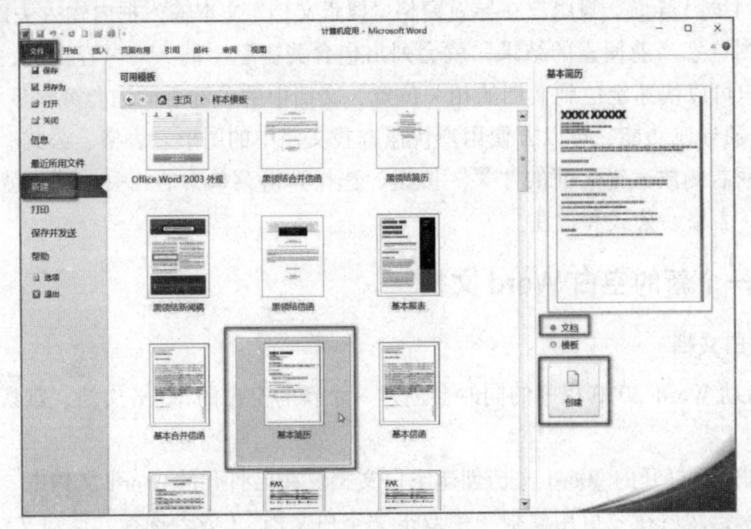

图 3.1.10　使用样本模板创建“基本简历”文档

【例 3.1.3-1】创建一个新的空白文档，保存为“新文档.docx”文件。（扫描二维码获取案例操作视频）

操作步骤：启动 Word 2010 程序打开 Word 2010 窗口，即创建了一个新的空白文档，然后单击“文件”→“保存”命令，在“另存为”对话框中输入文件名“新文档”，单击“保存”按钮。

【例 3.1.3-2】使用 Word 2010 提供的“样本模板”，创建一个“基本简历”模板，在目标职位输入栏目中输入内容为人力资源总监，并保存为“我的简历.docx”文件。（扫描二维码获取案例操作视频）

操作步骤：启动 Word 2010 程序打开 Word 2010 窗口，单击“文件”→“新建”，选择“样本模板”（见图 3.1.10），双击“基本简历”模板，在打开的文档中找到目标职位输入“人力资源总监”，保存文档名称为“我的简历.docx”，保存类型为“Word 文档”。

3.1.4 打开 Word 文档

① 双击已有的文档可以启动 Word 2010 程序并打开该文档。

② 在已打开的 Word 程序窗口中，可以通过以下方法调出“打开”对话框，打开已有文档：

方法 1：单击“文件”→“打开”命令，弹出“打开”对话框，选择相应位置的驱动器和目录，选中文件，双击或者单击“打开”按钮，如图 3.1.11 所示。

方法 2：单击快速访问工具栏中的“打开”按钮（如果有添加）。

方法 3：使用快捷键 Ctrl+O 调出“打开”对话框。

③ 单击“文件”→“最近所用文件”命令。

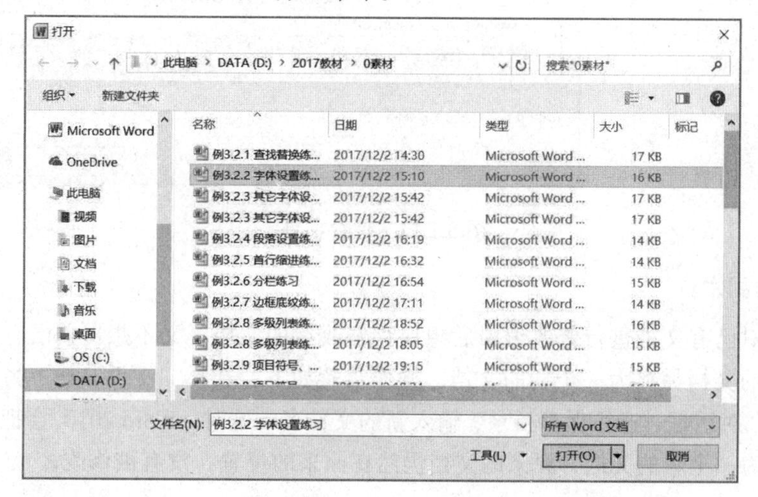

图 3.1.11 “打开”对话框

3.1.5 保存 Word 文档

用户在对文档进行编辑时要“边做边保存”，及时对文档进行保存，以防止文档编辑内容的丢失，Word 2010 文档保存的文件扩展名为.docx。

1．新建文档的第一次保存

选择“文件”→“保存”命令，或者单击快速访问工具栏中的“保存”按钮，或者按快捷键 Ctrl+S，弹出“另存为”对话框，如图 3.1.12 所示。文档默认保存在系统的“文档”文件夹内，如果用户需要保存在其他位置，可以单击左边框中相应位置的驱动器和目录，如果需要在当前目录中保存在一个新文件夹内，请单击“新建文件夹”建立一个新的文件夹。文档默认以第一行文字作为文件名，用户可以在文件名文本框中输入新的文件名。最后单击“保存”按钮保存文档。

2．保存已经保存过的文档

如果当前文档是已经保存过的文档，在编辑过程中，可以随时选择“文件”→“保存”命令，或者单击快速访问工具栏中的“保存”按钮，或者按快捷键 Ctrl+S，直接保存当前文档，修改编辑后的内容会覆盖原文档的内容。

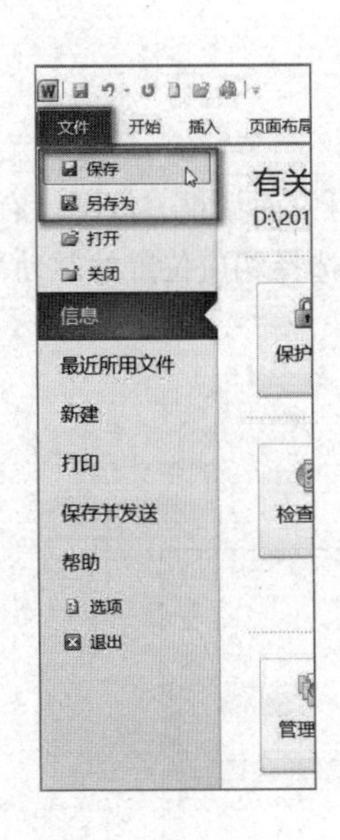

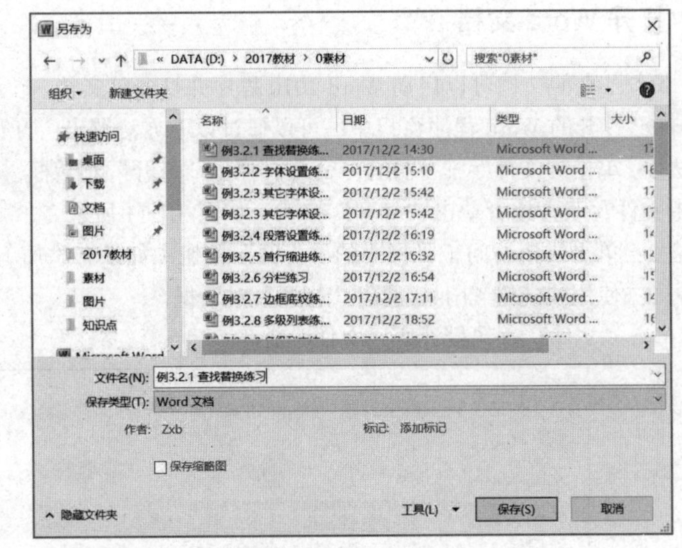

图 3.1.12　保存文件

3．另存为副本

如果用户对已有文档进行修改编辑后想保存修改后的文档，又不想覆盖已有文档的内容，可以把修改后的文档另存为一个新的文档，操作步骤如下：选择“文件”→“另存为”命令，弹出“另存为”对话框，选择保存目录，输入新的文件名。这时，Word 2010 会把当前修改编辑后的文档另存为一个新的文档，原来的文档仍然在原来的位置，没有被修改。

注意

保存不同类型的文件的方法：在“另存为”对话框，单击“保存类型”下拉按钮，在下拉列表中选择不同的保存类型。可以将文档保存为其他格式的文档，例如：Word 2003 版的.doc 文档、PDF 文档、模板、网页等。

4．自动保存文档

为避免停电、死机、误操作没有保存文档，造成 Word 2010 文档的丢失，Word 2010 提供了自动保存功能。用户可以自己设置自动保存时间间隔。单击“文件”→“选项”命令，打开“Word 选项”对话框，在该对话框中选择“保存”选项卡，如图 3.1.13 所示，在“保存自动恢复信息时间间隔”编辑框中设置自动保存的分钟数值，单击“确定”按钮即可。

5．自动恢复文档

Word 2010 会根据自动保存时间间隔自动保存文档相应版本。编辑文档时遇到意外错误，导致计算机死机、关机、重启或者 Word 2010 程序退出后，当用户再次打开 Word 2010 程序时，会显示一个“文档恢复”窗格，如图 3.1.14 所示，显示自动保存的文档，用户可以打开需要保存的文档编辑和保存。

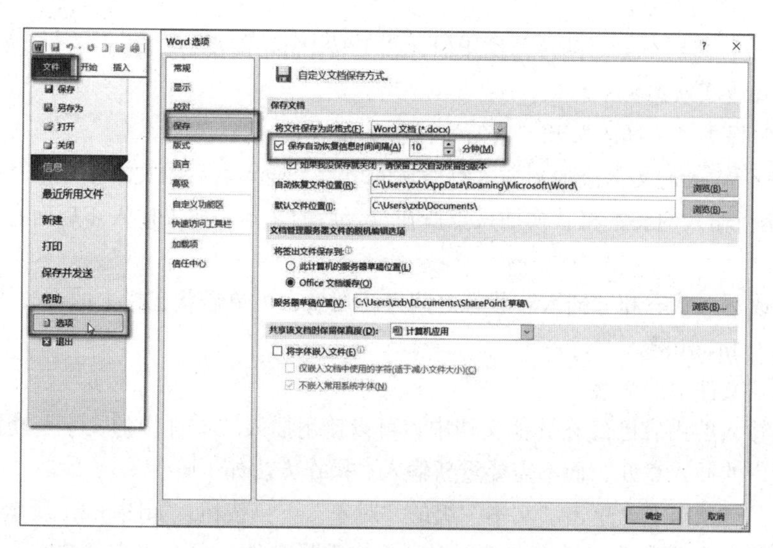

图 3.1.13　设置“自动保存时间间隔”

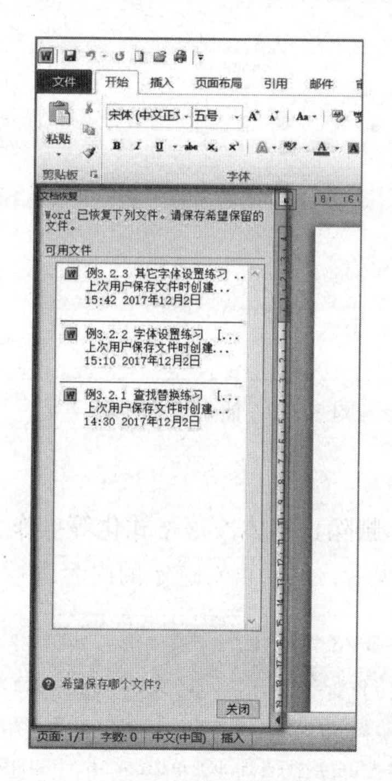

图 3.1.14　“文档恢复”任务窗格

3.2　文本编辑

3.2.1　文本的操作

1. 文本的输入

（1）输入文本内容

创建空白文档之后，就可以直接在光标插入点所在位置输入内容了，当输入到最右侧，Word

2010 会自动换行，当一个完整的段落结束时才需要按 Enter 键换行，表示一个段落的结束。

（2）插入和改写状态

Word 2010 提供了“插入”和“改写”两种编辑方式。

① 插入是指输入的文本添加到插入点所在的位置，插入点后的文本按顺序往后移动。

② 改写是指输入的文本将替换插入点所在位置后的文本，如果插入点后面有文本将会被依次替换。

若要在“改写”状态和“插入”状态之间进行切换，可单击状态栏上的“改写”或“插入”标志或按键盘上 Insert 键。

（3）插入“文件中的文字”

如果需要输入的内容已经在其他文档中，可以使用插入“文件中的文字”功能将已有的内容插入到文档中的插入点处，而不需要重新输入。操作方法如下：

在“插入”选项卡上，单击“文本”组的“对象”下拉按钮，如图 3.2.1 所示，选择“文件中的文字”按钮，在弹出的“插入文件”对话框中选择文件，那么该文件的文本将插入到当前文档的插入点位置。

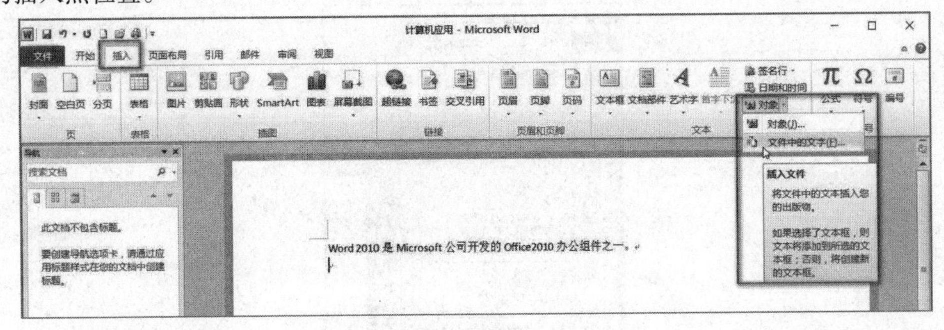

图 3.2.1 插入文件中的文字

2．文本内容的选定

对文档中的文本进行复制、删除、字体段落格式化等操作，首先要选定文本内容，选定的文本会以反相显示，如图 3.2.2 所示，然后再对选定的内容进行各种操作。

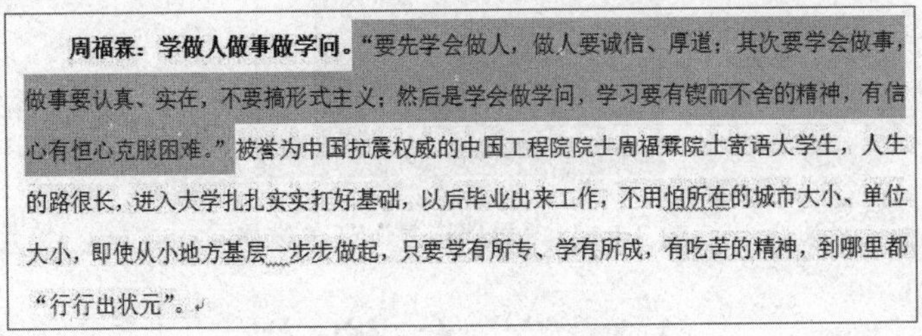

周福霖：学做人做事做学问。“要先学会做人，做人要诚信、厚道；其次要学会做事，做事要认真、实在，不要搞形式主义；然后是学会做学问，学习要有锲而不舍的精神，有信心有恒心克服困难。”被誉为中国抗震权威的中国工程院院士周福霖院士寄语大学生，人生的路很长，进入大学扎扎实实打好基础，以后毕业出来工作，不用怕所在的城市大小、单位大小，即使从小地方基层一步步做起，只要学有所专、学有所成，有吃苦的精神，到哪里都“行行出状元”。

图 3.2.2 “选定文本”的反向显示

① 选定文本的方法如下：

- 选定任意文本：移动指针到要选定文本的起始位置，然后按住鼠标左键拖动鼠标直到要选中文本的结尾，放开鼠标。

- 选定连续文本：单击要选定文本块的起始位置，然后按住 Shift 键单击要选定文本的结束位置。
- 选定不连续的文本：按住 Ctrl 键的同时，按住鼠标左键拖动鼠标选择不连续的文本。
- 选定竖形矩形区域的文本：按住 Alt 键的同时，按住鼠标左键拖动鼠标选择文本。
- 选定一个字或词：双击该字或词。
- 选定一行：将鼠标指针移动到要选定行的左侧，鼠标指针变为↗，单击。
- 选定一段：将鼠标指针定位到要选定的段落中，连续三击鼠标左键；或者将鼠标指针移动要选定段落的左侧，双击。
- 选定整篇文档：按下快捷键 Ctrl+A；或者将鼠标指针移动到页面左边空白的位置，连续三击。
- 选择格式相同的文本：选中第一个文本，然后在“开始”选项卡上“编辑”组，单击图 3.2.3 所示的“选择”下拉按钮，在下拉列表中单击“选择所有格式类似的文本（无数据）”。

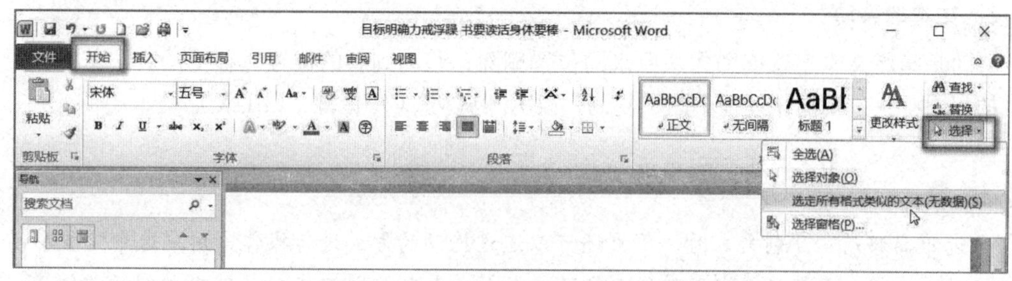

图 3.2.3　选择所有格式类似的文本（无数据）

② 使用键盘移动光标选中文本的功能说明如表 3.2.1 所示。

表 3.2.1　使用键盘移动光标选中文本

按　键	功　能	按　键	功　能
←	向左移一个字符	Shift+←	向左选中一个字符
→	向右移一个字符	Shift +→	向右选中一个字符
↑	向上移动一行	Shift +↑	向上选中文字
↓	向下移动一行	Shift +→	向下选中文字
Ctrl+←	向左移一个单词	Home	移动至当前行首
Ctrl+→	向右移一个单词	End	移动至当前行尾
Ctrl+↑	向上移动一段	PgUp	移动至上一页
Ctrl+↓	向下移动一段	PgDn	移动至下一页

3．文本的删除

删除文本可以删除一个字符，也可以删除一段或多段选定的文本内容，常用的删除方法有：

① 利用鼠标将插入点定位在要删除字符的前面，按下 Delete 键。

② 利用鼠标将插入点定位在要删除字符的后面，按下 Backspace 键。

③ 选定文本后，按下 Delete 键或 Backspace 键。

④ 选定文本后，单击“开始”→“剪切”命令（快捷键：Ctrl+X），那么将会剪切所选择的内容，并将其放入剪贴板。

⑤ 选定文本后右击键，弹出快捷菜单，选择“剪切”命令。

4. 文本的复制

当文本有相同的内容需要输入时，用户可以使用复制功能进行输入。用户可以在同一个文档或者不同文档之间复制，也可以将内容复制到不同程序的文本中，如果需要复制到多个地方可以重复粘贴操作。

① 选中要复制的文本，单击“开始”选项卡“剪贴板”组中的“复制”命令（快捷键：Ctrl+C），这时复制的内容将放入 Word 剪贴板中，然后将鼠标指针定位在要复制的目标位置，单击“开始”→“粘贴”命令（快捷键：Ctrl+V），就会将复制好的内容粘贴到目标位置。

② 选中要复制的文本，右击，在弹出的快捷菜单中选择“复制”命令，然后将插入点定位在要复制的目标位置，右击，在弹出的快捷菜单中选择“粘贴”命令。

5. 文本的移动

移动是指将文本字符或图像从原来的位置删除，移动到新的位置。移动的方法基本和复制文本的相同，只是将操作过程中的“复制”改为“剪切”（快捷键：Ctrl+X）。

注意

近距离移动、复制文本时，用户还可以通过拖动的方式进行操作，用户选中需要移动的文本或图像，直接拖动到新的位置即可；如果是复制，则按住 Ctrl 键拖动到新的位置，松开鼠标即可。

Word 2010“粘贴”提供了 3 个选项，如图 3.2.4 所示，功能如下：

① 保留源格式：被粘贴内容保留原始内容的格式。

② 合并格式：被粘贴内容保留原始内容的格式，并且合并目标位置的格式。

③ 只保留文本：被粘贴内容清除原有的内容和格式，仅保留文本。

图 3.2.4　粘贴选项

6. 撤销、恢复和重复操作

Word 2010 提供了“撤销”“恢复”“重复”功能，可以方便用户在编辑过程中撤销最近的错误操作。

① 撤销操作：单击“快速访问工具栏”中的“撤销”按钮（快捷键 Ctrl+Z），撤销多次操作可以连续单击，也可以单击按钮旁边的下拉按钮，查看最近可以撤销的列表。当用户撤销某一个操作时，也撤销了列表中位于这个操作之前的所有操作。

② 恢复操作：当用户执行“撤销”操作后，在没有进行其他操作之前还可以单击“快速访问工具栏”中已经变成可用状态的“恢复”按钮（快捷键 Ctrl+Y）将文档恢复到最新编辑的状态。

③ 重复操作：当用户执行了某一个编辑操作后，用户可以单击“快速访问工具栏”中已经变成可用状态的“重复”按钮（快捷键 Ctrl+Y）重复操作当前操作。

7. 格式刷的使用

在文档的编辑过程中可以利用 Word 2010 提供的格式刷快速进行格式设置，提高排版效率。

① 先选中文档中的带格式的文本，在“开始”选项卡“剪贴板”组中单击“格式刷”按钮，鼠标指针变成刷子形状，按住鼠标左键在需要应用相同格式的文本上拖动，松开鼠标即可。

② 如果需要重复应用相同的格式，用户可以用鼠标双击“格式刷”按钮，鼠标指针就会一直变成一个小刷子，这时可以在多个需要应用格式的文本中拖动。若要取消，可以再次单击“格式刷”按钮，或者用键盘上的 Esc 键，来关闭格式刷功能。

3.2.2 文本的查找和替换

在编辑文档时我们需要使用“查找/替换”功能在文档中查找相关内容或者把查找到的内容替换为其他内容。这时可以使用查找/替换功能。

1. 查找（快捷键：Ctrl+F）

在“开始”选项卡的“编辑”组中，单击“查找”下拉按钮，如图 3.2.5 所示，有“查找”“高级查找”“转到”3 个选项。单击“查找”按钮，将打开“导航”窗格，在“搜索文档”文本框中输入要搜索的内容来搜索文档中的文本。

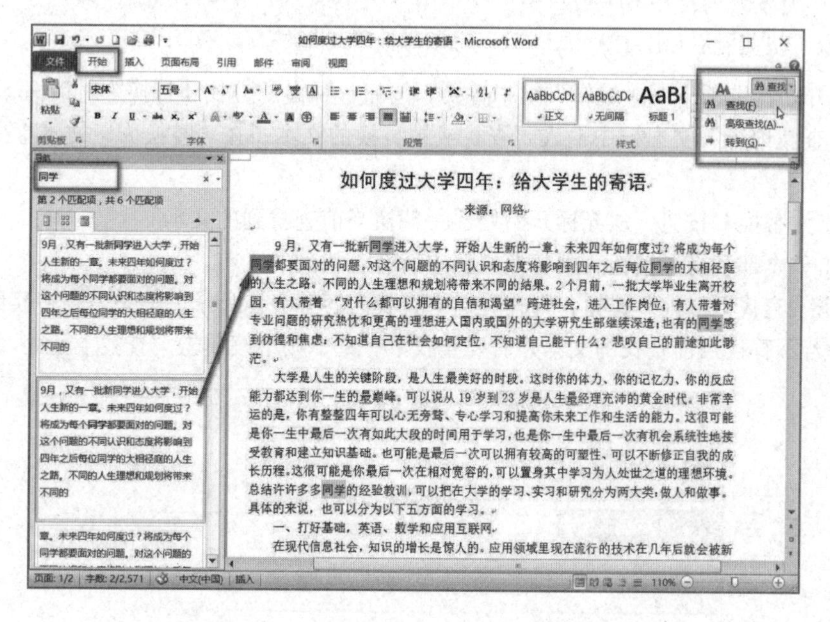

图 3.2.5　查找

注意

在“导航”窗格中单击文本框后面的下拉按钮，在出现的下拉列表中可以选择查找的类型，比如查找表格、图形、批注、脚注/尾注或公式等。

如果需要查找特定格式的内容，可以单击“开始”选项卡→“编辑”组中“查找”右边的下拉按钮，选择“高级查找”。在“查找内容”编辑框中输入需要查找的文字，确认光标在“查找内容”编辑框中，然后单击“更多”→“格式”→“字体”命令，在弹出的“查找字体”对话框中选择需要的格式后，单击“确定”按钮。然后单击“查找下一处”按钮，开始在文档中查找特定格式的内容，如图 3.2.6 所示。

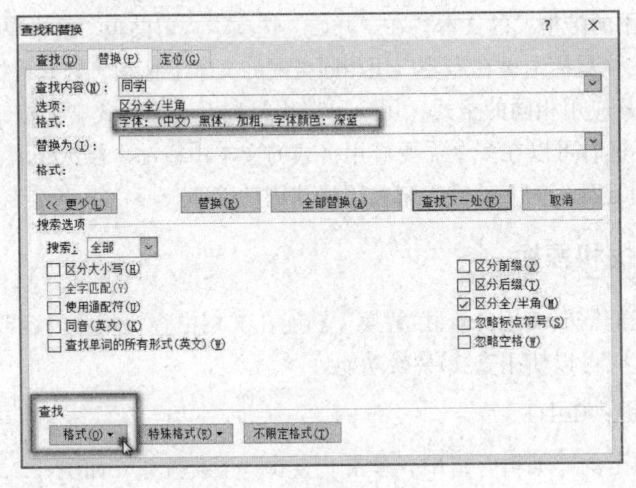

图 3.2.6　查找特定格式

如果用户需要取消查找文字的特定格式，则可以单击“不限定格式”按钮。

2. 替换（快捷键：Ctrl+H）

单击“开始”选项卡→“编辑”组“替换”按钮，弹出“查找和替换”对话框，如图 3.2.7 所示，在“查找内容”文本框中输入要查找或被替换的文本，在“替换为”文本框中输入替换文本。

① 单击“替换”按钮，从光标开始处逐一替换当前查找到的文本。

② 单击“全部替换”按钮，则替换文档中所有查找到的文本。

③ 单击“查找下一处”按钮，则在文档中查找内容并突出显示，如果需要替换则单击“替换”按钮，若不替换当前查找的文本并需要查找下一处，则继续单击“查找下一处”按钮。

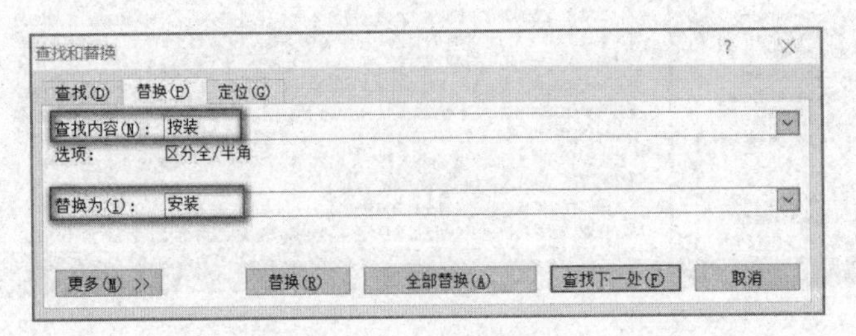

图 3.2.7　查找和替换

3. 特殊格式的替换

在 Word 2010 中不仅可以替换文本，还可以使用“特殊格式”来查找具有特殊格式的文本，比如“段落标记”“换行符标记”。

先将光标定位到“查找内容”或“替换为”文本框，然后单击“更多”→“特殊格式”选择需要的特殊格式，然后单击“替换”或者“全部替换”按钮进行操作。

注意

① 如果“替换为”的内容为空，并且没有设置替换格式，则会删除查找的内容。

② 如果只需要对一部分文本进行替换操作，用户可以先选中需要进行替换操作的文本内容，然后按上面的方法进行“全部替换”后在弹出的对话框中，单击“否”按钮，不要搜索文档的其余部分，如图 3.2.8 所示。

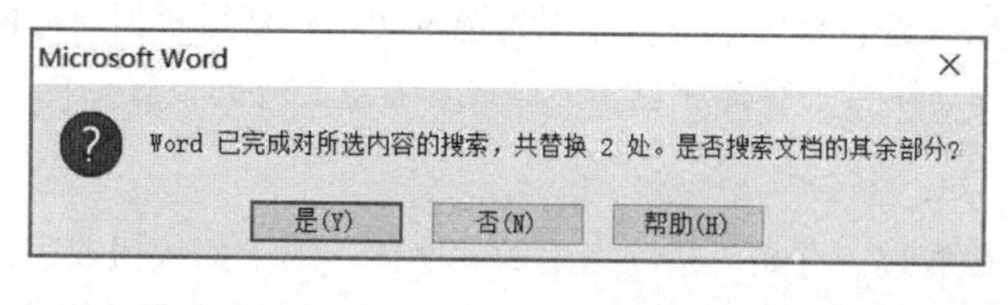

图 3.2.8　所选内容替换对话框

【例 3.2.2】 请打开“例 3.2.2 查找替换练习.docx”文档，完成以下操作。(扫描二维码获取案例操作视频)

A. 利用查找替换功能将该文档中所有的“按装”替换为“安装”。

B. 利用查找替换功能快速格式化文本，将文档中“单击”替换其字体格式为标准色蓝色、中文字体黑体、小二字号、加着重号。

C. 保存文档。

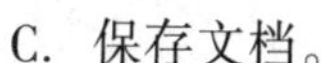

操作步骤：

① 打开“例 3.2.2 查找替换练习.docx”文档，打开“查找和替换”对话框，在“查找内容”文本框中输入“按装”，在“替换为”文本框输入“安装”，然后单击“全部替换”按钮完成替换，如图 3.2.7 所示。

② 打开“查找和替换”对话框，在“查找内容”文本框中输入“单击”，然后将光标定位在“替换为”文本框中（确认光标在“替换为”输入框中），单击“更多”→“格式”→“字体”，弹出设置“替换字体”对话框（见图 3.2.9），设置标准色蓝色、中文字体黑体、小二字号、加着重号，单击“确定”按钮回到“查找和替换”对话框，如图 3.2.10 所示，单击 “全部替换”按钮完成替换。

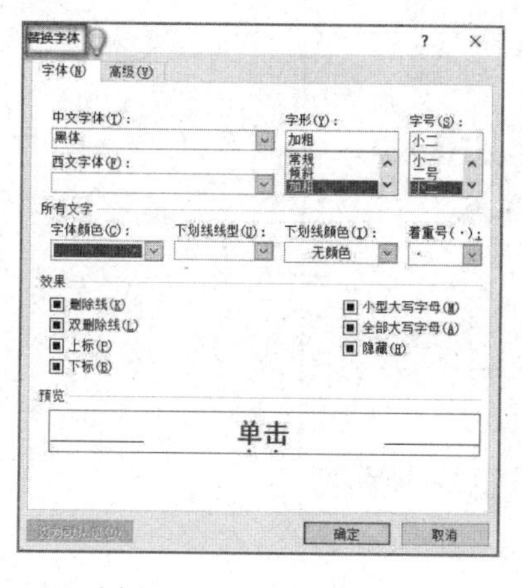

图 3.2.9　设置替换字体

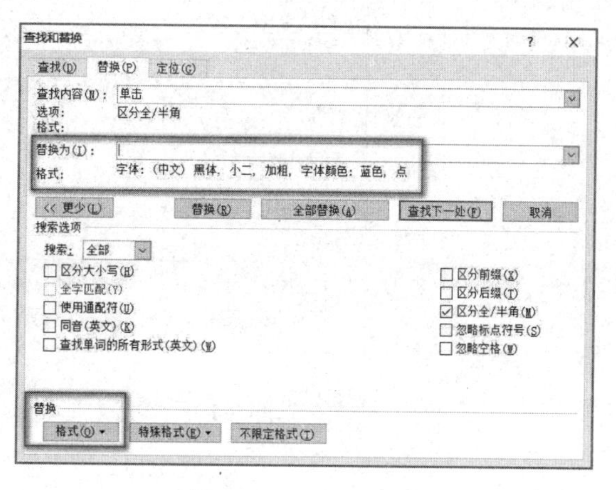

图 3.2.10　全部替换

③ 保存文档。

3.2.3 字体设置

创建的空白文档，如果用户不设置文本格式，输入的文本将使用 Word 默认的格式，中文字体为宋体，字号为五号，英文字体为 Times New Roman，字体颜色为黑色等。

用户在对字体的格式进行设置之前，必须先选定文本，然后根据自己的需要进行字符格式包括文字的字体、字形、字号、字体颜色、下画线、着重号等的设置。

1. 字体设置

字体设置可以直接通过“开始”选项卡上的“字体”组中的按钮或字体浮动工具栏进行设置，如图 3.2.11 所示，也可以使用图 3.2.12 所示的“字体”对话框进行设置，在该对话框中，应切换到“字体”选项卡，用户可以在“预览”窗口中观察设置后的字符效果。

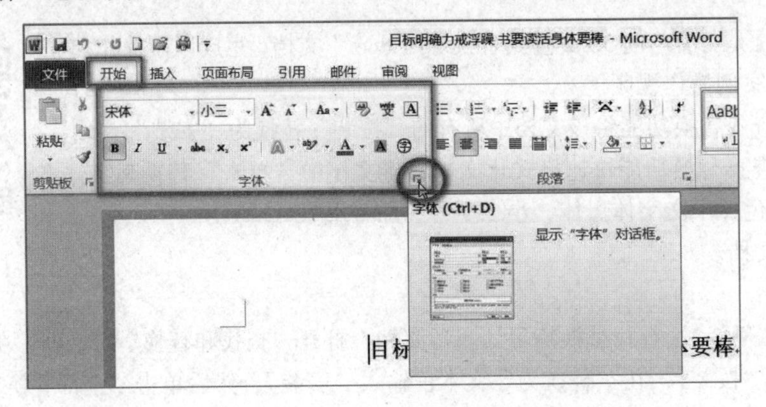

图 3.2.11 “字体”组

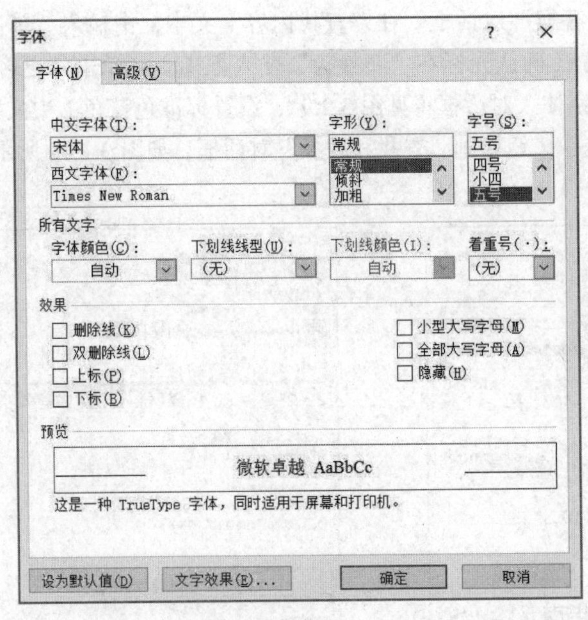

图 3.2.12 “字体”对话框

在“字体”对话框中有两个选项卡：“字体”和“高级”。“字体”选项卡中的“中文字体”和“西文字体”分别用来设置中、英文字符的字体；“字号”用来设置文本的大小；“字形”用来设置文本的粗体或倾斜；“下画线”给选定的文本添加各种下画线；“字体颜色”为选定的文本设置不同的颜色；“效果”给选定的文本设置特殊的显示效果，对要选择的效果选中复选框就可以了，再单击一次复选框，可以取消效果。

2．字符间距设置

在“字体”对话框中，切换到“高级”选项卡，如图 3.2.13 所示，可以进行字符间距设置。

3．使用文字效果

通过设置文本的“文字效果”，更改文字的填充和边框，添加阴影、映像或发光之类的效果，可以更改文字的外观。

单击图 3.2.12“字体”对话框中的“文字效果”按钮，弹出图 3.2.14 所示的“设置文本效果格式”对话框，可以从中选择所需要的格式设置文本的效果。

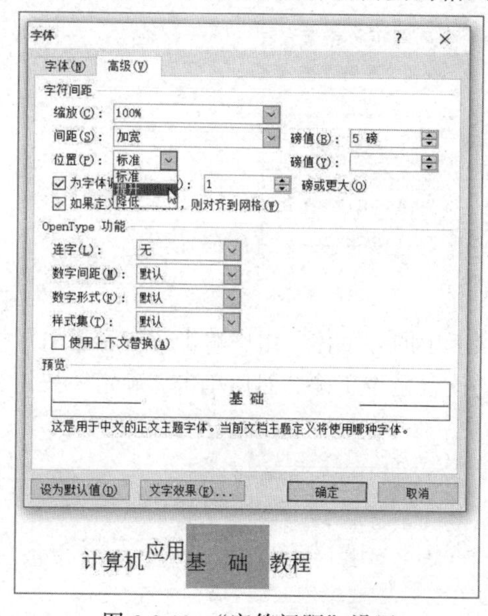

图 3.2.13 “字符间距”设置

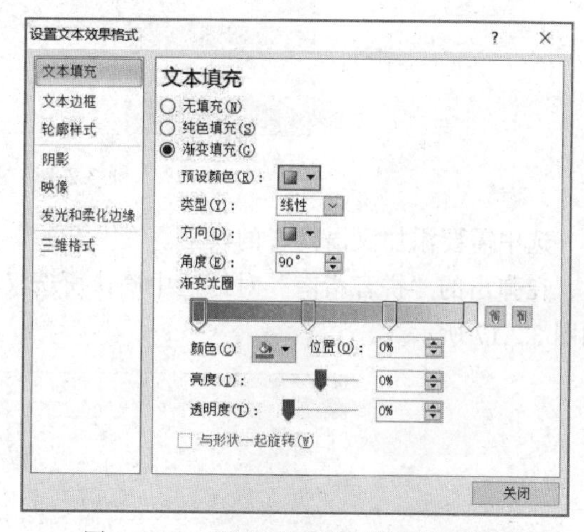

图 3.2.14 “设置文本效果格式”对话框

4．使用预设文本效果

Word 2010 中预设了一些文本效果，用户可直接使用预设的文本效果对文本进行设置，在使用后还可以根据需要对文本轮廓、阴影、映像及发光等内容进行更改，如图 3.2.15 所示。

5．清除格式

在“开始”选项卡上的“字体”组中，单击“清除格式”按钮，如图 3.2.16 所示，清除所选内容的所有格式，只留下纯文本。

6．拼音指南

Word 2010 的拼音指南是为文档中的汉字加注拼音的功能。默认情况下拼音会被添加到汉字的上方，且汉字和拼音将被合并成一行。

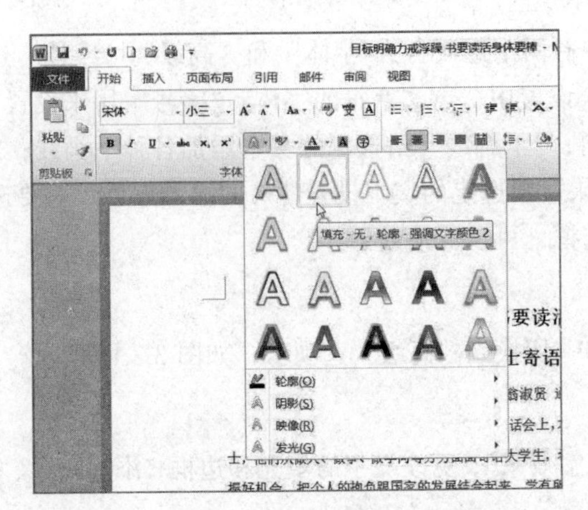

图 3.2.15　字体预设文本效果

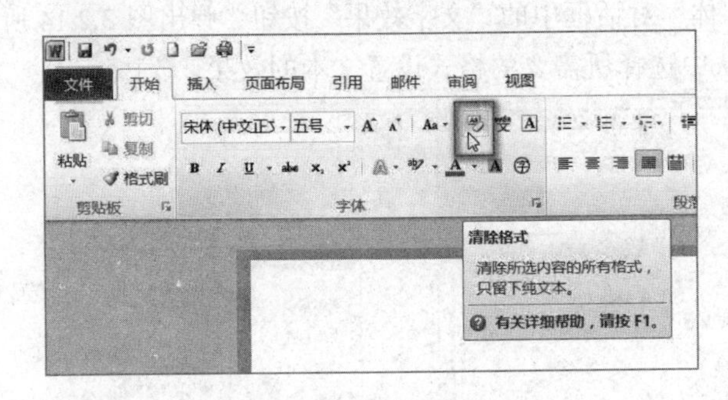

图 3.2.16　清除格式

选中需要添加汉语拼音的汉字。在“开始”选项卡中的“字体”组中单击“拼音指南”按钮，在弹出的“拼音指南”对话框中确认所选汉字的读音是否正确，然后单击“确定”按钮，如图 3.2.17 所示。

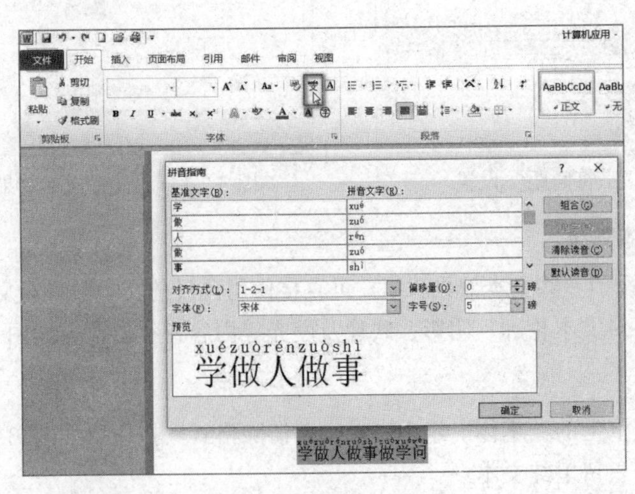

图 3.2.17　“拼音指南”对话框

7．带圈字符

带圈字符就是给文档中的单个字符加上一个圆圈或者菱形等各种边框。

单击“开始”选项卡→“字体”组→“带圈字符”按钮，弹出“带圈字符”对话框，在“样式”选项里选择“带圈字符”的样式，即“缩小文字”或“增大圈号”，然后设置“圈号”。

如果想取消“带圈字符”，先选择已设置“带圈字符”的文字，单击“开始”选项卡→“字体”组→“带圈字符”按钮，弹出“带圈字符”对话框，在“样式”选项里选择“无”。

【例 3.2.3-1】请打开“例 3.2.3-1 字体格式设置练习.docx”文档，完成以下操作。(注：文本中每一回车符作为一段落。)(扫描二维码获取案例操作视频)

A. 设置第 1 段文档的文字字符缩放 120%，字符间距加宽 2 磅。

B. 设置第 2～6 段文字的字体格式。字体：宋体；字形：加粗、倾斜；字号：小二；字体颜色：标准色浅蓝，标准色绿色单下画线。

C. 保存文档。

操作步骤：

① 打开“例 3.2.3-1 字体格式设置练习.docx”文档，选中第 1 段文字“寄语大学生”，打开“字体”对话框，单击“高级”选项卡，完成设置。

② 选中第 2～6 段文字，打开“字体”对话框，完成设置。

③ 保存文档。

【例 3.2.3-2】请打开“例 3.2.3-2 其他字体方式设置练习.docx”文档，完成以下操作。(扫描二维码获取案例操作视频。)

A. 设置“微软公司 Microsoft Corporation”中文字体：宋体，英文字体：Time New Roman。

B. 设置“Office 2010”文字效果设置文本填充为“渐变填充-蓝色，强调文字颜色 1，轮廓-白色”。

C. 将“计算机应用”中的“计”字缩放 200%，“算”字缩放 50%，“机”字提升 8 磅，“应用”4 个字的字符间距加宽为 3 磅。

D. 将“维修”两个字分别设置带圈字符。

E. 设置 m2 格式为 m^2。

F. 设置“双删除线”4 个字双删除线。

G. 清除“Word 2010”的格式。

操作步骤：

① 打开“例 3.2.3-2 其他字体格式设置练习.docx”文档，选中“Microsoft Coporation”打开“字体”对话框进行设置。

② 选中“Office 2010”，单击“开始”选项卡→“字体”组→“文本效果”按钮，在下拉列表选中“渐变填充-蓝色，强调文字颜色 1，轮廓-白色”选项。

③ 分别选中“计”“算”“机”“应用”，打开“字体”对话框，单击“高级选项卡”，完成设置。

④ 分别选中 C～E 操作的文字，打开“字体”对话框完成设置。

⑤ 选中“Word 2010”，单击“开始”选项卡→“字体”组→“清除格式”按钮，清除格式。

⑥ 设置效果如图 3.2.18 所示。

A. 设置文本填充练习：Office 2010
B. 设置字符练习：计算机应用
C. 设置带圈字符练习：计算机维修
D. 设置上标练习：面积为 $10m^2$
E. 设置删除线练习：双删除线
F. 清除格式练习：Word 2010

图 3.2.18 设置效果

3.2.4 段落设置

在 Word 中段落由文字、图片或其他对象组成，一个段落以一个回车符作为结束标志。用户可以在“开始”选项卡→“段落”组中，单击“显示/隐藏编辑标记”按钮显示或隐藏段落标记，如图 3.2.19 所示。

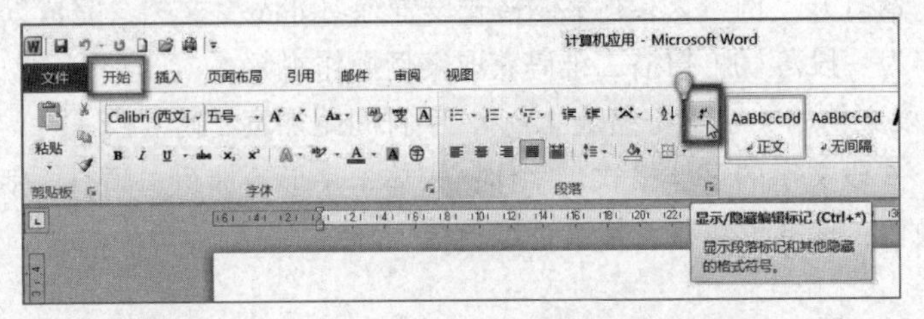

图 3.2.19 单击“显示/隐藏编辑标记”按钮

在 Word 2010 中，段落格式主要包括段落的对齐方式、段落缩进方式、行距、段前段后间距、大纲级别等。段落的设置直接单击“开始”选项卡→“段落”组上的命令进行设置，如图 3.2.20 所示；也可以单击“开始”选项卡→“段落”对话框按钮，在“段落”对话框进行设置，如图 3.2.21 所示。

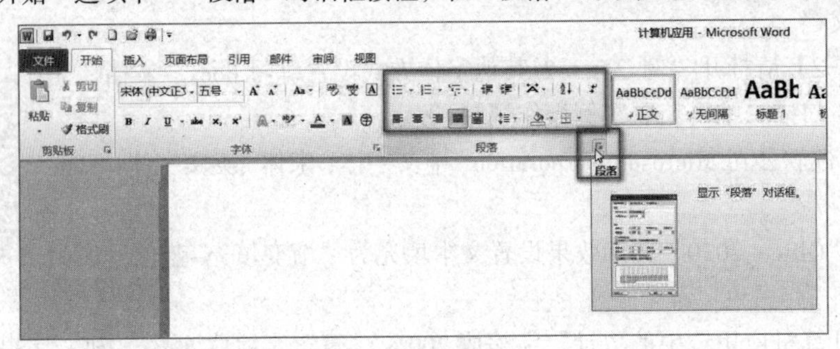

图 3.2.20 “段落”组

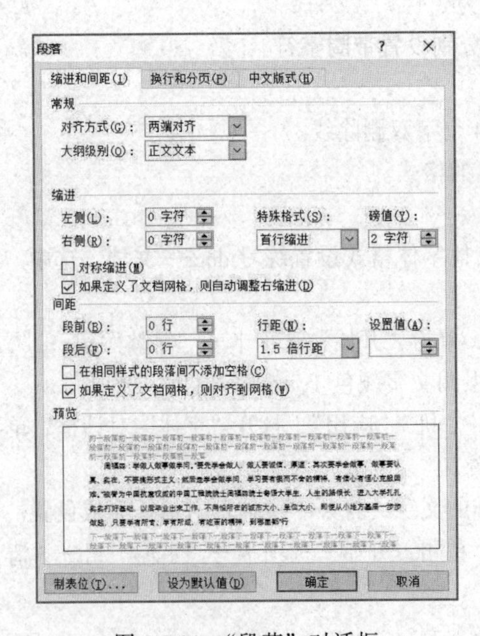

图 3.2.21 “段落”对话框

1．大纲级别和对齐方式

大纲级别用于为文档中的段落指定 1～9 级的等级结构，主要是为文档中的章节标题设置级别。给文档中的段落指定了大纲级别后，就可在导航窗格、大纲视图中处理文档，自动生成目录；通过单击“导航窗格”中的一个章节标题，光标就会自动定位到文档中的相应位置。

注意

除“正文文本”级别的段落不出现在“导航窗格”中外，其他级别的段落都会按照级别排列在“导航窗格”中。

对齐方式是指选中的段落的边缘相对于页边距的位置，对齐方式有以下几种：

① 左对齐：设置段落的左边缘与页面左边距齐平。

② 居中对齐：设置段落的左、右边缘与页面左、右边距的距离相等。

③ 右对齐：设置段落的右边缘与页面右边距齐平。

④ 两端对齐：同时将段落的左右两端的文字对齐，并根据需要增加字间距。

⑤ 分散对齐：使段落两端同时对齐，并根据需要增加字符间距。

设置对齐的方式有下面两种，效果如图 3.2.22 所示。

方法 1：选中或将光标置于要设置对齐方式的段落中，单击“段落”组中的对齐方式按钮设置。

方法 2：选中或将光标置于要设置对齐方式的段落中，在图 3.2.21 所示的“段落”对话框中，选择“缩进和间距”，单击“对齐方式”下拉列表框，选中某种对齐方式即可。

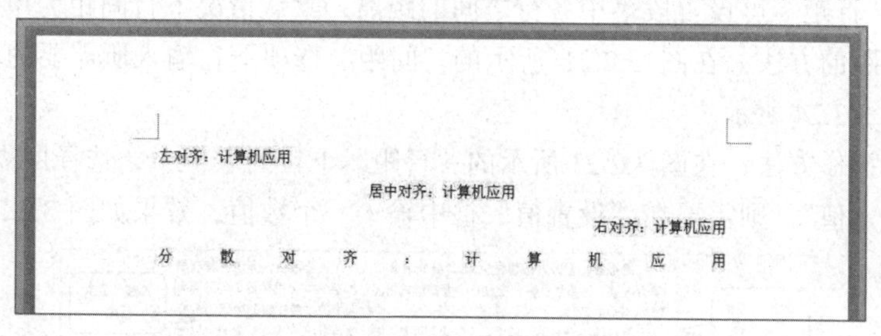

图 3.2.22　对齐效果

2．缩进

缩进可以设置页面上段落与左右页边距之间的距离。缩进包括下面 4 种：

① 左缩进：指段落左边与左边页边距之间的距离。在图 3.2.21 中的“缩进”下的“左侧”设置框中输入段落左边的缩进量，默认单位为“字符”，如输入“5 字符”。

② 右缩进：指段落右边与右边页边距之间的距离。在图 3.2.21 中的“缩进”下的“右侧”设置框中输入段落右边的缩进量。

注意

如果数值单位为“磅”，则删除“字符”两个字，直接输入“5 磅”，Word 2010 会转换为“厘米”显示。

③ 首行缩进：指段落中的首行与左页边距之间的距离，在图 3.2.21 中，在“缩进”下的特殊格式列表中，选择“首行缩进”，然后在设置框中输入首行的缩进量。

④ 悬挂缩进：指段落中除首行外其余的行的缩进，在图 3.2.21 中，在“缩进”下的特殊格式列表中，选择“悬挂缩进”，然后在设置框中输入缩进量。

注意

拖动 Word 2010 编辑区上方的标尺左右的按钮也可以调整段落的左右缩进、首行缩进，如图 3.2.23 所示，如果要设置的精确的数值则要利用对话框进行设置。

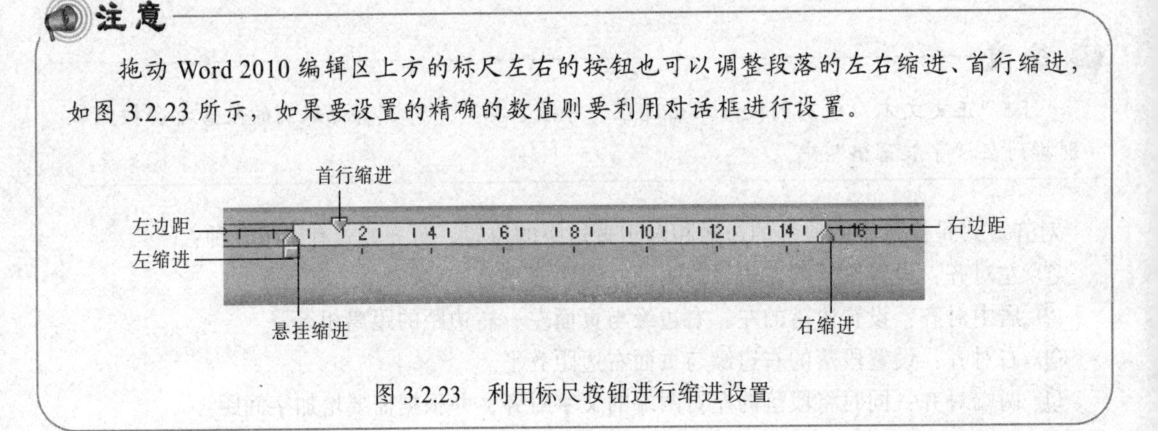

图 3.2.23　利用标尺按钮进行缩进设置

缩进效果如图 3.2.24 所示。

3．间距与行距

① 段前间距是指当前段落与前一段落之间的距离。

② 段后间距是指当前段落与后一段落之间的距离。

③ 段落的“行距”可设置段落中各行之间的距离，默认情况下行间距为单倍行距。

设置段落间距的方法：在图 3.2.21 所示的“间距”选项下，输入所需要的段前距离或段后距离，效果如图 3.2.24 所示。

设置行距的操作方法：在图 3.2.21 所示的“行距”下拉列表框中，选择所需要的行距选项，如果选中了“固定值”，则需要在“设置值”框中输入一个数值，效果如图 3.2.24 所示。

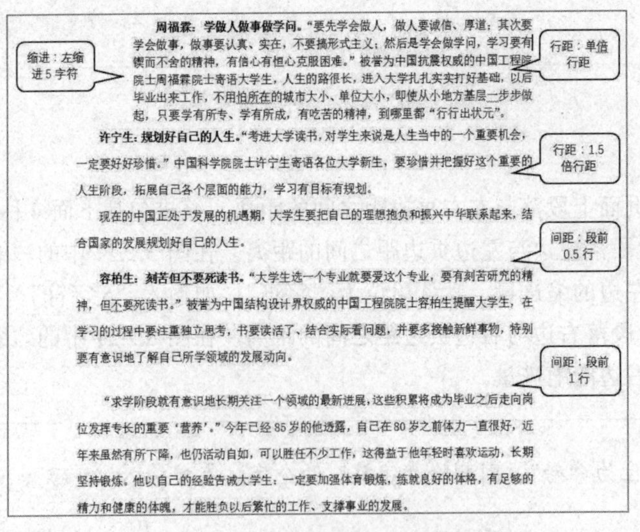

周福霖：学做人做事做学问。“要先学会做人，做人要诚信、厚道；其次要学会做事，做事要认真、实在，不要搞形式主义；然后是学会做学问，学习要有锲而不舍的精神，有信心有恒心克服困难。”被誉为中国抗震权威的中国工程院院士周福霖院士寄语大学生，人生的路很长，进入大学扎扎实实打好基础，以后毕业出来工作，不用怕所在的城市大小、单位大小，即使从小地方基层一步步做起，只要学有所专、学有所成，有吃苦的精神，到哪里都“行行出状元”。

许宁生：规划好自己的人生。“考进大学读书，对学生来说是人生当中的一个重要机会，一定要好好珍惜。”中国科学院院士许宁生寄语各位大学新生，要珍惜并把握好这个重要的人生阶段，拓展自己各个层面的能力，学习有目标有规划。

现在的中国正处于发展的机遇期，大学生要把自己的理想抱负和振兴中华联系起来，结合国家的发展规划好自己的人生。

容柏生：刻苦但不要死读书。“大学生选一个专业就要爱这个专业，要有刻苦研究的精神，但不要死读书。”被誉为中国结构设计界权威的中国工程院院士容柏生提醒大学生，在学习的过程中要注重独立思考，书要读活了、结合实际看问题，并要多接触新鲜事物，特别要有意识地了解自己所学领域的发展动向。

“求学阶段就有意识地长期关注一个领域的最新进展，这些积累将成为毕业之后走向岗位发挥专长的重要‘营养’。”今年已经 85 岁的他透露，自己在 80 岁之前体力一直很好，近年来虽然有所下降，也仍活动自如，可以胜任不少工作，这得益于他年轻时喜欢运动，长期坚持锻炼。他以自己的经验告诫大学生：一定要加强体育锻炼，练就良好的体格，有足够的精力和健康的体魄，才能胜负以后繁忙的工作、支撑事业的发展。

图 3.2.24　缩进段落间距、行距效果

【例 3.2.4】请打开“例 3.2.4 段落格式设置练习.docx”文档，完成以下操作。(注：文本中每一回车符作为一段落。)(扫描二维码获取案例操作视频。)

A. 设置第 1 段文档的段落格式：把文字“新员工入职培训方案”设置为居中。

B. 设置第 2 段右缩进 5 字符。

C. 设置第 3 段段前间距：20 磅，段后间距：26 磅。

D. 设置第 4 段悬挂缩进 3 字符，1.5 倍行距，段落的对齐方式为分散对齐。

E. 设置文档最后两段，首行缩进 2 字符。

F. 保存文档。

操作步骤：

① 打开“例 3.2.4 段落格式设置练习.docx”文档，选中第 1 段文字“新员工入职培训方案”，打开“段落”对话框，完成设置。

② 分别选中第 2 段～第 4 段、最后两段，打开“段落”对话框，完成设置。

③ 保存文档。

3.2.5 首字下沉和悬挂缩进

首字下沉指段落第 1 行第 1 个字的字号变大，并且下沉几行，段落的其他部分保持原样，可以得到突出段落的效果。操作方法如下：

① 将光标定位到需要设置首字下沉的段落中。然后单击“插入”选项卡→“文本”组→“首字下沉”下拉按钮，如图 3.2.25 所示。

② 在首字下沉下拉列表中，单击“首字下沉选项”，在弹出对话框中进行设置。

③ 设置完成后，单击“确定”按钮。

图 3.2.25 首字下沉的设置

悬挂缩进就是一个段落的第 1 行保持不变，段落的第 2 行和后续的行缩进量大于第 1 行。操作方法与首字下沉相似。

【案例 3.2.5】请打开“例 3.2.5 首字下沉练习.docx”文档，完成以下操作。(注：文本中每

一回车符作为一段落。)(扫描二维码获取案例操作视频)

A. 第 2 段设置首字下沉，下沉 2 行，字体为黑体。

B. 第 3 段设置首字悬挂，下沉 3 行，字体为隶书、加粗、倾斜。

C. 保存文档。

操作步骤：

① 打开“例 3.2.5 首字下沉练习.docx”文档，将分别将光标放置在第 2、3 段，单击“插入”选项卡→“文本”组→“首字下沉”下拉按钮，在下拉列表中单击“首字下沉选项”，在弹出的对话框中完成设置。

② 保存文档。

3.2.6 分栏

通过分栏设置，能够方便阅读文本，同时增加版面的活泼性。Word 2010 可以设置段落分栏的栏数、栏宽、栏距等。

选中需要分栏的段落，单击“页面布局”选项卡，在“页面设置”组中单击“分栏”下拉按钮，如图 3.2.26 所示，在分栏下拉列表中选择分栏选项。选择“更多分栏”选项，弹出“分栏”对话框，可栏宽、栏距、分隔线进行设置。

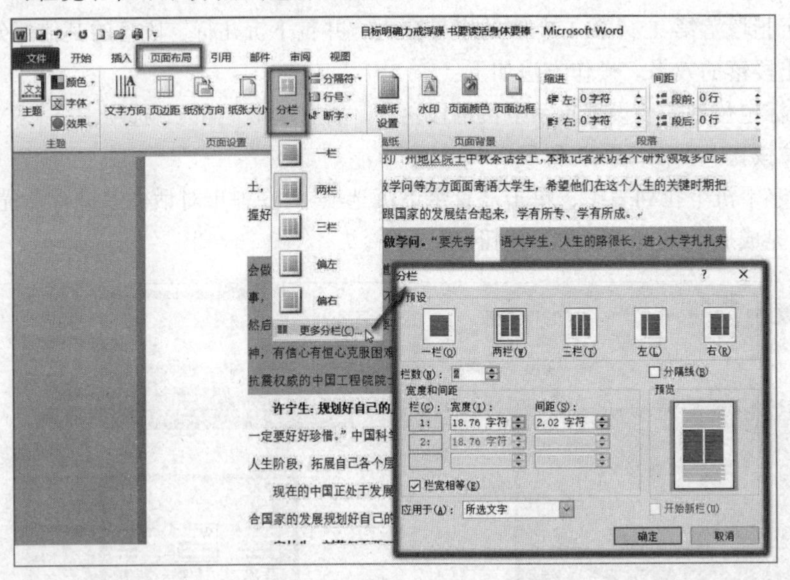

图 3.2.26 “分栏”列表和对话框

【例 3.2.6】请打开“例 3.2.6 分栏练习.docx”文档，完成以下操作。(注：文本中每一回车符作为一段落。)(扫描二维码获取案例操作视频)

A. 将文档第 4 段（第 4 段含文字“学做人做事做学问……”）偏左分为 2 栏：第 1 栏宽度 13 字符、间距 2 字符，添加分隔线。

B. 保存文档。

操作步骤：

① 打开“例 3.2.6 分栏练习.docx”文档，单击“页面布局”选项卡→“页面设置”组→“分

栏”下拉按钮，在分栏下拉列表中选择“更多分栏”选项，在弹出的“分栏”对话框中完成设置。

② 保存文档。

3.2.7 边框和底纹

单击“开始”选项卡→“段落”组→“边框和底纹”按钮，弹出“边框和底纹”对话框，如图 3.2.27 所示。在该对话框中，可以对选定的文字或段落进行边框和底纹的设置。

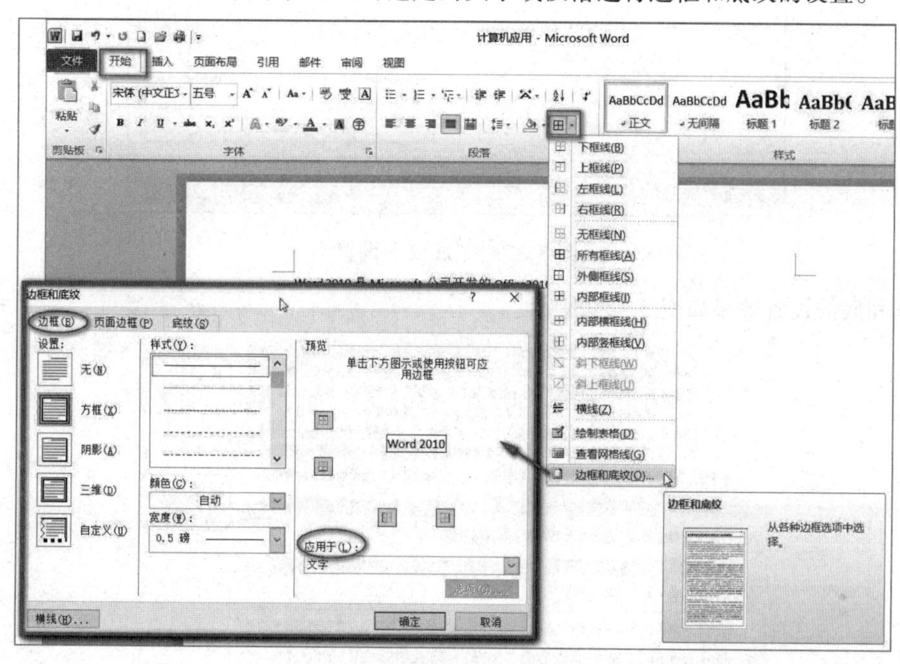

图 3.2.27 “边框”设置

1. 边框设置

选择“边框”选项卡，进行如下操作：

① 单击“设置”选项来设置边框的选项；选择边框的“样式”“颜色”“宽度”。

② 如果要自定义边框，在“设置”选项中单击“自定义”，在设置好“样式”“颜色”“宽度”后。

③ 在“预览”下，单击要设置边框的位置。

④ 设置边框“应用于”的范围，选择“文字”或“段落”，单击“确定”按钮。

2. 底纹设置

选择“底纹”选项卡，弹出图 3.2.28 所示对话框，进行如下操作：

① 单击“填充”下拉按钮，在下拉列表中选择底纹“填充”的颜色。如果需要自定义颜色，则选择“其他颜色”进行设置。

② 在“图案”选项中，选择要填充的图案样式和颜色。

③ 在“应用于”下拉列表中，选择“文字”或“段落”。

④ 设置完成之后，单击“确定”按钮。

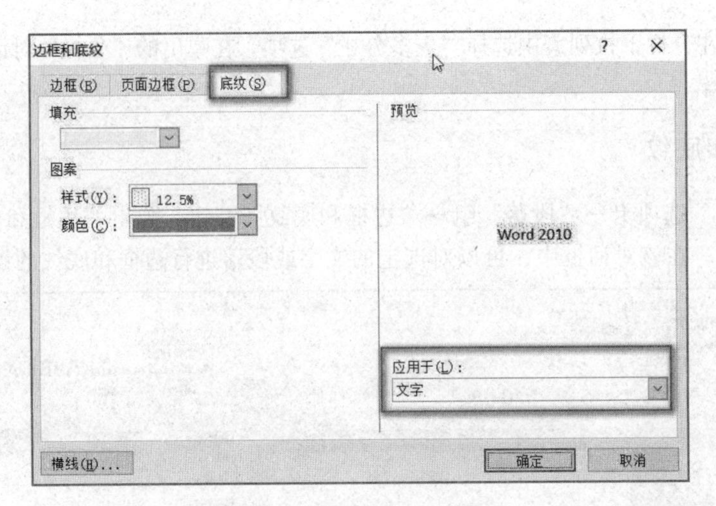

图 3.2.28 “底纹”设置

边框和底纹设置效果如图 3.2.29 所示。

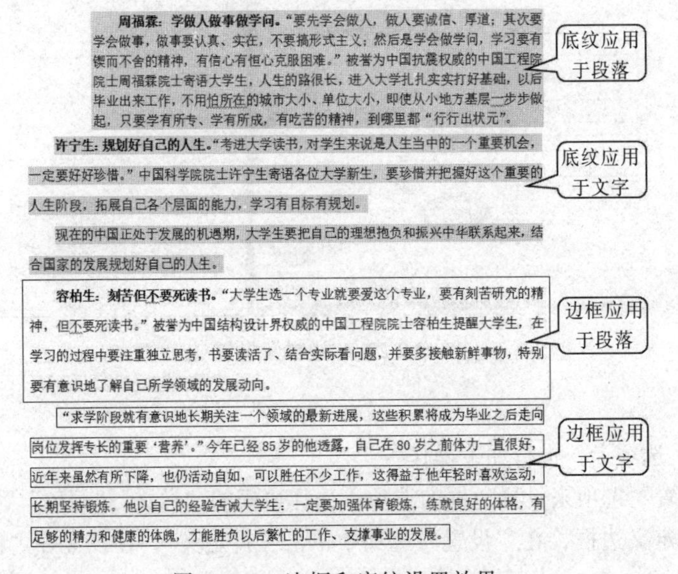

周福霖：学做人做事做学问。“要先学会做人，做人要诚信、厚道；其次要学会做事，做事要认真、实在，不要搞形式主义；然后是学会做学问，学习要有锲而不舍的精神，有信心有恒心克服困难。”被誉为中国抗震权威的中国工程院院士周福霖院士寄语大学生，人生的路很长，进入大学扎扎实实打好基础，以后毕业出来工作，不用怕所在的城市大小、单位大小，即使从小地方基层一步步做起，只要学有所专、学有所成，有吃苦的精神，到哪里都“行行出状元”。

许宁生：规划好自己的人生。“考进大学读书，对学生来说是人生当中的一个重要机会，一定要好好珍惜。”中国科学院院士许宁生寄语各位大学新生，要珍惜并把握好这个重要的人生阶段，拓展自己各个层面的能力，学习有目标有规划。

现在的中国正处于发展的机遇期，大学生要把自己的理想抱负和振兴中华联系起来，结合国家的发展规划好自己的人生。

容柏生：刻苦但不要死读书。“大学生选一个专业就要爱这个专业，要有刻苦研究的精神，但不要死读书。”被誉为中国结构设计界权威的中国工程院院士容柏生提醒大学生，在学习的过程中要注重独立思考，书要读活了、结合实际看问题，并要多接触新鲜事物，特别要有意识地了解自己所学领域的发展动向。

“求学阶段就有意识地长期关注一个领域的最新进展，这些积累将成为毕业之后走向岗位发挥专长的重要‘营养’。”今年已经 85 岁的他透露，自己在 80 岁之前体力一直很好，近年来虽然有所下降，也仍活动自如，可以胜任不少工作，这得益于他年轻时喜欢运动，长期坚持锻炼。他以自己的经验告诫大学生：一定要加强体育锻炼，练就良好的体格，有足够的精力和健康的体魄，才能胜负以后繁忙的工作、支撑事业的发展。

图 3.2.29 边框和底纹设置效果

【例 3.2.7】请打开“例 3.2.7 边框底纹练习.docx”文档，完成以下操作。（注：文本中每一回车符作为一段落。）（扫描二维码获取案例操作视频）

A. 设置文档第 2 段边框和底纹，设置边框宽度为 1.5 磅、标准色蓝色的双细单实线方框，应用于文字；底纹填充为标准色绿色，应用于文字。

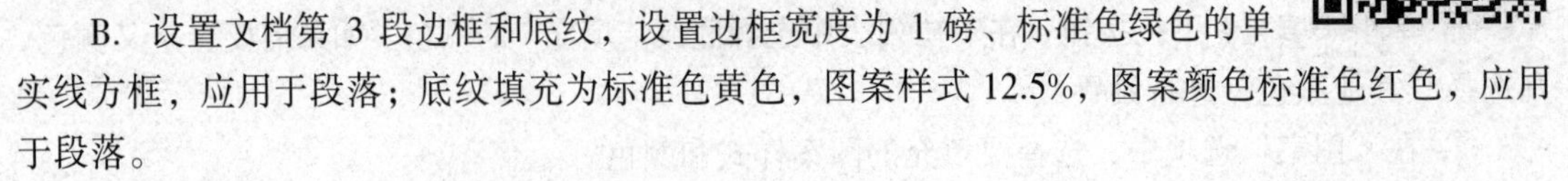

B. 设置文档第 3 段边框和底纹，设置边框宽度为 1 磅、标准色绿色的单实线方框，应用于段落；底纹填充为标准色黄色，图案样式 12.5%，图案颜色标准色红色，应用于段落。

C. 保存文档。

操作步骤：

① 打开“例 3.2.7 边框底纹练习.docx”文档，分别选中第 2 段、第 3 段，单击“开始”选

项卡→“段落”组→“边框和底纹”下拉按钮，在下拉列表中选择“边框和底纹”，如图 3.2.27 所示，弹出“边框和底纹”对话框，在“边框”选项卡“设置”中选择“自定义”，按要求完成设置。

② 保存文档。

3.2.8 项目符号、编号和特殊符号

在文档编辑中，为了使文档的结构和内容条理更清晰，重点突出，就需要使用项目符号或编号来标识。项目符号和编号可以在输入文字时自动创建，也可以在文字输入完成后，手动添加。项目符号、编号、多级列表按钮如图 3.2.20 所示。

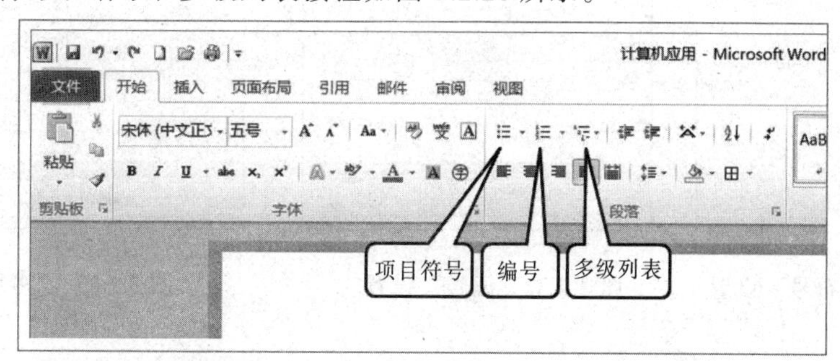

图 3.2.30 项目符号、编号、多级列表

1. 单级项目符号或编号列表

给文档中的段落添加项目符号或编号列表，操作方法如下：

① 选择要添加项目符号或编号列表的段落。

② 单击“开始”选项→“段落”组→“项目符号”或“编号”的下拉按钮，如图 3.2.30 所示。

③ 在下拉列表中可以选择不同的符号样式或列表样式，如图 3.2.31 和图 3.2.32 所示。

2. 定义新项目符号或编号列表

如果项目符号库或编号库的符号不能满足排版要求时，可以选择“定义新项目符号”或“定义新编号格式”选项，在弹出的对话框中进行相关的设置即可。

3. 多级列表

在文档中使用多级列表符号，可以表示出文档的层次结构方便阅读，设置多级列表的操作方法如下：

① 选择要设置多级列表的段落。

② 单击“开始”选项卡→“段落”组→“多级列表”下拉按钮，启动多级列表，出现图 3.2.33 的多级列表库，选择其中的一种列表样式。

③ 如果要自定义多级列表，选中“定义新的多级列表”项，弹出图 3.2.34 所示的“定义新的多级列表”的对话框，在对话框中选择级别，并设置级别的编号格式和位置，单击“确定”按钮，完成设置。

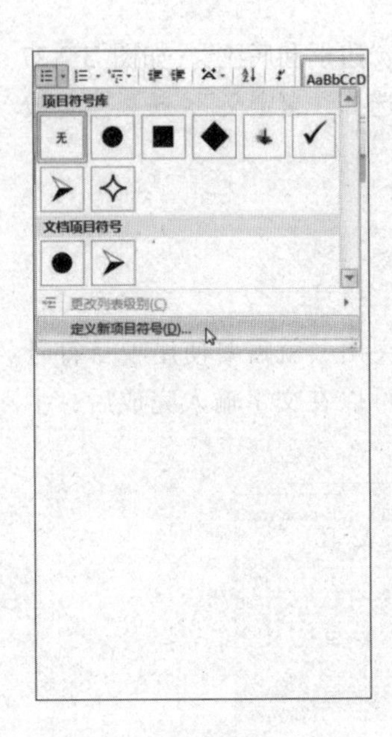

图 3.2.31 “项目符号”设置

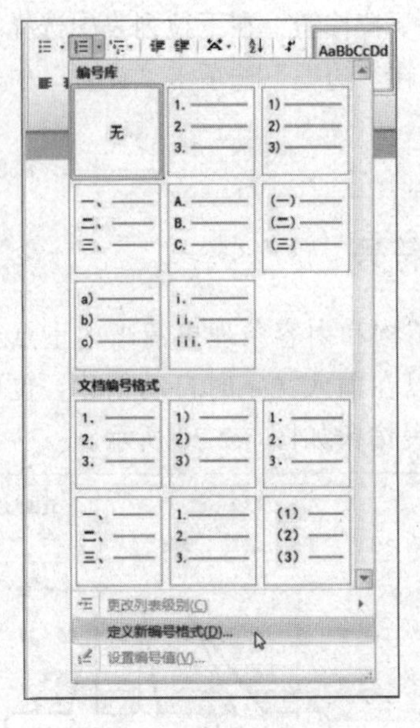

图 3.2.32 “编号”设置

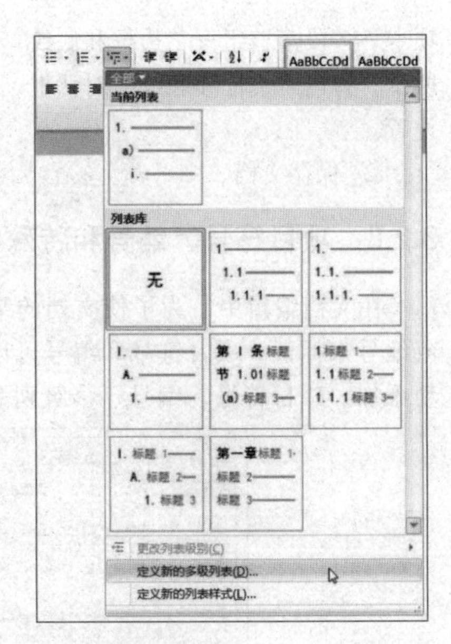

图 3.2.33 “多级列表”设置

注意

在多级列表中，按下 Tab 键可以使当前段落降低一个级别；按下 Shift+Tab 组合键可以使当前段落上升一个级别。

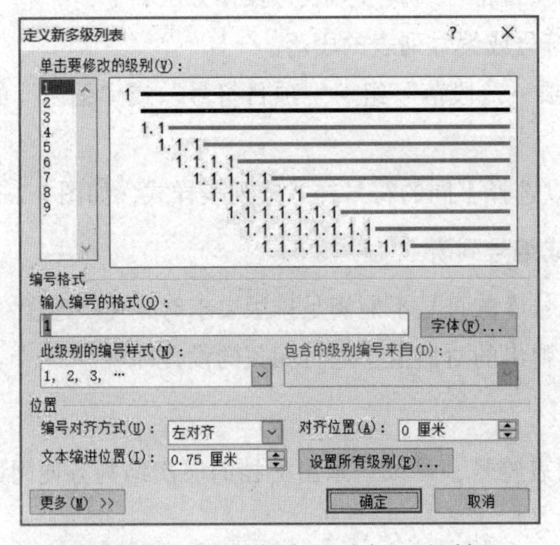

图 3.2.34 “定义新多级列表”对话框

4. 插入特殊符号

在文档中添加一些特殊符号，使得文档变得更加丰富多彩。操作方法如下：

① 将光标定位到需要插入特殊符号的位置，单击“插入”选项卡→“符号”组→“符号”下拉按钮，此时会弹出一个下拉列表，选择“其他符号”选项。

② 在弹出的“符号”对话框中，选择“符号”选项卡，并单击“字体”下拉按钮，在展开

的下拉列表中选择字体。

③ 在选择符号的字体类型之后，“符号”对话框下方的列表框中会显示出相应的符号，可以选择需要插入的符号，或者直接在“字符代码”输入框中输入字符代码，并单击“插入”按钮，如图 3.2.35 所示。

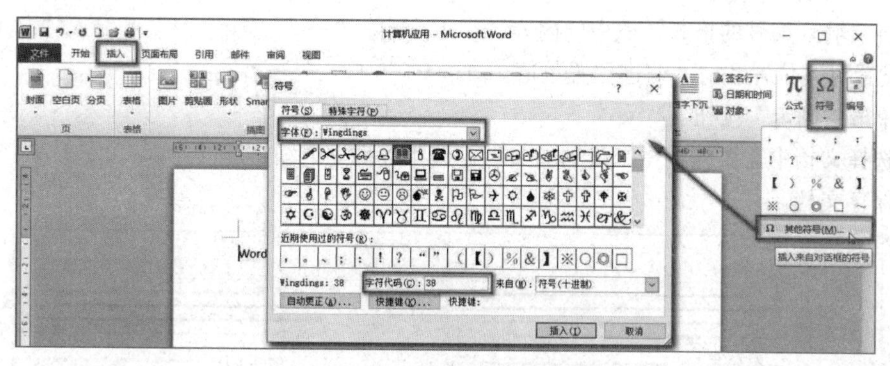

图 3.2.35　插入特殊符号

【例 3.2.8-1】请打开“例 3.2.8-1 多级列表练习.docx”文档，完成以下操作。(注：文本中每一回车符作为一段落。)(扫描二维码获取案例操作视频)

A. 按图 3.2.36 设置项目符号和编号，一级编号位置为左对齐，对齐位置为 0.5 厘米，文字缩进位置为 1 厘米。

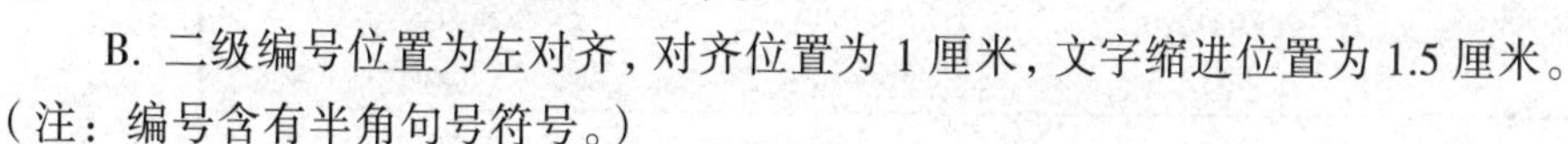

B. 二级编号位置为左对齐，对齐位置为 1 厘米，文字缩进位置为 1.5 厘米。(注：编号含有半角句号符号。)

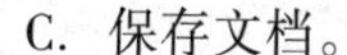

C. 保存文档。

培训流程和课程计划

第一.公司培训管理实施流程

1. 培训目的、原则
2. 培训职责
3. 培训计划的制定和实施
4. 培训效果评估
5. 培训风险管理
6. 培训档案的管理

第二.培训课程计划

1. 20XX 年员工培训课程计划
2. 20XX 年职能人员素质与技能提升培训课程计划
3. 20XX 年中高层管理人员培训课程计划

图 3.2.36 例 3.2.8-1 样图

操作步骤：

① 打开“例 3.2.8-1 多级列表练习.docx”文档，选择设置多级列表的文本，单击“开始”选项卡→“段落”组中→“多级列表”下拉按钮，在下拉列表中选择“定义新的多级列表”选项。

② 在弹出的“定义新多级列表”对话框中(见图 3.2.37)：

a. 选择级别“1”。

b. 删除“输入编号的格式”框中的内容，在“此级别的编号样式”下拉列表中选择“一、

二、三（简）……”样式，然后在“输入编号的格式”框中“一”前面使用键盘输入“第”，“一”后输入“.”。

c. 设置对齐位置和文本缩进位置数值。

d. 选择级别“2”。

e. 将“输入编号的格式”框中的内容“一.1”删除“一.”，并在“1”后输入“.”。

f. 设置对齐位置和文本缩进位置数值。

g. 单击“确定”按钮。

③ 选择文档中需要缩进一个级别的文字，按 Tab 键完成缩进。

④ 保存文档。

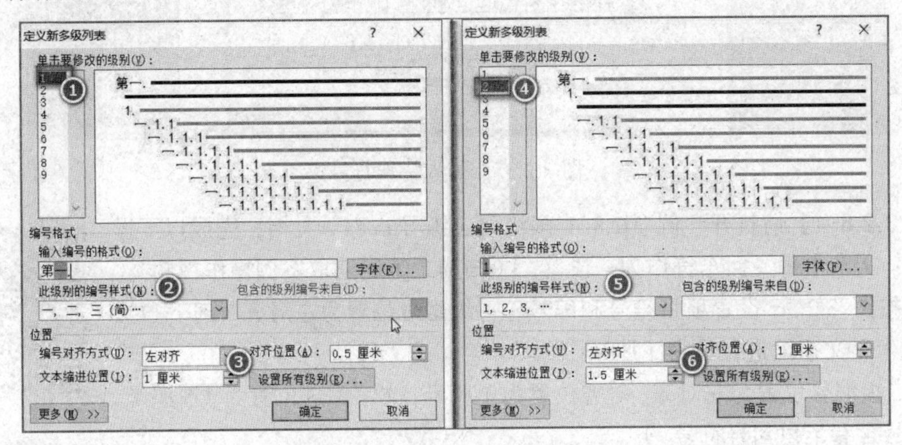

图 3.2.37　例 3.2.8-1 操作步骤

【例 3.2.8-2】请打开“例 3.2.8-2 项目符号、特殊符号的练习.docx”文档，完成以下操作。（注：文本中每一回车符作为一段落。）（扫描二维码获取案例操作视频）

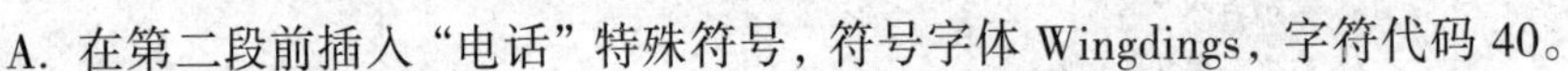

A. 在第二段前插入“电话”特殊符号，符号字体 Wingdings，字符代码 40。

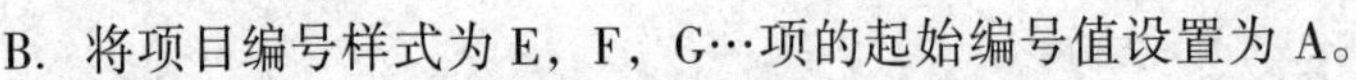

B. 将项目编号样式为 E，F，G…项的起始编号值设置为 A。

C. 为文档最后 4 个段落插入项目符号，符号字体 Wingdings，字符代码 70，字体颜色标准红色，增加缩进量一次，效果如图 3.2.38 所示。

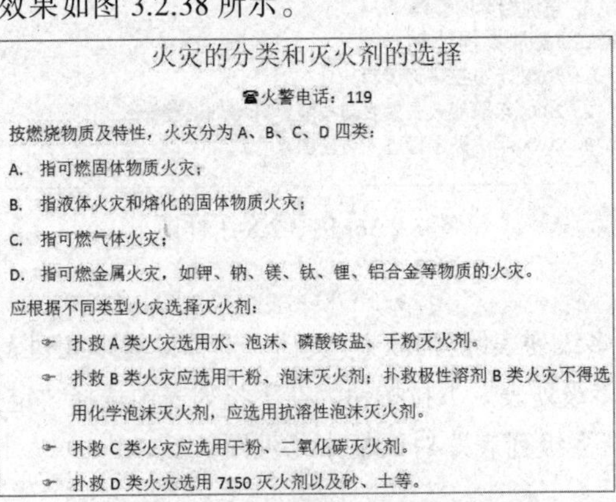

火灾的分类和灭火剂的选择

☎火警电话：119

按燃烧物质及特性，火灾分为 A、B、C、D 四类：

A. 指可燃固体物质火灾；

B. 指液体火灾和熔化的固体物质火灾；

C. 指可燃气体火灾；

D. 指可燃金属火灾，如钾、钠、镁、钛、锂、铝合金等物质的火灾。

应根据不同类型火灾选择灭火剂：

- 扑救 A 类火灾选用水、泡沫、磷酸铵盐、干粉灭火剂。
- 扑救 B 类火灾应选用干粉、泡沫灭火剂；扑救极性溶剂 B 类火灾不得选用化学泡沫灭火剂，应选用抗溶性泡沫灭火剂。
- 扑救 C 类火灾应选用干粉、二氧化碳灭火剂。
- 扑救 D 类火灾选用 7150 灭火剂以及砂、土等。

图 3.3.38　例 3.2.8-2 效果图

操作步骤：

① 打开“例 3.2.8-2 项目符号、特殊符号的练习.docx”文档。

② 将光标放置在第 2 段前，单击“插入”选项卡→“符号”选项组→“符号”，选择“其他符号”选项；在弹出的“符号”对话框中，选择“符号”选项卡，并单击“字体”下拉列表框右侧的下拉按钮，选择 Wingdings 字体，直接在“字符代码”输入框中输入字符代码 40。

③ 选中“E，F，G…”，右击，在弹出的快捷菜单中选择“设置编号值”命令，在弹出的“起始编号”对话框中，值设置为 A。

④ 选中文档最后 4 个段落，在“开始”选项卡的“段落”组中，单击“项目符号”按钮的下拉按钮，选择“定义新项目符号”，在“定义新项目符号”对话框选择“符号”和“字体”进行设置；设置完成后，选择最后 4 个段落按 Tab 键增加缩进量一次。

⑤ 保存文档。

3.2.9 样式设置

样式是一组已命名的段落和字体格式的集合，Word 2010 提供了很多样式（快速样式）供用户使用，如图 3.2.39 所示，用户也可以自己“新建样式”。

通过样式可以快速将具有相同的字体、字号、间距等格式应用到文本中。例如：一篇长文档中的各章节标题、正文、表格、列表等，当修改了某一个样式的格式，应用了此样式的文本段落都会自动修改。使用样式有利于建立文档大纲、生成目录。

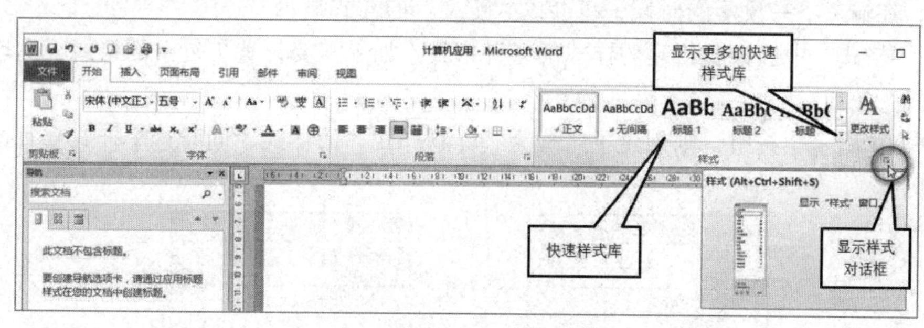

图 3.2.39 快速样式库

1. 快速样式库的使用

在“开始”选项卡→“样式”组中，提供了可供选择的快速样式库。

应用快速样式的方法：选中要使用样式的文本，单击快速样式库中的下拉按钮，出现 3.2.40 所示的样式列表，单击某种样式，那么该选中的样式就应用于所选的文本了。

2. 自定义样式

如果用户需要将常用的格式定义为样式，可以采用“新建样式”，并运用自定义的样式对字符或段落进行格式设置。操作方法如下：

单击显示“样式”按钮，打开“样式”任务窗格，如图 3.2.41 所示，单击“新建样式”按钮，打开“修改样式”对话框，如图 3.2.42 所示，进行如下操作：

① 在“名称”文本框中输入样式名称，比如“标题样式”。

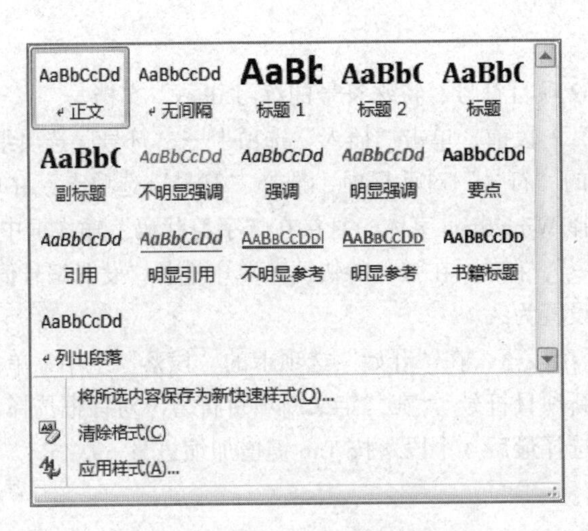

图 3.2.40　样式列表

② 选择“样式类型”，“样式类型”指明了要将定义的样式应用于哪里，一般常用的是“字符”样式和“段落”样式。如果选择“段落”，那么就将“标题样式”应用于整个段落；如果选择“字符”，定义的样式“标题样式”应用于选中的字符。

③“样式基准”是指当前创建的样式以哪个样式为基础来创建。

④“后续段落样式”指明下一段落的样式，如果选择“正文”，设置了某段落为“标题样式”样式的话，在输入下一段落的时候，将会以“正文”的样式显示。

⑤ 在“格式”中选择要创建的样式的各种格式。如果需要设置更复杂的格式，则单击左下角的“格式”按钮。

⑥ 单击“确定”按钮，则创建了名称为“标题样式”的样式，同时这个样式会直接应用于光标所在段落。

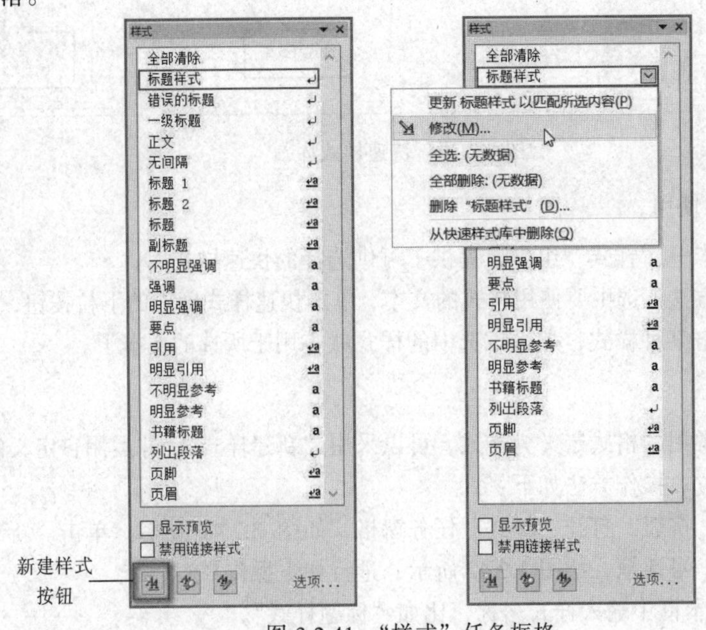

图 3.2.41　“样式”任务框格

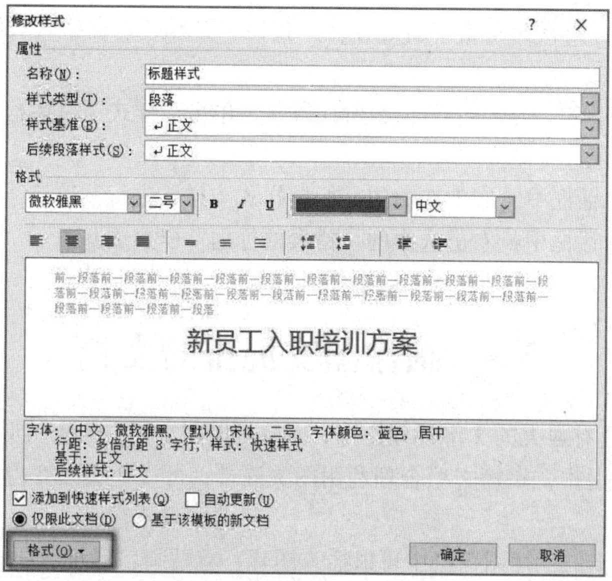

图 3.2.42 “修改样式”对话框

3．删除和修改样式

在“样式”任务窗格中选中要删除或修改样式的名称，右击，在弹出的快捷菜单中选择所需的操作即可。

4．应用样式

将快速样式库中的样式或自定义的样式应用于段落或文字中的方法是：

选中要设置样式的文本，比如要将“标题”样式应用于文档第 3 段，则将插入点放置在第 3 段中，或选中第 3 段，然后打开“样式”任务窗格，找到名称为“标题”的样式，单击该样式即可。

【例 3.2.9】请打开“例 3.2.9 样式练习.docx”文档，完成以下操作。(注：文本中每一回车符作为一段落。)(扫描二维码获取案例操作视频)

A．设置文档的颜色样式为内置“基本”样式。

B．将含文字内容“(2017 版)”的段落设置为“副标题”的快速样式。

C．建立一个名称为“一级标题”的新样式。新建的样式类型段落，样式基于正文，其格式为：标准色蓝色、黑体、四号字体、加粗，1.5 倍行距；将该样式应用到文档“一、二、三……”标题所在段落。

D．修改名称为“标题样式”的样式，格式为：标准色蓝色。

E．删除名称为“错误的标题”的样式。

F．保存文档。

操作步骤：

① 打开“例 3.2.9 样式练习.docx”文档，单击“开始”选项卡→“样式”组→“更改样式”→“颜色”，选择内置主题颜色样式。

② 选择含有文字内容“(2017 版)”的段落，单击“样式”对话框中的“副标题”样式。

③ 选择“一、培训对象”所在段落，单击“开始”选项卡→“样式”组，显示“样式”按

钮，打开“样式”任务窗格，单击“新建样式”按钮，打开“根据格式设置创建新样式”对话框，完成设置。

④ 分别选中“一、二、三……”标题所在段落，单击“样式”对话框中的“一级标题”样式，应用样式。

⑤ 在“样式”对话框中，右击选中的“标题样式”样式进行修改。

⑥ 在“样式”对话框中，右击选中的“错误的标题”样式删除。

⑦ 保存文档。

3.3 制作图文混排的文档

Word 2010不仅具有强大的文字处理能力，而且可以在文档中插入图形图片、艺术字、文本框等对象，实现图文混排，一篇文档合理利用图文混排，可以使文档变得丰富多彩，增加文档的美观性。

在“插入”选项卡的“插图”组中可以插入图片、剪贴画、形状、SmartArt、图表等对象，实现图文混排功能，如图3.3.1所示。

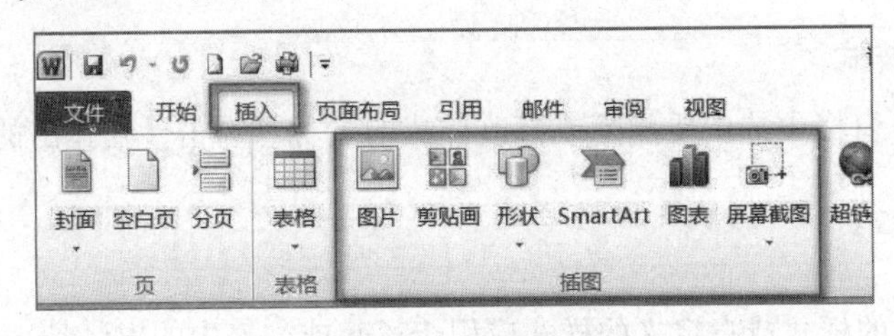

图 3.3.1 插图组

3.3.1 插入图片

1. 插入来自文件的图片

单击文档中要插入图片的位置，在“插入”选项卡的“插图”组中选择“图片”，打开“插入图片”对话框，在左侧框中选择相应位置的驱动器、文件夹，选择要插入的图片即可。

2. 插入剪贴画

剪贴画是Word 2010自带的一种图片格式，用户可以将剪贴画插入文档中。

单击要插入剪贴画的位置，在“插入”选项卡的“插图”组中选择“剪贴画”，打开“剪贴画”任务窗格，如图3.3.2所示，在“剪贴画”任务窗格中，输入要搜索的剪贴画的文字，比如“汽车”，或输入要搜索剪贴画的部分或全部文件名，单击“搜索”按钮，搜索结果将显示在下面的列表中，从列表中选择需要的剪贴画将其插入。

在搜索时，在“结果类型”下拉列表框中，可以选择所需要的媒体文件类型设定剪贴画的搜索范围。

3. 调整图片或剪贴画

单击选中图片或剪贴画，将弹出“图片工具”的“格式”选项卡，用来设置图片格式，如图3.3.3所示。

图 3.3.2 “剪贴画”任务窗格

在“调整”组内，用户可以调整图片颜色浓度和色调、对图片进行重新着色或者更改颜色的透明度，设置图片的艺术效果（一张剪贴画或者图片可以应用多个颜色效果）。用户也可以使用“压缩图片”按钮对图片进行压缩或者“更换图片”。如果用户对图片所做的设置不满意，可以使用“重设图片”将图片恢复。

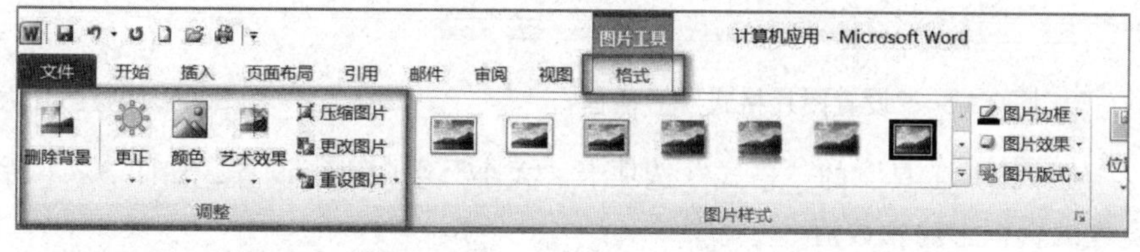

图 3.3.3 “图片工具”→“格式”选项卡“调整”组

4. 设置图片样式

在“图片工具”的“格式”选项卡的“图片样式”组上，如图 3.3.4 所示，可以设置图片样式、图片的边框、图片效果、图片版式。

① “快速样式库”对图片快速应用已经设置好的样式。

② “图片边框”对指定图片形状的边框轮廓、粗细和线型进行设置。

③ “图片效果”对图片应用某种视觉效果，如阴影、发光、映像、棱台或三维旋转等效果。

④ 在“图片样式”组中，可以单击显示“设置形状格式”对话框按钮，可以在“设置图片格式”对话框中对图片进行各种格式设置，如图 3.3.5 所示。

5. 调整图片的大小和旋转图片

① 调整图片大小的方法有以下 3 种：

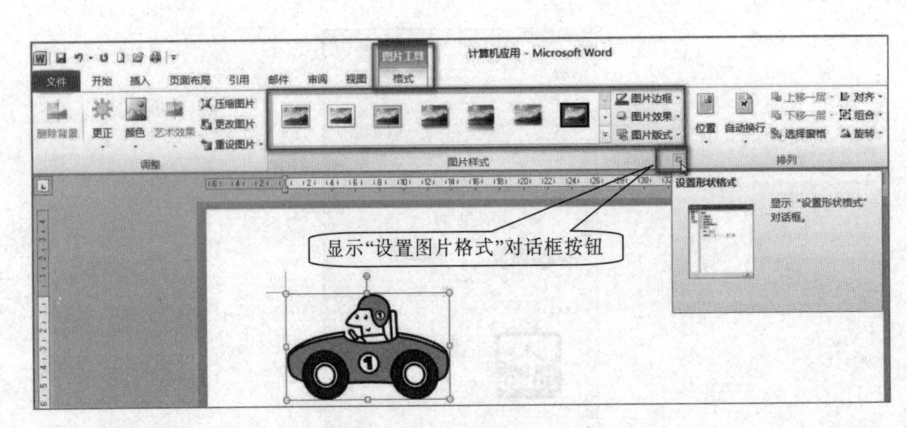

图 3.3.4 “图片样式”组

方法 1：选中示例图片，如图 3.3.6 所示，将鼠标指针移向图片的 8 个控点之一，按下鼠标左键拖动鼠标即可。

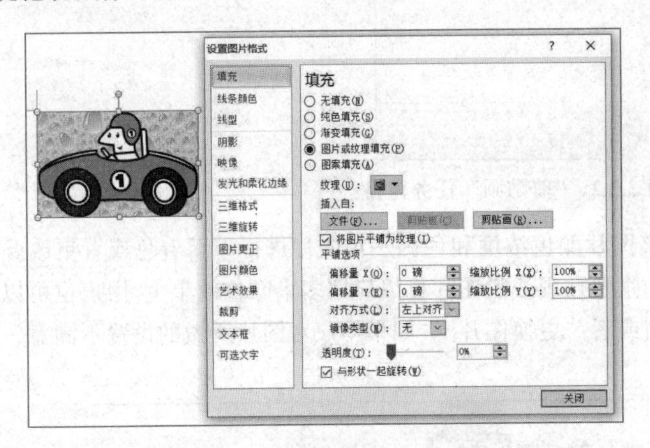

图 3.3.5 “设置图片格式”对话框　　　　图 3.3.6 调整图片大小

方法 2：在“图片工具”的“格式”选项卡“大小”组中进行设置，如图 3.3.7 所示，直接在高度和宽度编辑框中输入数值。

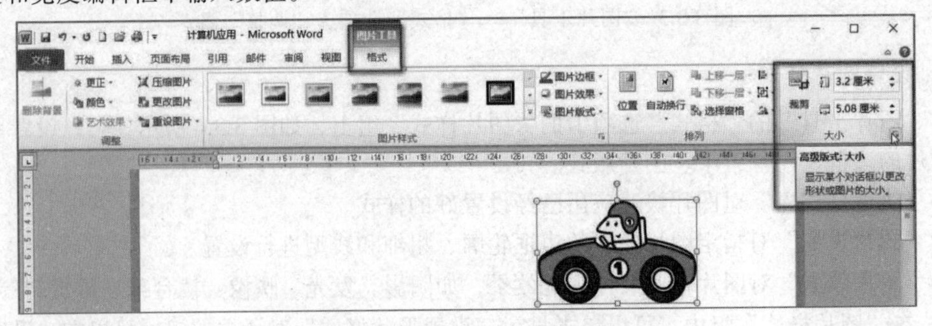

图 3.3.7 图片设置“大小”组

方法 3：单击“大小”面板组中右下角的“布局”对话框按钮，打开“布局”对话框，如图 3.3.8 所示，选中“大小”选项卡，修改高度和宽度值即可。如果希望修改后的图片保持和原来的图片一样的比例，则选中“锁定纵横比”复选框，否则取消该选择。

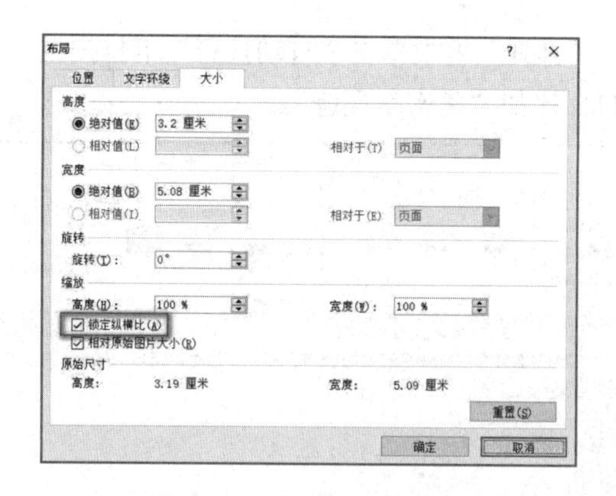

图 3.3.8 “布局”对话框

② 图片的旋转方法：在“图片工具”选项卡的“排列”组中单击“旋转”按钮，可以在下拉旋转选项中选择合适的旋转方法；也可以用鼠标利用选中图片后出现在绿色的控点进行自由旋转。

6．图片的位置和环绕方式

Word 2010 中的图形布局“文字环绕”方式可以设置为“嵌入型”“四周型”“紧密型”“穿越型”“上下型”“衬于文字下方”“浮于文字上方”。Word 2010 默认插入图片为“嵌入式”图片。

在“图片工具”的“格式”选项卡上，“排列”组用于设置图片的位置和环绕方式，如图 3.3.9 所示。

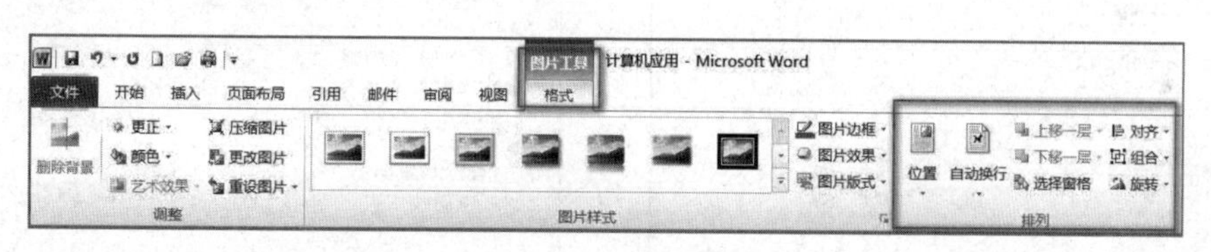

图 3.3.9 “排列”组

设置图片位置和环绕方式的操作方法有以下 3 种：

方法 1：选中图片，在“排列”组中单击“位置”下拉按钮，在下拉列表中选择一种合适的环绕方式，如图 3.3.10 所示，在这种设置中，除了“嵌入文本行中”方式外，其他都是设置的“四周型”环绕方式。

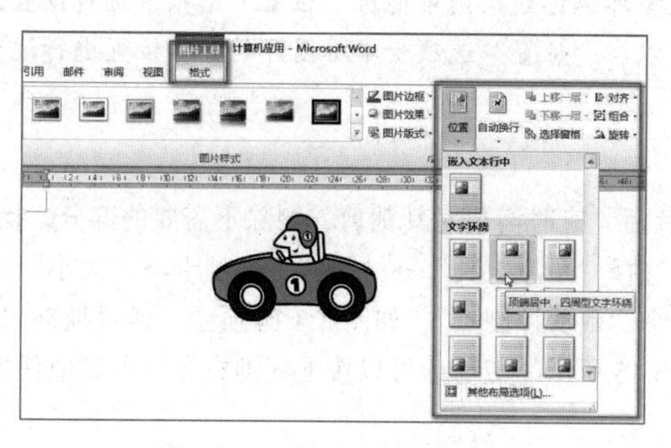

图 3.3.10 “位置”下拉列表

方法 2：选中图片，在“排列”组中单击“自动换行”下拉按钮，在下拉列表中选择一种合适的环绕方式，如图 3.3.11，比如“紧密型环绕”。

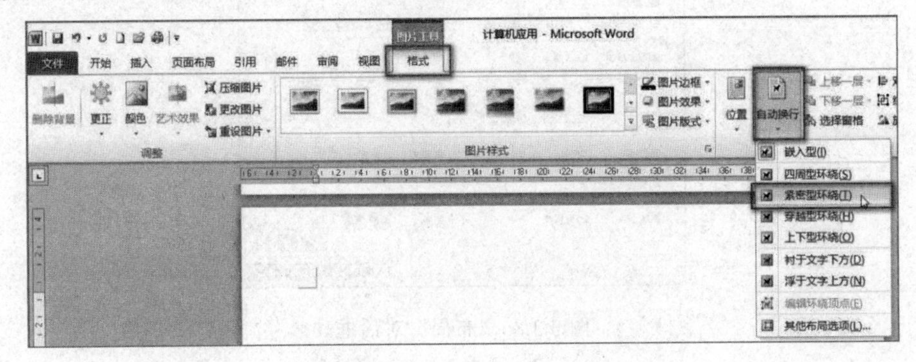

图 3.3.11 “自动换行”下拉列表

方法 3：利用“布局”对话框进行设置，选中在“位置”或“自动换行”选项中的“其他布局选项”，弹出“布局”对话框，可以对图片的“位置”和“文字环绕”方式进行详细的设置。“文字环绕”选项卡如图 3.3.12 所示，“位置”选项卡如图 3.3.13 所示。

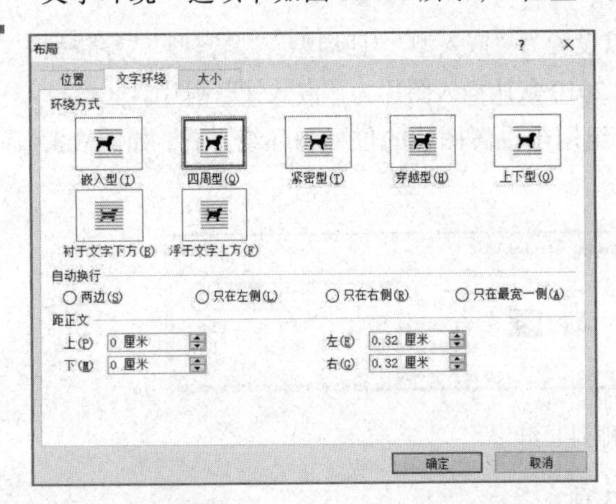

图 3.3.12 “文字环绕”选项卡

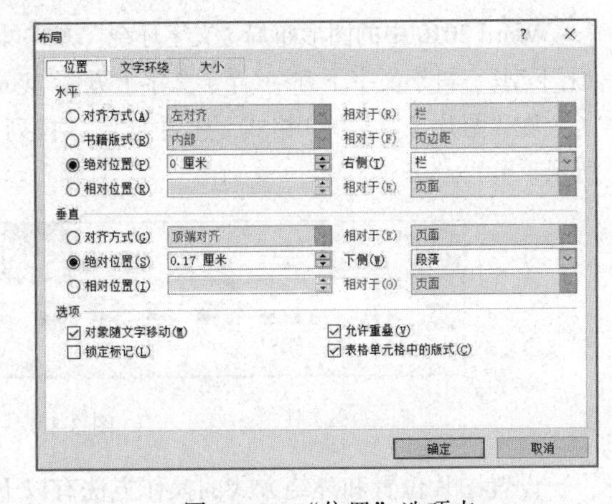

图 3.3.13 “位置”选项卡

注意

如果选择了嵌入型环绕方式，则不能对“位置”选项卡进行设置；如果选择了其他的文字环绕方式，则可以在“位置”选项卡中对图片的具体位置进行设置。

7. 裁剪图片

在 Word 中插入图片后，有时需要对其裁剪，删除不需要的部分，操作如下。

选择要裁剪图片，选择“图片工具”→“格式”选项卡→“大小”组，单击“裁剪”按钮，此时图片周围会出现 8 个“裁剪控制点”，如图 3.3.14 所示，通过拖动“裁剪控制点”就可以对图片进行裁剪，如图 3.3.15 所示。裁剪后可以按 Esc 键或者单击其他任意位置退出裁剪。

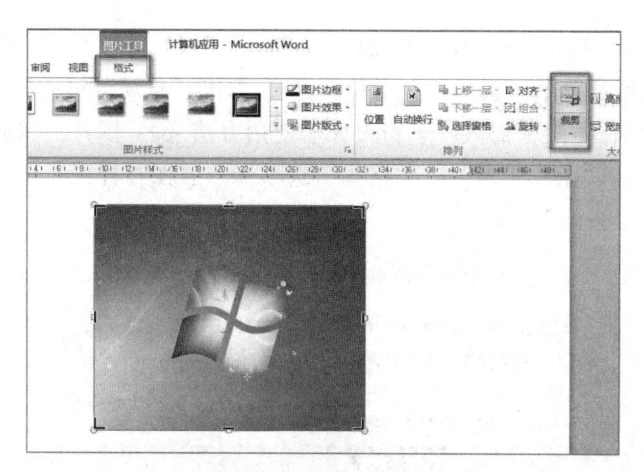

图 3.3.14　裁剪示例图 1

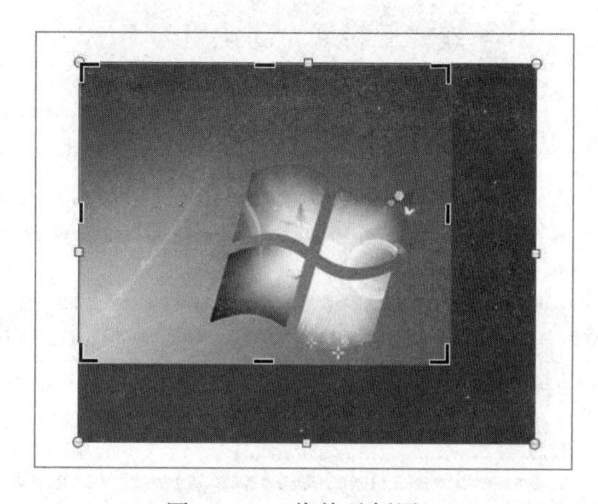

图 3.3.15　裁剪示例图 2

【例 3.3.1】请打开“例 3.3.1 图片格式练习.docx”文档，完成以下操作，效果如图 3.3.16 所示。（注：文本中每一回车符作为一段落。）（扫描二维码获取案例操作视频）

A. 在文档中插入“119.jpg”图片，设置图片缩小 50%，锁定纵横比；设置图片布局的环绕方式为“四周型”环绕。

B. 在文档中插入“干粉灭火器使用方法.jpg”图片，设置图片布局“文字环绕”方式为“上下型”，水平对齐方式为“居中”，相对于“页边距”，垂直绝对位置 0.2 厘米，下侧“段落”，设置图片快速样式为“矩形投影”。

C. 在图片下方插入“文本框”，文字内容为“图 1–干粉灭火器的使用方法”，布局环绕方式为上下型，设置文本框的形状轮廓为“无轮廓”，文字居中对齐。

D. 设置“注意事项”图片边框的线型宽度为 4.5 磅，线型类型为虚线方点，线条颜色为标准色红色。

E. 保存文档。

操作步骤：

① 打开“例 3.3.1 图片格式练习.docx”文档，单击“插入”选项卡→“插图”组→“图片”

按钮，在打开的对话框左侧找到图片所在文件夹，选中“119.jpg”将图片插入文档中。选中插入的图片，右击弹出快捷菜单，选择“大小和位置”，弹出“布局”对话框完成设置。

② 按步骤①的操作方法，插入“干粉灭火器使用方法.jpg”图片，完成布局、大小、位置的设置，选中图片，在“图片工具”→“格式”选项卡→“图片样式”组的快速样式库中设置图片快速样式为“矩形投影”。

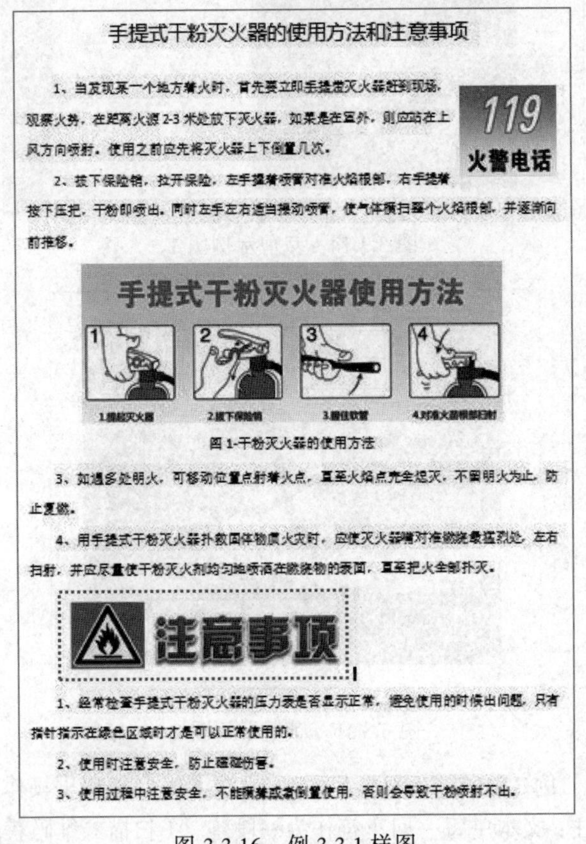

手提式干粉灭火器的使用方法和注意事项

1、当发现某一个地方着火时，首先要立即手提灭火器赶到现场，观察火势，在距离火源2-3米处放下灭火器，如果是在室外，则应站在上风方向喷射。使用之前应先将灭火器上下倒置几次。

119 火警电话

2、拔下保险销，拉开保险，左手握着喷管对准火焰根部，右手提着按下压把，干粉即喷出。同时左手左右适当摆动喷管，使气体横扫整个火焰根部，并逐渐向前推移。

手提式干粉灭火器使用方法

图 1-干粉灭火器的使用方法

3、如遇多处明火，可移动位置点射着火点，直至火焰点完全熄灭，不留明火为止，防止复燃。

4、用手提式干粉灭火器扑救固体物质火灾时，应使灭火器嘴对准燃烧最猛烈处，左右扫射，并应尽量使干粉灭火剂均匀地喷洒在燃烧物的表面，直至把火全部扑灭。

注意事项

1、经常检查手提式干粉灭火器的压力表是否显示正常，避免使用的时候出问题，只有指针指示在绿色区域时才是可以正常使用的。

2、使用时注意安全，防止磕碰伤害。

3、使用过程中注意安全，不能颠倒或者倒置使用，否则会导致干粉喷射不出。

图 3.3.16　例 3.3.1 样图

③ 单击“插入”选项卡→“插图”组→“形状”下拉按钮，在下拉列表中选中“文本框”，在文档中适当位置插入文本框，输入文字“图 1–干粉灭火器的使用方法”，选中文本框，单击“绘图工具”→“格式”选项卡→“自动换行”，设置布局环绕为“上下型”；选中文本框，单击“形状样式”组→“形状轮廓”下拉按钮，在下拉列表中选择“无轮廓”完成边框设置；选择文字完成对齐设置。

④ 选中“注意事项.jpg”图片，单击“图片工具”→“格式”选项卡→“图片样式”组“图片边框”下拉按钮完成设置。

⑤ 保存文档。

3.3.2　插入自选形状

1. 画布设置

Word 提供了绘图画布功能，可以方便管理和绘制多个图形对象，将多个图形对象作为一个整体，在文档中调整大小、设置文字环绕方式和移动。在绘图画布内可以插入图片、剪贴画、形状、文本框、艺术字等不同的图形形状，对绘图画布中的单个图形进行操作，也不会对绘图画布造成影响。

在“插入”选项卡→“插图”组中，单击“形状”下拉按钮，在下拉列表中单击“新建绘图画布”选项，文档中将插入一个绘图画布，用户可以在绘图画面中插入各种图形对象。

如果需要默认在插入“形状”时自动创建绘图画布，用户可以单击“文件”→“选项”命令，在弹出的“Word 选项”对话框中，单击“高级”选项卡，选中插入“自选图形”时自动创建绘图画布复选框。

2．添加形状

在文档中要添加形状的位置单击；单击“插入”选项卡→“插入”组→“形状”下拉按钮，在弹出的下拉列表中，如图 3.3.17 所示，选择要插入的形状。

3．在形状中添加文字

选中要添加文字的形状，右击，在弹出的快捷菜单中选择“添加文字”命令，效果如图 3.3.18 所示。如果要修改文字，选择“编辑文字”，选择“绘图工具”→“格式”选项卡→“文本”组“文字方向”可以改变形状中文字的方向。

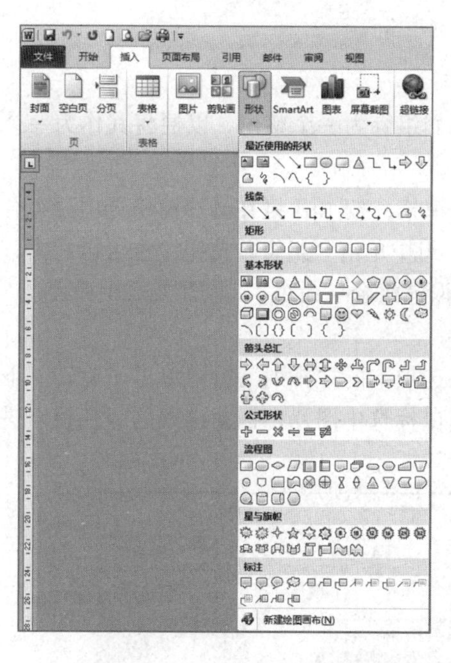

图 3.3.17 “形状”下拉列表

图 3.3.18 添加文字

4．绘图工具的格式设置

单击要设置格式的形状，功能区将出现一个“绘图工具”的“格式”选项卡，在该选项卡上对形状进行格式设置，设置的方法与图片基本相同。

在“形状样式”组中，将指针停留在某一样式上，可以查看应用该样式时所选形状的外观。单击样式可以应用到形状中。

在“形状样式”组上，单击“形状填充”“形状轮廓”“形状效果”按钮可以选择所需的形状效果。

5．形状的对齐、组合和旋转

（1）对齐操作

按住 Ctrl 键将要对齐的形状选中（或者打开选择窗格，按 Ctrl 键在选择窗格选中要对齐的形状），在“绘图工具”→“格式”选项卡的“排列”组中单击“对齐”下拉按钮，可以在下拉列表中选中需要的对齐方式，如图 3.3.19 所示。

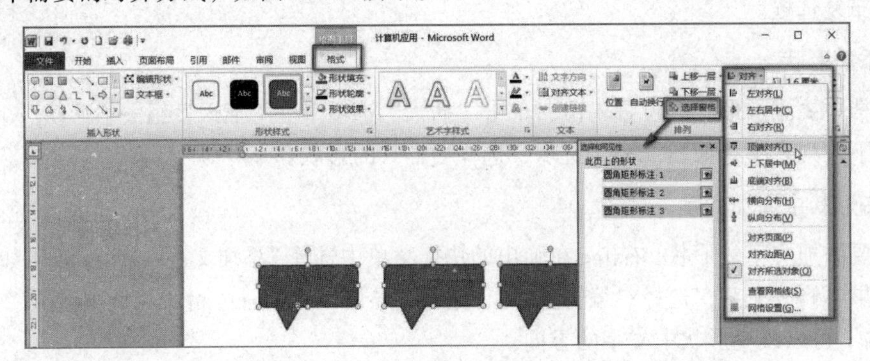

图 3.3.19 “格式”选项卡

（2）组合操作

对于一些由多个形状组成的复杂图形，可以将它们组合为一个整体，以便将其作为一个对象处理。

按住 Ctrl 键将要组合的形状选中（或者打开选择窗格，按 Ctrl 键在选择窗格选中要组合的形状），在“绘图工具”→“格式”选项卡的“排列”组中单击“组合”按钮（也可以右击，在弹出的快捷菜单中选择“组合”命令，反之，选择“取消组合”命令），如图 3.3.20 所示。

（3）旋转操作

选中要旋转的形状，在“绘图工具”→“格式”选项卡的“排列”组中单击“旋转”下拉按钮，在下拉菜单中选择需要的旋转方法；也可以用鼠标选中图片，拖动出现的绿色控点进行自由旋转。

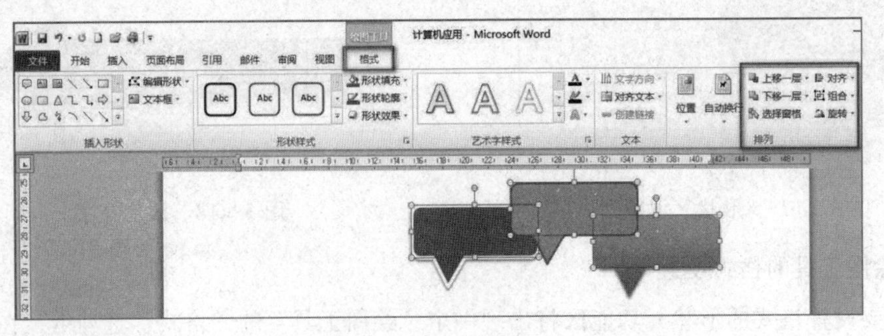

图 3.3.20 组合操作

6．形状的层次

选中准备设置层次的形状，在“绘图工具”→“格式”选项卡，单击“排列”分组的“上移一层”或“下移一层”按钮，根据需要选择其中一项。

【例 3.3.2】请打开“例 3.3.2 插入形状练习.docx”文档，完成以下操作。(注：文本中每一回车符作为一段落。)(扫描二维码获取案例操作视频)

A. 插入向左的箭头，输入文字“会议室由此进”，箭头形状样式“浅色 1 轮廓，彩色填充-蓝色，强调颜色 1”。

B. 按样图设置 3 个形状的层次，并进行组合操作。

C. 保存文档。

操作步骤：

① 打开“例 3.3.2 插入形状练习.docx”文档，单击“插入”选项卡→“插图”组→“形状”下拉按钮，在下拉列表中选择“箭头总汇”→“左箭头”，在文档中插入形状，选中形状右击，在弹出的快捷菜单中选择“添加文字”命令，输入“会议室由此进”。

② 选中箭头，单击“绘图工具”→“格式”选项卡→“形状样式”下拉按钮，在下拉列表中选择“浅色 1 轮廓，彩色填充-蓝色，强调颜色 1”。

③ 分别选中 3 个形状，按图列进行“上移一层”或“下移一层”；同时选中 3 个形状进行组合操作。

④ 保存文档。

3.3.3 插入文本框

在 Word 2010 文档中，文本框是一种在文档排版中可以移动、调整大小的文字或图形容器，分为“文本框”和“垂直（竖排）文本框”两种。使用文本框，用户可以在一页上不同的位置放置不同文字块，或使文字可以在文档中有不同的排列方向。文本框有“横排”和“竖排”两种。

1. 插入内置类型的文本框

在要插入文本框的位置，单击“插入”选项卡→“文本”组的“文本框”下拉按钮，打开内置的文本框面板，选择合适的文本框类型，然后直接在文本框中输入内容即可，如图 3.3.21 所示。

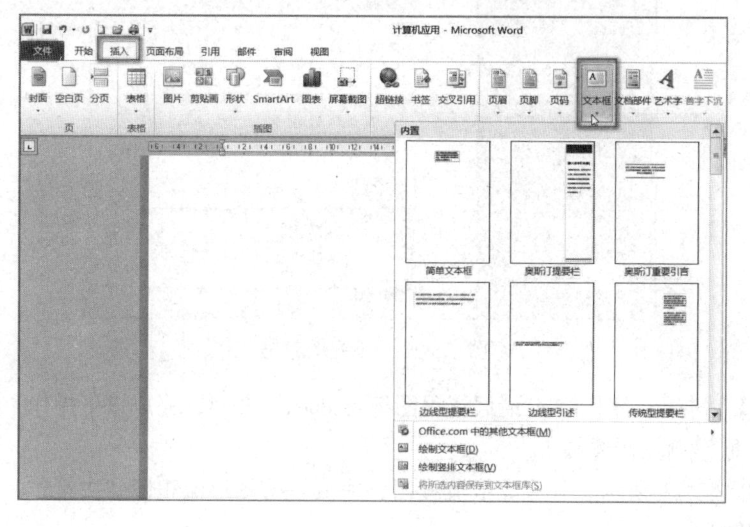

图 3.3.21 文本框的插入

2. 绘制文本框、竖排文本框

单击“插入”选项卡→“文本”组的“文本框”下拉按钮，在下拉列表中选择“绘制文本框”或“绘制竖排文本框”，拖动鼠标绘制文本框，然后在文本框中输入内容。

文本框的格式、形状样式、文本、排列、大小设置与形状格式设置基本一样。

注意

设置文本框无轮廓（无线条）的方法：选中文本框，单击“绘图工具”→“格式”选项卡→“形状样式”组→“形状轮廓”下拉按钮，在下拉列表中选择“无轮廓”即可。

3.3.4 添加流程图

流程图主要是通过一系列特定的图形来说明一个过程。流程图可以应用在软件开发、生产工艺流程，也可以说明完成一项工作的管理过程或者是一件事情的决策过程。流程不同的阶段用不同的图形表示，不同的图形之间用箭头和直线连接，代表流动方向。在 Word 2010 中使用流程图的方法如下：

单击“插入”选项卡→“插图”组→“形状”下拉按钮，在下拉列表中选择“流程图”，用鼠标指针指向流程图符号，如图 3.3.22 所示，可以显示该形状所代表的意义，各个流程图之间可以使用“线条”中的直线或箭头连接。

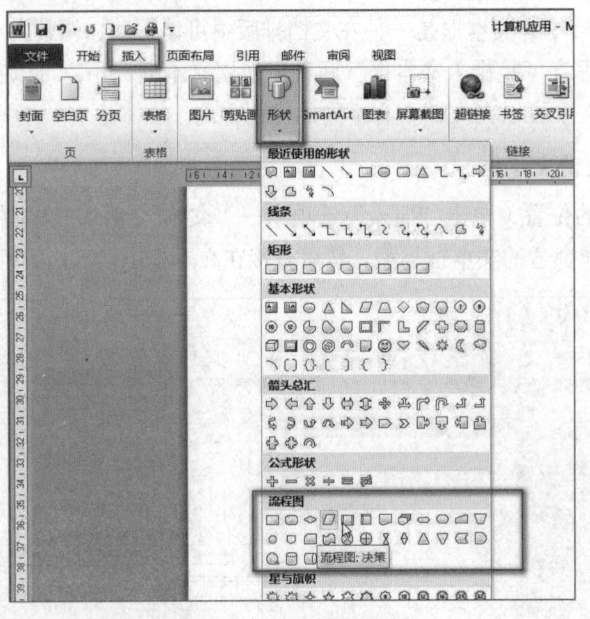

图 3.3.22　流程图符号

【例 3.3.4】请打开“例 3.3.4 请假流程图练习.docx”文档，完成以下操作（扫描二维码获取案例操作视频）：

A. 按样图 3.3.23 所示，补充完成流程图，完成自选图形流程图“决策”和“终止”的绘制。

B. 完成直线、箭头、文本框的绘制，并添加文字：黑体、对齐方式居中。

C. 保存文档。

操作步骤：

① 打开“例 3.3.4 请假流程图练习.docx”文档，单击“插入”选项卡→“插图”组→“形状”下拉按钮，在下拉列表中选择“流程图”→“决策”，拖动鼠标完成绘制；用相同方法完成流程图“终止”绘制，并添加文字。

② 单击“插入”选项卡→“插图”组→“形状”下拉按钮，在下拉列表中选择“直线”(“箭头”)绘制。

③ 单击“插入”选项卡→“插图”组→“形状”下拉按钮，在下拉列表中选择“文本框”绘制并添加文字“小于 3 天”。

④ 选中直线，箭头设置样式为“形状样式”组→“形状轮廓”→“中等线-强调颜色 1”，更改箭头样式。

⑤ 保存文档。

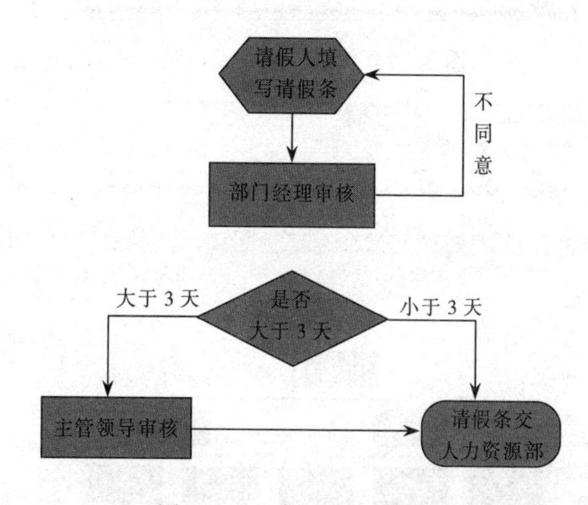

图 3.3.23 例 3.3.4 流程图

3.3.5 插入 SmartArt 图形

Word 2010 中 SmartArt 图形提供了列表型、流程型、循环型、层次结构型、关系型、矩阵型、棱锥型、图片型等 8 种类型插图，帮助用户更容易地创建更丰富的专业插图。

1. 插入一个层次结构的 SmartArt 图形

在“插入”选项卡的“插图”组中，单击 SmartArt 按钮，弹出“选择 SmartArt 图形”对话框，如图 3.3.24 所示，在该对话框中，可以根据需要选择一种 SmartArt 图形的布局，比如选择“层次结构”→“组织结构图”，单击“确定”按钮，文档中将插入一个层次结构的 SmartArt 图形，如图 3.3.25 所示，选中插入的 SmartArt 图形，功能区会出处现“SmartArt 工具”用于设置 SmartArt 图形，里面有“设计”和“格式”两个选项卡。

2. 输入文本

创建 SmartAr 图形之后，可以直接在形状中输入文本，也可以通过“文本窗格”按钮打开窗格输入和编辑在 SmartArt 图形中显示的文字。

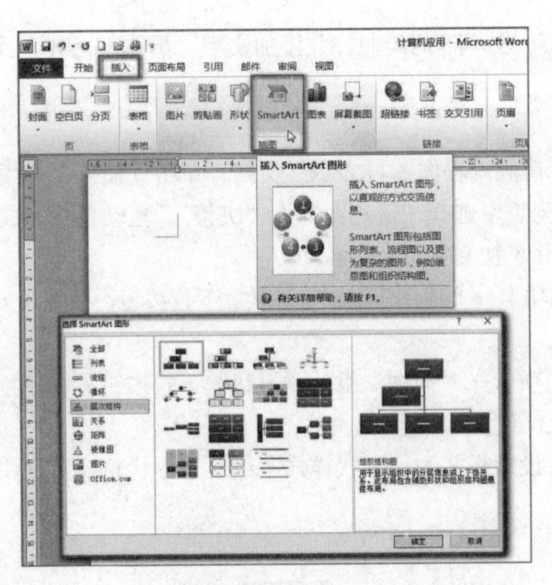

图 3.3.24　选择 SmartArt 图形

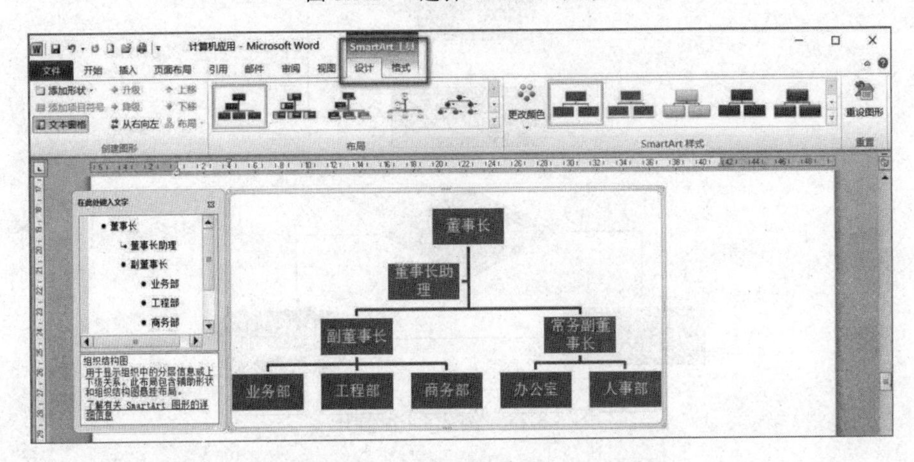

图 3.3.25　“层次结构”的 SmartArt 图形

在“SmartArt 工具”→“设计”选项卡→“创建图形”组中，单击“文本窗格”按钮，如图 3.3.26 所示，出现一个“在此处键入文字”的窗格，可以快速输入和编辑文字，如图 3.2.27 所示。

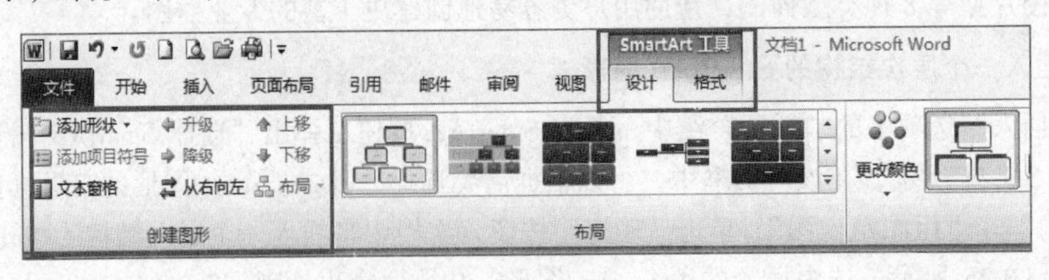

图 3.3.26　“创建图形”组

在“文本”窗格中添加或删除形状、编辑内容时，SmartArt 图形会自动更新，即根据需要添加或删除形状。“文本”窗格的显示类似项目符号列表，该窗格的信息的变化直接反映在 SmartArt 图形中。

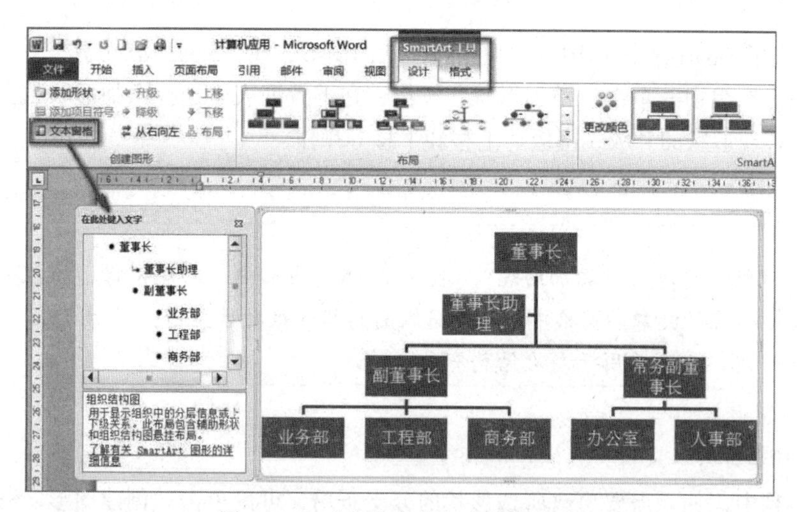

图 3.3.27 “文本窗格”中输入内容

3．添加和删除形状

添加和删除形状的方法有以下 3 种：

方法 1：可以在“文本”窗格中实现添加形状和删除形状。

在“文本”窗格中新建一行带有项目符号的文本，按 Enter 键，那么就和在同一级别的文本创建同一级的形状。

在“文本”窗格中删除文本，就删除了该文本对应的 SmartArt 图形中的形状。

如果需要将形状降级，可以在“文本”窗格中选中形状，右击，在弹出的快捷菜单中选择相关命令，或者使用 Tab 键缩进该文本；如果要将形状升级，在“文本”窗格中按 Shift+Tab 组合键逆向缩进。

方法 2：使用快捷菜单。

选中需要添加形状的图形，右击，在弹出的快捷菜单中选择“添加形状”命令，并选择一种添加形状的方式，如图 3.3.28 所示。选中需要删除的形状，按下 Delete 键或在右键快捷菜单中选择剪切。

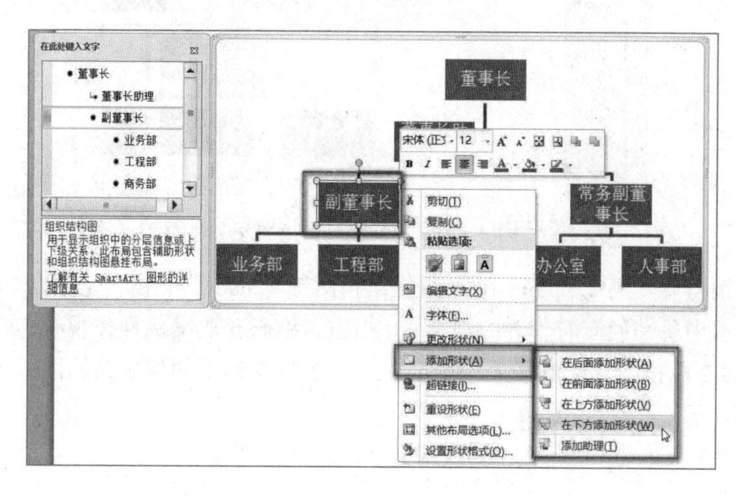

图 3.3.28 鼠标右键添加形状

方法 3：选中 SmartArt 图形中要添加删除形状的图形，在“SmartArt 工具”→“设计”选项卡→“创建图形”组中，单击“添加形状”按钮，在下拉列表中选择添加形状的类型，同时在此组中还可以实现形状的升级、降级、上移和下移等操作。

注意

添加助理框，请单击“添加助理”，在 SmartArt 图形中，助理框将添加在同级别的其他框的上方，但在“文本”窗格中，它在同级别的其他框之后显示。“添加助理”仅对组织结构图布局可用，它不适用于层次结构布局。

4. 图形分支布局

在层次结构中，如果需要更改所选形状的分支布局，可以单击“创建图形”→“布局”下拉按钮，下拉列表如图 3.3.29 所示。

5. SmartArt 图形样式和格式

在“SmartArt 工具”→“设计”选项卡→“布局”组，可以对图形的整个布局进行更改；SmartArt 样式”组，用于更改 SmartArt 图形的外观和颜色，通过“SmartArt 样式”和“更改颜色”可以更改整个 SmartArt 图形的外观。如果对图形设置不满意，可以单击“重设图形”放弃对图形所做格式的更改。

在“SmartArt 工具”→“格式”选项卡上的选项，用于更改 SmartArt 图形中的形状外观、文字外观（艺术字样式）和对 SmartArt 图形的布局排列、位置进行设置。

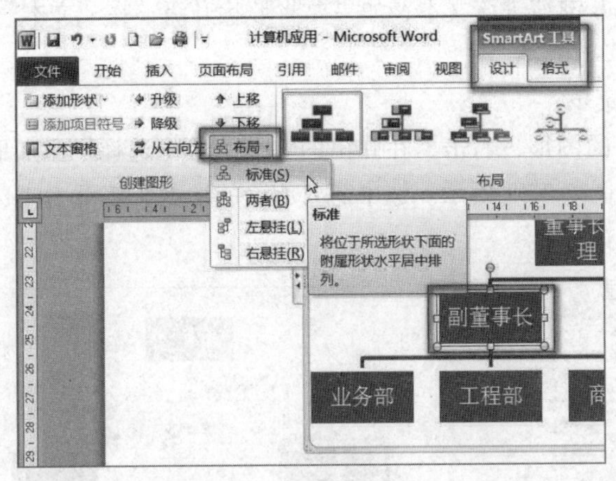

图 3.3.29 “布局”下拉菜单

【例 3.3.5】请打开“例 3.3.5 SmartArt 组织结构图练习.docx”文档，完成以下操作。（注：文本中每一回车符作为一段落）。（扫描二维码获取案例操作视频）

A. 在文档第 2 段按图 3.3.30 插入一个 SmartArt 图形中标记的层次结构图，并输入相应文字内容。

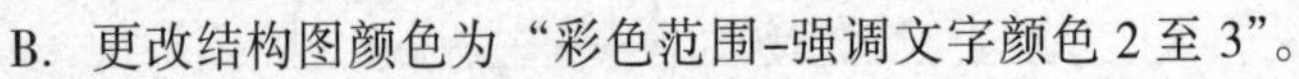

B. 更改结构图颜色为“彩色范围–强调文字颜色 2 至 3”。

C. 保存文档。

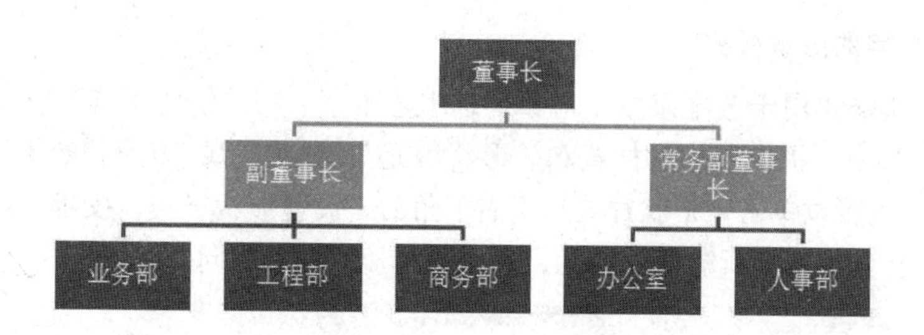

图 3.3.30　例 3.3.5 样图

操作步骤：

① 打开“例 3.3.5 SmartArt 组织结构图练习.docx”文档，单击“插入”选项卡→“插图”组→“SmartArt”按钮，弹出“选择 SmartArt 图形”对话框，选择“层次结构”→“组织结构图”。

② 删除结构图中第 2 行“助理级”形状，删除第 3 行形状中的一个保留另 2 个，输入文字。

③ 选中“副董事长”图形，右击，在弹出的快捷菜单中选择“添加形状”→“在下方添加形状”命令。

④ 按步骤③给“副董事长”添加 3 个下方形状，给“常务副董事长”添加 2 个下方形状。

⑤ 分别选中“副董事长”“常务副董事长”，单击“SmartArt 工具”→“设计”选项卡→“创建图形”→“布局”→“标准”。

⑥ 选中结构图，单击“SmartArt 工具”→“设计”选项卡→“SmartArt 样式”→“更改颜色”，选择“彩色范围-强调文字颜色 2 至 3”。

⑦ 保存文档。

3.3.6　插入艺术字

在 Word 2010 中，艺术字结合了文本和图形的特点，能够使文本具有图形的一些属性，如设置发光、三维旋转、映像、弯曲等效果，在排版时，插入艺术字体可以凸显重点，美化页面。

1. 插入艺术字

单击要插入艺术字的位置，单击“插入”选项卡→“文本”组→“艺术字”按钮，弹出“艺术字”下拉列表，选中其中一种样式，如图 3.3.31 所示，在插入点处出现插入艺术字的输入框，删除“请在此放置您的文字”后输入自己所需要的文字即可，在“开始”选项卡“字体”组，可以对文字进行字体、字号、字形等字体格式的设置。

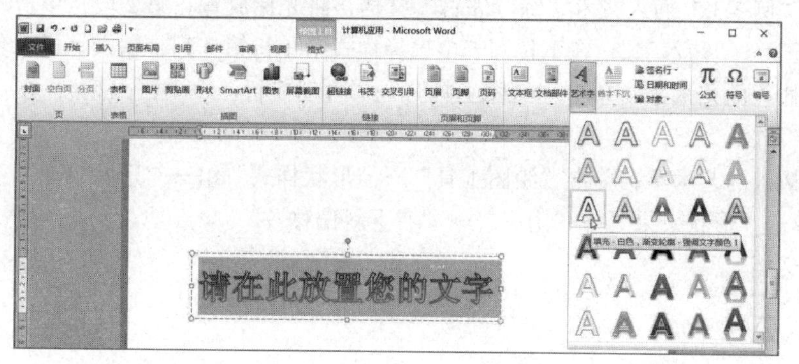

图 3.3.31　艺术字样式列表

2. 设置艺术字的形状样式

艺术字的形状样式用于艺术字整个对象。选中艺术字，在“绘图工具”→“格式”选项卡→“形状样式”组中，提供了内置样式和“形状填充”“形状轮廓”“形状效果”3个选项，如图 3.3.32 所示，也可以单击“形状样式”组右下角的“设置形状格式”按钮，弹出“设置形状格式”对话框，在其中选择所需要的功能，方法与图片的设置相同。

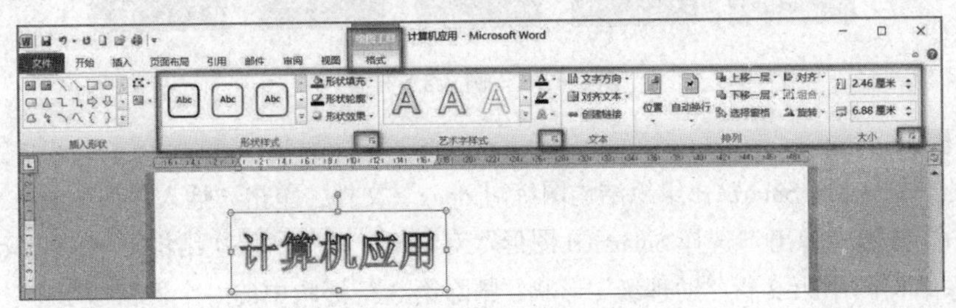

图 3.3.32　艺术字绘图工具格式选项卡

3. 设置艺术字样式

选中艺术字，在“绘图工具”→“格式”选项卡→“艺术字样式”组中，提供了“快速样式”及“文本填充”“文本轮廓”“文本效果”，单击“文本效果”按钮，设置所需要的效果，如发光、阴影、旋转等。

4. 设置艺术字的文字方向、对齐文本和排列

选中要设置的艺术字，在“绘图工具”→“格式”选项卡→“文本”组中，选择“文字方向”和“对齐文本”即可。

在“绘图工具”功能区的“格式”选项卡“排列”组中可以对艺术字的排列、位置进行设置。

【例 3.3.6】请打开“例 3.3.6 插入艺术字练习.docx”文档，完成以下操作。（注：文本中每一回车符作为一段落。）（扫描二维码获取案例操作视频）

A. 在文档第 2 段中插入（样式第 1 行第 4 列）艺术字：递送名片技巧。

B. 设置艺术字对象位置为：嵌入文本行中；字体格式为：微软雅黑、一号字。

C. 设置艺术字对象纹理填充：羊皮纸；形状效果：阴影-右下斜偏移。

操作步骤：

① 打开“例 3.3.5 插入艺术字练习.docx”文档，将光标放置在第 2 段，单击“插入”选项卡→“文本组”→“艺术字”，在下拉列表中选择样式第 1 行第 4 列，输入“递送名片技巧”。

② 选中插入的艺术字，单击“绘图工具”→“自动换行”→“嵌入型”；在“开始”选项卡设置字体字号。

③ 选中插入的艺术字，单击“绘图工具”→“形状样式”组→“形状填充”→“纹理”→“羊皮纸”；单击“形状效果”→“阴影”→“右下斜偏移”。

④ 保存文档。

3.3.7　插入公式

单击“插入”选项卡→“符号”组→“公式”按钮，在公式下拉列表中选择“插入新公式”

命令，如图 3.3.33 所示，会弹出“公式工具”选项卡，如图 3.3.34 所示，在其中选择合适的按钮编辑公式。

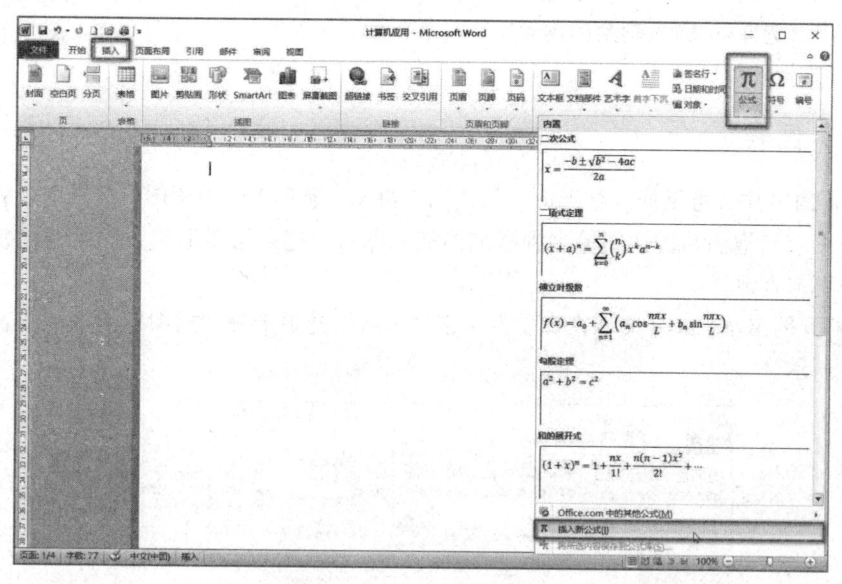

图 3.3.33 公式工具

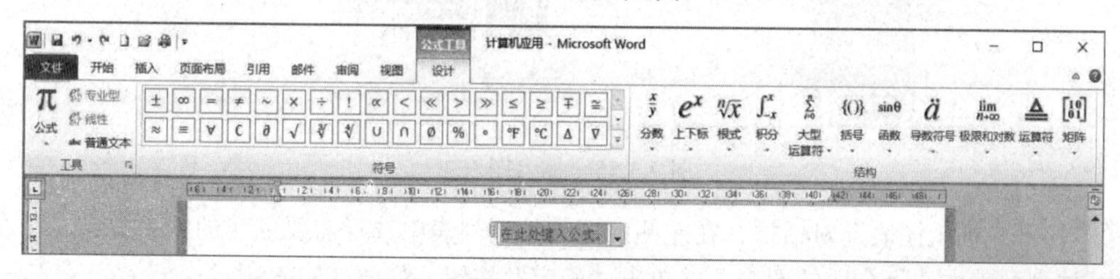

图 3.3.34 公式工具

【例 3.3.7】请打开“例 3.3.7 插入公式练习.docx”文档，完成以下操作。（注：文本中每一回车符作为一段落。）（扫描二维码获取案例操作视频）

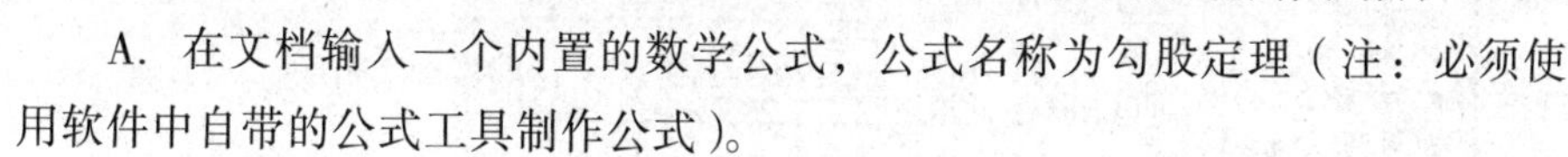

A. 在文档输入一个内置的数学公式，公式名称为勾股定理（注：必须使用软件中自带的公式工具制作公式）。

B. 在文档插入一个求圆面积的数学公式 $S=\pi r^2$（可套用内置的圆的面积公式然后进行编辑）。

C. 在文档插入公式 $\sin\frac{a}{2}=\pm\sqrt{\frac{1-\cos a}{2}}$。

D. 保存文档。

操作步骤：

① 打开“例 3.3.6 插入公式练习.docx”文档，单击“插入”选项卡→“符号”组→“公式”按钮，在下拉列表中选择命令“勾股定理”。

② 单击“插入”选项卡→“符号”组→“公式”按钮，在下拉列表中选择“圆的面积”，并将 A 改为 S。

③ 单击“插入”选项卡→“符号”组→“公式”按钮，在下拉列表中选择“插入新公式”

命令，在空白处输入 sin，单击“公式工具”→“设计”选项卡→“结构”组→“分数”，在下拉列表中选择$\frac{□}{□}$，在该符号中上下分别输入 2 和（在“符号”组），输入=±（在“符号”组），单击“结构”组，选择$\sqrt{□}$输入剩余的内容。

④ 保存文档。

3.3.8 插入图表

在 Word 2010 中，可以插入柱形图、折线图、饼图、条形图、面积图、散点图、股价图、曲面图、圆环图、气泡图和雷达图等多种数据图表和图形，把数据图形化，形象地把数据表现出来，看起来更加直观。

① 在打开的 Word 2010 文档窗口中，单击“插入”选项卡→“插图”组→“图表”按钮，如图 3.3.35 所示。

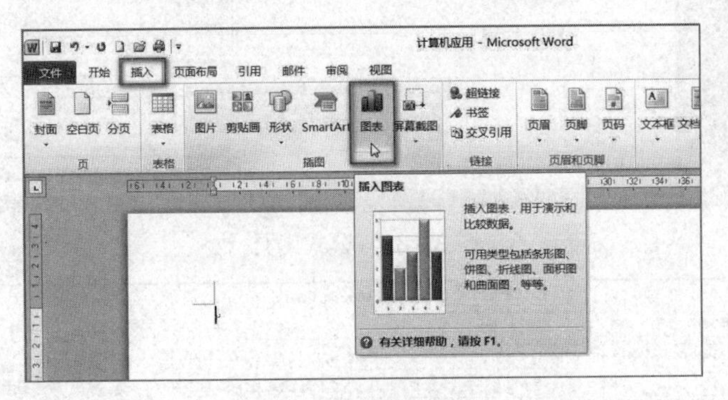

图 3.3.35 插入图表 1

② 打开“插入图表”对话框，在左侧的图表类型列表中选择需要创建的图表类型，在右侧图表子类型列表中选择合适的图表，并单击“确定”按钮，如图 3.3.36 所示。

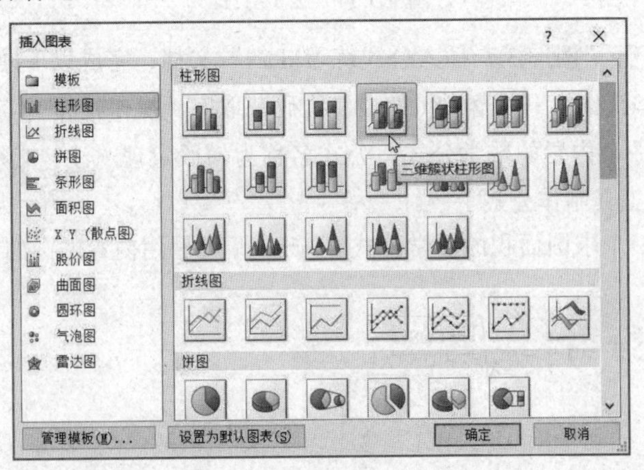

图 3.3.36 插入图表 2

③ 在打开的 Word 窗口和 Excel 窗口中，首先需要在 Excel 窗口中编辑图表数据。例如修改系列名称和类别名称，并编辑具体数值。在编辑 Excel 表格数据的同时，Word 窗口中将同步显示图表结果，如图 3.3.37 所示。

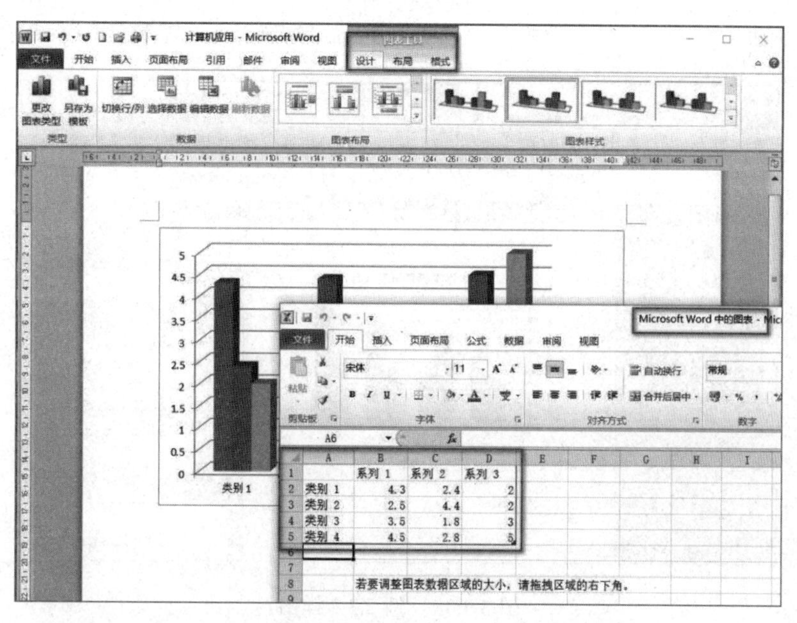

图 3.3.37　插入图表 3

④ 完成 Excel 表格数据的编辑后关闭 Excel 窗口，在 Word 窗口中可以看到创建完成的图表。

如果需要向图表添加内容或在其中更改内容，可以选中图表，利用“图表工具”下“设计”“布局”“格式”选项卡中的命令进行修改。

注意

如果关闭了 Excel 窗口，我们需要对数据进行重新编辑，可以选择“图表工具”下 的“设计”选项卡→“数据”组→“编辑数据”按钮，重新打开 Excel 窗口进行编辑。

【例 3.3.8】请打开“例 3.3.8 插入图表练习.docx”文档，完成以下操作。（扫描二维码获取案例操作视频）

A. 在文档第 2 行按照样图 3.3.38 的 Excel 表格数据插入一个三维簇状柱形图表。

B. 图表标题为“电器类月销售报表（万元）”（文字内容为双引号里的内容，内容中的标点符号使用全角符号），图表的数据标签格式包括值选项。

C. 保存文档。

操作步骤：

① 打开“例 3.3.7 插入图表练习.docx”文档，单击“插入”选项卡→“插图”组→“图表”按钮，在弹出的“插入图表”对话框选择“三维簇状柱形图”，并单击“确定”按钮。

② 在打开的 Word 窗口和 Excel 窗口中，先在 Excel 窗口中按图 3.3.38 编辑图表数据，完成后关闭 Excel 窗口，在 Word 窗口中可以看到创建完成的图表。

③ 选中 Word 窗口中的图表，在“图表工具”→“布局”选项卡→“标签”显示“图表标题”并编辑，单击“数据标签”→“其他数据标签格式”并设置。

④ 保存文档。

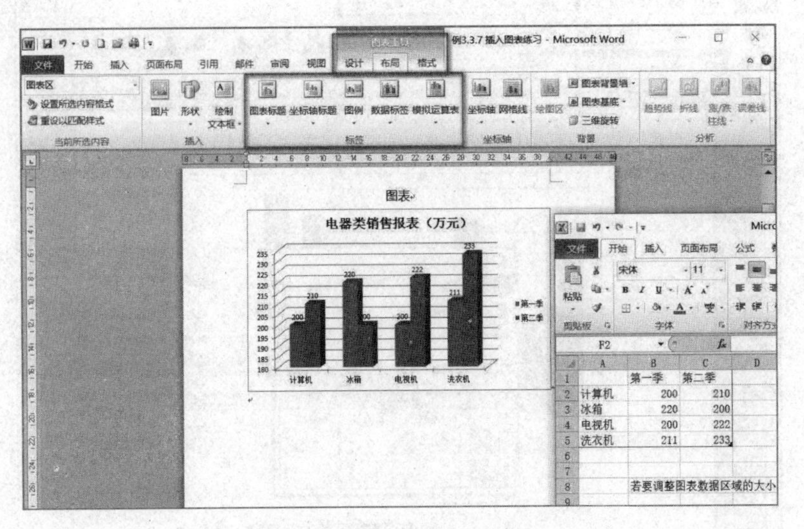

图 3.3.38 例 3.3.7 样图

3.4 表格的制作

3.4.1 表格的构成

表格由行、列和单元格组成，在表格的单元格中可以添加文字、数字和图片等。通过表格组织整理数据和显示信息，便于统计查看。比如学生的成绩、课程表、通讯录、销售统计表等。

表格的基本元素和组成结构：

① 单元格：单元格是表格中行与列的交叉部分，它是组成表格的最小单位，数据的输入和修改都是在单元格中进行的。

② 表格的行：表格中横向的所有单元格组成一行。

③ 表格的列：表格中竖向的所有单元格组成一列。

表格的结构如图 3.4.1 所示。

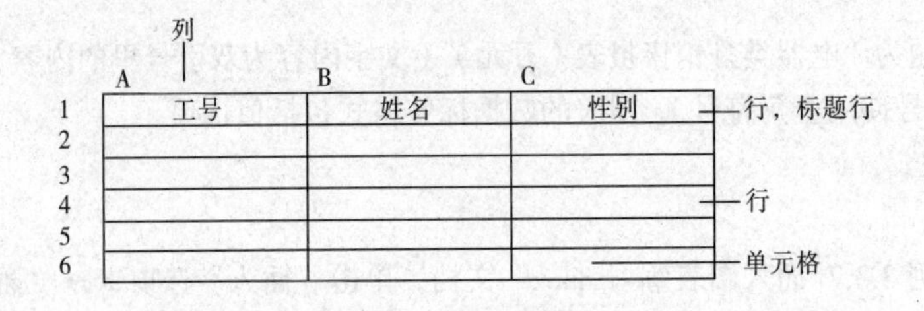

图 3.4.1 表格的结构

3.4.2 创建表格

在 Word 2010 中可以在文档中插入和绘制表格，也可以在现有文档中将文本转换为表格。

1. 使用插入表格对话框插入表格

在要插入表格的位置单击，单击“插入”选项卡→“表格”组→“表格”下拉按钮，弹出表格下拉菜单，如图 3.4.2 所示，选中“插入表格”选项，出现“插入表格”对话框，输入“列数”为“5”，“行数”为“2”，可以创建一个 2 行 5 列的表格。

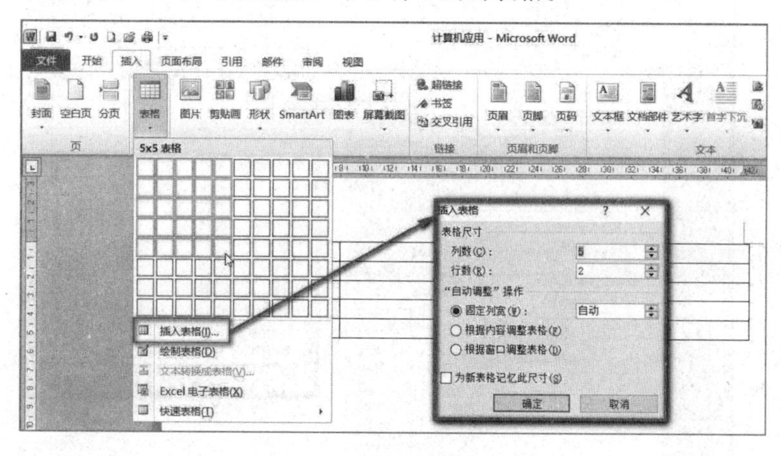

图 3.4.2 “表格”下拉菜单

2. 绘制表格

当需要绘制比较复杂的表格时，可以使用“绘制表格”操作，鼠标指针变成铅笔形状，按住鼠标左键拖动绘制表格边框、行和列。

单击“插入”选项卡，→“表格”组→“表格”下拉按钮，在“表格”下拉列表中，单击“绘制表格”，此时鼠标指针会变为铅笔形状，如图 3.4.3 所示，鼠标左键拖动画出表格的边框、行和列；如果需要擦除边框线，可以单击“表格工具”→“设计”选项卡→“绘图边框”组→“擦除”按钮，鼠标指针变成橡皮擦形状，移动到要擦除的边框线上单击；绘制完成表格后，按 Esc 键或者在“表格工具”→“设计”选项卡中单击“绘制表格”按钮取消绘制表格状态。

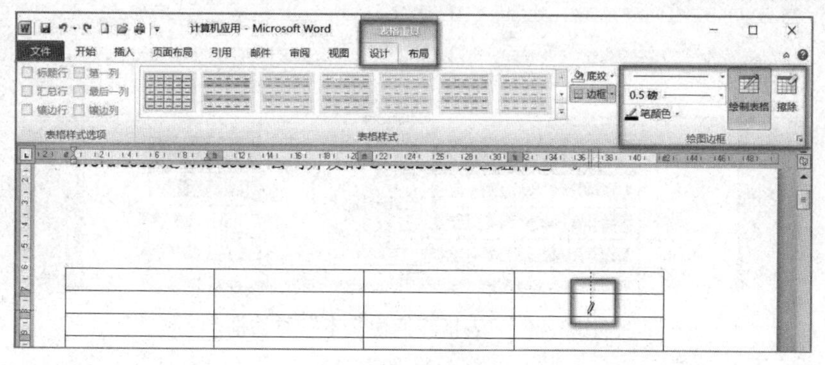

图 3.4.3 绘制表格

3. 文本与表格的转换

可以将用段落标记、逗号、制表符、空格等其他指定字符分隔的文本转换成表格。

（1）文本转换为表格

选中要转换成表格的文本，单击“插入”选项卡→“表格”组中的“表格”下拉按钮，在下拉菜单中选择“文本转换成表格”选项，弹出“将文字转换成表格”对话框，如图 3.4.4 所示，选择“文字分隔位置”的符号，单击“确定”按钮，自动转换成表格。

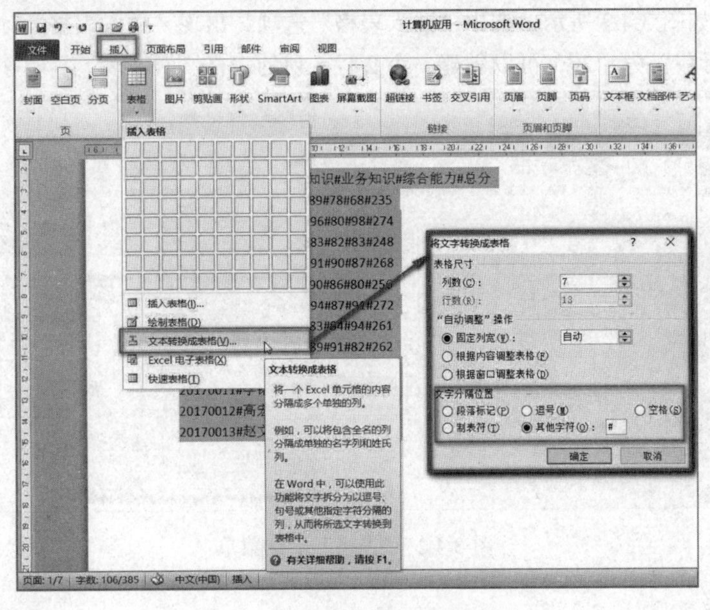

图 3.4.4　文本转换为表格设置

（2）表格转换为文本

单击要转换为文本的表格的任意位置，在“表格工具”→“布局”选项卡→“数据”组中，单击“转换为文本”按钮，弹出对话框如图 3.4.5 所示，在该对话框中选择一种“文字分隔符”，单击“确定”按钮。

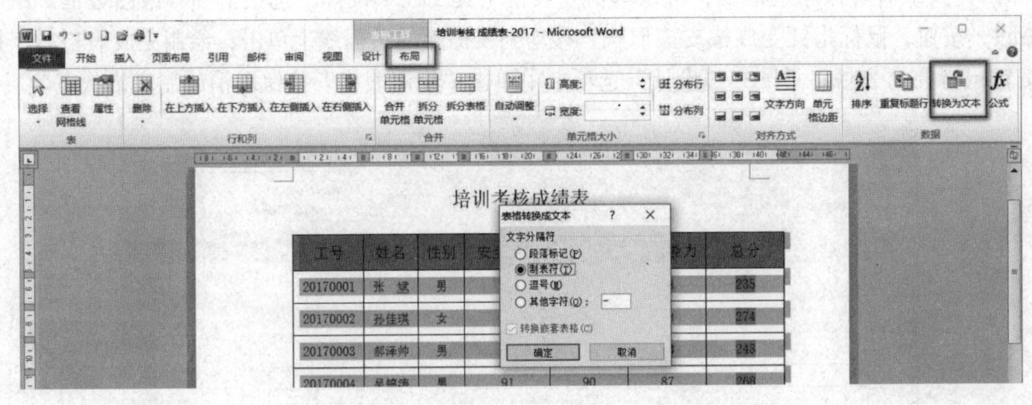

图 3.4.5　“表格转换为文本”对话框

4. 在表格中输入内容

空表格制作完成之后，选中单元格，在单元格中输入文字，也可以插入图片。

【例 3.4.2】请打开“例 3.4.2 文本转换为表格练习.docx”文档，完成以下操作。（扫描二维码获取案例操作视频）

A. 将文档中的内容换为表格。

B. 将文档中的表格转换为文本，文字分隔符为逗号。

C. 保存文档。

操作步骤：

① 打开“例 3.4.2 文本转换为表格练习.docx”文档，选中要转换为表格的文本，单击“插入”选项卡→“表格”组→“表格”下拉按钮，在下拉菜单中选择“文本转换成表格”，在弹出的“将文字转换为表格”对话框中，选择“文字分隔位置”→“其他字符”，输入“#”，单击“确定”按钮。

② 选中要转换为文本的表格，单击“表格工具”→“布局”选项卡→“数据”组→“转换为文本”按钮，弹出“表格转换成文本”对话框，选择“文字分隔符”→“逗号”，单击“确定”按钮。

③ 保存文档。

3.4.3 表格布局

选中表格后，会自动显示“表格工具”功能区，如图 3.4.6 所示，有“设计”和“布局”两个选项卡。

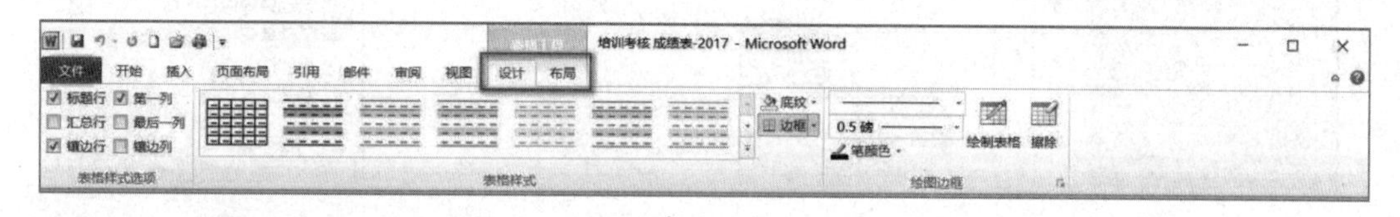

图 3.4.6 表格工具

1. 选定单元格

① 选定单元格：在要选定单元格的左边，鼠标变成黑色的实心箭头时单击。

② 选定连续的多个单元格：直接拖动鼠标选择连续的单元格。

③ 选定不连续的多个单元格：按住 Ctrl 键单击不同的单元格。

④ 选中整个表格：光标放置在表格内，单击表格右上角的⊞标记。

2. 选定行或列

① 直接拖动鼠标选择连续的行或列。

② 选定一行或一列：单击该行的左边界或该列的上边界。

③ 选定不连续的行或列：选定行或列的同时按住 Ctrl 键。

3. 合并、拆分单元格

“布局”选项卡→“合并”组可以实现单元格的合并、拆分和拆分表格，如图 3.4.7 所示。

合并单元格：将两个或两个以上的单元格合并成一个单元格。

拆分单元格：将一个单元格拆分成两个或多个单元格。

4. 拆分表格

拆分表格可以将表格拆分为两个，选中的行成为新表格的首行。单击“布局”选项卡下→“合并”组→“拆分表格”按钮即可实现拆分表格。表格只能按行拆分，不能按列拆分。

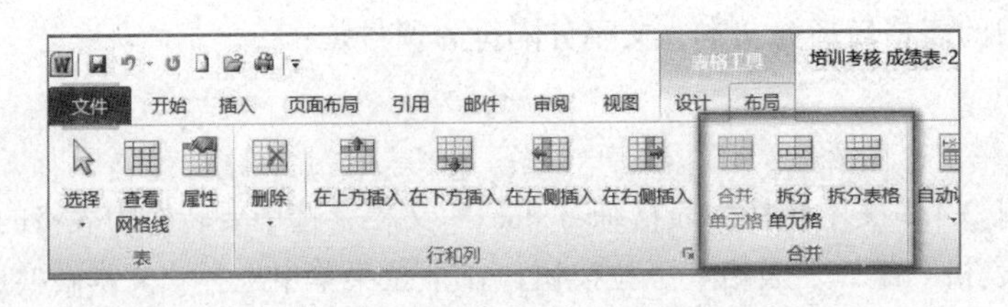

图 3.4.7　表格合并选项

5．插入行、列和单元格

将鼠标放置在要插入行、列或单元格的位置，单击“表格工具”→“布局”选项卡，在图 3.4.8 所示的“行和列”组中，选择合适的插入方法，或单击“插入单元格”对话框启动器按钮在“插入单元格”对话框中选择，如图 3.4.9 所示。

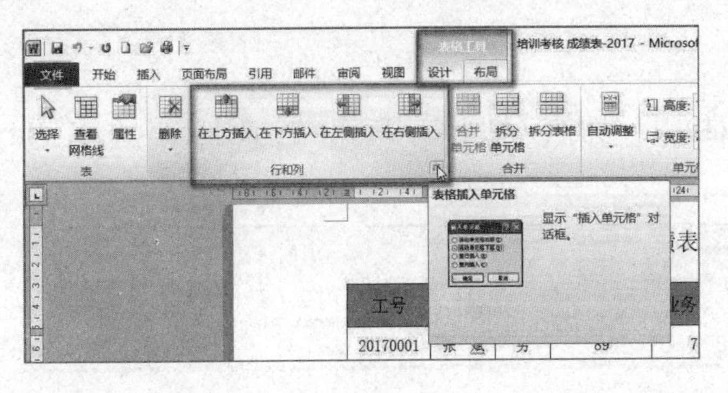

图 3.4.8　行和列组

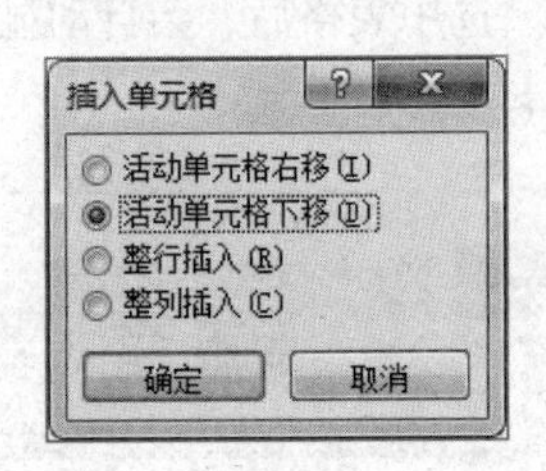

图 3.4.9 “插入单元格”对话框

6．删除单元格、行、列、表格

选中要删除的表格对象，单击“表格工具”→“布局”选项卡→“行和列”组→“删除”下拉按钮，在删除下拉列表中选择合适的选项，弹出对话框如图 3.4.10 所示。

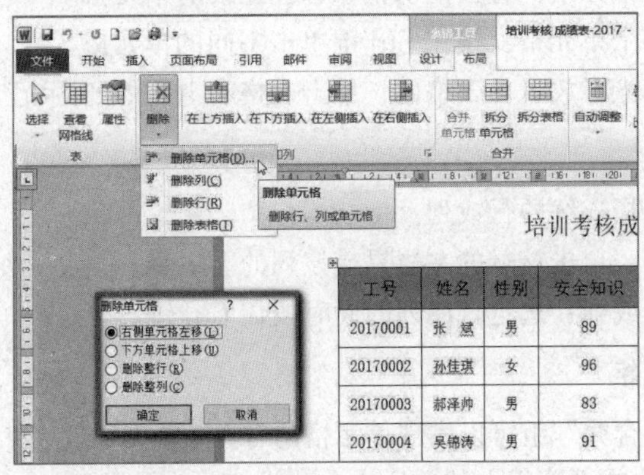

图 3.4.10　删除按钮

注意

以上表格的合并、拆分、插入和删除行、列、单元格的操作也可以通过鼠标右键快捷菜单来完成。

7．表格属性设置

在“布局”选项卡→“单元格大小”组中，单击显示“表格属性”对话框按钮（或者选中表格，右击，在弹的快捷菜单中选择“表格属性”命令），打开图 3.4.11 所示的“表格属性”对话框，在该对话框中的“表格”选项卡下，可以指定表格的宽度、对齐方式、文字环绕方式等。

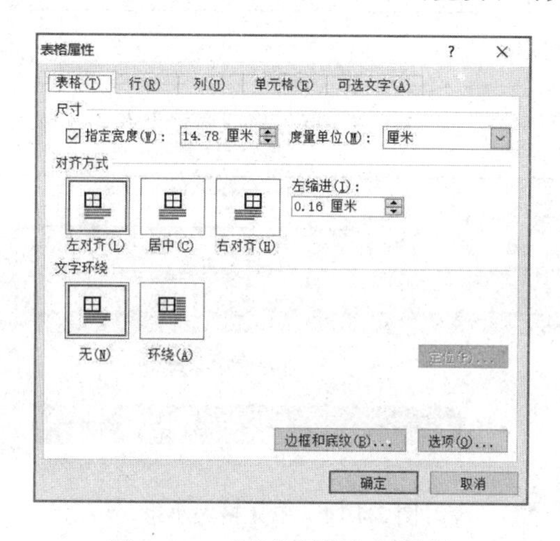

图 3.4.11 “表格属性”对话框

8．调整单元格的大小

可以有以下方法来调整单元格的大小，操作方法如下：

方法 1：在“布局”选项卡→“单元格大小”组中可以自动调整表格。图 3.4.12 所示的“自动调整”显示了 3 个选项：

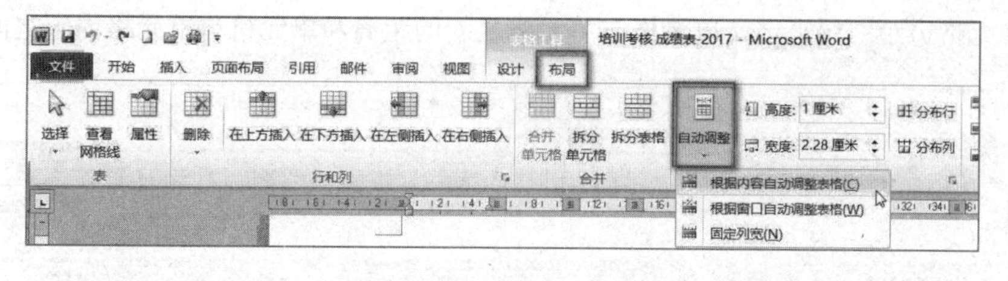

图 3.4.12 表格自动调整

① 根据内容自动调整表格：根据列中文字的大小自动调整列宽。

② 根据窗口自动调整表格：根据 Word 页面窗口大小设置表格列宽。

③ 固定列宽：将表格恢复为使用固定列宽，当输入的内容超出单元格的宽度，不会调整单元格。

方法 2：用鼠标拖动。将指针移动到表格的列或行的边框线时，按住鼠标左键，鼠标指针变成如图 3.4.13 所示形状，拖动到合适位置，松开鼠标，即改变行高或列宽。

方法 3：在“单元格大小”组中，直接修改高度和宽度的值，即可改变行高和列宽。

方法 4：在“单元格大小”组中，打开“表格属性”对话框，如图 3.4.14 所示，选择“列”或“行”选项卡，在“指定高度”和“指定宽度”的文本框中输入值，默认的度量单位是“厘米”。

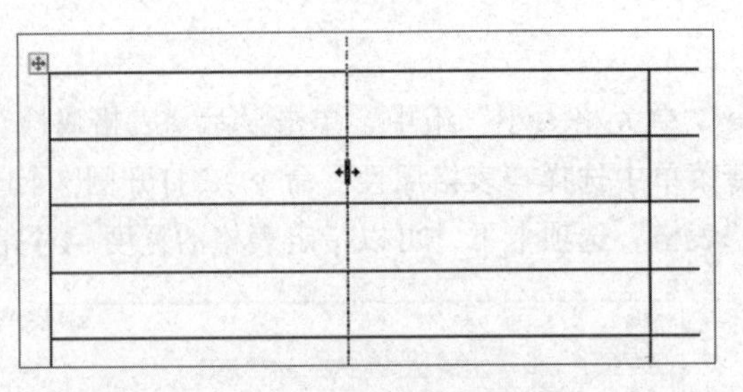

图 3.4.13　鼠标拖动调整表格

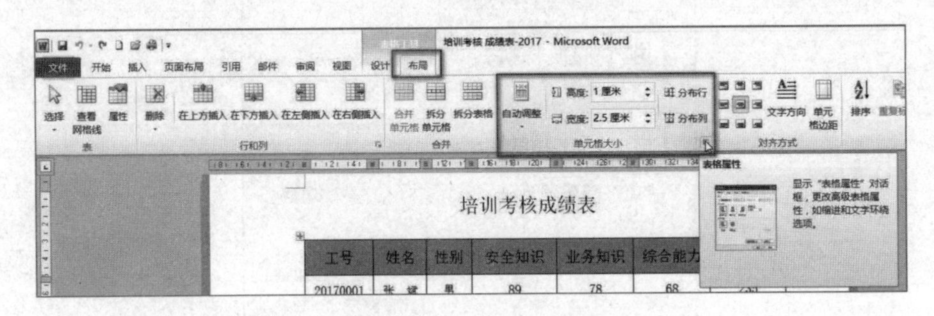

图 3.4.14　单元格大小组

9．单元格的对齐方式与文字方向

单元格的对齐方式指单元格中的内容相对于本单元格的对齐方式。

①“布局”选项卡的“对齐方式”提供了 9 种方式，如图 3.4.15 所示，根据需要选择其中一种即可。

②“文字方向”更改所选单元格内文字的方向。

③“单元格边距”用来定义单元格与单元格之间的距离和单元格与单元格内容之间的距离。

图 3.4.15　对齐方式

10．重复标题行

标题行一般是指表格的第一行，用于说明表格中每一列所代表的内容或实际意义。

如果文档中表格行数比较长，需要在多个页面中跨页显示，则需要将表格的标题行重复在每一页显示，这样每一页都明确显示表格中的每一列所代表的内容，可以方便查找和校对数据。

在 Word 2010 中“表格工具”功能区切换到“布局”选项卡，在“布局”选项卡上的“数据”选项组中，单击“重复标题行”按钮，如图 3.4.16 所示。这样，每一页的表格上方都会有一行显示标题，对标题行进行修改，只需要在第一页修改即可。

图 3.4.16　重复标题行设置

【例 3.4.3】请打开"例 3.4.3 表格布局练习.docx"文档，按样图 3.4.17 完成以下操作。（扫描二维码获取案例操作视频）

A. 在表格最上面插入一行，按图样输入文字内容；删除最后一行。

B. 按样图完成表格合并和拆分。

C. 设置表格宽度 16 厘米，行高固定值 1.5 厘米，第 1 列列宽 2.5 厘米，其他列平均分布列。

D. 左上角单元格插入（划）一斜线，颜色为"黑色，文字 1"，进行图 3.4.17 所示设置。

E. 表格内容对齐方式为：水平和垂直都居中。

F. 保存文档。

<table>
<tr><td>时间
节次</td><td>9月11日</td><td>9月12日</td><td>9月13日</td><td>9月14日</td><td>9月15日</td></tr>
<tr><td rowspan="2">上午</td><td>公司简介</td><td rowspan="2">公司规章制度</td><td rowspan="2">安全管理</td><td>职场礼仪</td><td rowspan="2">廉洁从业</td></tr>
<tr><td>企业文化</td><td>商务礼仪</td></tr>
<tr><td>下午</td><td>岗位职责要求</td><td>员工职业发展</td><td>休息</td><td>讨论</td><td>考核</td></tr>
</table>

图 3.4.17　例 3.4.3 样图

操作步骤：

① 打开"例 3.4.3 表格布局练习.docx"文档，在第 1 行单击"表格工具"→"布局"选项卡→"行和列"组→"在上方插入"，输入文字；在最后一行右击，在弹出的快捷菜单中选择"删除单元格"命令，在弹出的对话框中选择"删除整行"。

② 选中表格，单击"表格工具"→"布局"选项卡→"单元格大小"组→"表格属性"对话框启动器按钮，在弹出的对话框中设置表格宽度。

③ 选中表格，设置行高，在"表格工具"→"布局"选项卡→"单元格大小"组设置高度；选中第 1 列设置宽度，选中其他列设置平均分布列。

④ 选中需要合并或者拆分的单元格，在"表格工具"→"布局"选项卡→"合并"组完成操作。

⑤ 在左上角单元格，单击“插入”选项卡→“形状”绘制直线，设置形状轮廓为“黑色，文字 1”。

⑥ 选择表格，单击“表格工具”→“布局”选项卡→“对齐方式”组→“水平居中”。

⑦ 保存文档。

3.4.4 表格边框和底纹

单击表格任意位置，显示“表格工具”选项卡，单击“设计”选项卡，在出现的工具栏中可以设计表格样式，如图 3.4.18 所示。

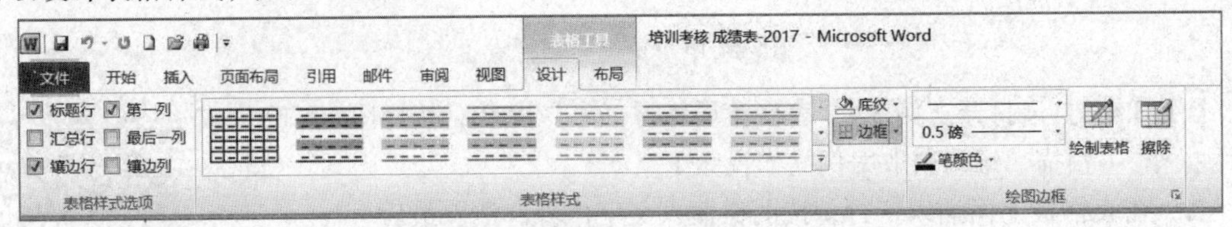

图 3.4.18 “表格工具”→“设计”选项卡

1. 自动套用表格样式

可以将已经定义好的表格样式应用到表格中，用于定义表格的外观，操作方法如下：将光标定位到要套用表格样式的表格中，在“表格样式”组上，单击样式下拉按钮，会显示已有的表格样式，如图 3.4.19 所示，选择其中一种即可。

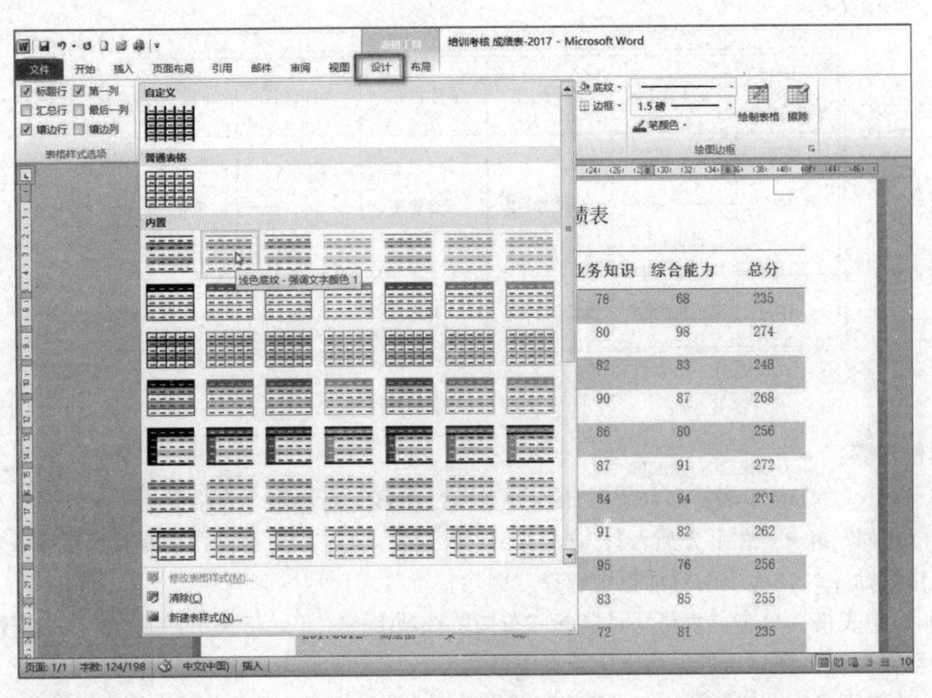

图 3.4.19 自动套用表格样式

2. 自定义表格样式

在表格样式列表中选择“新建表样式”，弹出图 3.4.20 所示的对话框，在该对话框中进行自定义样式设置，设置完成后，单击“确定”按钮，则会在表格样式下拉列表中添加自定义的样式，供用户使用。

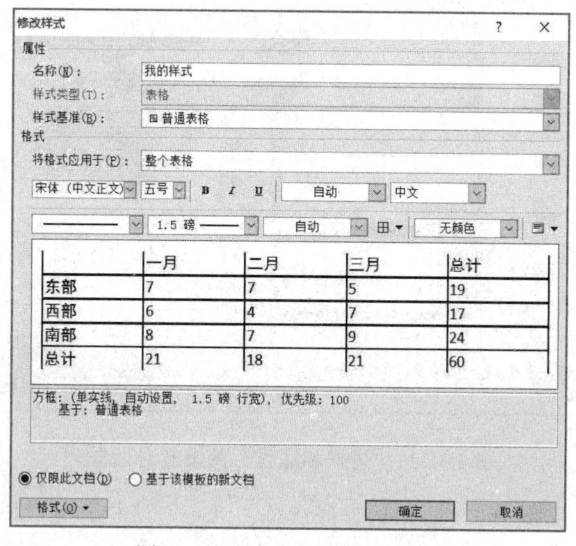

图 3.4.20　自定义创建表样式

3. 边框和底纹

表格的边框设置可以有两种方法：

方法 1：在“表格工具”→“设计”选项卡的“绘图边框”组上先选择边框的样式、粗细、颜色，这时鼠标指针变成一支笔形，可以直接在表格的边框上画线，或者选中要进行设置边框的表格或单元格，然后在“表格样式”组上的“边框”下拉列表中选择合适的边框选项，如图 3.4.21 所示。

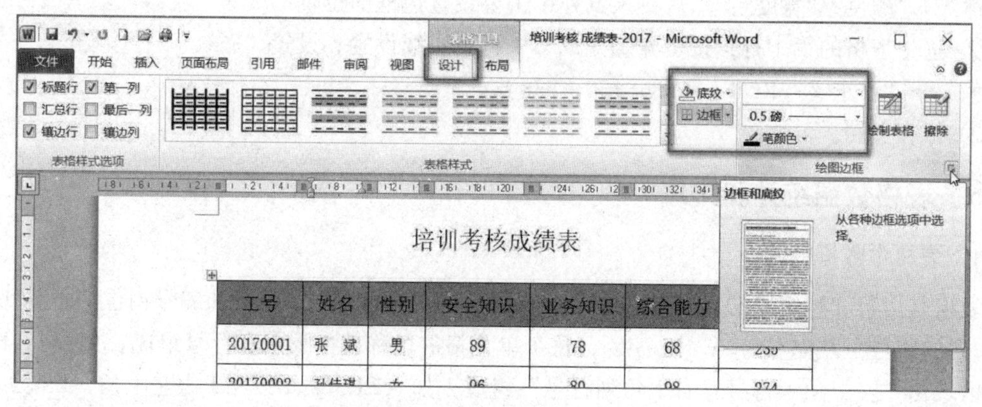

图 3.4.21　“绘图边框”的设置

方法 2：选中要进行设置边框的表格或单元格，单击“绘图边框”组上的显示“边框和底纹”对话框按钮，在“边框和底纹”的对话框中，单击“边框”选项卡，进行边框设置。在弹出的对话框中，选中①“自定义”，②设置属性，③单击要设置上、下、左、右或者其他边框的位置，如图 3.4.22 所示。

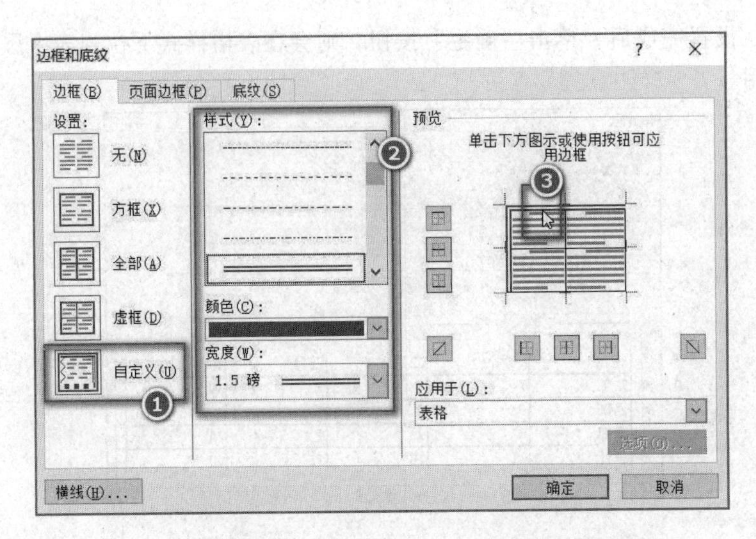

图 3.4.22 “边框和底纹”的设置对话框

【例 3.4.4】请打开“例 3.4.4 表格边框底纹练习.docx”文档，完成以下操作。(扫描二维码获取案例操作视频)

A. 设置表格外框为实线 1.5 磅，蓝色，设置第 1 行下边线为双线，0.75 磅，红色；第 1 行底纹颜色 RGB 依次为 238，130，238。

B. 保存文档。

操作步骤：

① 打开“例 3.4.4 表格边框底纹练习.docx”文档，选中表格，右击，在弹出的快捷菜单中选择“边框和底纹”，在弹出的对话框中“边框”选项卡下，在“设置”中选择“自定义”，设置“样式”“颜色”“宽度”，然后在预览处单击要设置边框的位置。

② 选中表格的第 1 行，按步骤①完成第 1 行下边线设置；设置“底纹”→“填充”→“其他颜色”→“自定义”RGB（238，130，238）。

③ 保存文档。

3.4.5 表格数据统计和排序

1. 表格中数据的统计

表格是由行和列组成的，Word 规定了表格的行和列的编号方式，行的编号由上向下为 1、2、3…，列的编号由左向右为 A、B、C…，每个单元格的名称就由列号和行号组成，如 A1、B5，表格区域由“左上角列行号：右下角列行号”组成，如 A2:C5 表示以 A2 为左上角，C5 为右下角的单元格区域，如图 3.4.23 所示。

2. 整行或整列数据的计算

① 若要对整行求和，将光标放到该行右端的空白单元格内；若要对整列求和，将光标放到该列底端的空白单元格内。

② 单击“表格工具”→“布局”选项卡的“数据”组→“公式”按钮，出现“公式”对话框，如图 3.4.24 所示，显示函数计算公式，常用的有求和函数 SUM，求平均值函数 AVERAGE、

计数函数 COUNT、最大值函数 MAX、小值函数 MIN、乘积函数 PRODUCT 等。这些函数可以使用位置参数分别是左侧（LEFT）、右侧（RIGHT）、上面（ABOVE）和下面（BELOW）。

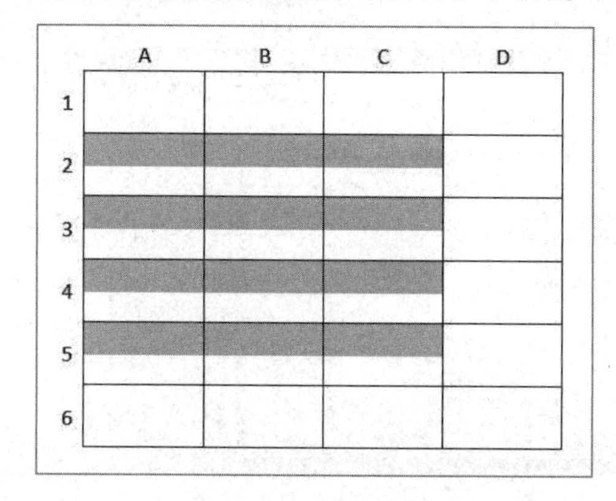

图 3.4.23　表格区域

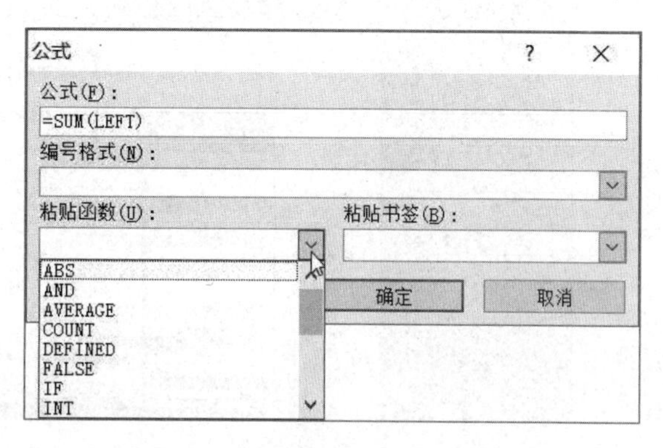

图 3.4.24　表格的“公式”对话框

③ 如果该行或列中含有空单元格，则 Word 将不对这一整行或整列进行累加。如果要对整行或整列求和，则在每个空单元格中输入零。

④ 当用户需要对表格中多行或多列做相同的公式计算，用户可以将已有的计算结果复制粘贴到其他行或列中相应的单元格，然后按 F9 键，或右击，在弹出的快捷菜单中选择“更新域”命令，更新表格里所有的计算结果。

注意

当用户在改动了某些单元格的数值时，Word 2010 表格中公式计算的结果不会同步更新，需要按 F9 键更新。

3. 单元格的计算

① 插入点定位于计算结果的单元格。

② 单击“布局”选项卡的“数据”组的“公式”按钮，如图 3.4.25 所示，显示图 3.4.24 所示的“公式”对话框，在“粘贴函数”列表中选择需要的函数，比如 SUM，然后在公式文本框中输入参数，比如参数为 A1:C3，表示求和的区域为 A1 到 D3 单元格之间数据。

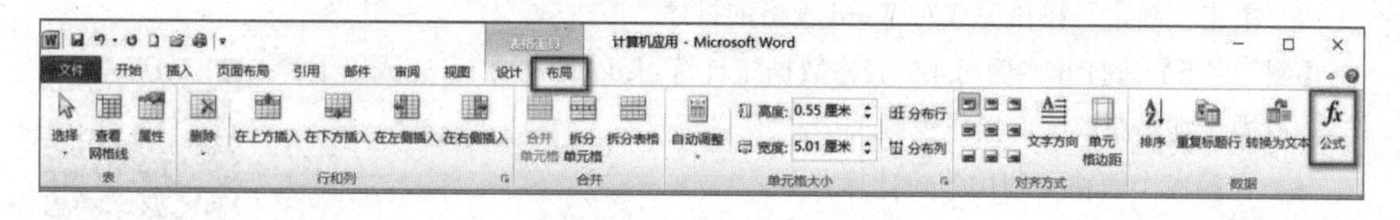

图 3.4.25　单击“公式”按钮

4. 排序

在 Word 2010 中可以对表格中的数字、文字和日期数据进行排序操作，将光标定位在表格中，单击“布局”选项卡→“数据”组→“排序”按钮，在排序对话框中输入相关选项即可。

① 单击需要进行排序的 Word 表格中任意单元格。将“表格工具”切换到“布局”选项卡，并单击“数据”组→“排序”按钮，如图 3.4.26 所示。

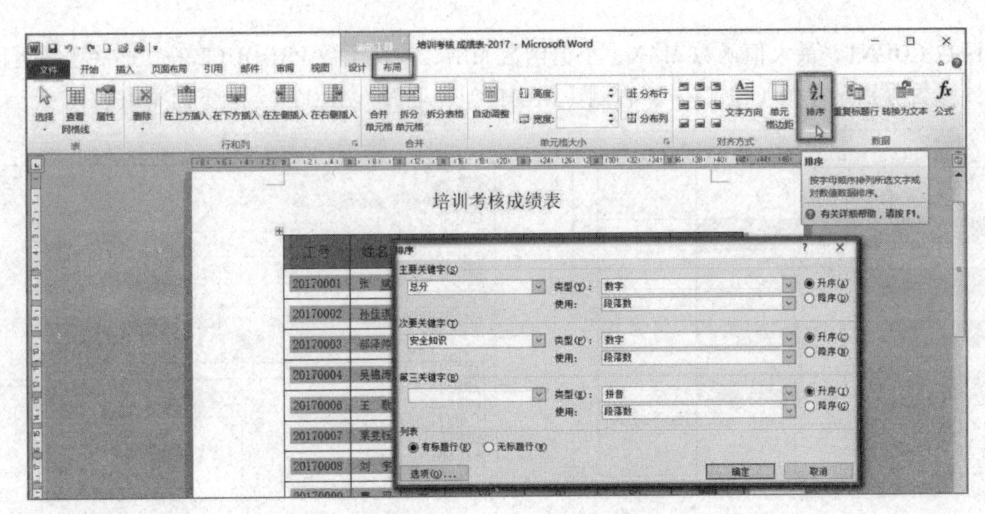

图 3.4.26　单击“排序”按钮

② 打开“排序”对话框，在“列表”区域选中“有标题行”单选按钮，如图 3.4.26 所示，如果选中“无标题行”单选框，则 Word 表格中的标题也会参与排序。

注意

如果当前表格已经启用“重复标题行”设置，则“有标题行”或“无标题行”单选框无效。

③ 在“主要关键字”区域，单击下拉按钮选择排序依据的主要关键字。单击“类型”下拉按钮，在“类型”列表中选择“笔画”“数字”“日期”“拼音”选项。如果参与排序的数据是文字，可以选择“笔画”或“拼音”选项；如果参与排序的数据是日期类型，可以选择“日期”选项；如果参与排序的只是数字，则可以选择“数字”选项。选中“升序”或“降序”单选按钮设置排序的顺序类型。

④ 根据需要在“次要关键字”和“第三关键字”区域进行相关设置，Word 2010 会首先按主要关键字排序，在主要关键字排序相同的情况下按次要关键字排序，在满足前两个条件前提下再按第三关键字排序。

⑤ 单击“确定”按钮完成对 Word 表格的排序，

【例 3.4.5】请打开“例 3.4.5 表格数据统计练习.docx”文档，完成以下操作。(扫描二维码获取案例操作视频)

A. 在第一个表格中利用公式计算总分。

B. 对表格进行排序，按总分排序，总分相同按安全知识成绩排序。

C. 在第 2 个表格中利用公式计算平均分。

D. 保存文档。

操作步骤：

① 打开“例 3.4.5 表格数据统计练习.docx”文档将光标放置在第 2 行（工号：20170001 所在行）总分单元格内，单击“表格工具”→“布局”选项卡→“数据”组→“公式”按钮，在

弹出的对话框中默认显示公式“=SUM(LEFT)”，单击“确定”按钮自动计算总分。

② 选中步骤①计算出的总分，复制到其他行的总分单元格中，选中总分列所有单元格，按F9键完成自动计算。

③ 选中整个表格，单击“表格工具”→“布局”选项卡→“数据”组→“排序”按钮，在弹出的对话框中完成设置。

④ 在第2个表格的第2行平均分单元格，单击“表格工具”→“布局”选项卡→“数据”组→“公式”按钮，在弹出的对话框中修改公式为“=AVERAGE(LEFT)”，单击“确定”按钮自动计算平均分，完成其他行计算。

⑤ 保存文档。

3.5 页面布局与文档打印

在Word 2010文档排版中，用户可以通过“页面设置”选项卡对“页边距”“纸张大小”“纸张方向”“文字排列”“页面颜色”“页面边框”“水印”等进行设置，实现不同的排版效果和打印效果。

3.5.1 页面设置

在“页面布局”选项卡→“页面设置”组可以进行文字方向、页边距、纸张方向、纸张大小、分栏等的设置，如图3.5.1所示。

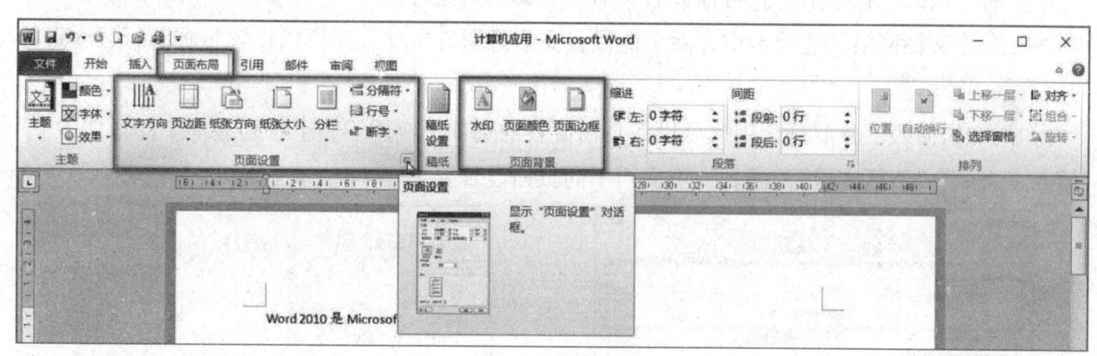

图3.5.1 页面布局

1. 文字方向

在Word 2010中，默认的文字方向是水平排列，如果要改为垂直排列，可以单击“页面布局”选项卡→“页面设置”组→“文字方向”下拉按钮，显示下拉列表，在其中选择合适选项进行排版，如图3.5.2所示。

2. 页边距、纸张方向、纸张大小、文档网格

对Word 2010文档页面的设置，可以直接单击“页面布局”选项卡→“页面设置”组→“纸张大小”“纸张方向”“页边距”进行设置；也可以单击显示“页面设置”对话框启动器按钮，在弹出的“页面设置”对话框中进行设置，此对话框中有4个选项卡，分别为“页边距”“纸张”“版式”“文档网格”，如图3.5.3～图3.5.6所示。

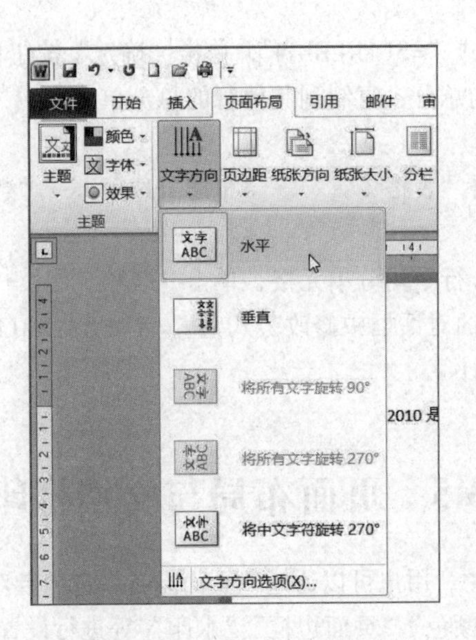

图 3.5.2 “文字方向”下拉列表

①“页边距”指正文与纸张边缘的距离，包括上、下、左、右边距。纸张方向有“纵向”“横向”两种选择。

② 在“纸张”选项卡中，可以设置纸张大小、纸张来源等。

③ 在“版式”选项卡中，可以设置页眉和页脚的边距等。

④ 在“文档网络”选项卡中，除了能设置文字排列方向外，还可以设置每页的行数和每行的字符数。

如果文档插入了分节符，用户可以在页面设置的选项“应用于”下拉列表框中选择“本节”“插入点之后”“整篇文档”，满足一篇文档不同页面设置要求。

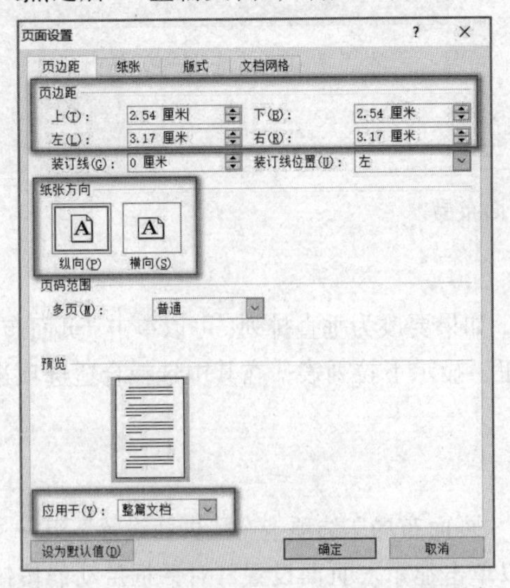

图 3.5.3 “页面设置”的“页边距”选项卡

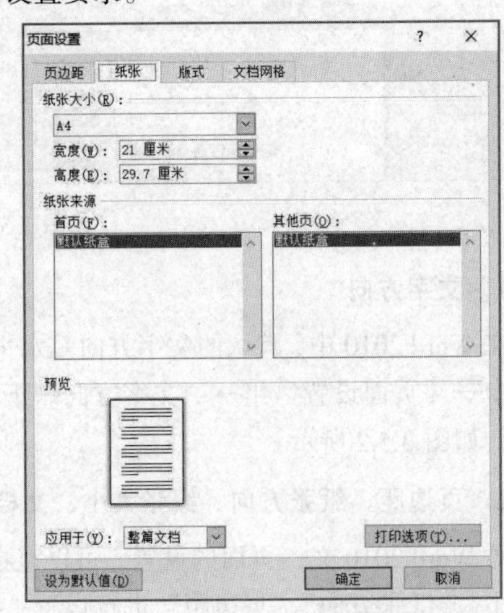

图 3.5.4 “页面设置”的“纸张”选项卡

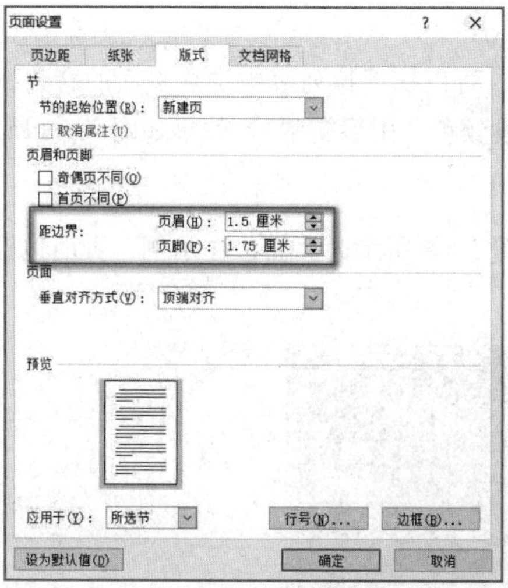

图 3.5.5 “页面设置”的“版式”选项卡

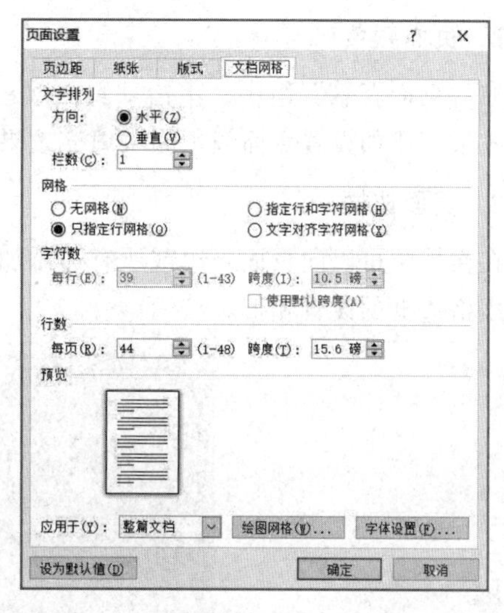

图 3.5.6 “页面设置”的“文档网络”选项卡

3.5.2 页面背景

在“页面布局”选项卡上“页面背景”组中，可以设置水印、页面颜色和页面边框。

1. 水印

水印可以是文字，也可以是图片，Word 2010 提供了多种水印样式，也可以自定义水印的样式。

（1）添加水印

在“页面布局”选项卡上的“页面背景”组中，单击“水印”按钮，选择需要的水印样式，也可以在下拉列表中选择“自定义水印”，弹出图 3.5.7 所示的“水印”对话框，从中选择所需要的设置，可以设置文字水印的格式。

（2）删除水印

在图 3.5.7 所示的“水印”对话框中选择“无水印”单选按钮，或者在水印下拉列表中选择“删除水印”即可。

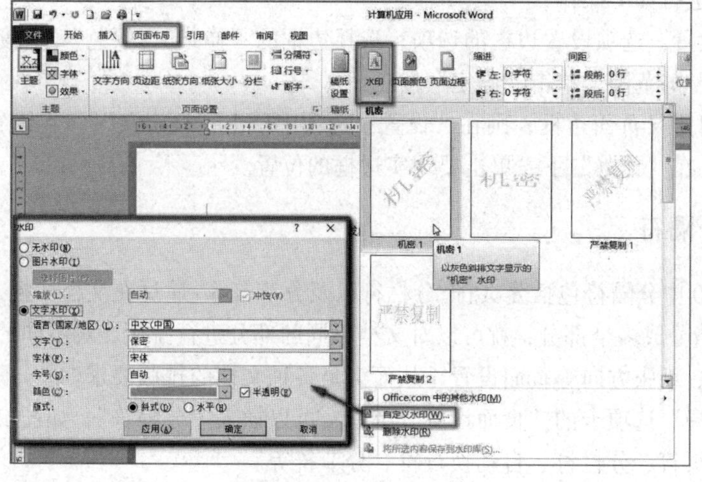

图 3.5.7 “水印”对话框

2．页面颜色

在“页面背景”组中，单击“页面颜色”按钮，可以在下拉列表中选择页面的背景颜色和填充效果，比如设置页面颜色为“填充效果”的预设颜色“雨后初晴”，效果如图 3.5.8 所示。

3．页面边框

在文档中可以向页面一边或所有边添加边框，图 3.5.8 所示为页面边框示例，页面边框的设置与表格边框的设置相似。

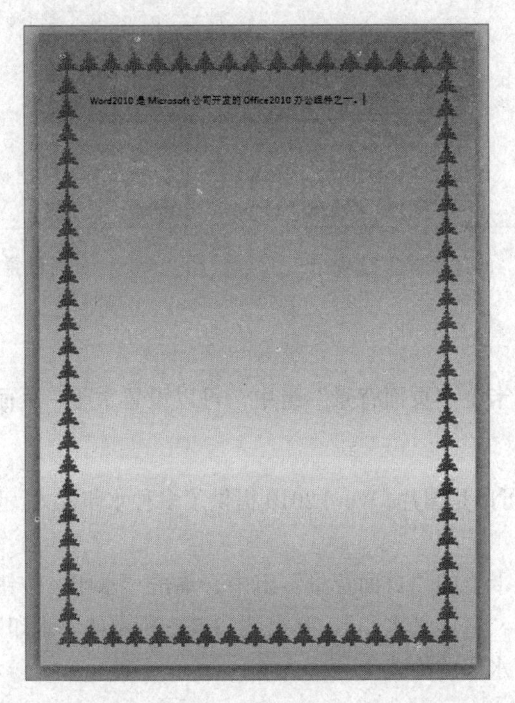

图 3.5.8　页面颜色和页面边框效果图

在“页面背景”组中，单击“页面边框”按钮，弹出“边框和底纹”对话框，选择“页面边框”选项卡，进行如下操作：

① 单击“设置”选项设置边框的选项；选择边框的“样式”“颜色”“宽度”“艺术型”；设置边框“应用于”的范围，单击“确定”按钮。

② 如果要自定义页面边框，则在“设置”选项中单击“自定义”， 在设置好“样式”“颜色”“宽度”后，在“预览”下，单击要现实边框的位置。

3.5.3　插入分隔符

在 Word 2010 中分隔符包括分页符、分栏符以及分节符等。通过在文档中插入不同的分隔符，可以把 Word 文档分成多个部分，就可以对文档不同的部分进行排版，对不同的部分设置不同的页眉页脚、页码、纸张方向等页面设置，从而满足各种文档的排版要求。

在“页面布局”选项卡的“页面设置”组中，可以插入“分隔符”，如图 3.5.9 所示，可以在文档中添加分页符、分栏符、自动换行符、分节符等。

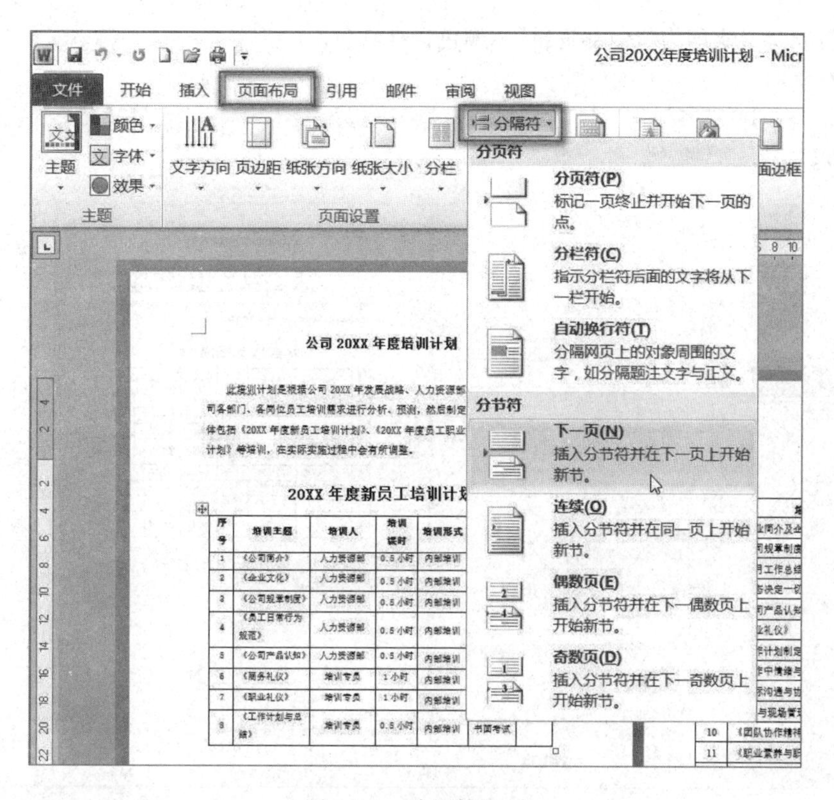

图 3.5.9　分隔符选项

① 分页符：可以强制分页，标记一页结果并开始下一页。

② 分节符：在一页之内或多页之间改变文档的布局。插入分节符之前，Word 2010 将整篇文档视为一节，在文档中需要的位置插入分节符，可以将文档分为多节，对每一节进行不同的页面设置，不同的节设置不同的页面格式、版式、页眉、页脚和页码编号。

3.5.4　文档打印

单击“文件”→“打印”命令，出现图 3.5.10 所示的打印设置，中间窗格是打印设置选项，右边窗格是打印预览的效果。

打印时可以选择打印范围：可以打印所有页或者指定范围、选择单面或双面打印、调整页面方向和纸张大小、自定义页边距，还可以进行缩放或者将多页文档内容打印到一页纸上。

【例 3.5.4】请打开“例 3.5.4 页面布局设置练习.docx”文档，完成以下操作。（注：文本中每一回车符作为一段落）（扫描二维码获取案例操作视频）

A. 设置文档的页面格式：上、下页边距均为 3 厘米，装订线位置为上，页眉、页脚距边界均为 2 厘米。

B. 在“员工服务礼仪培训考核表”“培训评估表”前插入“下一页”分节符，设置第 2 页纸张方向为横向。

C. 设置“员工服务礼仪培训考核表”表格，标题行重复。

D. 设置页面填充效果“雨后初晴”、底纹“斜下”，变形选中“右下角”。

E. 设置自定义水印为“内部资料”，颜色标准红色。

F. 保存文档。

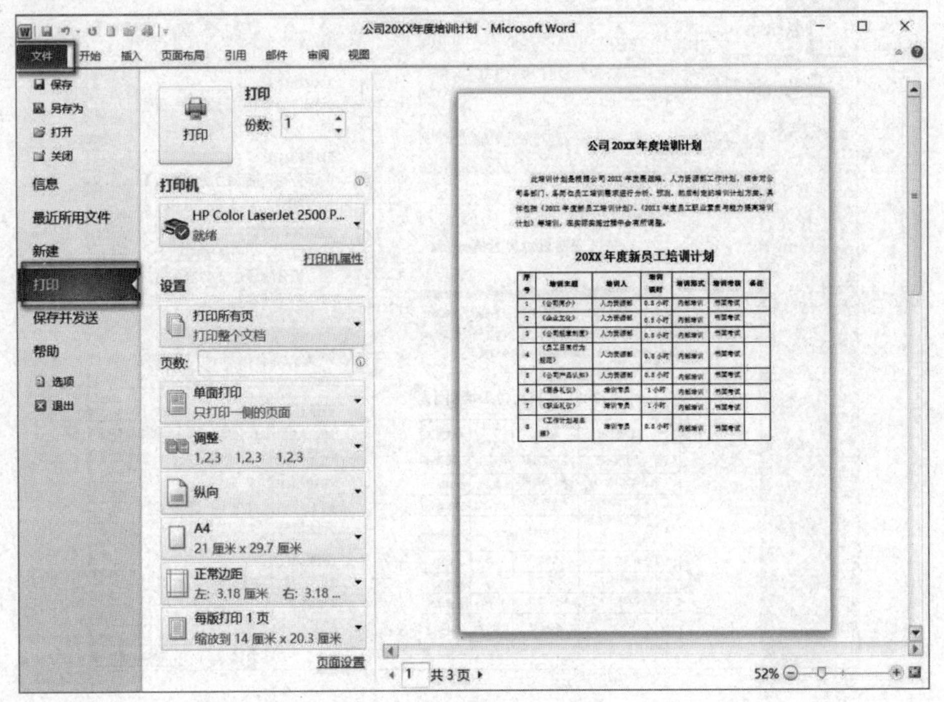

图 3.5.10 “文档”打印设置

操作步骤：

① 打开“例 3.5.4 页面布局设置练习.docx”文档，单击“页面布局”选项卡→“页面设置”组→显示“页面设置”对话框按钮，在弹出的对话框的“页边距”“版式”选项卡中完成设置。

② 分别将光标放置在“员工服务礼仪培训考核表”“培训评估表”前，单击“页面布局”选项卡→“页面设置”组→“分隔符”→“分节符”→“下一页”，插入分节符。

③ 将光标放置在第 2 页，单击“页面布局”→“页面设置”组，单击显示“页面设置”对话框，在弹出的对话框中设置页面“纸张方向”为“横向”，应用于“本节”。

④ 选中“员工服务礼仪培训考核表”表格的标题行，单击“表格工具”，“布局”选项卡单击“重复标题行”按钮。

⑤ 单击“页面布局”选项卡→“页面背景”组→“页面颜色”→“填充效果”，在弹出的话框中选择“渐变”选项卡→“预设”，完成设置。

⑥ 单击“页面布局”选项卡→“页面背景”组→“水印”→“自定义水印”完成设置。

⑦ 保存文档。

3.6 长文档的制作

我们在日常办公的过程常常遇到营销报告、毕业论文、宣传手册、活动策划方案等类型的长文档需要进行排版编辑。

3.6.1 页眉、页脚的设置

在 Word 文档的页眉上添加文字可以让读者了解阅读的文章名称或章节名，添加页脚可以让读者了解所在的页码，也方便读者通过目录查询内容。

页眉和页脚可以是图片、文字、页码、日期、标题等，出现在页面的顶部和底部。页眉和页脚的设置通过“插入”选项卡上的“页眉和页脚”组完成，如图 3.6.1 所示。

图 3.6.1 插入页眉和页脚

由于长文档内容一般都包含封面、目录、正文、附录等内容，需要设置不同的页眉、页脚和页码、正文等，结构比较复杂。对于长篇文档的编辑，一般要先规划好各种设置，尤其是先确立文档的样式设置和大纲结构，然后再进行具体内容级别的设置；不同的文档，排版时需要对文档进行合理的分节，章节部分一定要插入“分节符”，不能是“分页符”。

注意

页眉和页脚的设置还可以通过双击页面页眉和页脚所在部分，打开“页眉和页脚工具”功能区完成设置。

1. 插入页眉、页脚、页码

在“插入”选项卡中，单击“页眉和页脚”组的“页眉”“页脚”按钮，将出现内置页眉和页脚的下拉列表，可以从中选择一种页眉和页脚的样式，也可以直接选择“编辑页眉”和“编辑页脚”命令，在页眉和页脚编辑区输入内容。在“页眉和页脚”组中，单击“页码”按钮，可以在文档中插入页码。

2.“页眉页脚工具”的“设计”选项卡

双击页眉或页脚，选中页眉或页脚，出现如图 3.6.2 所示的“页眉和页脚工具”，在“设计”选项卡可以做如下设置：

① 在“页眉页脚”组中，可以对页眉、页脚、页码进行设置。

② 在“插入”组中，可以在页眉、页脚中添加日期和时间、文档部件图片和剪贴画。

③ 在“文档部件”中选择使用域，在文档中可插入域。域可以提供自动更新的信息，如时间、标题、页码等。文档部件库是可以创建、存储和查找可重复使用的内容片段的库，内容片段包括自动图文集、文档属性（如标题和作者）和域。

④ 在“导航”组中，可以实现页脚和页眉之间的切换，上一节和下一节之间的切换。

⑤ 在“选项”组中，通过复选框可以设置“首页不同”“奇偶页不同”“显示文档文字”。

⑥ 在“位置”组中，可以设置页眉、页脚在文档中的位置和对齐方式。

单击“关闭”按钮，退出页眉、页脚的编辑，返回文档正文。

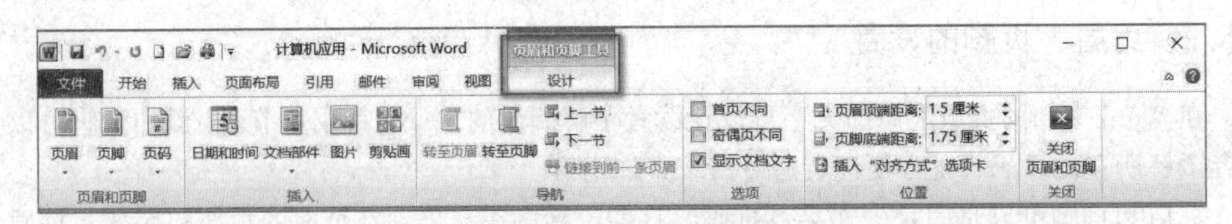

图 3.6.2 “页眉和页脚工具”的“设计”选项卡

3. 删除页眉、页脚

选中要删除的页眉或页脚，在“插入”选项卡→“页眉和页脚”组中（或者“页眉和页脚工具”→“页眉和页脚”组），单击“页眉”或“页脚”按钮，在下拉列表中选择“删除页眉”或“删除页脚”。

4. 设置首页不同、奇偶数页眉页脚

在 Word 2010 中，用户可以为长文档的首页（封面）、奇数页、偶数页设置不同的页眉页脚。

（1）设置首页不同

一般来说文档的封面是不需要设置页眉页脚的，“首页不同”就是指在文档首页使用与其他页面不同的页眉页脚。操作方法如下：

① 打开文档，将光标放置在首页（封面），单击“插入”选项卡→“页眉和页脚”组→“页眉”或“页脚”按钮，选择“编辑页眉”或“编辑页脚”命令。

② 在打开的“页眉和页脚工具”选项卡中，在“设计”选项卡的“选项”组中选中“首页不同”复选框即可，如图 3.6.3 所示。

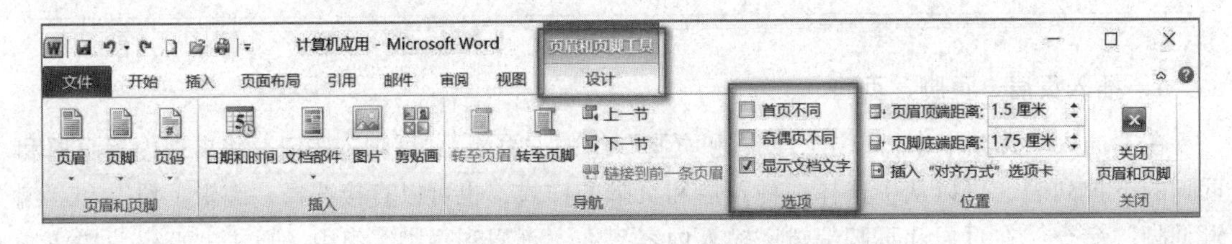

图 3.6.3 选项设置

注意

首页不同也可以通过点击“页面布局”选项卡，打开“页面设置”对话框，单击“版式”，选择“首页不同”设置。

（2）设置奇偶数页眉页脚

在进行长文档排版时，有时候需要设置奇数和偶数页眉显示不同的内容，或者页码显示在不同位置，可以使用下面的方法设置奇偶页不同，然后再分别设置奇偶页的页眉页脚。

方法 1：打开文档，单击“插入”选项卡→“页眉和页脚”组→“页眉”或“页脚”按钮，选择“编辑页眉”或“编辑页脚”命令。在打开的“页眉和页脚工具”选项卡中，在“设计”选项卡的“选项”组中选中“奇偶页不同”复选框即可，如图 3.6.4 所示。

方法 2：打开文档，单击“页面布局”选项卡，打开“页面设置”对话框，切换到“版式”选项卡，选中“奇偶页不同”复选框。

（3）设置文档不同部分的页眉页脚

一般来说，Word 在整篇文档中，都会使用相同的页眉或页脚（设置了首页不同、奇偶页不同除外）。如果用户要为文档的不同部分创建不同的页眉或页脚，就需要对文档进行分节，然后断开当前节和前一节中页眉或页脚间的连接，如图 3.6.4 所示，再编辑不同的页眉页脚。

5．去掉页眉下面的横线

在编辑页眉后，页眉上会自动显示一条黑色的直线，有时并不需要这条直线，可以用以下方法删除：

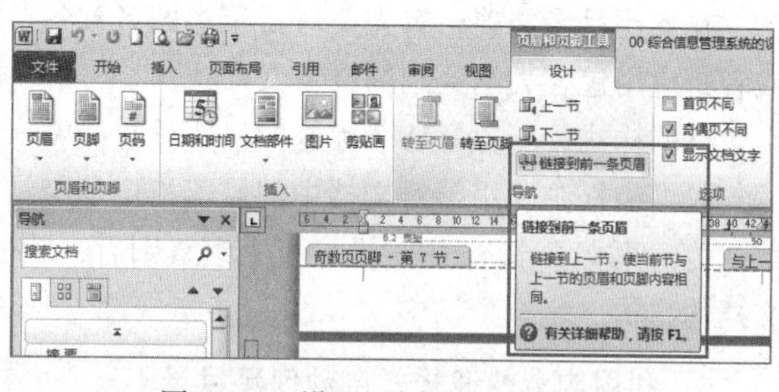

图 3.6.4　设置不同的页眉、页脚

方法 1：选中页眉中的文字，单击“开始”选项卡→“字体”组→“清除格式”按钮。

方法 2：选中页眉中的文字，单击“开始”选项卡→“段落”组→“边框”下拉按钮，在下拉列表中选择“无框线”命令。

6．设置页码格式

方法 1：双击页脚，选中页码，然后单击“页眉和页脚工具”→“设计”选项卡→“页眉和页脚”组→“页码”→“设置页码格式”。

方法 2：双击页脚，选中页码，然后单击右键，在弹出的快捷菜单中选择“设置页码格式”。

【例 3.6.1】请打开“例 3.6.1　页眉页脚练习.docx”文档，完成以下操作。（注：文本中每一回车符作为一段落。）（扫描二维码获取案例操作视频）

A．设置“奇偶页不同”，设置奇数页页眉“火场逃生方法”；设置偶数页页眉“消防培训手册”。

B．页码位置为页面底端，页码套用样式为 X/Y 中的“加粗显示数字 2”，将内容加以编辑，内容为第 X 页共 Y 页（文字内容中不含有空格），字体颜色为标准色蓝色，字号为小五。

C．保存文档。

操作步骤：

① 打开“例 3.6.1　页眉页脚练习.docx”文档，双击页眉部分，在“页眉和页脚工具”→“选项”组勾选“奇偶页不同”。

② 设置奇数页页眉“火场逃生方法”；偶数页页眉“消防培训手册”。

③ 在页脚部分，单击“页眉和页脚工具”→“设计”选项卡→“页眉和页脚”组→“页码”命令，选择“页面底端”→“X/Y”中的→“加粗显示数字 2”，这时页脚显示 1/3，在 1 和 3 前面分别是输入文字“第”“页”“共”“页”4 个字，显示为第 1 页/共 3 页，选中文字，设置颜色和字号。

④ 保存文档。

3.6.2　创建目录

目录通常是长文档中重要的内容之一，在 Word 2010 中利用标题或者大纲级别来创建目录，使得用户可以通过简单的方法就可以完成目录的制作，并且在文档发生改变以后，通过用目录的更新功能来自动调整目录。

文档插入目录以后，当光标移动到某个目录行上时，按下 Ctrl 键同时单击，可以跳转到该目录指向的实际文本内容，实现文档的快速定位。

在创建目录之前，首先要对目录中的各章各节标题应用内置的标题样式（标题 1 到标题 9）或者是应用包含大纲级别的自定义样式。

标题样式用于各章各节标题的格式设置，Word 2010 内置标题 1 到标题 9 的标题样式。

大纲级别主要用于对文档中的段落指定等级结构（1 级至 9 级）的段落格式，在段落设置中默认为“正文文本”，用户设置了大纲级别后，就可以在大纲视图或者文档“导航窗格”中显示文档的结构。

1．利用内置快速样式自动创建目录

如果文档已经使用了大纲级别或者内置标题样式，可以通过以下方法创建目录。

① 单击要插入目录的位置。

② 单击“引用”选项卡→“目录”组→“目录”下拉按钮，在下拉列表中选择“插入目录”命令，如图 3.6.5 所示，会出现“目录”对话框，如图 3.6.6 所示。

③ 在“目录”对话框中，设置制表符前导符、格式、显示级别后，单击“确定”按钮。

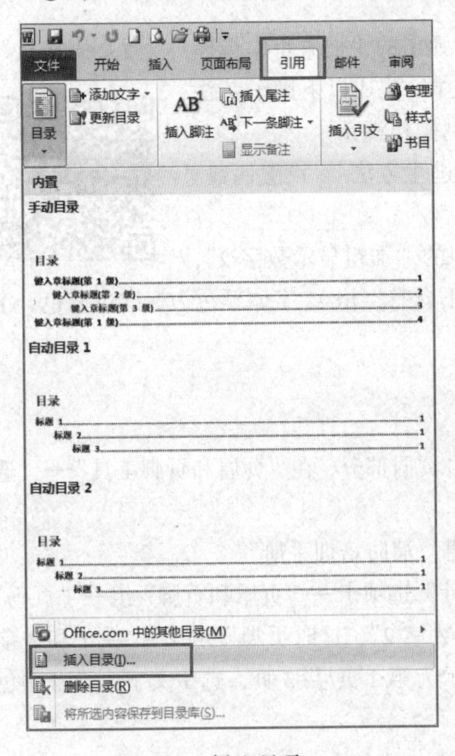

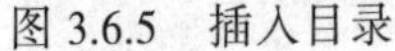

图 3.6.5　插入目录

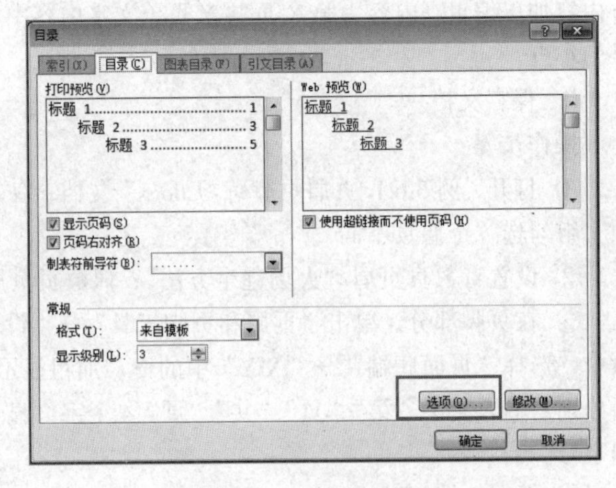

图 3.6.6　目录对话框

2．利用自定义样式创建目录

如果文档中章节标题应用了自定义的标题样式，则可以通过指定自定义目录样式的目录级别来生成目录，具体如下：

① 单击要插入目录的位置。

② 单击“引用”选项卡→“目录”组→“目录”下拉按钮，在下拉列表中单击“插入目录”。

③ 在弹出的“目录”对话框中单击“目录”选项卡。

④ 单击“选项”按钮，弹出“目录选项”，如图 3.6.7 所示。

⑤ 在“有效样式”下查找应用在文档标题中的样式。

⑥ 在样式名右边的“目录级别”下输入代表标题样式级别的 1 到 9 的数字。

⑦ 设置包括在目录中各章各节标题样式级别的数字后，单击“确定”按钮。

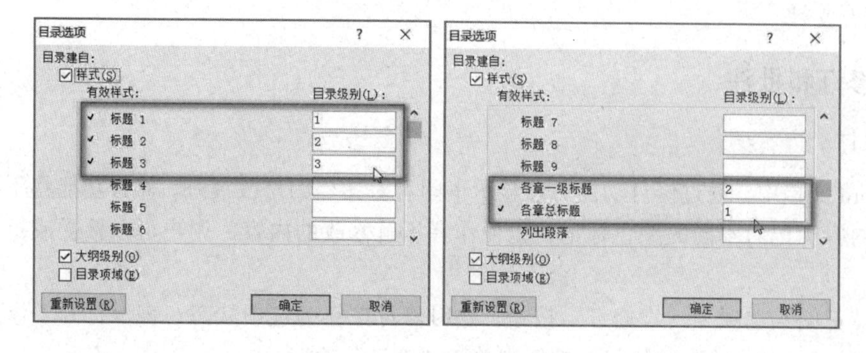

图 3.6.7 “目录选项”对话框

3. 更新目录

当对文档中的章节标题进行了修改、删除或者修改了文档内容使页码产生了变化时，可以在“引用”选项卡的“目录”组单击“更新目录”按钮，在弹出的对话框中选中“重新整个目录”单选按钮（或者选中目录，右击，在弹出的快捷菜单中选择“更新域”命令）。可以快速更新目录内容和页码，如图 3.6.8 所示。

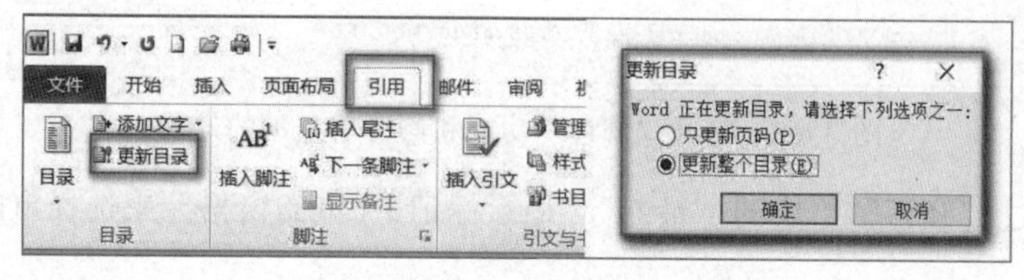

图 3.6.8 更新目录

【例 3.6.2】请打开“例 3.6.2 自动生成目录练习.docx”文档，完成以下操作。（注：文本中每一回车符作为一段落。）（扫描二维码获取案例操作视频）

A. 新建名称为“各章总标题”的样式，黑体、一号字、加粗，居中，设置大纲级别 1 级，并将样式应用于“序言”“第一章　基础知识”“第二章　接待礼仪”。

B. 在目录页第 3 段，为应用“各章总标题”“各章一级标题”的段落创建目录，目录中显示页码且页码右对齐，制表符前导符为断截线“------”。

C. 保存文档。

操作步骤：

① 打开“例 3.6.2 自动生成目录练习.docx”文档，选中“序言”文本，单击“开始”选项

卡→“样式”组→显示样式窗口按钮，打开“样式”窗格，按要求新建样式，并将新建的样式应用于“序言”“第一章　基础知识”“第二章　接待礼仪”。

② 在目录页（第 2 页）第 3 段，单击“引用”→“目录”→“插入目录”，在弹出的对话框中设置显示页码且页码右对齐，制表符前导符为断截线“------”，单击“选项”按钮，在“目录选项”对话框中“有效样式”删除“标题 1”“标题 2”“标题 3”的目录级别“1”“2”“3”，查找“各章总标题”“各章一级标题”有效样式，设置目录级别为“1”“2”，单击“确定”按钮，完成目录的创建。

③ 保存文档。

3.6.3　修订和批注

1．修订

在 Word 文档中，通过修订功能可以显示审阅者对文档的修改痕迹，修订功能将不同的修订者修改的内容标记为不同的颜色标记，以便作者了解修改的内容，用户可以接受或拒绝审阅者的修订。

单击“审阅”选项卡→“修订”按钮，这时修订按钮为选中状态，表示打开了修订功能，如图 3.6.9 所示，再次单击“修订”按钮则关闭“修订”功能

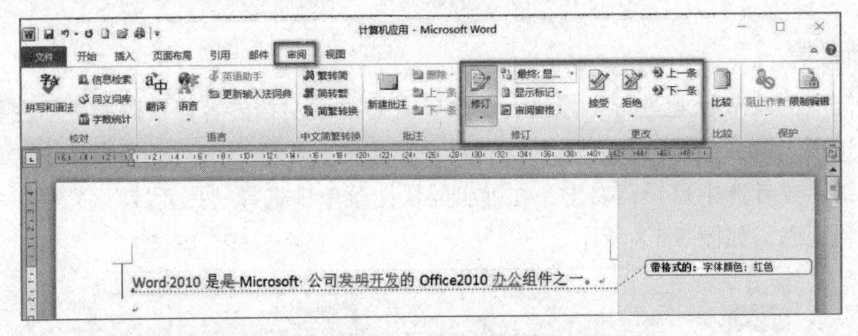

图 3.6.9　打开“修订”功能和修订后显示的效果

用户可以通过“修订”组中的“最终”“显示标记”“审阅窗格”来选择审阅者修订时的显示方式。

用户可以将光标放置在修改后，然后在“审阅”选项卡→“更改”组中（或者直接右击）接受或拒绝修订，如图 3.6.10 所示。

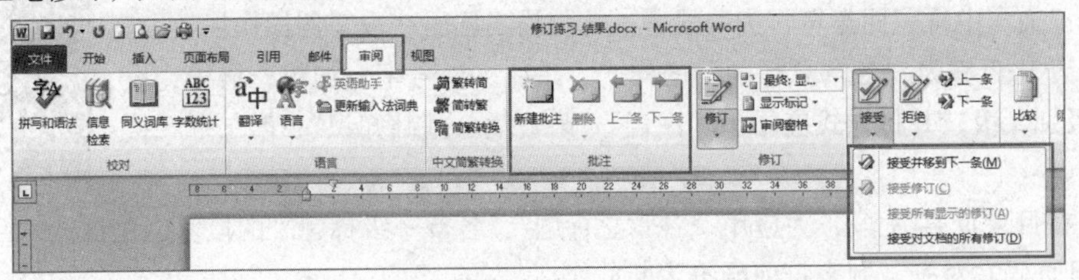

图 3.6.10　“更改”组的“修订”列表

2．批注

当审阅者对文档只给出意见，并不直接进行修改时，可使用批注。

选中需要添加批注的文本或者段落，单击“审阅”选项卡→“批注”组→“新建批注”按钮，如图 3.6.11 所示，就可以添加批注了，选中要删除的批注，右击选择“删除”命令，可以删除批注。

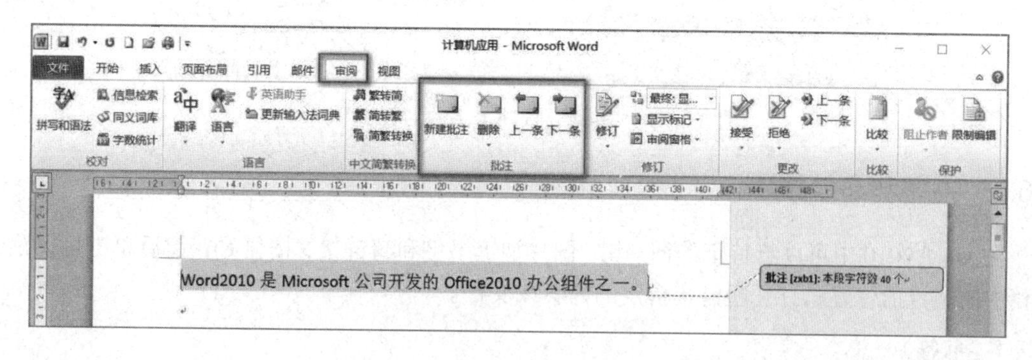

图 3.6.11　批注设置

【例 3.6.3】请打开“例 3.6.3 修订和批注练习.docx”文档，完成以下操作。（注：文本中每一回车符作为一段落。）（扫描二维码获取案例操作视频）

A. 打开修订功能，将文档的文字“大學”使用繁转简工具设置为简体字。

B. 将文字“俱体”改为“具体”，关闭修订功能。

C. 对文档的两处修订进行操作，拒绝对文本删除的修订，接受增加文本的修订。

D. 选定第 2 段（含文字“摘自”）并插入批注，批注内容为所选文本中的字符数（例如文本的字符数为 10，批注内只需填 10）。

E. 保存文档。

操作步骤：

① 打开“例 3.6.3 修订和批注练习.docx”文档，单击“审阅”选项卡→“修订”组→“修订”按钮打开修订功能。

② 选中“大學”两个字，单击“审阅”选项卡→“中文简繁转换”组→“繁转简”，将文字转换为简体。

③ 删除“俱体”，输入“具体”，再次单击“审阅”选项卡→“修订”组→“修订”按钮关闭修订功能。

④ 选中第 2 段，单击“审阅”选项卡→“校对”组→“字数统计”，在弹出的对话框中查看“字符数”；单击“批注”组→“新建批注”输入字符数。

⑤ 对文档的两处修订进行操作，拒绝对文本删除的修订，接受增加文本的修订。

⑥ 保存文档。

3.6.4　拼写和语法、字数统计

在“审阅”选项卡上的“校对”组里，如图 3.6.12 所示，单击“拼写和语法”按钮可以检查文档中文字的拼写和语法。单击“字数统计”按钮可以统计文档的页数、字数、带空格字数、不带空格字数等。如果选中一段话，则可以统计一段话的字数、字符数。

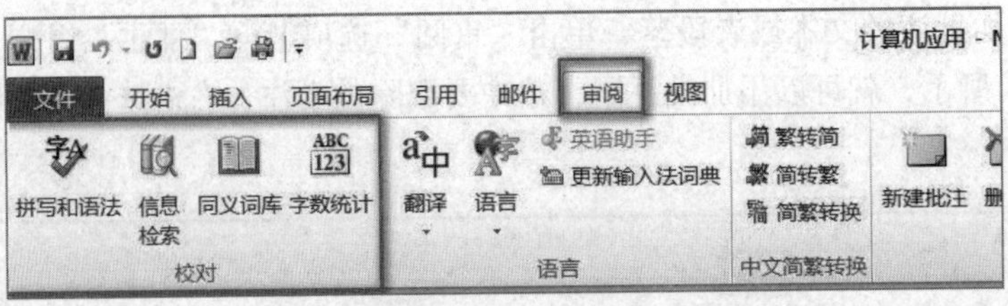

图 3.6.12 “审阅”选项卡上的“校对”组

3.6.5 书签和超链接

在 Word 2010 中可以给特定的词、句、图片加上书签和超链接，按住 Ctrl 键后单击可以跳到文档中的指定的位置，打开超链接指定的内容或文件。

1. 书签

Word 2010 中的书签主要用于帮助用户在文档中快速定位至特定位置，在 Word 2010 文档中，文本、段落、图形图片、标题等都可以添加书签。

选中要添加书签的文字，然后单击“插入”选项卡→“链接”组→“书签”按钮，如图 3.6.13 所示，弹出“书签”对话框，输入“书签名”添加该书签，如图 3.6.14 所示，单击“添加”按钮完成操作。

添加完成书签后，再次打开“书签”对话框，就可以看到刚才添加的书签名。

图 3.6.13 “书签”对话框

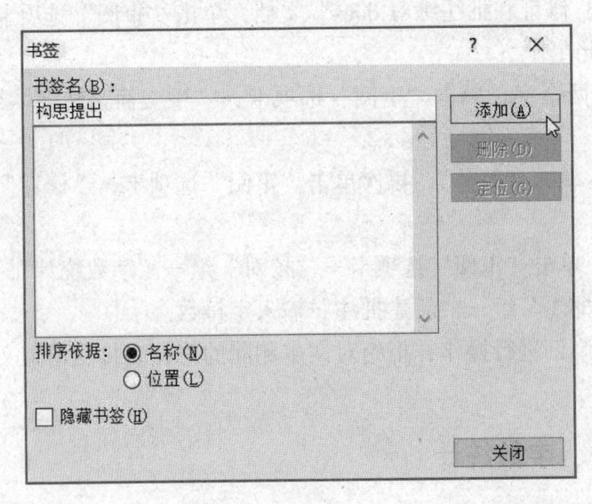

图 3.6.14 “书签”对话框

2. 超链接

超链接可以打开某一个网页、文档中的书签，或者打开另一个文件，甚至是指向一个电子邮件。

选中要创建超链接的文字或图片；单击“插入”选项卡→“链接”组→“超链接”按钮，在图 3.6.15 所示的“插入超链接”对话框中，选择超链接的目标位置，单击“确定”按钮。

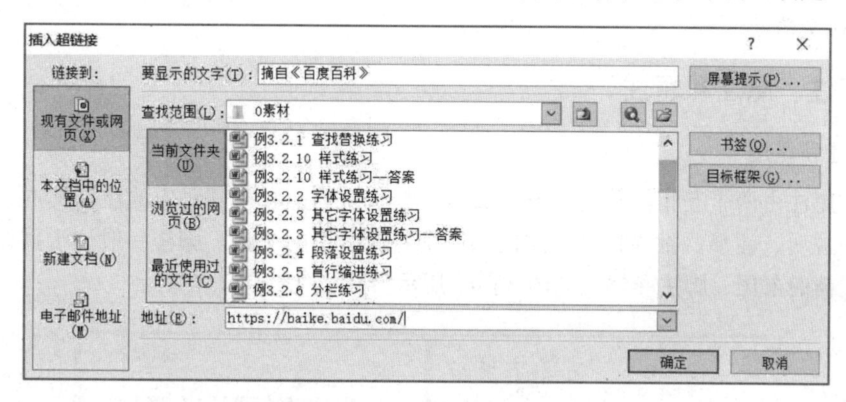

图 3.6.15 “插入超链接”对话框

3. 修改超链接

选中要修改的超链接，右击，弹出快捷菜单如图 3.6.16 所示，选择“编辑超链接”命令。

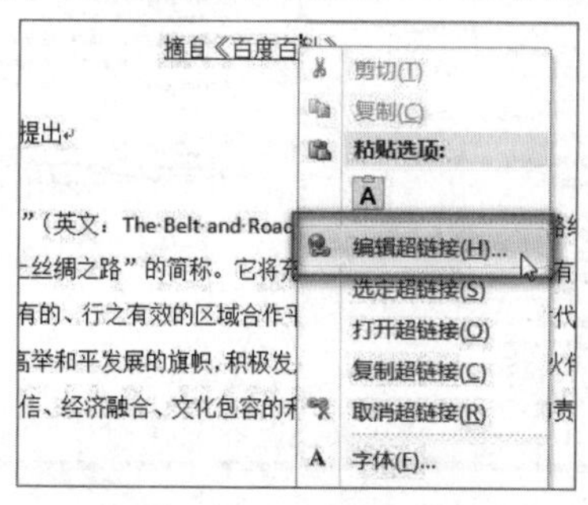

图 3.6.16 修改超链接

【例 3.6.5】请打开“例 3.6.5 超级链接和书签练习.docx”文档，完成以下操作。(注：文本中每一回车符作为一段落。)(扫描二维码获取案例操作视频)

A. 选中第二段“《百度文库》”，添加超链接，链接地址为 http://wenku.baidu.com。

B. 选中“第四部分”四个字，添加书签名“第四部分”。

C. 选中第三段“链接到书签”，添加超级链接到书签名“第四部分”。

D. 保存文档。

操作步骤：

① 打开“例 3.6.5 超级链接和书签.docx”文档，选中第二段“《百度文库》”，单击“插入”选项卡→“链接”组→“超级链接”，在弹出的对话框中，选择链接到“现有文件或网页”在地址输入框输入 http://wenku.baidu.com，单击“确定”按钮。

② 选中蓝色“第四部分”四个字，单击“插入”选项卡→“链接”组→“书签”，在弹出的对话框中，输入书签名“第四部分”，单击“添加”按钮。

③ 选中第三段“链接到书签”，单击“插入”选项卡→“链接”组→“超级链接”，在弹出的对话框中右侧选择“书签”，在弹出的“在本文档中选择位置”选择书签名“第四部分”，单击“确定”按钮。

④ 保存文档。

3.6.6 脚注、尾注和题注

1. 脚注和尾注

脚注和尾注由两个互相链接的部分组成：注释引用标记和与其对应的注释文本，一般用于为文档添加说明、注释、批注以及相关的参考资料或引用的文献。脚注一般位于页面的底部，尾注位于文档的末尾，脚注和尾注如图 3.6.17 所示。

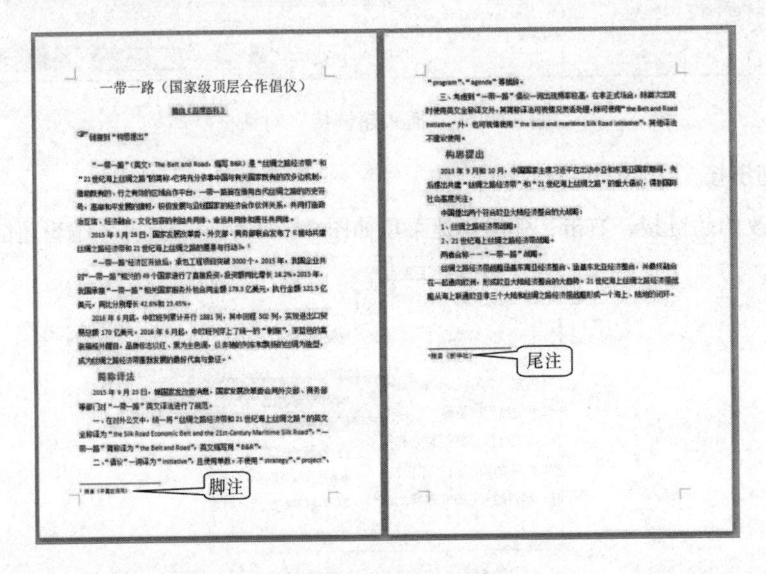

图 3.6.17 脚注和尾注

“引用”选项卡的“脚注”组用于实现“插入脚注”和“插入尾注”功能。

单击“脚注和尾注”对话框启动器，如图 3.6.18 所示，弹出图 3.6.19 所示的“脚注和尾注”对话框，在该对话框中进行插入脚注和尾注的设置。

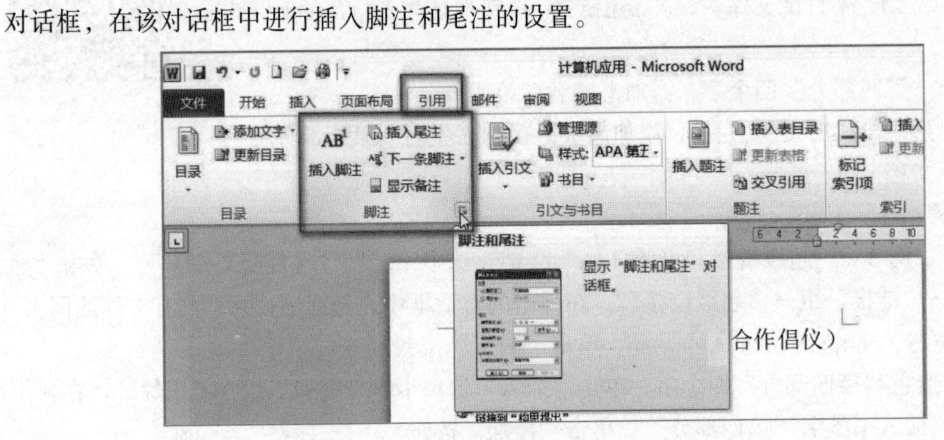

图 3.6.18 “脚注”组

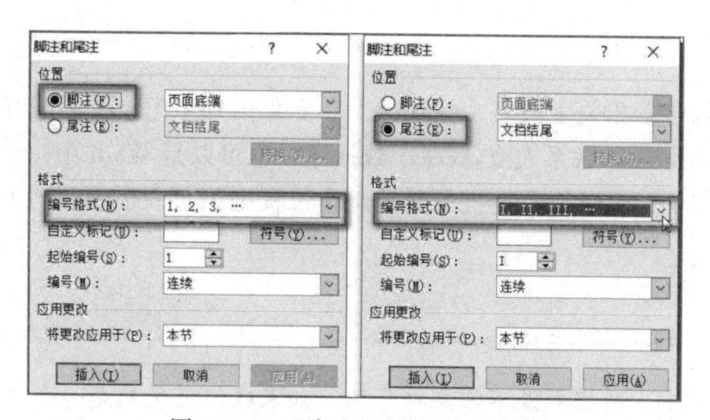

图 3.6.19 “脚注和尾注”对话框

2．题注

题注是对象下面显示的一行文字，用于描述该对象，单击“引用”选项卡→“题注”组→“插入题注”按钮可以实现“插入题注”的功能。

【例 3.6.6】请打开“例 3.6.6 脚注和尾注练习.docx”文档，完成以下操作。（注：文本中每一回车符作为一段落。）（扫描二维码获取案例操作视频）

A. 在第五段后面插入脚注“摘自《中国政府网》”编号格式为“1, 2, 3…”；在第七段后面插入尾注“摘自《新华社》”编号格式为“Ⅰ,Ⅱ,Ⅲ…”。

B. 保存文档。

操作步骤：

① 打开“例 3.6.6 脚注和尾注练习.docx”文档，将光标分别放到第五段、第七段后面，单击“引用”选项卡→“脚注”，单击显示“脚注尾注”对话框按钮，在弹出的对话框中选择“脚注”或“尾注”，修改编号格式，单击“确定”按钮。

② 保存文档。

3.7 批量文档的制作

在办公文档处理过程中，用户经常要处理一些邀请函、信函、信封、标签、工资条、成绩单、工作证、奖状等大批量的文档，这些文档主要内容基本都是相同的，只是其中的一部分内容不同。例如，一般的邀请函除了邀请人姓名、称谓不相同外，其他标题、主体、落款的内容都是一样的，这些文档就属于批量文档，用户可以通过 Word 2010“邮件”功能快速实现文档的制作。

批量文档的制作包括：准备包括变化信息的数据源；建立 Word 主文档；通过“邮件”选项卡将数据源合并到主文档中，合并生成新文档。“邮件”选项卡如图 3.7.1 所示。

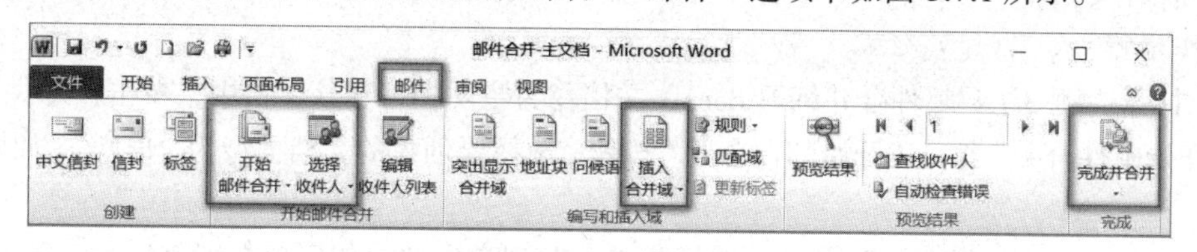

图 3.7.1 “邮件”选项卡

1. 数据源

数据源一般是包含着相关字段名（标题行）和变化信息（记录）的现有列表（文档），可以是 Excel 的表格、Outlook 联系人或 Access 数据库，也可以是 Word 中一个表格（文档中不能有除了表格以外文字），也可以是在批量文档制作过程中创建一个新的列表，其记录用于插入到主文档中。

注意

邮件合并过程中，数据源是不需要打开的。如果我们使用的是一个 Excel 表格作为数据源，表格的第一行必须是标题行也就是字段名，数据行中间不能有空行等。

2. 主文档

主文档是指批量文档中固定不变的内容，如邀请信函中的标题、主体、落款等。用户可以像建立普通文档一样建立主文档，只需要留出“插入合并域”的位置。如邀请函的“称谓”部分留空。

注意

主文档中文本不能使用带有自动编号的列表，否则邮件合并后生成的文档，下文将自动接上文继续自动编号，造成文本内容的改变。

3. 将数据源合并到主文档中

利用“邮件”选项卡的按钮，用户可以将数据源合并到主文档中，预览结果，合并成新文档。通常情况下数据源中的一条记录就会生成一张页面。

下面介绍一个批量文档的操作案例。

【例 3.7.1】请打开“例 3.7.1 邮件合并练习.docx”文档，完成以下操作。（扫描二维码获取案例操作视频）

A. “例 3.7.1 邮件合并—优秀学员名单.docx”文档有一表格，利用该表格作为数据源进行邮件合并。

B. 主文档“例 3.7.1 邮件合并练习.docx”采用信函类型，把表格（数据源）中域的内容插入到主文档相应位置，如图 3.7.2 所示，保存文档。

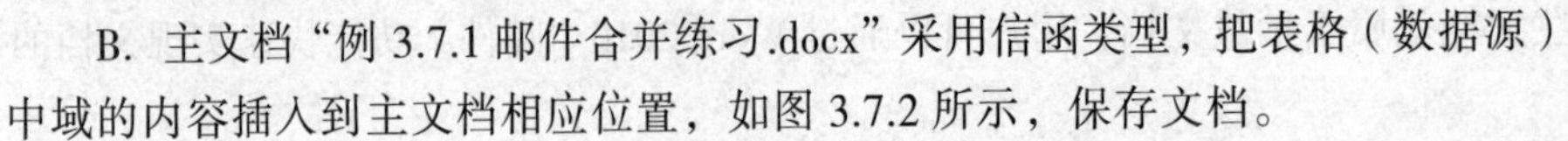

C. 单击合并全部记录并保存为新文档“优秀学员证书.docx”，合并后新文档如图 3.7.2 所示。

D. 保存文档。

操作步骤：

① 打开“例 3.7.1 邮件合并练习.docx”文档作为主文档，在该文档中，单击“邮件”选项卡→“开始邮件合并”组→“开始邮件合并”按钮，选择要创建的文档类型为“信函”，如图 3.7.3 所示。

② 单击“开始邮件合并”组→“选择收件人”列表中的“使用现有列表”，打开“选择数据源”对话框，在左侧选择相应文件夹，然后在右侧选择“例 3.7.2 邮件合并—优秀学员名

单.docx”文档作为数据源，单击“打开”按钮。

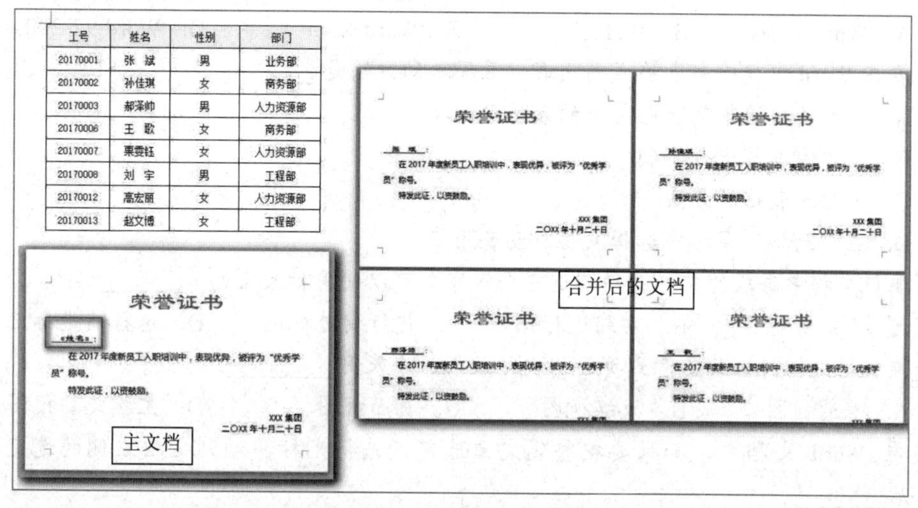

工号	姓名	性别	部门
20170001	张 斌	男	业务部
20170002	孙佳琪	女	商务部
20170003	郝泽帅	男	人力资源部
20170006	王 歌	女	商务部
20170007	栗雲钰	女	人力资源部
20170008	刘 宇	男	工程部
20170012	高宏丽	女	人力资源部
20170013	赵文博	女	工程部

图 3.7.2　邮件合并

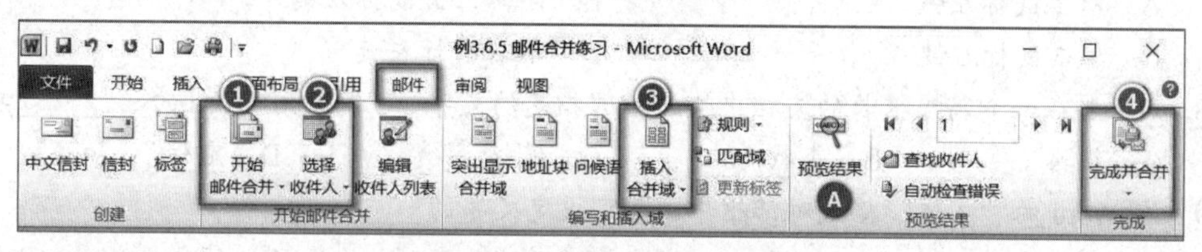

图 3.7.3　邮件合并操作实例

③ 插入合并域到主文档相应的位置，将插入点放置到主文档“:”的下画线中间，单击“编写和插入域”组→“插入合并域”按钮，选择“姓名”插入完成后，文档效果如图 3.7.2 所示。

④ 完成合并，单击“邮件”选项卡→“完成”组→“完成并合并”按钮，选择“编辑单个文档”，弹出“合并到新文档”对话框，如图 3.7.4 所示，在该对话框中选择合并的记录，然后单击“确定”按钮，保存合并文档，文件名为“优秀学员证书.docx”，合并完成。

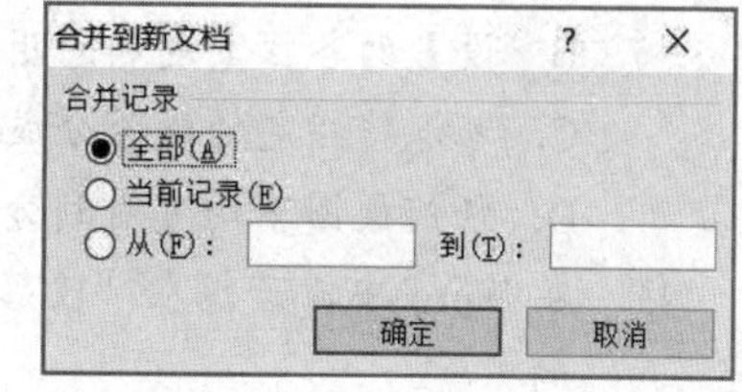

图 3.7.4　“合并到新文档”对话框

3.8　课后练习

一、单选题

1. Word 2010 文档的文件扩展名是________。

   A. .txt　　B. .bmp　　C. .pptx　　D. .docx

2. 在 Word 2010 中，打开了 w1.docx 文档，把当前文档以 w2.docx 为名进行“另存为”操作，则________。

   A. 当前文档是 w1.docx　　B. 当前文档是 w1.docx 与 w2.docx

   C. w1.docx 与 w2.docx 全被关闭　　D. 当前文档是 w2.docx

3. Word 中将文档存储为 PDF 格式时，应通过“文件”→“另存为”→“浏览”命令，并在所打开对话框的“保存类型”选项中选择________文件存盘类型。

A. Word 模板　B. PDF　C. Word 文档　D. Word 97-2003 文档

4. 要在 Word 中建一个表格式简历表，最简单的方法是________。

A. 在新建中选择简历向导中的表格型向导

B. 用绘图工具进行绘制

C. 用插入表格的方法

D. 在“表格”菜单中选择表格自动套用格式

5. 要使文档中每段的首行自动缩进 2 个汉字，可以使用标尺上的________。

A. 左缩进标　B. 右缩进标记　C. 首行缩进标记　D. 悬挂缩进标记

6. 在编辑文档时，如要看到页面的实际效果，应采用________。

A. 普通视图　B. 大纲视图　C. 页面视图　D. 主控文档视图

7. 在 Word 文档中，如果要把整篇文章选定，先将光标移动到文档左侧的选定栏，然后________。

A. 双击鼠标左键　B. 连续三击鼠标左键

C. 单击鼠标右键　D. 单击鼠标左键

8. 如果要在一个篇幅很长的文档中快速搜索指定的文字，可以使用 Word 的________功能。

A. 编辑　B. 查找　C. 链接　D. 定位

9. 在 Word 的“字体”格式对话框中，不可设定文字的________。

A. 删除线　B. 行距　C. 字号　D. 字间距

10. 在 Word 中，下述关于分栏操作的说法，正确的是________。

A. 栏与栏之间不可以设置分隔线

B. 设置的各栏宽度和间距与页面宽度无关

C. 可以将指定的段落分成指定宽度的两栏

D. 任何视图下均可看到分栏效果

11. 在 Word 中，若想在“段落”对话框中设置行距为 20 磅，应当选择“行距”列表框中的________。

A. 多倍行距　B. 固定值　C. 1.5 倍行距　D. 单倍行距

12. 在 Office 中，SmartArt 图形不包含下面的________。

A. 层次结构图　B. 流程图　C. 图表　D. 循环图

13. Word 文档中，如果一个表格长至跨页，并且每页都需要有表头，最佳选择是________。

A. 系统能自动生成

B. 单击“表格工具”→“布局”组→“重复标题行”按钮

C. 每页复制一个表头

D. 选择“表格工具”→“设计”→“标题行”复选框

14. Word 文档中打开________模式后，按键盘上的一个键时，插入点右边的字符会被替代。

A. 编辑　B. 改写　C. 插入　D. 录制宏

15. Word 文档中有关表格的操作，以下说法不正确的是________。

A. 文本与表格不能相互转换　B. 表格能转换成文本

C. 文本能转换成表格　　　　　　　　D. 文本与表格可以相互转换

16. 在 Word 中，丰富的特殊符号是通过________输入的。

A. “格式”菜单中的“插入符号”命令

B. 专门的符号按钮

C. “区位码”方式

D. “插入”菜单中的“符号”按钮

17. 关于 Word 快速工具栏中的“新建”按钮与“文件”→“新建”命令，下列叙述______不正确。

A. “新建”按钮操作没有模板选项　　B. “文件”→“新建”命令有模板选项

C. 它们都可以建立新文档　　　　　D. 两者都有模板选项

18. Word 中“格式刷”的作用是________。

A. 删除刷过的文本　　　　　　　　B. 快速进行格式复制

C. 选定刷过的文本　　　　　　　　D. 填充颜色

19. 在 Word 中，要统计文档的字数，需要使用的菜单是________。

A. 审阅　　　B. 开始　　　C. 视图　　　D. 插入

20. 每年的元旦，kbj 信息公司要发大量内容相同的信，只是信中的称呼不一样，为了不做重复的编辑工作，提高效率，可用 Word 的________功能实现。

A. 粘贴　　　B. 邮件合并　　　C. 复制　　　D. 样式

二、综合实训

项目背景：为进一步提升公司员工的职业技能及业务素质，广东××公司准备开展20××年公司人员的培训工作，请你协助公司人事部小张按下面的要求，对培训材料进行汇总排版。（扫描二维码获取案例操作视频）

1. 在“目录”“第一章 公司简介”“第二章 培训流程”“第三章 培训计划”“第四章　经费预算”前插入“下一页”分节符。

2. 在封面设置页眉页脚“首页不同”“奇偶页不同”。

3. 插入艺术字 “××公司培训材料汇总”作为封面标题，艺术字样式为：第 6 行第 5 列；设置环绕方式为上下型，对齐方式居中，相对于页边距。

4. 设置“第一章 公司简介”所在页完成下面设置：

（1）第 2 段（包含文字“广东××公司是全球领先的……”）首字下沉；设置“稳健经营、持续创新、开放合作”加粗、加着重号。

（2）第 3 段（包含文字“公司员工坚持聚焦在主航道……”）宋体、五号、首行缩进 2 个字符，1.5 倍行距。

（3）第 4 段分栏 2 栏，加分隔线。插入图片“logo.jpg”，水平对齐、右对齐，相对于页边距，垂直位置 0.3 厘米下侧段落。

（4）在“核心价值观”前插入特殊符号“★”，字体“Wingdings”字符代码 171。

（5）设置以下段落插入项目符号，符号字体 Wingdings，字符代码 70，字体颜色标准红色，增加缩进量一次。

（6）在“公司架构”下一段，插入一个 SmartArt 图形组织结构图，如下图所示。

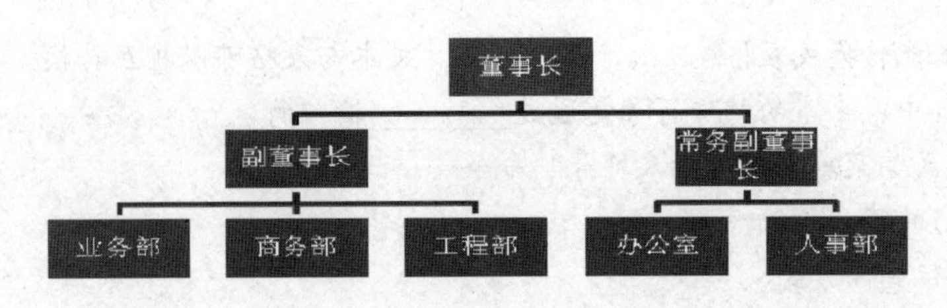

综合实训样图 1

5. 设置“员工职业素质与能力提高培训计划”表格标题行重复。

6. 设置经费预算表格，外框宽度 1.5 磅，实线；所有行行高 1 厘米；所有单元格居中对齐；利用公式完成经费预算表总计。

7. 新建“各章总标题”样式，黑体，加粗，三号，水平居中，段前段后 1 行，1.5 倍行距，大纲级别设置为 1 级，分别应用于“第一章 公司简介”“第二章 培训流程”“第三章 培训计划”“第四章 经费预算”。

8. 页眉标注从文档主体部分（第一章、第二章、第三章、第四章）开始。页眉分奇、偶页标注，其中偶数页的页眉为“培训材料汇总”，奇数页的页眉为章序及章标题，如第一章公司简介。

9. 从文档主体部分（第一章）开始插入页码。在文档第 3 页页脚插入页码，页面底端“普通数字 2”，取消“链接到前一条页眉”，修改页码格式起始页为“1”；删除目录页的页码。

10. 在目录下一段插入目录。

11. 保存文档。

第4章　Excel 2010电子表格处理

中文 Microsoft Excel 2010 是微软公司推出的一款非常方便好用的电子表格处理软件。Excel 2010 的主要功能有数据表格制作、图形绘制、图表制作、自动化处理、数据分析。在本章中，将介绍表格数据输入和格式化、公式与函数的应用、图表的应用与编辑、数据分析应用等。

4.1　Excel 2010 概述

4.1.1　Excel 2010 启动与退出

1. 启动方法

方法 1：单击“开始”按钮，将鼠标指针指向“所有程序”，在“所有程序”级联菜单中单击“Microsoft Office/Microsoft Excel 2010”项，启动 Excel 2010 应用程序。

方法 2：如果在桌面上创建了 Excel 2010 快捷方式图标，可直接双击快捷图标启动 Excel 2010 应用程序窗口。

方法 3：双击任何一个已经存在的 Excel 文档，在打开文档的同时启动 Excel 2010 应用程序。

2. 退出方法

方法 1：单击“文件”→“退出”命令。

方法 2：单击窗口标题栏右上角的“关闭”按钮。

方法 3：按 Alt+F4 组合键。

4.1.2　Excel 2010 的窗口介绍

Excel 2010 的工作界面主要包括快速访问工具栏、标题栏、功能标签、功能区、帮助按钮、名称栏、编辑栏、工作表编辑区、工作表标签、视图按钮、缩放控件等几部分。

Excel 2010 工作界面中各主要元素的说明如表 4.1.1 所示。Excel 2010 窗口组成如图 4.1.1 所示。

表 4.1.1　Excel 2010 工作界面中各主要元素的说明

名　称	描　述
快速访问工具栏	通过自定义来显示常用命令的工具栏
功能标签	通过单击不同的功能标签，可改变功能区的显示
功能区	用来对工作表或选中的区域进行操作或设置

续表

名称	描述
标题栏	显示当前操作的工作簿的名称
帮助按钮	打开 Excel 帮助
名称栏	用于定义单元格或单元格区域的名称，在默认状态下，显示选中的单元格名称
编辑栏	主要用于输入和修改工作表数据。用户可以选定单元格或在编辑栏对内容进行输入或修改
工作表标签	单击不同的标签，可选择对应的工作表进行操作
缩放控件	拖动滑块可改变显示比例
视图按钮	用于切换视图

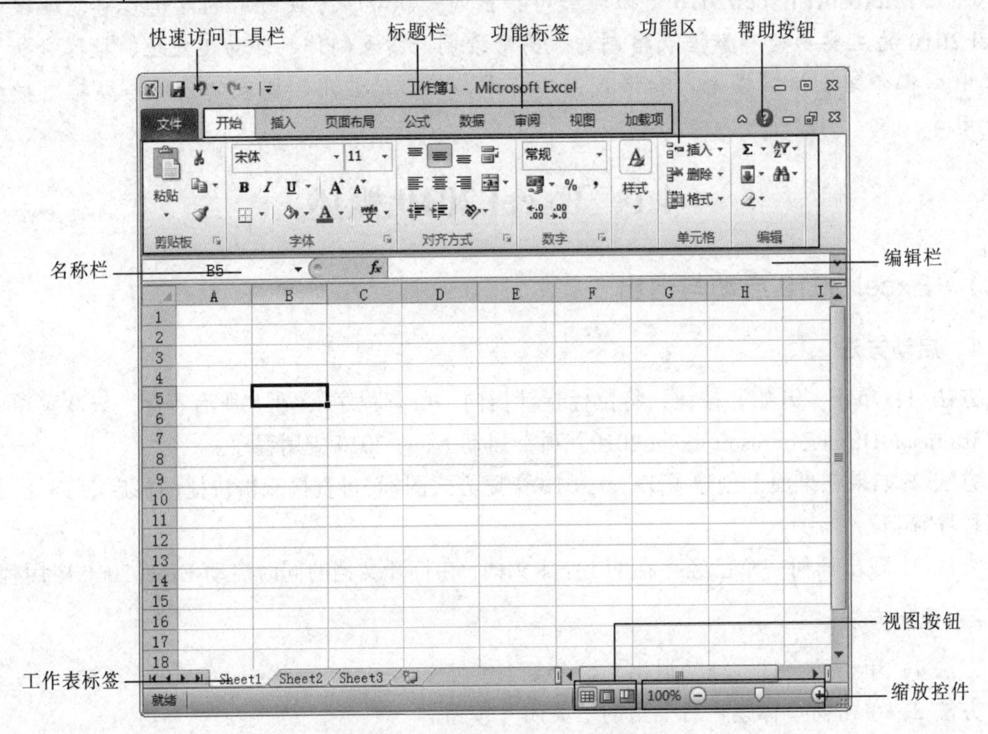

图 4.1.1　Excel 2010 窗口组成

在 Excel 中，为了方便用户的学习和操作，下面介绍一下 Excel 的几个常用专业术语。

1. 工作簿

Excel 2010 工作簿是计算和存储数据的文件，每一个工作簿都由多张工作表组成，最多可以有 255 个工作表，每个工作簿默认情况下包含 3 个工作表，如图 4.1.1 所示的工作簿就具有 3 张工作表，分别为 Sheet1，Sheet2 和 Sheet3，当前的工作表为 Sheet1。

2. 工作表

用户利用工作表对数据进行组织和分析，也可以同时在多张工作表中输入数据或编辑数据，还可以对不同工作表中的数据进行汇总计算。工作表由单元格组成，包括 65 536 个行和 256 列。

工作表标签位于工作簿的窗口底部，显示工作表的名称。单击工作表标签，可以从一个工作表换到另一个工作表进行编辑，以单下画线显示活动工作表，可以对工作簿的工作表进行改名、添加、移动、删除或复制等操作。

3. 单元格

单元格是 Excel 工作簿组成的最小单位。用于输入各种各样类型的数据和公式。单元格的标识由列标和行号组成，纵向为列，用英文字母表示，编号规律是 A、B、C…Z，AA、AB、AC…AZ…IV；横向为行，用数字 1，2，3，4…表示，其中任一行和一列的交叉处为一个单元格，单元格的名称就用该列的字母和行的数字来表示，如 A1、B2、D3 等。

4. 活动单元格

活动单元格就是在工作表中选定的单元格，选定后该单元格边框会加粗显示，活动单元格的行号和列标突出显示。如图 4.1.2 所示，B1 为活动单元格，列标 B 和行号 1 突出显示。

5. 数据清单、记录和字段

数据清单是包含相关数据的一系列工作表数据行，例如学生成绩表或联系电话等。数据清单可以像数据库表一样使用，其中每一行对应了数据库表中的一条记录，列对应着数据库表中的字段，列标志对应数据库表中的字段名，表明该列中数据的实际意义，例如学生成绩表中的“语文”表明该列中的数据为“语文”课程的成绩。

4.1.3　工作簿的基本操作

Excel 2010 中工作簿的基本操作包括创建工作簿、复制、删除、移动等。

1. 创建工作簿

① 打开 Excel 2010 工作窗口，单击“文件”选项卡如图 4.1.2 所示。

图 4.1.2　创建工作簿

②在可用模板下，单击要使用的工作簿模板。

- 如需新的、空白的工作簿，请双击“空白工作簿”。

• 如需基于现有工作簿创建工作簿，请单击“根据现有内容新建”，通过浏览找到要使用的工作簿的位置，然后单击“新建”按钮。

• 如需基于模板创建工作簿，请单击“样本模板”或“我的模板”，然后选择所需的模板。

③ 输入数据保存工作簿即可。

2．复制、删除、移动工作簿

复制、删除、移动工作簿的操作和对文件的基本操作一致。

4.1.4 工作表的基本操作

新建的工作簿默认有3个工作表，对于工作表一般有如下操作：

1．切换工作表

使用下列几种方法，可以切换到其他工作表中：

① 单击工作表的标签，可以快速在工作表之间进行切换。

② 按 Ctrl+Page Up 组合键，可以切换到上一个存在的工作表；按 Ctrl+Page Down 组合键，可以切换到下一个存在的工作表。

③ 如果在工作簿中插入了很多工作表，所需的标签没有显示在屏幕上，可以通过工作表标签前面的标签滚动按钮切换工作表。

④ 右击标签滚动按钮，从弹出的快捷菜单中选择要切换的工作表。

2．插入工作表

使用下列方法，可以在工作簿中插入一张新的工作表，并使其成为活动工作表。

① 单击所有工作表标签名称右侧的“插入工作表”按钮。

② 右击工作表标签，从弹出的快捷菜单中选择“插入”命令，如图 4.1.3 所示，打开“插入”对话框。在“常用”选项卡中选择“工作表”选项，并单击“确定”按钮，如图 4.1.4 所示。

③ 按 Shift+F11 组合键。

④ 切换到“开始”选项卡，在“单元格”选项组中单击“插入”按钮。

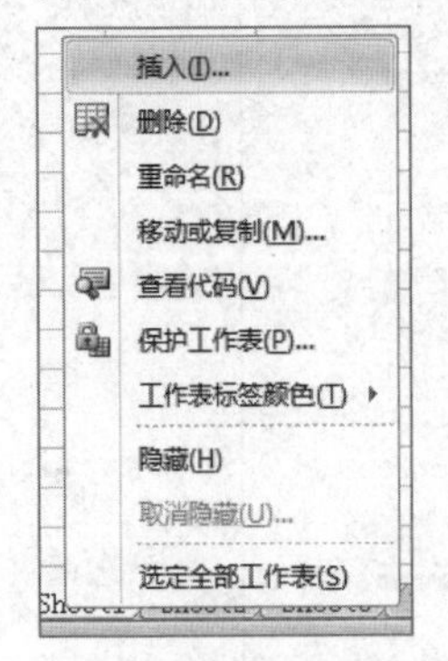

图 4.1.3 插入工作表

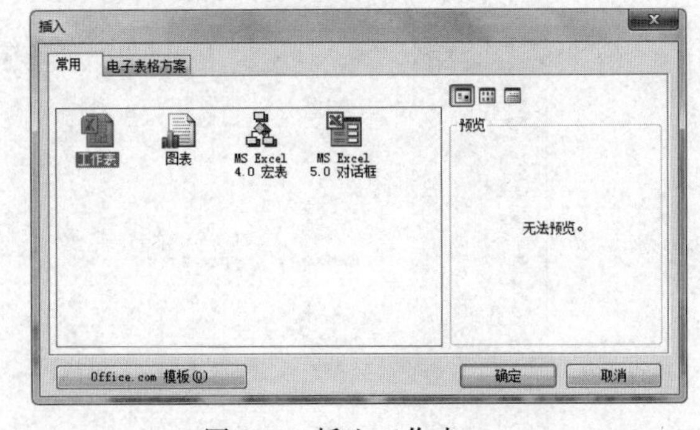

图 4.1.4 插入工作表

3．删除工作表

如果用户不再需要某张工作表，可以使用下列方法将其删除：

① 右击工作表标签，从弹出的快捷菜单中选择“删除”命令。

② 单击工作表标签，切换到“开始”选项卡，在“单元格”选项组中单击“删除”按钮下方的下拉按钮，从弹出的下拉菜单中选择“删除工作表”命令，如图 4.1.5 所示。

如果要删除的工作表中包含数据，会弹出含有“永久删除这些数据”提示信息的对话框。单击“删除”按钮，工作表以及其中的数据都会被删除。

4. 重命名工作表

用户可以使用下列方法给工作表起一个更有意义的名称，以便于后期便捷地查找数据。

① 双击要重名的工作表标签。

② 右击工作表标签，从弹出的快捷菜单中选择“重命名”命令。

③ 单击工作表标签，切换到“开始”选项卡，在“单元格”选项组中单击“格式”按钮，从弹出的下拉菜单中选择“重命名”命令，如图 4.1.6 所示。此时的工作表名称将突出显示，直接输入新的工作表名，并按 Enter 键。

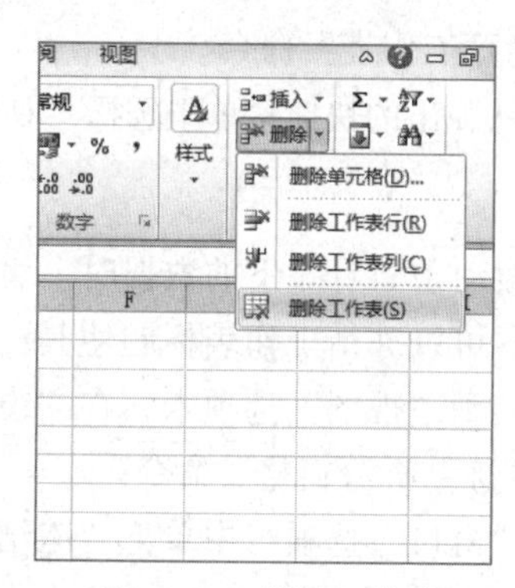

图 4.1.5　删除工作表

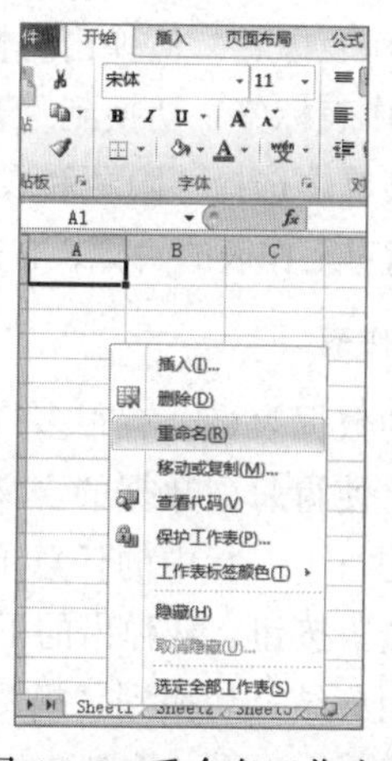

图 4.1.6　重命名工作表

5. 选定多个工作表

如果要在工作簿的多个工作表中输入相同的数据，要将它们一起选定。用户可以使用下列方法选定多个工作表：

① 选定多个相邻的工作表时，先单击第 1 个工作表的标签，然后按住 Shift 键单击最后一个工作表标签。

② 如果选定的工作表不相邻，单击第 1 个工作表的标签，按住 Ctrl 键，分别单击要选定的工作表标签。

③ 若要选定工作簿中的所有工作表，右击工作表标签，从弹出的快捷菜单中选择“选定全部工作表”命令。

6. 移动或复制工作表

利用工作表的移动或复制功能，可以在同一个工作簿内或不同工作簿之间移动或复制工作表。

拖动要移动的工作表标签，当小三角箭头到达新的位置后释放鼠标左键，即可实现工作表的移动操作。

如果要在同一个工作簿内复制工作表，在按住 Ctrl 键的同时拖动工作表标签，当到达新位置时，先释放鼠标左键，再松开 Ctrl 键。

如果要将一个工作表移动或复制到另一个工作簿中，参照以下步骤进行操作：

① 打开源工作表所在的工作簿和目标工作簿。

② 右击要移动或复制的工作表标签，从弹出的快捷菜单中选择“移动或复制”命令，打开“移动或复制工作表”对话框。

③ 在“工作簿”下拉列表框中选择接收工作表的工作簿。若选择“(新工作簿)”选项，可以将选定的工作表移动或复制到新的工作簿中。

④ 在“下列选定工作表之前”列表框中选择移动后的位置。如果对工作表进行复制操作，要选中“建立副本”复选框。

⑤ 单击“确定”按钮，完成工作表的移动或复制处理。

7. 隐藏或显示工作表

隐藏工作表的方法有以下两种：

① 右击工作表标签，从弹出的快捷菜单中选择“隐藏”命令。

② 单击工作表标签，切换到“开始”选项卡，在“单元格”选项组中单击“格式”按钮，从弹出的下拉菜单中选择“隐藏和取消隐藏”→“隐藏工作表”命令。

如果要取消对工作表的隐藏，右击工作表标签，从弹出的快捷菜单中选择“取消隐藏”命令。

8. 冻结工作表

通常处理的数据表格会有很多行，当移动垂直滚动条查看靠下的数据时，表格上方的标题行将会不可见，使得每列数据的含义不清晰。为此，可以冻结工作表标题使其位置固定不变，方法为单击标题行下一行中的任意单元格，然后切换到“视图”选项卡，在“窗口”选项组中单击“冻结窗口”按钮，从弹出的下拉菜单中选择“冻结拆分窗格”命令。

如果要取消冻结，切换到“视图”选项卡，在“窗口”选项组中单击“冻结窗口”按钮，从弹出的下拉菜单中选择“取消冻结窗格”命令。

9. 设置工作表标签颜色

Excel 2010 允许为工作表标签添加颜色，以便于轻松地访问各工作表。例如，将已经制作完成的工作表标签设置为蓝色，将还需处理的工作表标签设置为红色。在为工作表标签添加颜色时，首先右击工作表标签，从弹出的快捷菜单中选择“工作表标签”命令，然后在子菜单中选择所需的颜色。

【例 4.1.4】请打开“例 4.1.4 工作表的基本操作.xlsx”工作簿文件，并按指定要求完成有关的操作。（注：没有要求操作的项目请不要更改。）（扫描二维码获取案例操作视频）

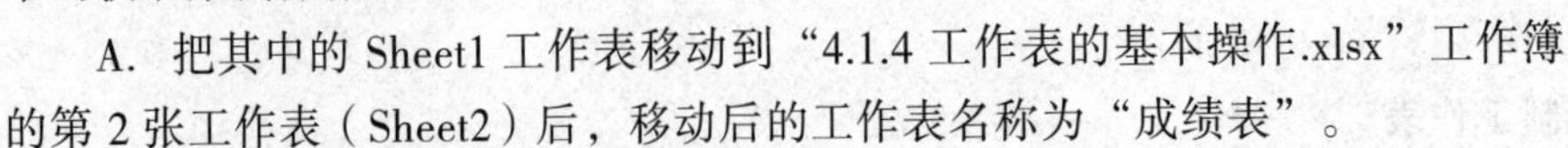

A. 把其中的 Sheet1 工作表移动到“4.1.4 工作表的基本操作.xlsx”工作簿的第 2 张工作表（Sheet2）后，移动后的工作表名称为“成绩表”。

B. 保存文件。

操作步骤：

① 打开“例 4.1.4 工作表的基本操作”文件，选中 Sheet1 工作表标签，右击，在快捷菜单中选择移动或复制工作表命令，选“Sheet3”，之前确定即可得到结果。

② 保存文档。

4.2 工作表数据输入和格式化

4.2.1 数据输入

选中单元格或者双击单元格后，就可以在活动单元格中进行数据的输入或对原有数据进行修改操作。

在一个单元格中，可以输入多种数据类型，包括数值型、字符型（也叫文本型）、日期型、时间型、货币型以及逻辑型等。

1. 输入数值型数据

在 Excel 中，数值型数据是使用最普遍的数据类型，由数字、符号等内容组成。数值型数据包括以下几种类型：

① 正数：选中单元格后，直接输入数字即可。

② 负数：在数字前面加一个“-”号或把数字放在括号里。例如输入“-28”或者“(28)”，如图 4.2.1 所示。

③ 分数：在单元格中输入分数时，首先输入“0”和一个空格，然后再输入分数，否则 Excel 会把分数当作日期处理。例如输入“0”＋一个空格＋“2/3”，即可得到分数“2/3”，如图 4.2.2 所示。

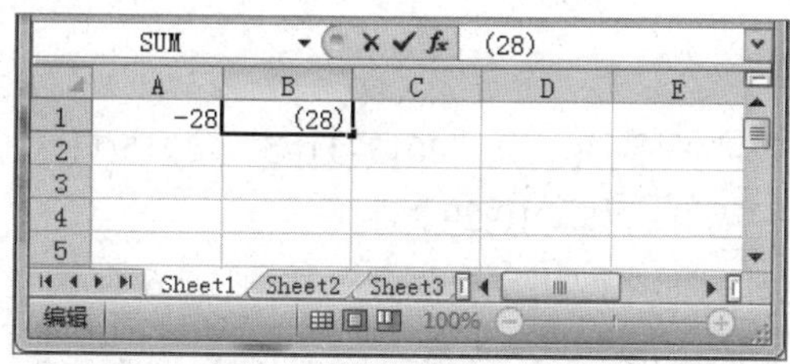

图 4.2.1　活动单元格和负数的输入

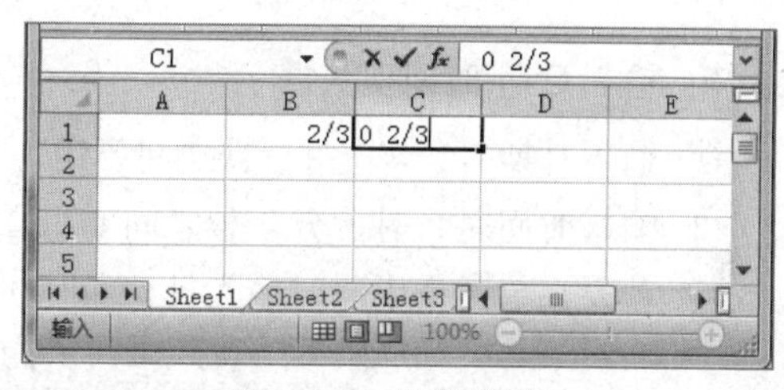

图 4.2.2　分数的输入

④ 百分比：直接输入数字，然后在数字后输入%即可。例如输入 30%。

⑤ 小数：直接输入小数即可。可以通过“开始”选项卡“数字”选项组中的“增加小数位数”或“减少小数位数”按钮，调整小数的位数，如图 4.2.3 所示。

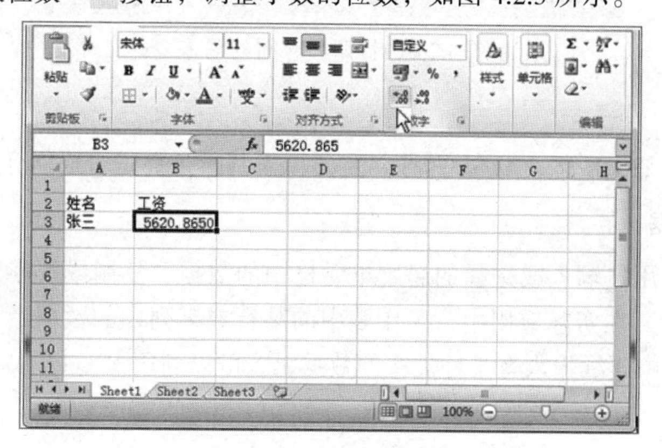

图 4.2.3　小数的设置

2．输入字符型数据

字符型数据包括汉字、英文字母、空格或其他字符开头的数据等。例如，在单元格中输入标题、姓名、身份证等，用户可以通过如下几种方式在单元格中输入。

① 选择单元格，直接输入数据，然后按下 Enter 键即可。

② 选择单元格，在编辑栏中单击，然后输入数据，再按下 Enter 键或单击编辑栏中的“输入”按钮☑即可，如图 4.2.4 所示。

③ 双击单元格，当单元格内显示光标时输入数据，然后按下 Enter 键，此方法通常用于修改数据时使用。

④ 在输入由数字组成的字符型数据时，如学号、工作证号、身份证号等，应该在数字前添加单引号“'”，如图 4.2.5 所示。

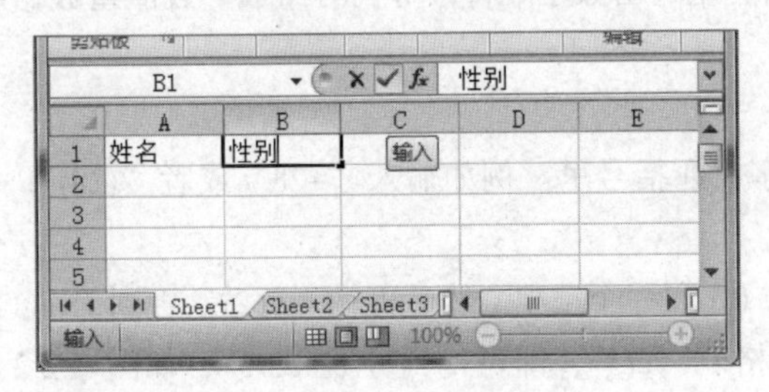

图 4.2.4　字符的输入

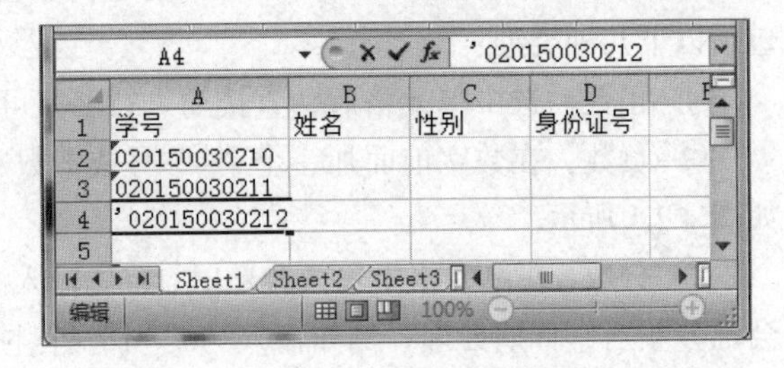

图 4.2.5　单引号的应用

3．输入日期/时间型数据

① 输入日期时，年、月、日之间要用“/”号或“-”号隔开，如“2015-11-5”“2015/11/5”。

② 输入时间时，时、分、秒之间要用冒号　“:”隔开，如“10:29:36”。

③ 若要在单元格中同时输入日期和时间，日期和时间之间用空格隔开，如图 4.2.6 所示。

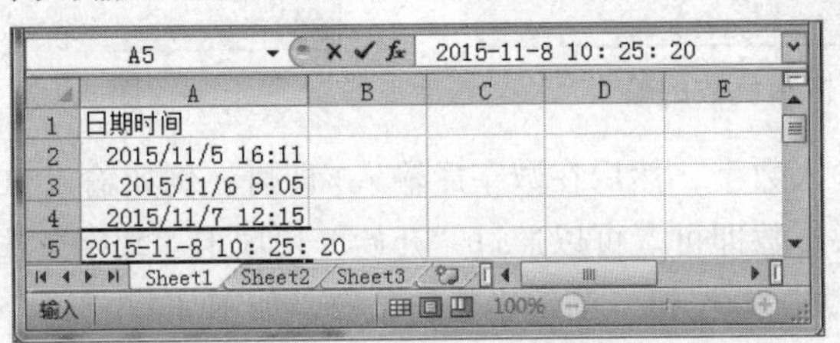

图 4.2.6　日期和时间的输入

4．逻辑型数据

逻辑型数据只有 TRUE 和 FALSE 两种，主要用来判断条件是否成立。

5．自动填充数据

自动填充是指将用户输入或选择的起始单元格中的数据，复制或按序列规律延伸到所在行或列的其他单元格中。在实际应用中，工作表中的某行或某列中的数据经常是一些有规律的序列。当需要在工作表中连续输入有某种规律的数据时，可以利用 Excel 的“填充”功能实现快速自动填充。

（1）等差序列

如果一个数列从第 2 项起，每一项与前一项的差等于一个常数，则该序列称为等差序列。

输入等差序列有两种方法：

方法 1：使用鼠标拖动。

如果要在 A1:A10 单元格区域输入数字 1～10，使用鼠标拖动的操作步骤如下：

① 选定 A1 单元格，输入数字 1。

② 选定 A2 单元格，输入数字 2。

③ 选定 A1:A2 单元格区域，移动鼠标指针到 A2 单元格右下角的填充柄，当指针的形状由空心的十字形变为黑色实心十字形时，按住鼠标左键往下拖动，拖到 A10 单元格，松开左键，如图 4.2.7 所示。

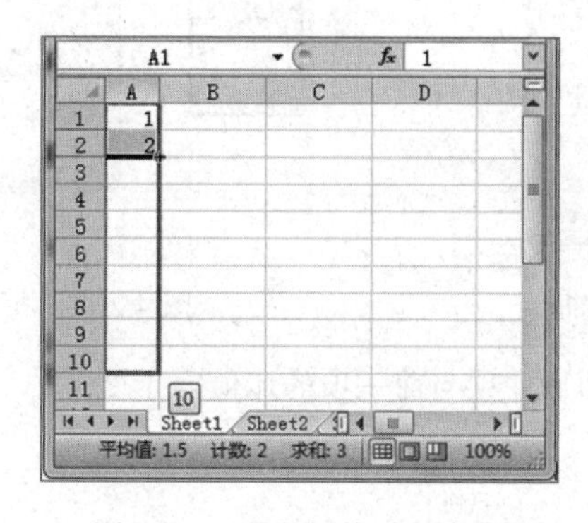

图 4.2.7 用鼠标拖动的序列

方法 2：使用菜单自动填充。

如果要在 A1:A10 单元格区域输入数字 1～10，使用菜单的操作步骤如下：

① 选定 A1 单元格，输入数字 1。

② 选定 A1:A10 单元格区域，单击“开始”选项卡→“编辑”组→“填充”按钮，如图 4.2.8 所示，弹出下拉菜单，如图 4.2.9 所示。

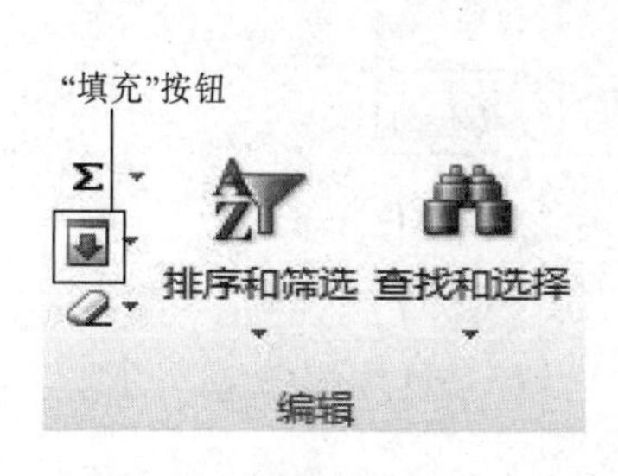

图 4.2.8 “填充”按钮

图 4.2.9 “填充”按钮的下拉菜单

③ 在下拉菜单中选择“系列”，弹出图 4.2.10 所示的“序列”对话框。在“序列产生在”选中“列”单选按钮，“类型”选择“等差序列”单选按钮，步长值是后一项与前一项的差，输入 1，单击“确定”按钮。

（2）等比序列

如果一个数列从第 2 项起，每一项与前一项的比值等于一个常数，则该序列称为等比序列。若要输入等比序列，操作步骤如下：

① 选定一个单元格，输入第一个数，如在 A1 单元格中输入 1。

② 选定要填充数据的单元格区域，如 A1:A10。

③ 单击“开始”选项卡→“编辑”组→“填充”按钮，弹出下拉菜单，选择“系列”，弹出如图 4.2.11 所示的“序列”对话框。在“序列产生在”选中“列”单选按钮，“类型”选择“等比序列”单选按钮。

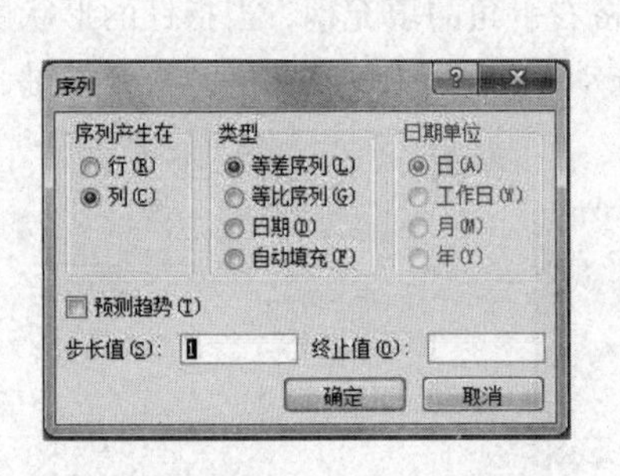

图 4.2.10　等差“序列”对话框

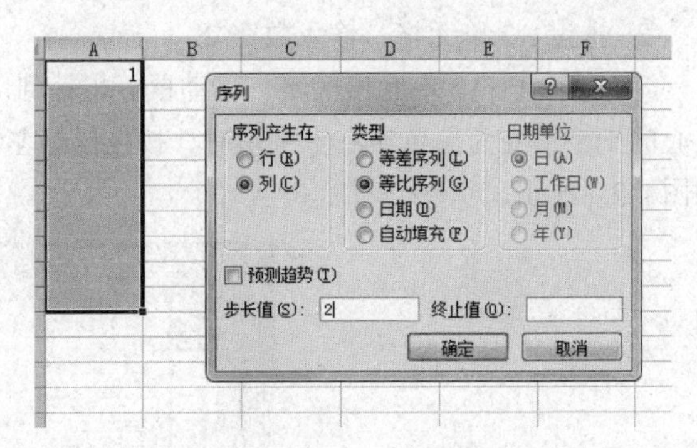

图 4.2.11　等比“序列”对话框

④ 在步长值处输入 2，即后一项与前一项的比值等于 2。

⑤ 单击“确定”按钮。

（3）日期序列

如果需要填充的是日期型数据，则在“序列”对话框的“类型”处选中“日期”单选按钮，如图 4.2.12 所示。

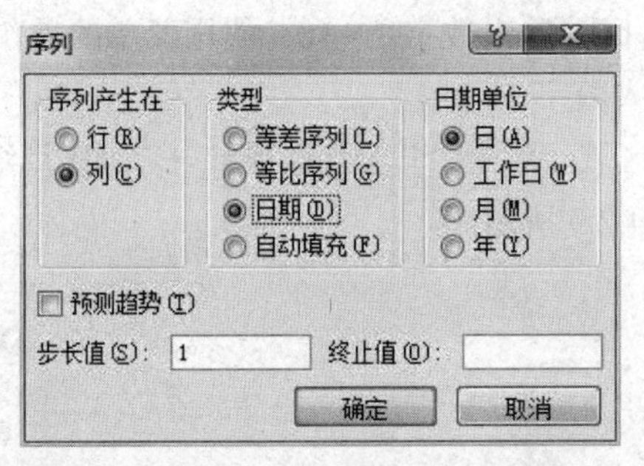

图 4.2.12　“序列”对话框选定“日期单位”

填充日期序列的操作步骤如下：

① 选定一个单元格，输入第一个数。

② 选定要填充数据的单元格区域。

③ 在图 4.2.12 所示的对话框中，选择“日期单位”：若选择“工作日”，是指将星期六和星期天的日期排除在外；若选择“月”，则按月增长；如果选择“年”，则按年增长。

④ 步长值是后一项数与前一项数的变化值，默认的值为 1，可以根据需要输入相应的值。

⑤ 单击“确定”按钮。

对于日期型数据，如果使用鼠标拖动的方法，默认的日期单位是“日”。

（4）自动填充

当需要在 Excel 表格中输入具有一定规则的数据序列的时候，可以通过填充选项来快速达到目的。

自动填充的操作步骤如下：

① 选定单元格 A1，输入第一个数，比如输入一个日期，为 2015/11/1。

② 单击 A1 单元格，拖动其右下角的填充柄，到需要的单元格，这时在选定区域的右下角，会出现“自动填充选项”按钮，如图 4.2.13 所示。

③ 单击“自动填充选项”按钮，在打开的下拉菜单中进行填充条件的选择，如图 4.2.14 所示。

	A
1	以工作日做填充
2	2015/11/1
3	2015/11/2
4	2015/11/3
5	2015/11/4
6	2015/11/5
7	2015/11/6
8	2015/11/7
9	2015/11/8
10	2015/11/9
11	2015/11/10
12	

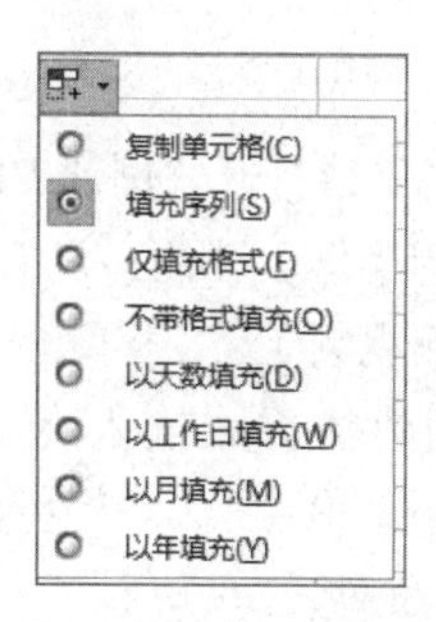

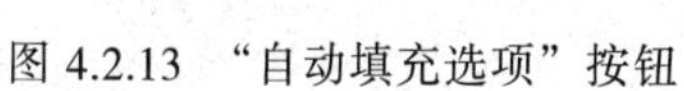

图 4.2.13 “自动填充选项”按钮

图 4.2.14 “自动填充选项”下拉列表框

④ 当选择不同的选项时，单元格的内容会发生相应的变化，如图 4.2.15 所示。

（5）记忆式输入

记忆式输入是指用户在输入单元格数据时，系统自动根据用户已经输入过的数据提出建议，以减少用户的录入工作。

在输入数据时，如果所输入数据的起始字符与该列已经输入过的其他单元格中的数据起始字符相符，Excel 会自动将符合的数据作为建议显示出来，如果用户确定保留，只需按 Enter 键或单击确认即可，如图 4.2.16 所示。

	A	B	C
1	以工作日做填充	以月份做填充	以年份做填充
2	2015/11/1	2015/1/15	2010/11/20
3	2015/11/2	2015/2/15	2011/11/20
4	2015/11/3	2015/3/15	2012/11/20
5	2015/11/4	2015/4/15	2013/11/20
6	2015/11/5	2015/5/15	2014/11/20
7	2015/11/6	2015/6/15	2015/11/20
8	2015/11/7	2015/7/15	2016/11/20
9	2015/11/8	2015/8/15	2017/11/20
10	2015/11/9	2015/9/15	2018/11/20
11	2015/11/10	2015/10/15	2019/11/20

图 4.2.15 不同的填充方式得到的结果

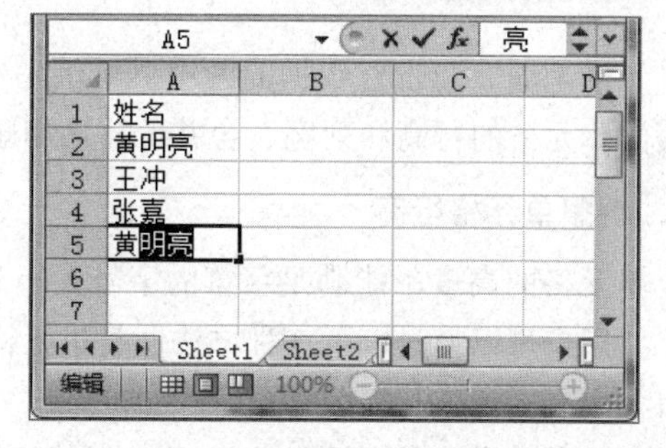

图 4.2.16 输入第一个字符后自动出现输入过的后面字符

（6）设置自动换行

在 Excel 默认的情况下，单元格中的数据显示在同一行中。如果单元格不够宽，其中的部分数据将自动被隐藏或显示在右边的空白单元格上。用户可以通过设置自动换行来正确显示数据内容。操作如图 4.2.17 所示。

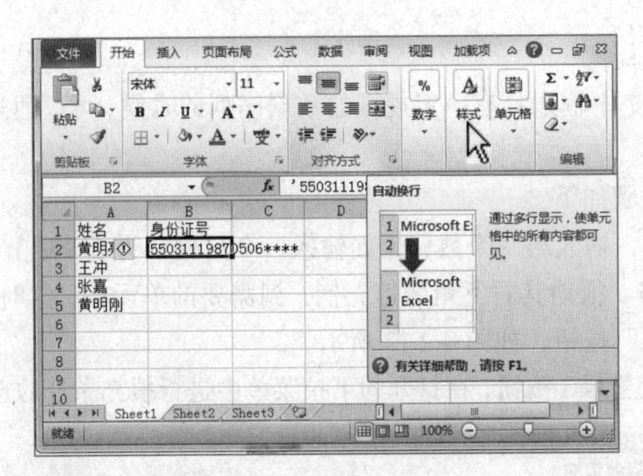

图 4.2.17　设置自动换行

【例 4.2.1】请打开“例 4.2.1 数据快速输入.xlsx”工作簿文件，并按指定要求完成有关的操作。（注：没有要求操作的项目请不要更改。）（扫描二维码获取案例操作视频）

A. 使用快捷方式输入在 A3:A14 输入工号 BC1001～BC1012，效果如图 4.2.18 所示。

B. 保存文件。

操作步骤：

① 打开“例 4.2.1 数据快速输入”文档， 单击 A3 单元格，输入 BC1001，再选定需要设定格式的 A3:A14 区域，选“开始”→“编辑组”→“序列”命令，打开序列对话框。

② 输入相关参数，序列产生在列，步长为 1，类型为自动填充，得到相应的设置结果。

③ 保存文档。

2	工号
3	BC1001
4	BC1002
5	BC1003
6	BC1004
7	BC1005

图 4.2.18　例 4.2.1 效果图

4.2.2　数据修改

单元格是输入与设置数据的区域，对单元格进行管理是非常必要的。例如，根据需要调整工作表内单元格的行高和列宽、合并、插入和删除单元格等。

1. 调整单元格行高

当单元格的高度不能满足字符的字号大小时，就需要调整单元格的高度，使其适合于字符的大小。用户可以通过以下 3 种方法调整单元格的行高。

（1）用鼠标调整行高

在不需要设置精确的行高值时，用户可以使用鼠标直接拖动来调整单元格的行高，如图 4.1.19 所示。

（2）使用“行高”对话框调整行高

选择要修改行高的单元格或单元格区域，选择“开始”选项卡，单击“单元格”选项组中的“格式”下拉按钮，在弹出的列表中选择“行高”命令，在打开的“行高”对话框中输入设置的行高值，如 35，然后单击“确定”按钮，如图 4.2.20 所示。

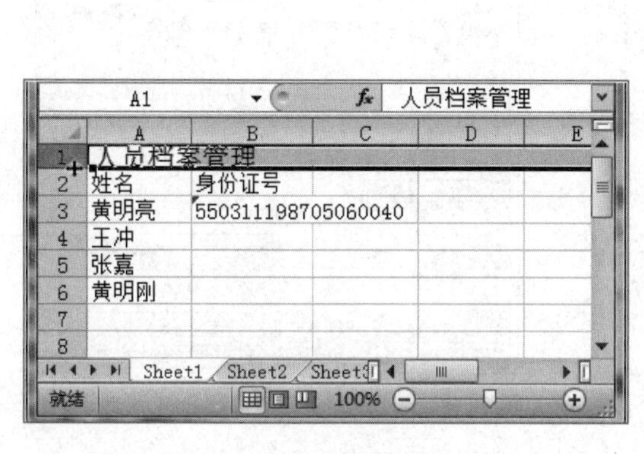

图 4.2.19　用鼠标拖动行调整行高

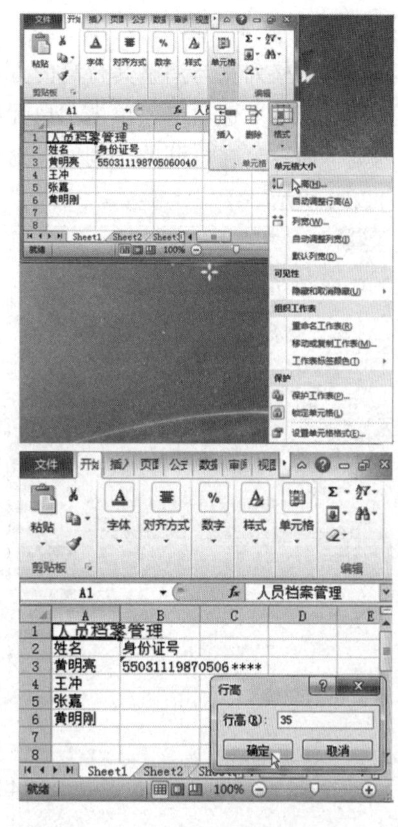

图 4.2.20　设置行高值调整行高度

（3）自动调整行高

使用 Excel 自动调整行高的功能，可以自动将单元格的行高调整到合适的高度。选择要修改行高的单元格或单元格区域中，然后选择“开始”选项卡，单击“单元格”选项组中的“格式”下拉按钮，在弹出的列表中选择“自动调整行高”命令即可，如图 4.2.21 所示。

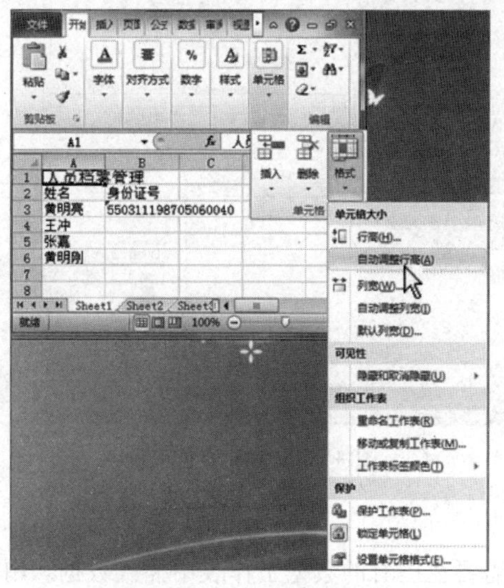

图 4.2.21　自动调整行高

2．调整单元格列宽

调整单元格列宽与调整其行高的方法基本相同。选择要调整列宽的单元格或单元格区域，然后选择“开始”选项卡，单击“单元格”选项组中的“格式”下拉按钮，在弹出的列表中选择“列宽”命令，在打开的“列宽”对话框中输入调整列宽的值，再单击“确定”按钮即可，如图 4.2.22 所示。

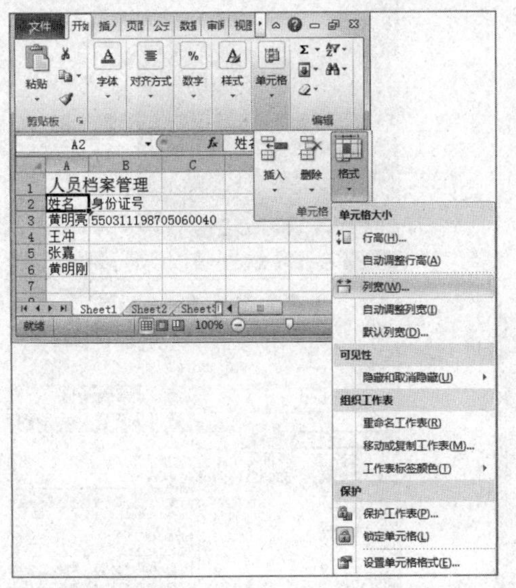

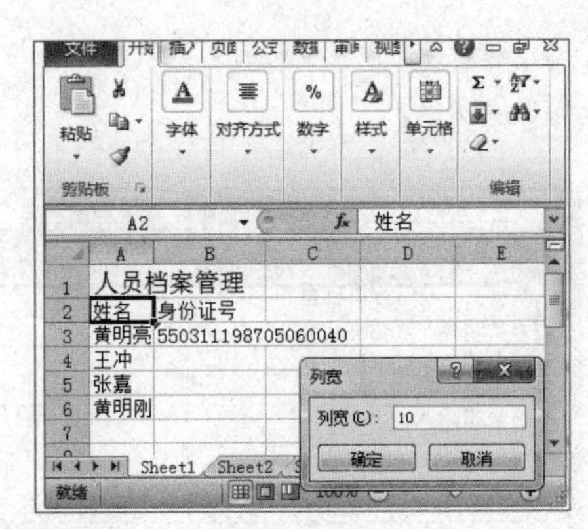

图 4.2.22　设置单元格列宽

3．合并单元格

在 Excel 中，用户可以将多个相邻的单元格合并为一个单元格。选择要合并的单元格区域，然后单击“对齐方式”选项组中的“合并后居中”下拉按钮，在弹出的列表中选择“合并单元格”命令，如图 4.2.23 所示。

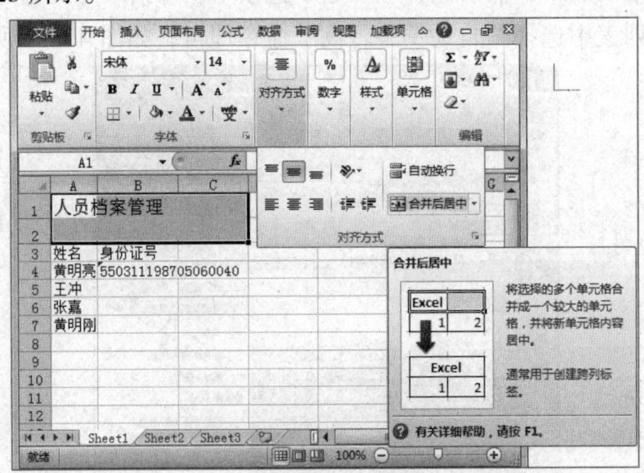

图 4.2.23　合并单元格

4．插入单元格

在 Excel 操作中，有时需要在已有的数据工作表中插入数据。用户可以使用“插入”命令插入需要的单元格，然后再输入需要的数据。

（1）插入单个单元格

选择需要插入新单元格所在位置的单元格，然后选择“开始”选项卡，单击“单元格”选项组中的“插入”按钮，如图 4.2.24 所示。

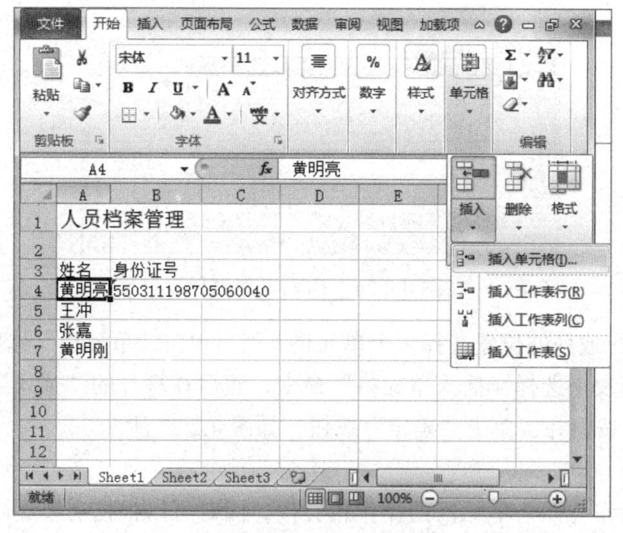

图 4.2.24　插入单元格

单击“插入单元格”命令，选择活动单元格右移或下移，单击“确定”按钮，如图 4.2.25 所示。

图 4.2.25　插入单元格设置

（2）插入整行或整列

插入整行或整列单元格时，用户可以直接选择插入行或列。插入整行或整列的操作方法类似于插入单个单元格。

方法 1：指定插入行或列的位置，然后单击“单元格”选项组中的“插入”按钮，选定“插入工作表行”，如图 4.2.26 所示。

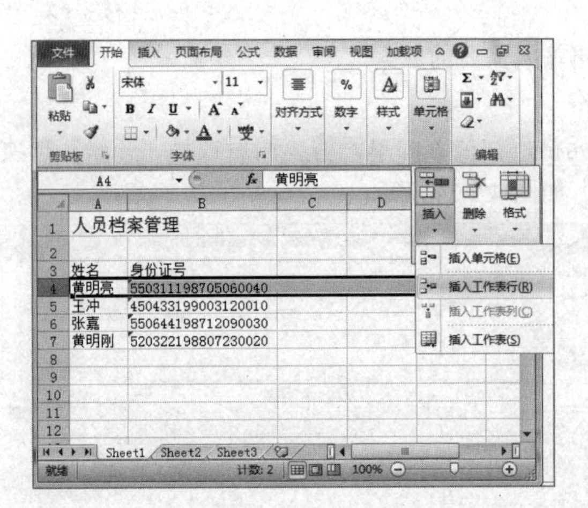

图 4.2.26　插入工作表行

方法 2：在插入行或列的位置选择一个单元格，然后单击“单元格”选项组中的“插入”下拉按钮，在弹出的列表中选择“插入单元格”命令，然后在打开的“插入”对话框中选中“整行”或“整列”单选按钮并，单击“确定”按钮，如图 4.2.27 所示。

（3）删除单元格

删除单元格的操作与插入单元格的操作相类拟，同时可以根据需要删除单个单元格、整行或整列。

选择需要删除的单元格或区域，单击“单元格”选项组中的“删除”按钮，根据用户自己需要选择“删除单元格”“删除工作表行”“删除工作表列”命令，如图 4.2.28 所示。

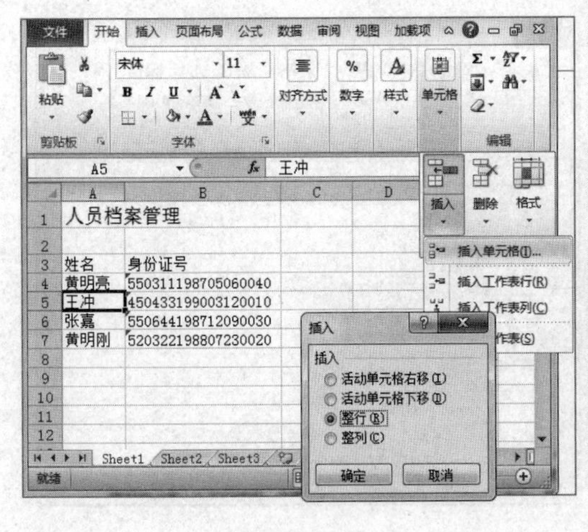

图 4.2.27　用插入单元格项插入整行

图 4.2.28　删除单元格

（4）复制或移动单元格。

在 Excel 表的操作中，可以将选定的单元格或区域复制或移动到同一个工作表的不同位置。

① 使用键盘+鼠标进行拖动。

利用鼠标选定要复制或移动的单元格区域，复制方法：按住键盘 Ctrl 键+鼠标拖动。移动方法：鼠标直接拖动。如图 4.2.29 复制过程所示，将 C3:C7 单元格复制到 A3:A7 单元格。

图 4.2.29　使用键盘+鼠标进行拖动复制

② 键盘组合键。

选定要复制的单元格或区域，按下 Ctrl+C 组合键进行复制。移动至要复制的区域，按下 Ctrl+V 组合键对复制的单元格或区域进行粘贴。

移动方法同复制方法相近，剪切时按下 Ctrl+X 组合键，移动至要移动的区域，按下 Ctrl+V 组合键对移动的单元格或区域进行粘贴。

③ 使用“选择性粘贴”对话框。

使用“选择性粘贴”对话框对单元格进行复制或移动的操作如下：

- 选择单元格或区域，对选择区域进行复制或剪切，然后将光标定位在指定位置。
- 选择“开始”选项卡，单击“剪贴板”选择组中的“粘贴”下拉按钮，在弹出的列表中选择“选择性粘贴”命令，如下图 4.2.30 所示。

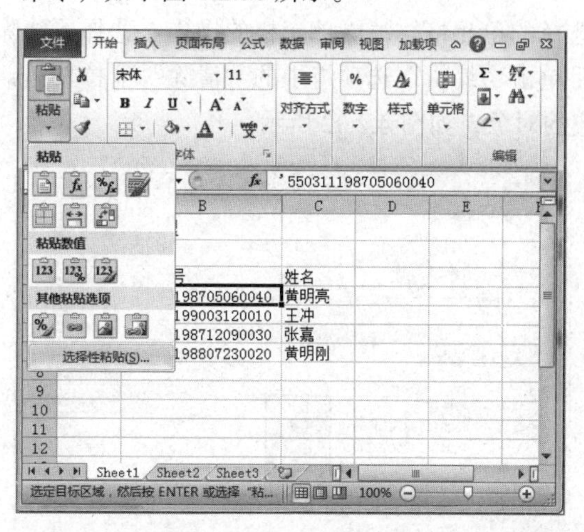

图 4.2.30　选择性粘贴

- 在打开的“选择性粘贴”对话框选择粘贴方式，然后单击“确定”按钮即可，如图 4.2.31 所示。
- 在“选择性粘贴”对话框中常用选项的功能如下：
  - ➢ 全部：粘贴单元格中的全部信息。

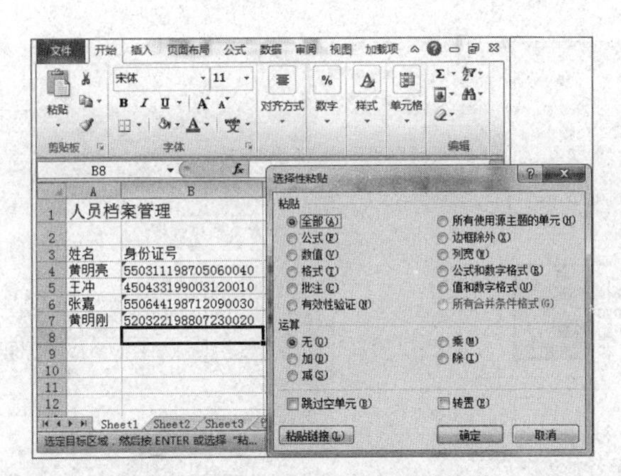

图 4.2.31　各种选择性粘贴方式

➢ 公式：只粘贴单元格中的公式。
➢ 数值：只粘贴单元格中的数值及公式结果。
➢ 格式：只粘贴单元格中的格式信息。
➢ 批注：只粘贴单元格中的批注。
➢ 有效性验证：只粘贴单元格中的有效信息。
➢ 边框除外：粘贴除边框外单元格中的所有信息。
➢ 列宽：粘贴单元格中的列宽信息。
➢ 公式和数字格式：粘贴公式和数字的格式，但不粘贴数据内容。
➢ 值和数字格式：粘贴数值和数字格式，但不粘贴公式。

（5）清除单元格

清除单元格是指清除单元格中的内容、格式和批注等。它应与删除单元格区分开来，清除单元格操作并不会删除选择的单元格。清除单元格的操作：选择要清除的单元格、行或列，选择“开始”选项卡，然后单击“编辑”选项组中的“清除”下拉按钮，在弹出的列表中选择需要的命令，即可清除相应的对象，如图 4.2.32 所示。

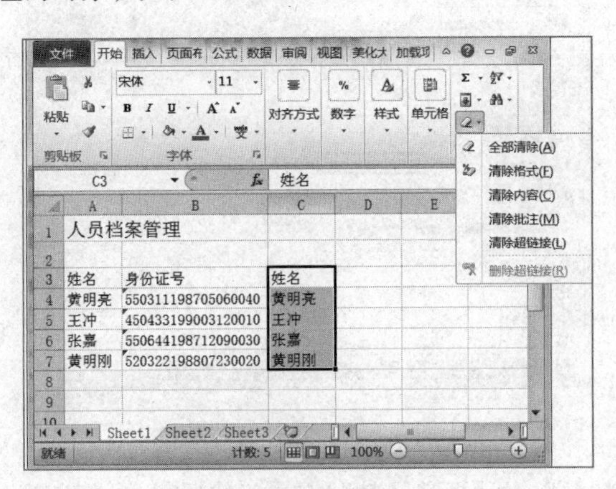

图 4.2.32　清除单元格

① 全部清除：清除单元格中的所有内容、格式、批注和超链接。
② 清除格式：清除单元格中的格式，其中的数据内容、批注和超链接不变。

③ 清除内容：清除单元格中的数据内容，单元格格式、批注和超链接不变。

④ 清除批注：清除单元格批注，其他的数据内容、格式和超链接不变。

⑤ 清除超链接：清除超链接，其他的数据内容、格式和批注不变。

【例 4.2.2】请打开“例 4.2.2 数据修改.xlsx”工作簿文件，并按指定要求完成有关的操作。（注：没有要求操作的项目请不要更改。）（扫描二维码获取案例操作视频）

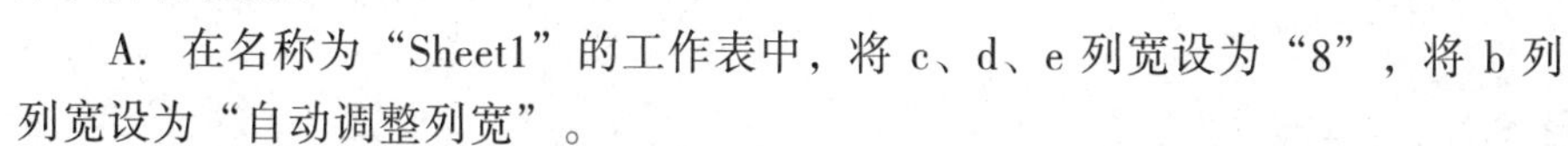

A. 在名称为“Sheet1”的工作表中，将 c、d、e 列宽设为“8”，将 b 列列宽设为“自动调整列宽”。

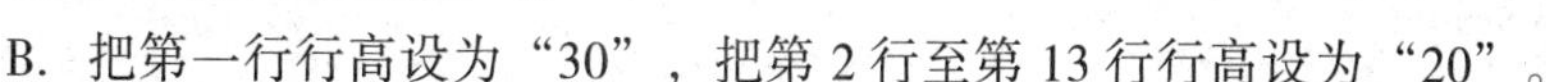

B. 把第一行行高设为“30”，把第 2 行至第 13 行行高设为“20”。

C. 保存文件。

操作步骤：

① 打开“例 4.2.2 数据修改”文件，选中 c、d、e 列列标，选择“开始”→“单元格”组→“格式”→“列宽”命令，弹出“列宽”对话框，输入参数得到相应结果，其他列宽和行高设置同方法进行即可得到结果。

② 保存文档。

4.2.3 单元格编辑与格式化

设置工作表中单元格的数据格式，可以使工作表的外观看起来更美观，排列更整齐，重点更加突出。在实际操作中，想格式化单元格或区域时必须先选定它，再进行格式化操作。

选定需要进行格式设置的单元格或单元格区域，在“开始”选项卡的“单元格”组中单击“格式”按钮，在弹出的菜单中选择 “设置单元格格式”；或者右击，选择“设置单元格格式”命令，弹出图 4.2.32 所示的“设置单元格格式”对话框，在此对话框中可以进行数字格式、对齐方式、字体、边框和底纹等的设置。

1. 设置数字格式

在“设置单元格格式”对话框中选择“数字”选项卡，如图 4.2.33 所示，可以对数字进行设置，在“分类”框中单击某一选项，然后选择要指定数字格式的选项。“示例”框显示所选单元格应用所选格式后的外观。

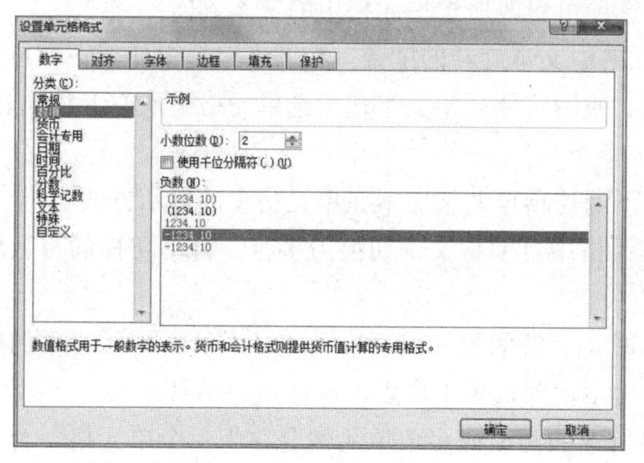

图 4.2.33 “数字”选项卡

2．设置对齐方式

默认情况下，输入的文本自动左对齐，输入的数据自动右对齐，为了数据表更加美观，可以根据需要设置对齐方式，在“单元格格式”对话框中选择“对齐”选项卡，如图 4.2.34 所示。

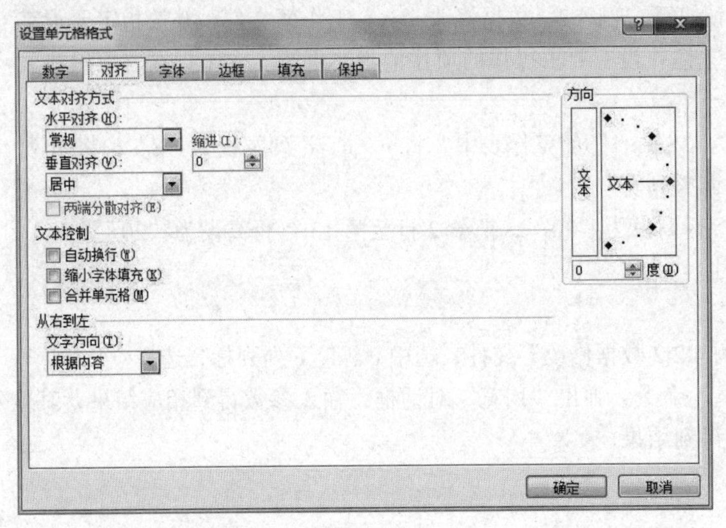

图 4.2.34 “对齐”选项卡

“对齐”选项卡分为 4 个功能块：

（1）文本对齐方式

在“水平对齐”列表框中选择选项以更改单元格内容的水平对齐方式，如图 4.2.34 所示。

跨列居中和合并居中的区别：跨列居中只是将单元格的内容显示在选定的若干个单元格的中间，单元格本身并没有变化，而合并居中是将若干个单元格合并为一个单元格，内容居中显示。

在“垂直对齐”列表框中选择选项以更改单元格内容的垂直对齐方式。

“缩进”从单元格的任一侧缩进单元格内容，取决于“水平对齐”和“垂直对齐”中的选择。“缩进”框中的增量为一个字符的宽度。

（2）方向

选择“方向”下的选项可更改所选单元格中的文本方向。

“度”设置所选单元格中文本旋转的度数。在“度”框中使用正数可使所选文本在单元格中从左下角向右上角旋转。使用负数可使文本在所选单元格中从左上角向右下角旋转。

（3）文本控制

选择“文本控制”下的选项可调整文本在单元格中的显示方式。

“自动换行”：在单元格中自动将文本切换为多行。自动切换的行数取决于列宽和单元格内容的长度。

“缩小字体填充”：减小字符的尺寸以适应列宽显示所选单元格中的所有内容。如果更改列宽，则将自动调整字符大小。此选项不会更改所应用的字号。

“合并单元格”：将所选的两个或多个单元格合并为一个单元格。合并后的单元格引用为最初所选区域中位于左上角的单元格中的内容。

（4）从右到左

在“文字方向”框中选择选项以指定阅读顺序和对齐方式。

3. 设置字体

通过对字体进行设置，可以使一些内容更加突出，在“设置单元格格式”对话框中选择“字体”选项卡，如图 4.2.35 所示，对字体、字形、字号、下画线、颜色、特殊效果等进行设置。

4. 设置边框

在“设置单元格格式”对话框中选择“边框”选项卡，如图 4.2.36 所示。

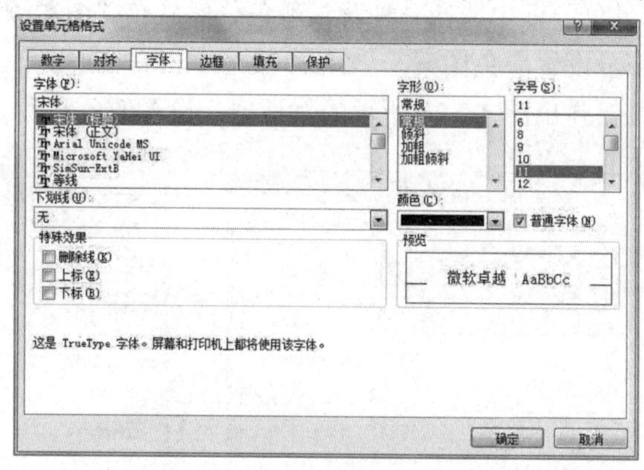

图 4.2.35 “字体”选项卡

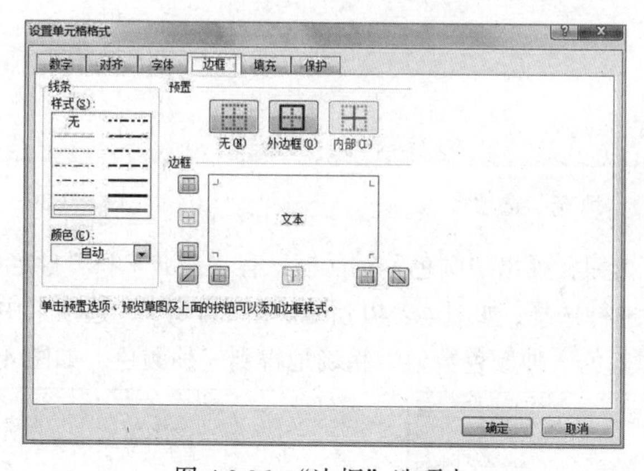

图 4.2.36 “边框”选项卡

“边框”选项卡分为 3 个功能块：

（1）线条

在“样式”下选择选项以指定边框的线条粗细和样式。

在“颜色”列表中选择颜色以更改所选样式的颜色。

（2）预置

选择“预置”下的边框选项可应用边框或从所选单元格中删除边框。

（3）边框

单击“样式”框中的线条样式，再单击“预置”或“边框”下的按钮为所选单元格应用边框。若要删除所有边框，请单击“无”按钮。也可单击文本框中的区域添加或删除边框。

如果要更改现有边框的线条样式，先选择所需的线条样式，然后在“边框”中单击要显示新线条样式的边框区域。

边框的设置也可以在“开始”选项卡“字体”组中进行设置，单击“下框线”按钮，在弹出的下拉菜单中设置即可。如图 4.2.37 所示。

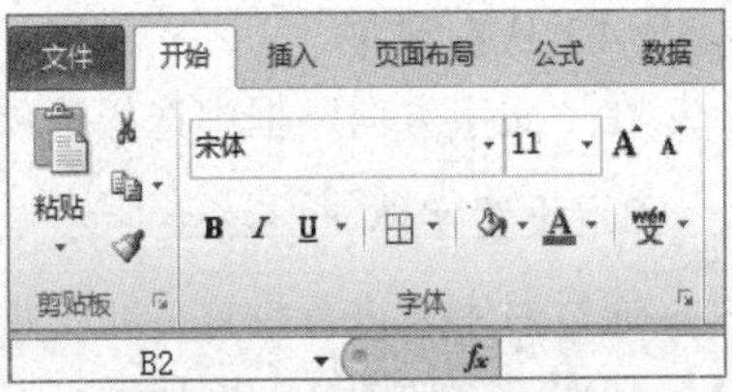

图 4.2.37 “其他边框”功能

5．设置底纹

在“设置单元格格式”对话框中选择“填充”选项卡，可以设置单元格的底纹和图案，如图 4.2.38 所示，在“背景色”框中选择一种背景颜色，然后在“图案颜色”和“图案样式”框中选择一种图案为所选部分设置彩色图案。

单击“填充效果”按钮弹出图 4.2.39 所示的对话框，设置颜色和底纹样式。

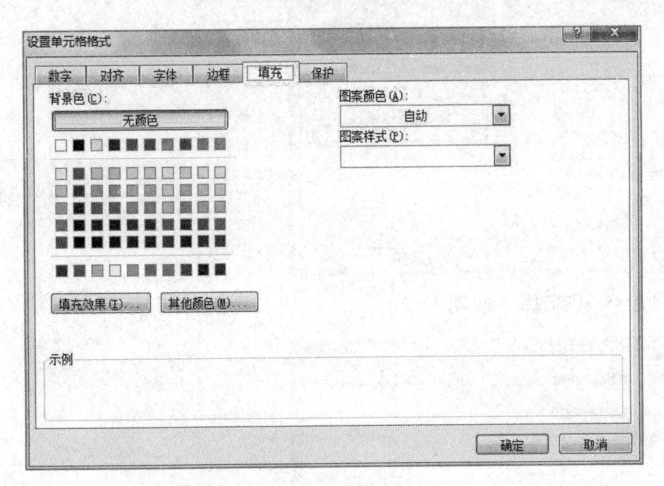

图 4.2.38 “填充”选项卡

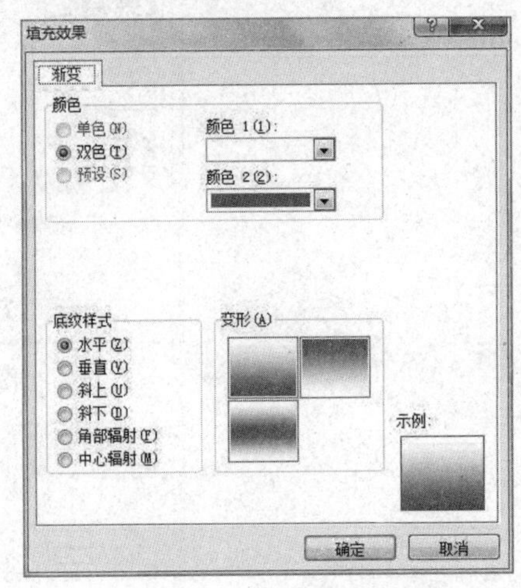

图 4.2.39 “填充效果”选项卡

单击“其他颜色”按钮，弹出“颜色”对话框，有“标准”和“自定义”两个标签，在“标准”选项卡中根据需要进行选择，如图 4.2.40 所示；在“自定义”选项卡中，颜色模式选择 RGB，可以设置红色、绿色、蓝色 3 种颜色数值，精确地得到一种颜色，如图 4.2.41 所示。

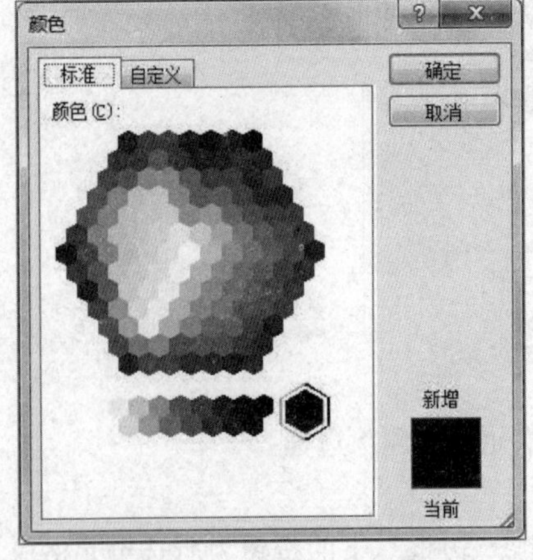

图 4.2.40 “标准”选项卡

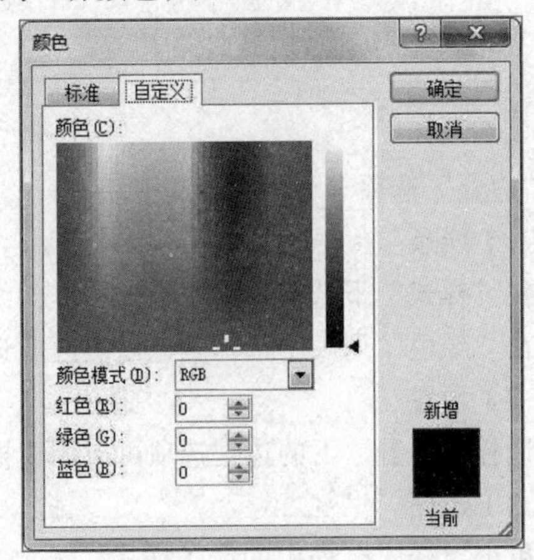

图 4.2.41 “自定义”选项卡

【例 4.2.3-1】请打开“例 4.2.3-1 单元格格式化.xlsx”工作簿文件，并按指定要求完成有关的操作。（注：没有要求操作的项目请不要更改。）（扫描二维码获取案例操作视频）

A. 在名为 Sheet1 的工作表中，将 B3:B8 以及 C3:C8 的区域格式设置货币（美元，符号为 $），其中 B 列保存两位小数，C 列保存三位小数。

B. 保存文件。

操作步骤：

① 打开“例 4.2.3-1 单元格格式化”文档，选中设置其中一个区域，右击弹出快捷菜单，选择“设置单元格格式”→“数字”组→分类“货币”命令，设置好小数位数和货币符号即可，另一区域同理得到结果。

② 保存文件。

【例 4.2.3-2】请打开“例 4.2.3-2 页面设置.xlsx”工作簿文件，并按指定要求完成有关的操作。（注：没有要求操作的项目请不要更改。）（扫描二维码获取案例操作视频）

A. 把 Sheet1 工作表的页面方向设置为“横向”，缩放比例为 130%，页面设置为左右页边距均为 3.5，插入页脚的内容为“模拟运算表”，页脚位置靠右。

B. 保存文件。

操作步骤：

① 打开“例 4.2.3-2 页面设置”文档，选择“页面布局”→“页面设置”组右下角按钮，打开“页面设置”对话框。

② 在“页面设置”对话框中按要求进行页面、页边距、页眉页脚选项卡内容的参数的设置。

③ 保存文档。

4.2.4 条件格式设置

通过使用条件格式，可以用不同的颜色来突出显示工作表中的各种条件的数据。

1. 应用条件格式

应用条件格式的操作很简单。选择要使用条件格式的单元格区域，然后单击“样式”选项组中的“条件格式”下拉按钮，在弹出的下拉菜单中选择自己需要的条件命令并进行相应设置即可。应用各种条件规则的操作如下：

（1）突出显示单元格规则

选择要突出显示的单元格区域，单击“条件格式”下拉按钮，在弹出的下拉菜单中选择“突出显示单元格规则”命令中的一种条件规则。然后在打开的对话框中根据需要设置条件格式并确定，即可对满足条件的单元格进行突出显示，如图 4.2.42 所示。

（2）项目选择规则

选择要设置项目选取规则的单元格区域，单击“条件格式”下拉按钮，在弹出的下拉菜单中选择“项目选取规则”命令中的一种条件规则。然后在打开的对话框中根据需要设置条件格式并确定，即可对满足条件的项目应用相应的格式，如图 4.2.43 所示。

	A	B	C	D	E	F	G
1	2015年9月份产品销售数据						
2	序号	销售日期	产品名称	销售区域	销售数量	产品单价	销售额
3	1	2015/9/9	冰箱	广州分部	30台	4100	123000
4	2	2015/9/19	冰箱	北京分部	39台	4100	159900
5	3	2015/9/24	冰箱	北京分部	21台	4100	86100
6	4	2015/9/30	冰箱	广州分部	87台	4100	356700
7	5	2015/9/7	电脑	上海分部	100台	5600	560000
8	6	2015/9/13	电脑	广州分部	150台	5600	840000
9	7	2015/9/20	电脑	广州分部	50台	5600	280000
10	8	2015/9/21	电脑	上海分部	21台	5600	117600
11	9	2015/9/28	电脑	广州分部	67台	5600	375200
12	10	2015/9/2	空调	北京分部	35台	3500	122500
13	11	2015/9/6	空调	北京分部	90台	3500	315000
14	12	2015/9/10	空调	上海分部	60台	3500	210000
15	13	2015/9/17	空调	北京分部	38台	3500	133000
16	14	2015/9/25	空调	广州分部	54台	3500	189000
17	15	2015/9/27	空调	上海分部	32台	3500	112000
18	16	2015/9/3	洗衣机	上海分部	120台	3800	456000
19	[illegible]	[illegible]	[illegible]	[illegible]	[illegible]	[illegible]	171000
20	[illegible]	[illegible]	[illegible]	[illegible]	[illegible]	[illegible]	148200
21	[illegible]	[illegible]	[illegible]	[illegible]	[illegible]	[illegible]	760000
22	[illegible]	[illegible]	[illegible]	[illegible]	[illegible]	[illegible]	190000
23	[illegible]	[illegible]	[illegible]	[illegible]	[illegible]	[illegible]	152000
24	[illegible]	[illegible]	[illegible]	[illegible]	[illegible]	[illegible]	712000
25	23	2015/9/5	液晶电视	广州分部	38台	8000	304000
26	24	2015/9/15	液晶电视	北京分部	11台	8000	88000
27	25	2015/9/22	液晶电视	天津分部	31台	8000	248000
28	26	2015/9/8	饮水机	天津分部	50台	1200	60000
29	27	2015/9/14	饮水机	天津分部	24台	1200	28800
30	28	2015/9/18	饮水机	天津分部	24台	1200	28800
31	29	2015/9/23	饮水机	北京分部	21台	1200	25200
32	30	2015/9/29	饮水机	上海分部	54台	1200	64800

介于
为介于以下值之间的单元格设置格式:
0 到 100000 设置为 浅红填充色深红色文本
确定 取消

图 4.2.42 突出显示单元格

条件格式 套用表格格式 单元格样式 插入 删除 格式 自动求和 填充 清除
单元格
突出显示单元格规则(H)
项目选取规则(T)
数据条(D)
色阶(S)
图标集(I)
新建规则(N)...
清除规则(C)
管理规则(R)...
值最大的10项(T)...
值最大的10%项(P)...
值最小的10项(B)...
值最小的10%项(O)...
高于平均值(A)...
低于平均值(V)...
其他规则(M)...

	A	B	C	D	E	F	G
1	2015年9月份产品销售数据						
2	序号	销售日期	产品名称	销售区域	销售数量	产品单价	销售额
3	1	2015/9/9	冰箱	广州分部	30台	4100	123000
4	2	2015/9/19	冰箱	北京分部	39台	4100	159900
5	3	2015/9/24	冰箱	北京分部	21台	4100	86100
6	4	2015/9/30	冰箱	广州分部	87台	4100	356700
7	5	2015/9/7	电脑	上海分部	100台	5600	560000
8	6	2015/9/13	电脑	广州分部	150台	5600	840000
9	7	2015/9/20	电脑	广州分部	50台	5600	280000
10	8	2015/9/21	电脑	上海分部	21台	5600	117600
11	9	2015/9/28	电脑	广州分部	67台	5600	375200
12	10	2015/9/2	空调	北京分部	35台	3500	122500
13	11	2015/9/6	空调	北京分部	90台	3500	315000
14	12	2015/9/10	空调	上海分部	60台	3500	210000
15	13	2015/9/17	空调	北京分部	38台	3500	133000
16	14	2015/9/25	空调	广州分部	54台	3500	189000
17	15	2015/9/27	空调	上海分部	32台	3500	112000
18	16	2015/9/3	洗衣机	[illegible]	[illegible]	3800	456000
19	17	[illegible]	[illegible]	[illegible]	[illegible]	3800	171000
20	18	[illegible]	[illegible]	[illegible]	[illegible]	3800	148200
21	19	[illegible]	[illegible]	[illegible]	[illegible]	3800	760000
22	20	[illegible]	[illegible]	[illegible]	[illegible]	3800	190000
23	21	[illegible]	[illegible]	[illegible]	[illegible]	3800	152000
24	22	[illegible]	[illegible]	[illegible]	[illegible]	8000	712000
25	23	2015/9/5	液晶电视	广州分部	38台	8000	304000
26	24	2015/9/15	液晶电视	北京分部	11台	8000	88000
27	25	2015/9/22	液晶电视	天津分部	31台	8000	248000
28	26	2015/9/8	饮水机	天津分部	50台	1200	60000
29	27	2015/9/14	饮水机	天津分部	24台	1200	28800
30	28	2015/9/18	饮水机	天津分部	24台	1200	28800
31	29	2015/9/23	饮水机	北京分部	21台	1200	25200
32	30	2015/9/29	饮水机	上海分部	54台	1200	64800

10个最大的项
为值最大的那些单元格设置格式:
5 设置为 绿填充色深绿色文本
确定 取消

图 4.2.43 项目选项条件格式

（3）数据条

选择要显示数据条的单元格区域，单击“条件格式”下拉按钮，在弹出的下拉菜单中选择“数据条”命令中的一种数据条样式，即可在选择单元格区域中根据数值的大小使用相应的数据条样式，相同值应用的数据条的长短也将相同，如图 4.2.44 所示。

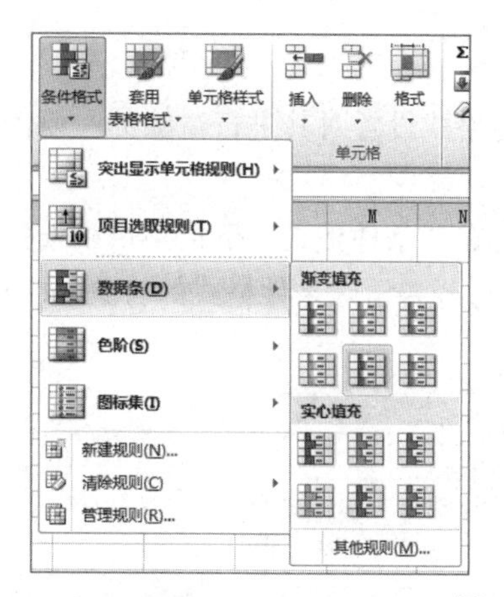

2015年9月份产品销售数据

序号	销售日期	产品名称	销售区域	销售数量	产品单价	销售额
1	2015/9/9	冰箱	广州分部	30台	4100	123000
2	2015/9/19	冰箱	北京分部	39台	4100	159900
3	2015/9/24	冰箱	北京分部	21台	4100	86100
4	2015/9/30	冰箱	广州分部	87台	4100	356700
5	2015/9/7	电脑	上海分部	100台	5600	560000
6	2015/9/13	电脑	广州分部	150台	5600	840000
7	2015/9/20	电脑	广州分部	50台	5600	280000
8	2015/9/21	电脑	上海分部	21台	5600	117600
9	2015/9/28	电脑	广州分部	67台	5600	375200
10	2015/9/2	空调	北京分部	35台	3500	122500
11	2015/9/6	空调	北京分部	90台	3500	315000
12	2015/9/10	空调	上海分部	60台	3500	210000
13	2015/9/17	空调	北京分部	38台	3500	133000

图 4.2.44　数据条设置

（4）色阶

选择要使用的单元格区域，单击“条件格式”下拉按钮，在弹出的下拉菜单中选择“色阶”命令中的一种色阶样式，即可在选择单元格区域中根据数值的大小使用相应的色阶样式，相同值应用的色阶也将相同，如图 4.2.45 所示。

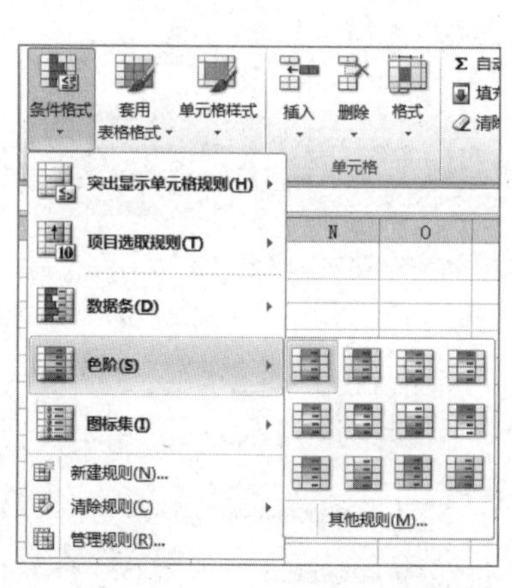

2015年9月份产品销售数据

序号	销售日期	产品名称	销售区域	销售数量	产品单价	销售额
1	2015/9/9	冰箱	广州分部	30台	4100	123000
2	2015/9/19	冰箱	北京分部	39台	4100	159900
3	2015/9/24	冰箱	北京分部	21台	4100	86100
4	2015/9/30	冰箱	广州分部	87台	4100	356700
5	2015/9/7	电脑	上海分部	100台	5600	560000
6	2015/9/13	电脑	广州分部	150台	5600	840000
7	2015/9/20	电脑	广州分部	50台	5600	280000
8	2015/9/21	电脑	上海分部	21台	5600	117600
9	2015/9/28	电脑	广州分部	67台	5600	375200
10	2015/9/2	空调	北京分部	35台	3500	122500
11	2015/9/6	空调	北京分部	90台	3500	315000
12	2015/9/10	空调	上海分部	60台	3500	210000
13	2015/9/17	空调	北京分部	38台	3500	133000
14	2015/9/25	空调	广州分部	54台	3500	189000
15	2015/9/27	空调	上海分部	32台	3500	112000
16	2015/9/3	洗衣机	上海分部	120台	3800	456000
17	2015/9/4	洗衣机	天津分部	45台	3800	171000
18	2015/9/11	洗衣机	北京分部	39台	3800	148200
19	2015/9/12	洗衣机	北京分部	200台	3800	760000

图 4.4.45　色阶设置

（5）图标集

选择要使用图标集的单元格区域，单击“条件格式”下拉按钮，在弹出的下拉菜单中选择“图标集”命令中的一种图标集样式，即可在选择单元格区域中根据数值的大小使用相应的图标样式，相同值应用的图标也将相同，如图 4.2.46 所示。

2. 新建规则

除了可以使用 Excel 自带的条件格式规则外，用户也可以根据自己需要，新建条件格式的规则，以便以后进行使用。

单击“条件格式”下拉按钮，在弹出的下拉菜单中选择“新建规则”命令，如图 4.2.47 所示，在打开的“新建格式规则”对话框中设置条件格式的规则，然后单击“确定”按钮即可，如图 4.2.48 所示。

3．清除格式

对单元格区域使用条件格式后，是不能使用普通的格式设置对其进行清除的。要清除单元格的条件格式，应该使用如下操作方法。

选择要清除条件格式的单元格或单元格区域，然后在“条件格式”下拉菜单中选择“清除规则”命令，再根据需要在“清除规则”命令的子菜单中选择要清除条件格式的对象，如图 4.2.49 所示。

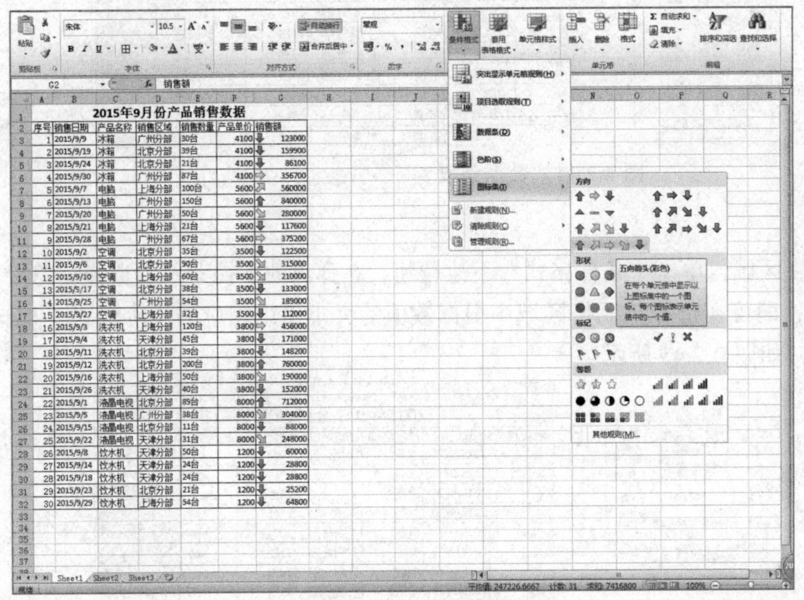

图 4.2.46　图标集设置

图 4.2.47　新建规则设置

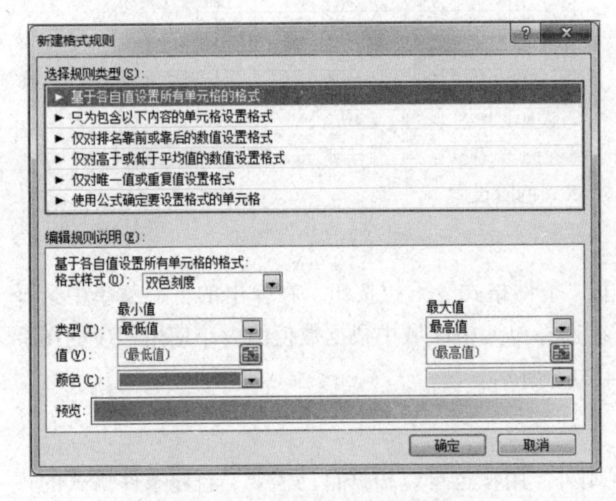

图 4.2.48　选择规则类型设置

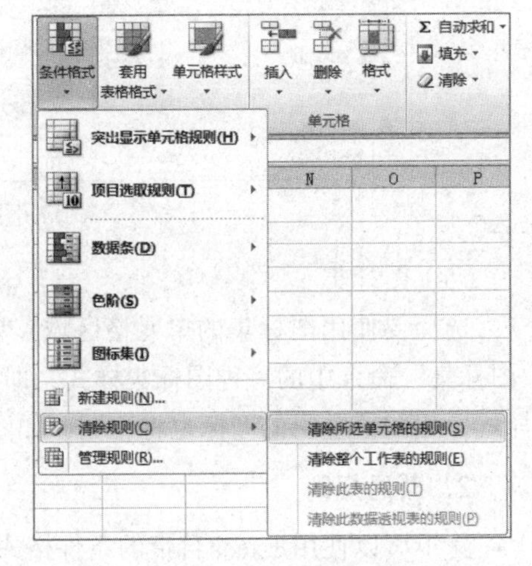

图 4.2.49　清除规则

4．管理规则

打开“条件格式规则管理器”对话框，在该对话框中可以对条件格式的规则进行管理。在“条件格式”下拉菜单中选择“管理规则”命令，如图 4.2.50 所示。

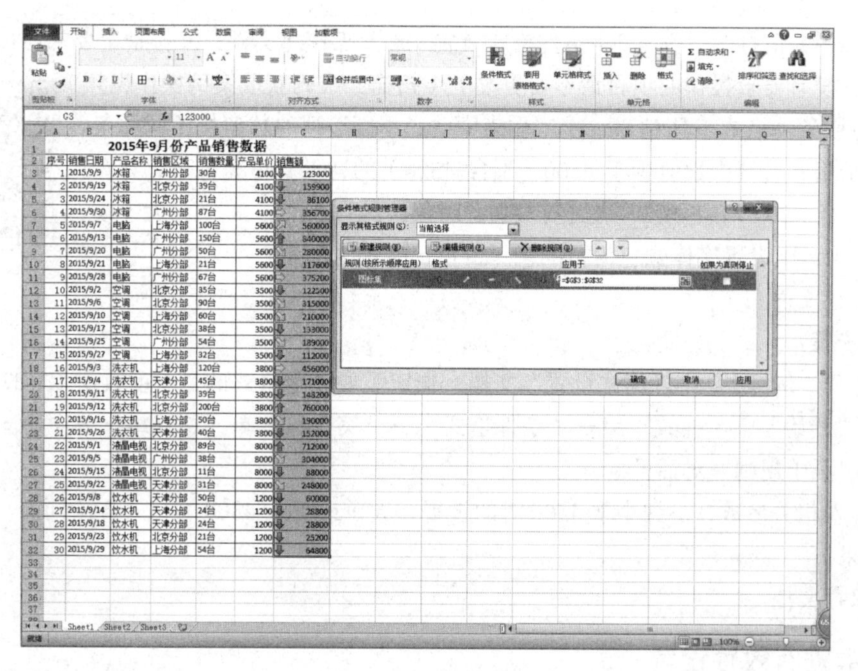

图 4.2.50　管理规则

在“显示其格式规则”下拉列表中可以选择要管理格式规则的工作表：在“应用于”地址栏中可以输入要管理格式规则的单元格区域；单击“新建规则”按钮可以新建规则；单击“编辑规则”按钮可以编辑选择的规则，如图 4.2.51 所示；单击“删除规则”按钮可以删除选择的规则。

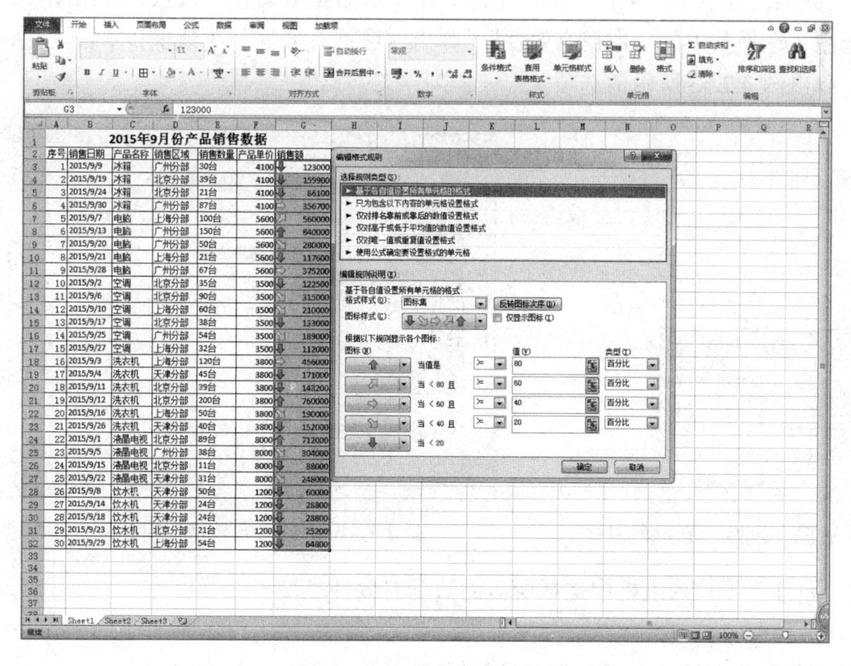

图 4.2.51　编辑选择规则

【例 4.2.4】请打开“例 4.2.4 条件格式设置.xlsx”工作簿文件，并按指定要求完成有关的操作。（注：没有要求操作的项目请不要更改）（扫描二维码获取案例操作视频）

A. 使用条件格式工具对 Sheet1 工作表中“二季度”列的数值按不同的条件设置显示格式，其中数值少于 4500（不含 4500）的，设置填充背景色为标准色：浅绿色（RGB 颜色模式，红色：146；绿色：208；蓝色：80）；大于或等于 4800 的，则设置字体颜色为标准色：黄色，字形为加粗；

B. 保存文件。

操作步骤：

① 打开“例 4.2.4 条件格式设置”文档，选定需要设定格式的二季度数据 C3:C7 单元格区域，选择“开始”→“样式”组→“条件格式”→“突出显示单元格规格”→“小于”规则命令，打开“小于规则”对话框。

② 输入相关参数，得到小于 4500 时的设置，大于或等于 4800 的格式方法同前，得到相应的设置结果。

③ 保存文档。

4.2.5 数据有效性设置

在 Excel 中，可以使用数据“有效性”来控制单元格中输入数据的类型及范围，这样一方面可以提高输入数据的效率，另一方面可以限制不能给单元格输入错误的数据，减少出错。操作步骤如下：

① 选定要限制其数据有效性的单元格区域。

② 在“数据”选项卡“数据工具”组中，单击“数据有效性”按钮，弹出图 4.2.52 所示的下拉列表选项，选择其中的“数据有效性”，弹出“数据有效性”对话框，单击“允许”下面的下拉按钮，弹出图 4.2.53 所示的选项。

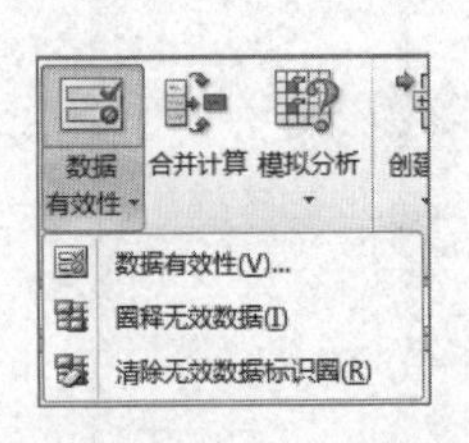

图 4.2.52 “数据有效性”下拉列表框

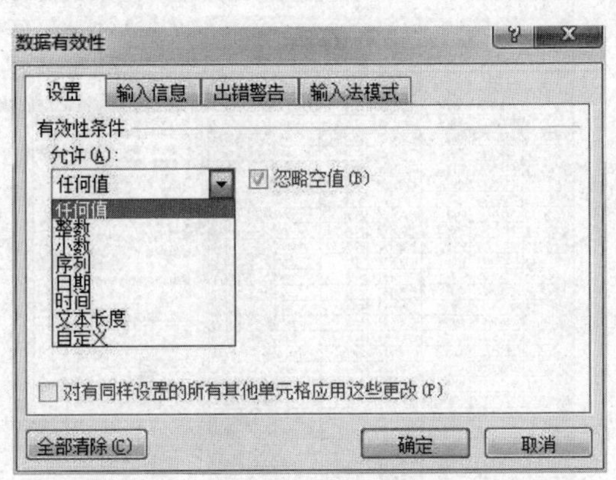

图 4.2.53 “数据有效性”对话框

③ 在“允许”下拉列表框中选择所需的数据有效性类型。

其中：

- “任何值”说明能输入任何类型的数据。

- “整数”说明只能输入整数，选择“整数”，会弹出图 4.2.54 所示对话框，单击“数据”下的下拉按钮，会弹出图 4.2.55 所示的下拉列表供选择。选择数据的表示范围，设置最大值和最小值。

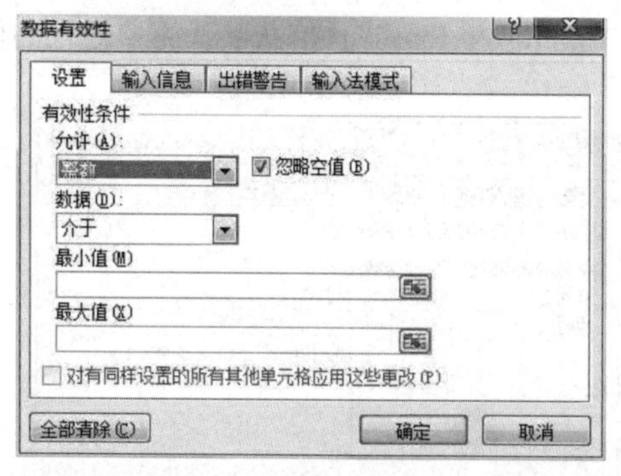

图 4.2.54　有效性条件为“整数”

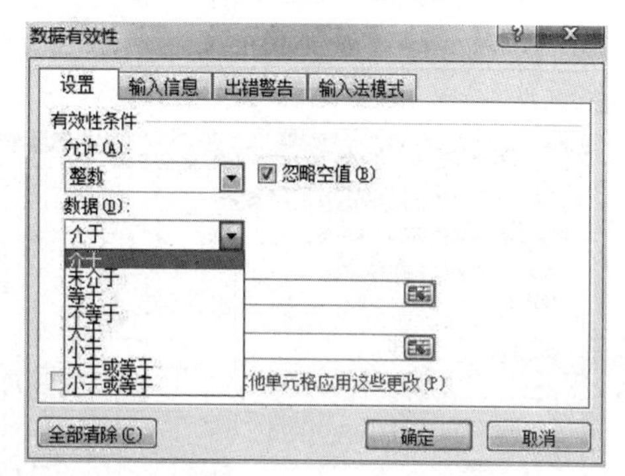

图 4.2.55　“数据”下拉列表框

- “小数”说明输入的是小数，其他设置和“整数”相同。
- “序列”说明输入的数据只能是序列中给出的值，比如要设置单元格输入的内容只能是“男”和“女”，就应该选择“序列”，如图 4.2.56 所示，在“来源”处输入要设置的序列，如“男,女”，一定要注意男女之间的逗号是英文状态的逗号。“来源”处的序列，除了可以直接输入，还可以在工作表空白区域建立序列，然后用鼠标拖动选择建立好的序列，如图 4.2.57 所示。
- “日期”“时间”“文本长度”弹出的选项和“整数”相同，做相应的设置即可。

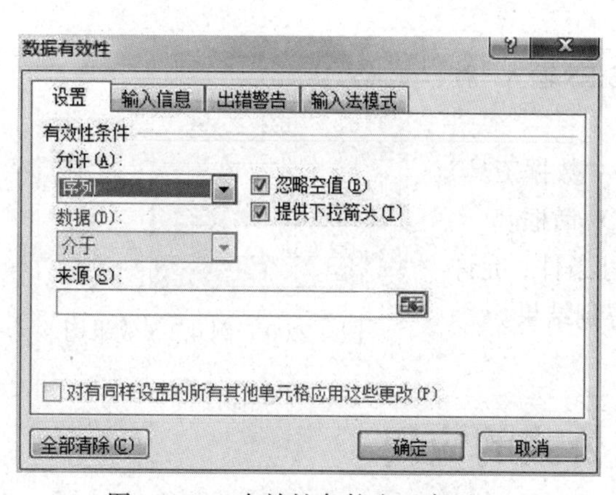

图 4.2.56　有效性条件为“序列”

图 4.2.57　有效性条件“来源”设置

④ 如果要在单击该单元格后显示输入信息，单击“输入信息”选项卡，如图 4.2.58 所示，选中“选定单元格时显示输入信息”复选框，然后输入该信息的标题和正文，标题和正文可以都输入，也可以只输入其中一个。

⑤ 在输入无效数据时，指定 Excel 的响应方式：单击“出错警告”选项卡，如图 4.2.59 所示，选中“输入无效数据时显示出错警告”复选框，在“样式”框中选择下列选项之一：

a. 若要显示可输入无效数据的信息，请单击“信息”。

b. 若要显示警告信息，但仍可输入无效数据，请单击“警告”。

c. 若要阻止输入无效数据，请单击“停止”。

d. 如果不输入标题或正文，则标题就被默认为“Microsoft Excel”，信息默认为“输入的值非法”。

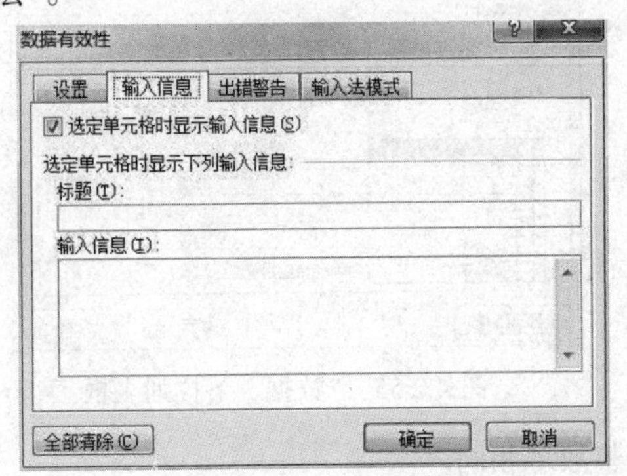

图 4.5.58 “输入信息”选项卡

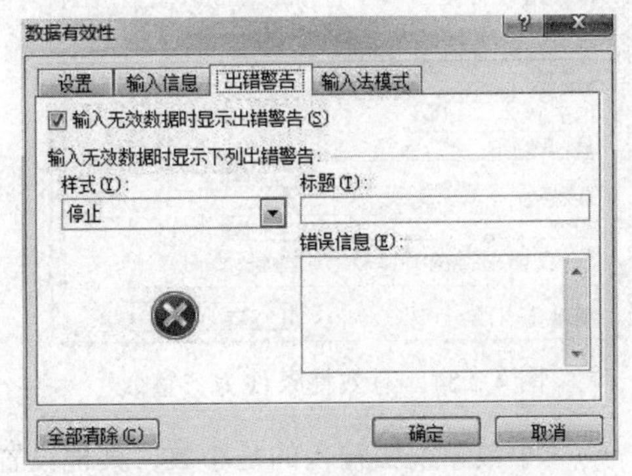

图 4.2.59 “出错警告”选项卡

【例 4.2.5】请打开“例 4.2.5 数据有效性设置.xlsx”工作簿文件，并按指定要求完成有关的操作。（注：没有要求操作的项目请不要更改。）（扫描二维码获取案例操作视频）

A. 分别在 E3:E5 输入“教授”“副教授”“讲师”，设置 C3:C7 的序列数字有效性，序列的数据来源请引用区域 E3:E5 的内容，效果如图 4.2.60 所示。

B. 保存文件。

操作步骤：

① 打开“4.2.5 数据有效性设置”文档，在 E3:E5 输入“教授”“副教授”“讲师”。

② 选中 C3:C7 单元格区域，选择“数据”→“数据工具”组→“数据有效性”命令，打开“数据有效性”对话框。

③ 在数据有效性对话框中设置选项卡有效性条件，允许序列项，来源选取 E3:E5 单元格区域，确定即可得到结果。

④ 保存文档。

1	学校职工一览表				
2	姓名	性别	职务		
3	张红	女			教授
4	李艾	女			副教授
5	黄泽	男			讲师
6	陈丽	女			
7	李伟	男			

图 4.2.60 例 4.2.5 效果图

4.3 函数与公式的应用

在 Excel 2010 中，数据的计算是相当重要的功能之一。在 Excel 中，用户可以自己编写公式来做简单计算求出结果，还可以使用函数进行复杂的数据运算，在这个任务中，主要是要掌握使用公式和函数计算数据的相关知识和基本操作。

4.3.1 函数与公式的基本概念

1. 公式

公式是对工作表中数值执行计算的等式。公式要以等号（=）开始，用于表明之后的字符为公式。公式也可以包括下列所有内容或其中某项内容：函数 、引用、运算符和常量。

例如：如果要做 2 乘 3 再加 5，在 A1 单元格输入 2， A2 单元格输入 3，A3 单元格输入 5，结果放在 A4 单元格。

输入公式的步骤如下：

① 单击要输入公式的单元格 A4。

② 输入一个等号“=”。

③ 输入公式的内容：A1*A2+A3。

④ 按 Enter 键，或者单击编辑栏的 √ 按钮。

在输入公式内容时，可以采用单击单元格的方式代替直接输入单元格名称，可以减少输入错误，提高效率。

（1）公式中的运算符

运算符对公式中的元素进行特定类型的运算。Excel 包含 4 种类型的运算符：算术运算符、比较运算符、文本运算符和引用运算符。

① 算术运算符。如果要完成基本的数学运算，如加法、减法和乘法，连接数字和产生数字结果等，可以使用以下算术运算符，如表 4.3.1 所示。

表 4.3.1 算术运算符

算术运算符	含　义	示　例
+（加号）	加法运算	3+4
-（减号）	减法运算负数	30 - 14 - 1
*（星号）	乘法运算	3*7
/（正斜线）	除法运算	1/5
%（百分号）	百分比	10%
^（插入符号）	乘幂运算	5^3

② 比较运算符。可以使用比较运算符比较两个值。当用运算符比较两个值时，结果是一个逻辑值，不是 TRUE 就是 FALSE，如表 4.3.2 所示。

表 4.3.2　比较运算符

比较运算符	含　义	示　例	结　果
=（等号）	等于	3=4	FALSE
>（大于号）	大于	3>4	FALSE
<（小于号）	小于	3<4	TRUE
>=（大于等于号）	大于或等于	3>=4	FALSE
<=（小于等于号）	小于或等于	3<=4	TRUE
<>（不等号）	不相等	3<>4	TRUE

③ 文本连接运算符。使用文本运算符（&）将两个文本值连接或串起来产生一个连续的文本值，如表 4.3.3 所示。

表 4.3.3 文本运算符

文本运算符	含 义	示 例
&（和号）	将两个文本值连接或串起来产生一个连续的文本值	A1&A2

例如:在 A1 单元格输入“计算机”,在 A2 单元格输入“基础”,在 A3 单元格中输入“= A1&A2”,将在 A3 单元格中得到“计算机基础”；如果在 A3 单元格中输入“= A1&”应用“&A2”，将在 A3 单元格中得到“计算机应用基础”。

如果在公式中输入文本，需要使用英文的双引号将文本括起来。

④ 引用运算符。使用以下引用运算符可以将单元格区域合并计算，如表 4.3.4 所示。

表 4.3.4 引用运算符

引用运算符	含 义	示 例
:（冒号）	区域运算符，产生对包括在两个引用之间的所有单元格的引用	C2:D5
,（逗号）	联合运算符，将多个引用合并为一个引用	SUM(A1:B2,C2:D5)
（空格）	交叉运算符，产生对两个引用共有的单元格的引用	A1:B2 B2: C3 共有单元格是 B2

（2）运算符的优先级

公式按特定次序计算数值。Excel 中的公式通常以等号（=）开始，紧随等号之后的是需要进行计算的操作数，各操作数之间以运算符分隔。Excel 将根据公式中运算符的特定顺序从左到右计算公式。如果公式中同时用到多个运算符，Excel 将按表 4.3.5 所示的顺序进行运算。

表 4.3.5 运算符优先级

运算符	说明	优先级
:（冒号） （单个空格），（逗号）	引用运算符	高
-	负号	↓
%	百分比	
^	乘幂	
* 和 /	乘和除	
+ 和 -	加和减	
&	文本运算符	低
= < > <= >= <>	比较运算符	

如果要更改求值的顺序，将公式中要先计算的部分用括号括起来。

例如：如果在 A1 单元格中输入“=2*3+5”，得到的结果是 11，对于同样的数值和运算符，如果在 A2 输入“=2*（3+5）”，得到的结果是 16。

（3）公式中的引用

引用的作用在于标识工作表上的单元格或单元格区域，并指明公式中所使用的数据的位置。通过引用，可以在公式中使用工作表不同部分的数据，或者在多个公式中使用同一个单元格的数值。还可以引用同一个工作簿中不同工作表上的单元格和其他工作簿中的数据。

① 相对引用。相对引用是基于包含公式和单元格引用的单元格的相对位置，例如 A1。如果公式所在单元格的位置改变，引用也随之改变。默认情况下，新公式使用相对引用。

② 绝对引用。绝对引用总是在指定位置引用单元格。默认情况下，由于新公式使用相对引用，如果要使用绝对引用，需要在列标和行号前均加上符号“$”，例如$A$1。如果公式所在单元格的位置改变，绝对引用保持不变。

③ 混合引用。混合引用具有绝对列和相对行，或是绝对行和相对列。

绝对列和相对行是只在列标前加符号“$”行号前不加，例如$A1、$B1 等。

绝对行和相对列是只在行号前加符号“$”列标前不加，例如 A$1、B$1 等。

如果公式所在单元格的位置改变，则相对引用改变，而绝对引用不变。

（4）公式中的出错信息

在处理 Excel 数据的时候，经常会出现各种各样的出错提示信息，比如####、#N/A、#DIV/0! 等。正确地判断 Excel 的出错信息，并加以改正，对于用好 Excel 有很大的帮助。表 4.3.6 列出常见的出错信息，及其常见原因和解决方法。

表 4.3.6 公式中的出错信息

出错信息	常见原因	解决方法
####	列宽不够	增加列宽或缩小字体填充
#DIV/0!	除数为 0 或空白单元格	在单元格中输入非 0 值作为除数
#N/A!	数值或公式不可用	在单元格中输入新的数值
#REF!	单元格引用无效	重新更改公式
#NUM!	数字出错	更改公式或数值
#NULL!	无效的区域交集	使用逗号来分隔不相交的区域
#NAME?	不能识别公式中的文本	尽量使用 Excel 所提供的各种向导完成某些输入
#VALUE!	错误的参数或操作数类型	确认所用的公式参数没有错误，并且公式引用的单元格中包含有效的数值

2. 函数的基本格式

函数是预先编写的公式，可以对一个或多个值执行运算，并返回一个或多个值，函数可以简化和缩短工作表中的公式。如图 4.3.1 所示，在“公式”选项卡的“函数库”组，单击“插入函数”按钮，弹出如图 4.3.2 所示的“插入函数”对话框。

其中“常用函数”列出的 10 个函数，会随着用户对函数的使用而发生改变。“全部”是供用户在不清楚所使用的函数具体属于哪一类时使用。其他 12 大类是根据函数的功能进行分类。

（1）函数的基本格式

函数由函数名及后面跟着用括号括起来的参数组成。

函数的一般格式是：<函数名>（[<参数 1>]，[<参数 2>]，……）

函数名：是函数的标识，一般是用函数功能的英文单词或英文缩写来表示，是必须要有的。

参数：操作的对象，即对哪些单元格或者区域进行此函数的操作，有些函数的参数个数是固定的，有些是不固定的，有些函数没有参数。

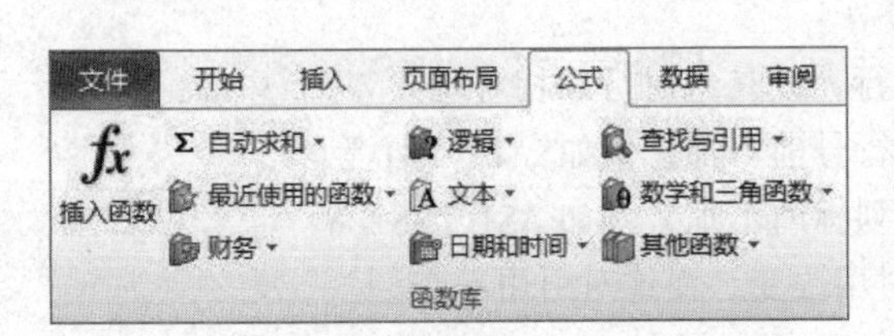

图 4.3.1 “公式”选项的“函数库”组

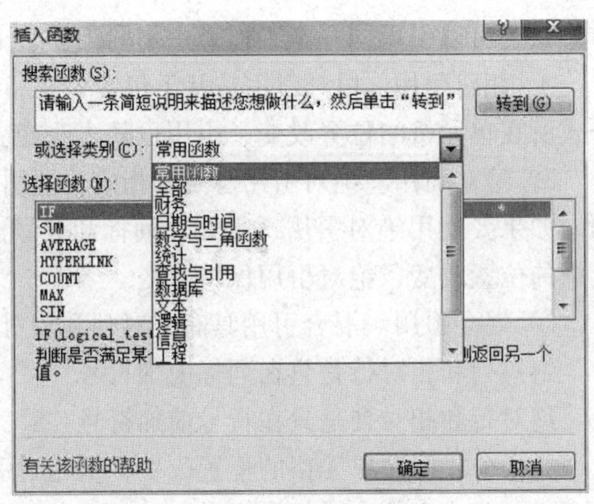

图 4.3.2 “插入函数”对话框

（2）插入函数的步骤

在函数的输入中，对于比较简单的函数，可采用直接输入的方法。较复杂的函数，可利用公式选项板输入。公式选项板是指在 Excel 中帮助创建或编辑公式的工具，还可提供有关函数及其参数的信息。

在图 4.3.1 所示的“公式”选项卡的“函数库”组中，单击“插入函数”按钮，在弹出的“插入函数”对话框中选择需要的函数，就会弹出“函数参数”对话框。

插入函数的步骤如下：

① 选定要插入函数的单元格。

② 在“公式”选项卡的“函数库”组，单击“插入函数”按钮，会弹出的“插入函数”对话框。

③ 在“选择类别”列表框中选择合适的函数类型，再在“选择函数”列表框中选择所需的函数名。

④ 单击“确定”按钮，将打开所选函数的公式选项板对话框，它显示了该函数的函数名，它的每个参数，以及参数的描述和函数的功能。

⑤ 根据提示输入每个参数值。为了操作方便，可单击参数框右侧的“压缩对话框”按钮，将对话框的其他部分隐藏，再从工作表上选取相应的单元格或单元格区域，然后再次单击该按钮，恢复原对话框。

⑥ 单击“确定”按钮，或者按 Enter 键，完成函数的输入。

【例 4.3.1】请打开“例 4.3.1 公式应用.xlsx”工作簿文件，并按指定要求完成有关的操作。（注：没有要求操作的项目请不要更改。）（扫描二维码获取案例操作视频）

A. 在 Sheet1 表 D3:D8 单元格区域计算其存款，存款=收入-支出，不使用公式将不得分。

B. 保存文件。

操作步骤：

① 打开“例 4.3.1 公式应用”文件，选中收入列第一个单元格 D3，按要求输入公式=B3-C3，应用得到第一项的存款值。

② 复制第一项公式应用到其他记录得到其他的结果。

③ 保存文档。

4.3.2 数学函数

常用数字函数有：

1. ABS 求绝对值函数

语法：ABS（Number）

功能：返回给定数值的绝对值，即不带符号的数值。

参数说明：Number 为要对其求绝对值的实数。

2. INT 向下取整函数

语法：INT（Number）

功能：将数值向下取整为最接近的整数。

参数说明：Number 为要取整的实数。

3. ROUND 四舍五入函数

语法：ROUND（Number,Num_digits）

功能：按指定的位数对数值进行四舍五入。

参数说明：

- Number 要四舍五入的数值。
- Num_digits 执行四舍五入时采用的位数。如果此数为负数，则取值到小数点的左边的指定位数，如果为零，则取值到最接近的整数，如图 4.3.3 所示，是对 123.456 这个数取不同的小数位数时四舍五入的结果。

	A	B	C	D
1	Number	Num_digits	显示公式	显示值
2	123.456	-2	=ROUND(A2,B2)	100
3	123.456	-1	=ROUND(A3,B3)	120
4	123.456	0	=ROUND(A4,B4)	123
5	123.456	1	=ROUND(A5,B5)	123.5
6	123.456	2	=ROUND(A6,B6)	123.46

图 4.3.3　Num_digits 取不同的值时的显示结果

4. TRUNC 截尾函数

语法：TRUNC（Number,Num_digits）

功能：将数字截为整数或保留指定位数的小数。

参数说明：

- Number 要进行截尾操作的数字。
- Num_digits 用于指定截尾精度的数字。如果忽略，为 0。

如图 4.3.4 所示，是对 123.456 这个数取不同的小数位数时截尾的结果。图 4.3.3 和图 4.3.4 的框中显示的数字是 ROUND 函数和 TRUNC 函数的区别。

	A	B	C	D
1	Number	Num_digits	显示公式	显示值
2	123.456	-2	=TRUNC(A2,B2)	100
3	123.456	-1	=TRUNC(A3,B3)	120
4	123.456	0	=TRUNC(A4,B4)	123
5	123.456	1	=TRUNC(A5,B5)	123.4
6	123.456	2	=TRUNC(A6,B6)	123.45

图 4.3.4　Num_digits 取不同的值时的显示结果

5. RAND 返回随机数函数

语法：RAND()

功能：返回大于或等于 0 且小于 1 的平均分布随机数，是可变的。

参数说明：该函数不需要参数。在空白单元格插入此函数，系统会返回一个随机数。

【例 4.3.2】请打开“例 4.3.2 数学函数.xlsx”工作簿文件，并按指定要求完成有关的操作。（注：没有要求操作的项目请不要更改。）（扫描二维码获取案例操作视频）

A. 在工作表“Sheet1”B4:B9 单元格区域中用数学函数计算出数据源区域 b1 中满足 A4:A9 所说明的结果。

B. 保存文件。（提示：必修使用说明中的数学函数操作，可查看函数使用的提示和帮忙，不用函数不得分。）

操作步骤：

① 打开“例 4.3.2 数学函数”文件，选中 B4 单元格，选择“公式”→“插入函数”，选择“ROUND”函数，打开“ROUND 函数”对话框，输入相应的参数，得到相应结果，另外几个 ROUND 函数的使用同理使用。

② 选中 B8 单元格，选择“公式”→“插入函数”，选择“TRUNC”函数，打开“TRUNC 函数”对话框，输入相应的参数，得到相应结果。

③ 选中 B9 单元格，选择“公式”→“插入函数”，选择“INT”函数，打开“INT 函数”对话框，输入相应的参数，得到相应结果。

④ 保存文档。

4.3.3 统计函数

常用统计函数有：

1. SUM 求和函数

语法：SUM(Number1,Number2, ...)

功能：返回某一单元格区域中所有数值的和。

参数说明：Number1, number2 ... 为 1～255 个需要求和的参数，此函数参数个数不固定，如果 Number1 已经满足求和需求，从 number2 开始就不需要设置。

2. SUMIF 条件求和函数

语法：SUMIF(Range,Criteria,Sum_range)

功能：根据指定条件对若干单元格求和。

参数说明：

- Range：是用于条件判断的单元格区域。
- Criteria：确定求和的条件，其形式可以为数字、表达式或文本。
- Sum_range：是需要求和的实际单元格。此参数可以忽略，如果忽略则对 Range 区域中的单元格求和。

如图 4.3.5 所示，求“基本工资 3000 以上之和”，条件是“基本工资”，求和也是“基本工资”，在使用函数时 Sum_range 就可以省略。

求“女性基本工资之和”，条件是“女性”，指的是“性别”字段，求和是“基本工资”，用的是“基本工资”字段，Range 与 Sum_range 区域不同，要分别设置。

E7 =SUMIF(C2:C16,"女",D2:D16)

	A	B	C	D	E	F
1	编号	姓名	性别	基本工资	基本工资3000以上之和	结果
2	001	程康强	男	3211	=SUMIF(D2:D16,">3000")	14030
3	002	陈滢	女	2561		
4	003	付积云	男	2262.5	Range与Sum_range所指的是同一个区域，在使用时Sum_range可以省略	
5	004	关国华	男	3568		
6	005	何书山	男	2315.5	女性基本工资之和	结果
7	006	江键鹏	男	1832	=SUMIF(C2:C16,"女",D2:D16)	15449.5
8	007	李芳敏	女	2682		
9	008	柳桂珊	女	1912.5	Range与Sum_range所指的不是同一个区域，在使用时要分别设置，Range设置的是条件区域，而Sum_range设置的是求和的区域。	
10	009	梁炫	男	2315		
11	010	林小翠	女	2845		
12	011	刘威	男	2361.5		
13	012	罗嘉济	女	1876		
14	013	麦士光	男	2479		
15	014	温晓丽	女	3573		
16	015	楚芳	男	3678		

图 4.3.5 “SUMIF”函数的两种使用方法

3. AVERAGE 求平均值函数

语法：AVERAGE(Number1,Number2,...)

功能：返回参数的平均值（算术平均值）。

参数说明：Number1, Number2 ... 为用于计算平均值的 1～255 个数值参数。

4. COUNT 数值计数函数

语法：COUNT（Value1,Value2,...）

功能：返回包含数字以及包含参数列表中的数字的单元格的个数。

参数说明：Value1, Value2 ... 是 1～255 个参数。可以包含或引用各种不同类型的数据，但只对数字型数据进行计数。

只有数字类型的数据才被计算，也就是说在计数时，把数字、日期计算在内；数组或引用中的空白单元格、逻辑值、文字或错误值都将被忽略。

5. COUNTA 非空单元格计数函数

语法：COUNTA（Value1,Value2,...）

功能：计算区域中非空单元格的个数

参数说明：Value1, Value2 ... 是 1～255 个参数，代表要进行计算的值和单元格，值可以是任何类型的信息，但不包括空白单元格。

6. COUNTIF 条件计数函数

语法：COUNTIF（Range,Criteria）

功能：计算区域中满足给定条件的单元格的个数。

参数说明：

- Range：需要计算满足条件的单元格数目的单元格区域。
- Criteria：确定哪些单元格将被计算在内的条件，其形式可以为数字、表达式或文本。

7. MAX 求最大值函数

语法：MAX（Number1,Number2,...）

功能：返回一组值中的最大值，忽略逻辑值及文本。

参数说明：Number1,Number2...是准备从中求取最大值的 1～255 个数值、空单元格、逻辑值或文本数值。

8. MIN 求最小值函数

语法：MIN（Number1,Number2,...）

功能：返回一组值中的最小值。

参数说明：与 SUM 函数相同。

9. RANK 排位函数

语法：RANK（Number,Ref,Order）

功能：返回某数字在一列数字中相对于其他数值的大小排名。

参数说明：

- Number：需要进行排位的数字，此参数用相对引用。
- Ref：数字列表数组或对数字列表的引用，由于在排位过程中数组或数列是固定的，此参数需要用绝对引用。
- Order：是一个数字，指明排位的方式是升序还是降序，如果为 0 或省略按降序排列，如果不为零（1 或其他数），按升序排列。

在 Excel 2010 中，RANK 函数分为 RANK.AVG 和 RANK.EQ，这两个函数的区别在于：

- RANK.AVG 函数在使用的时候，如果多个数值排名相同，则返回平均值排名。
- RANK.EQ 函数在使用的时候，如果多个数值排名相同，则返回该组数值的最佳排名。

如图 4.3.6 所示，使用 RANK.AVG 函数与 RANK.EQ 函数时都省略了 Order 的设置，则按降序排列，使用 RANK.EQ 函数时，基本工资为 2000 排在第 1 位，两个 1 500 相同，都排在第 2 位，两个 1000 相同，排在了第 4 位，中间没有第 3 位，因为其中一个 1500 占用了。

使用 RANK.AVG 函数时，基本工资为 2 000 排在第 1 位，基本工资有两个 1500，一个是第 2 位，一个是第 3 位，两个加起来是 5，除以 2，得到的排位是 2.5。

	A	B	C	D	E	F
1	姓名	基本工资	排位	排位	排位	排位
2	程康强	1000	=RANK.EQ(B2,$B$2:$B$6)	4	=RANK.AVG(B2,$B$2:$B$6)	4.5
3	陈滢	1500	=RANK.EQ(B3,$B$2:$B$6)	2	=RANK.AVG(B3,$B$2:$B$6)	2.5
4	付积云	2000	=RANK.EQ(B4,$B$2:$B$6)	1	=RANK.AVG(B4,$B$2:$B$6)	1
5	关国华	1000	=RANK.EQ(B5,$B$2:$B$6)	4	=RANK.AVG(B5,$B$2:$B$6)	4.5
6	何书山	1500	=RANK.EQ(B6,$B$2:$B$6)	2	=RANK.AVG(B6,$B$2:$B$6)	2.5

图 4.3.6　RANK.AVG 与 RANK.EQ 的区别

【例 4.3.3】请打开“例 4.3.3 统计函数.xlsx”工作簿文件，并按指定要求完成有关的操作。（注：没有要求操作的项目请不要更改。）（扫描二维码获取案例操作视频）

A. 在E11单元格中用条件统计函数COUNTIF()统计工资合计大于等于1 550的人数。

B. 保存文件。

操作步骤：

① 打开“例 4.3.3 统计函数”文件，单击 E11 单元格，选择“公式”→“插入函数”，选择“COUNTIF”函数，打开“COUNTIF”对话框，输入相应参数值，即可得到结果。

② 保存文档。

4.3.4 日期函数

常用日期函数有：

1. DATE 返回日期函数

语法：DATE（Year,Month,Day）

功能：返回代表日期的数字。

参数说明：

- Year：年，可以是 1～ 4 位数字，介于 1900 到 9999 之间。
- Month：代表每年中月份的数字，通常设置在 1～12 之间，如果所输入的月份大于 12，将从指定年份的一月份开始往上加算。
- Day：代表在该月份中第几天的数字，通常设置在 1～31 之间，如果 Day 大于该月份的最大天数，则将从指定月份的第一天开始往上累加。

2. DAY 返回天数

语法：DAY（Serial_number）

功能：返回一个月中第几天的数值，介于 1～31 之间。

参数说明：Serial_number 为一个日期值。

Serial_number 是一个序列数，1900 年 1 月 1 日为 1，1900 年 1 月 2 日为 2，依此递增，而 2009 年 1 月 1 日的序列号是 39 814，这是因为它距 1900 年 1 月 1 日有 39 814 天。

如在单元格中输入“=DAY(1234)”，返回来的值是 18，表示那一天是一个月中的第 18 天。

3. MONTH 返回月数

语法：MONTH（Serial_number）

功能：返回一个月份值，介于 1～12 之间。

参数说明：Serial_number 为一个日期值。

如在单元格中输入“=MONTH(1234)”，返回来的值是 5，表示那个月是一年中的第 5 月。

4. YEAR 返回年数

语法：YEAR（Serial_number）

功能：返回某日期对应的年份。返回值为 1900～9999 之间的整数。

参数说明：Serial_number：为一个日期值。

如在单元格中输入“=YEAR(1234)”，返回来的值是 1903，表示是 1903 年。

如图 4.3.7 所示，为 DATE()、YEAR()、MONTH()和 DAY()几个函数的使用和得到的结果。

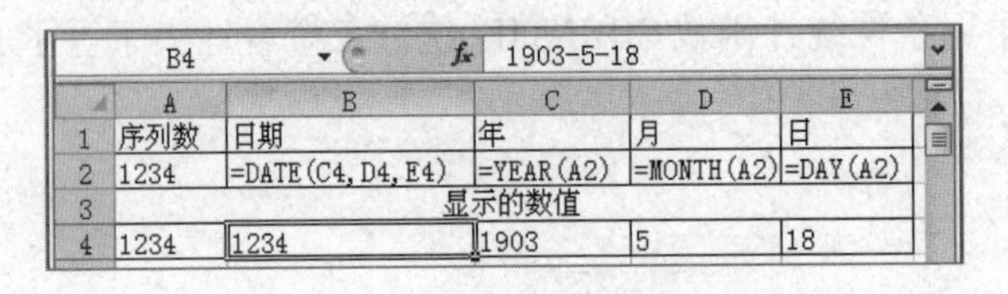

B4 1903-5-18

	A	B	C	D	E
1	序列数	日期	年	月	日
2	1234	=DATE(C4, D4, E4)	=YEAR(A2)	=MONTH(A2)	=DAY(A2)
3		显示的数值			
4	1234	1234	1903	5	18

图 4.3.7 常用日期函数的使用

5. NOW 返回系统当前日期和时间函数

语法：NOW( )

功能：返回日期格式的当前日期和时间。

参数说明：此函数没有参数。

6. TODAY 返回系统当前日期函数

语法：TODAY( )

功能：返回日期格式的当前日期，所谓当前日期即计算机系统的日期，可能与实际日期不一致。

参数说明：此函数没有参数。

7. TIME 返回特定时间的序列数

语法：TIME（Hour,Minute,Second）

功能：返回特定时间的序列数。

参数说明：

- Hour 介于 0～23 之间的数字，代表小时数。
- Minute 介于 0～59 之间的数字，代表分钟数。
- Second 介于 0～59 之间的数字，代表秒数。

选定一个空白的单元格，在其中插入 TIME 函数，参数如图 4.3.8 所示进行设置，将得到 0.229513889 的一个小数。时间值为日期值的一部分，一天有 24 小时，时间在表示时用十进制小数来表示，范围在 0～0.999988426 之间，例如 12:00 PM 可表示为 0.5，因为此时是一天的一半。

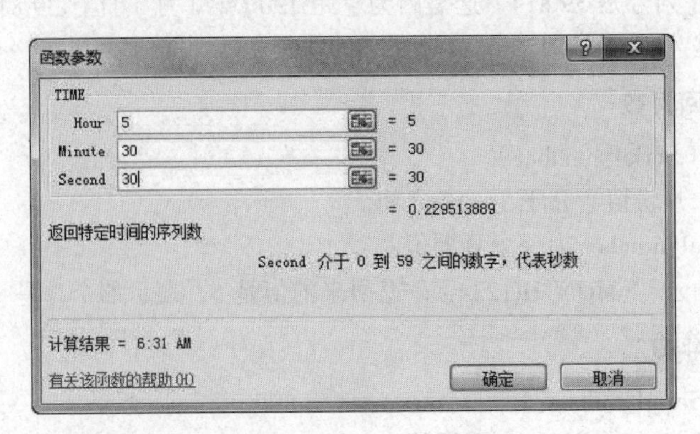

图 4.3.8 TIME 函数的参数

【例 4.3.4】请打开“例 4.3.4 日期函数.xlsx”工作簿文件，并按指定要求完成有关的操作。（注：没有要求操作的项目请不要更改。）（扫描二维码获取案例操作视频）

A. 在 B2:D2 单元格区域中使用日期时间函数对应计算 A1 单元格中相应的年月日值。

B. 保存文件。

操作步骤：

① 打开“例 4.3.4 日期函数”文件，分别在 B2、C2、D2 单元格输入公式，选择“公式”→“插入函数”→YEAR、MONTH、DAY，设置好参数，得到相应的年月日的值。

② 保存文档。

4.3.5 条件函数

常用条件函数有：

1. AND 逻辑与函数

语法：AND(Logical1,Logical2, ...)

功能：所有参数的逻辑值为真时，返回 TRUE；只要一个参数的逻辑值为假，即返回 FALSE。

参数说明：Logical1, Logical2, ...表示待检测的 1～255 个条件值，各条件值可为 TRUE 或 FALSE。

如果数组或引用参数中包含文本或空白单元格，则这些值将被忽略。如果指定的单元格区域内包括非逻辑值，则 AND 将返回错误值#VALUE!。

2. OR 逻辑或函数

语法：OR（logical1,logical2,...）

功能：在其参数组中，任何一个参数逻辑值为 TRUE，即返回 TRUE；任何一个参数的逻辑值为 FALSE，即返回 FALSE。

参数说明：同 AND 函数。

如图 4.3.9 所示，是 AND 和 OR 函数的区别，其中除了 0 是 FALSE，其他的正数和负数都是 TRUE。

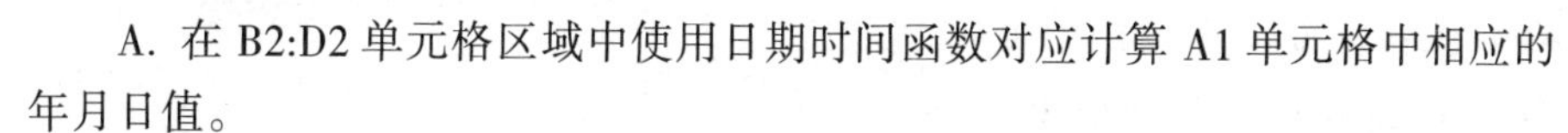

	A	B	C	D	E	F	G	H	I
1	Logical1	Logical2	and	and结果	or	or结果	Logical1	与1做and操作	与1做and操作的结果
2	1	1	=AND(A2,B2)	TRUE	=OR(A2,B2)	TRUE	-1	=AND(G2,1)	TRUE
3	1	0	=AND(A3,B3)	FALSE	=OR(A3,B3)	TRUE	0	=AND(G3,1)	FALSE
4	0	1	=AND(A4,B4)	FALSE	=OR(A4,B4)	TRUE	1	=AND(G4,1)	TRUE
5	0	0	=AND(A5,B5)	FALSE	=OR(A5,B5)	FALSE			

图 4.3.9　AND 函数和 OR 函数的区别

如图 4.3.10 所示，根据“数学”成绩做判断，是带比较运算符的 AND 和 OR 函数的使用，如果比较表达式成立为 TRUE，如果不成立为 FALSE。

3. IF 条件函数

语法：IF（Logical_test,Value_if_true,Value_if_false）

功能：判断是否满足某个条件，如果满足返回一个值，如果不满足返回另一个值。

参数说明：

- Logical_test：表示计算结果为 TRUE 或 FALSE 的任意值或表达式。
- Value_if_true：Logical_test 为 TRUE 时返回的值。
- Value_if_false：Logical_test 为 FALSE 时返回的值。

	A	B	C	D	E	F
1	语文	数学	都大于80	结果	有一个大于80	结果
2	78	87	=AND(A2>80,B2>80)	FALSE	=OR(A2>80,B2>80)	TRUE
3	79	78	=AND(A3>80,B3>80)	FALSE	=OR(A3>80,B3>80)	FALSE
4	89	63	=AND(A4>80,B4>80)	FALSE	=OR(A4>80,B4>80)	TRUE
5	88	99	=AND(A5>80,B5>80)	TRUE	=OR(A5>80,B5>80)	TRUE
6	67	59	=AND(A6>80,B6>80)	FALSE	=OR(A6>80,B6>80)	FALSE
7	87	98	=AND(A7>80,B7>80)	TRUE	=OR(A7>80,B7>80)	TRUE
8	95	88	=AND(A8>80,B8>80)	TRUE	=OR(A8>80,B8>80)	TRUE
9	90	88	=AND(A9>80,B9>80)	TRUE	=OR(A9>80,B9>80)	TRUE

图 4.3.10　带比较运算符的 AND 和 OR 函数的使用

IF 函数有 3 种使用方法：

方法 1：IF 函数的简单使用。

用图 4.3.9 所示的数据，判断"数学"成绩是否合格。判断条件是如果数学成绩大于或等于 60 分，"合格"，否则"不合格"。

① 单击 C2 单元格。

② 单击编辑栏上的 fx 按钮，在弹出的"插入函数"对话框中，选择类别"逻辑"，在"选择函数"处选择"IF"。

③ 在弹出的"函数参数"对话框中设置参数，如图 4.3.11 所示。

可以直接在 C2 单元格中输入"=IF(B2>=60,"是","否")"，要注意直接输入的时候，字符上面要加英文的双引号，在对话框中输入的时候，系统会自动加上。

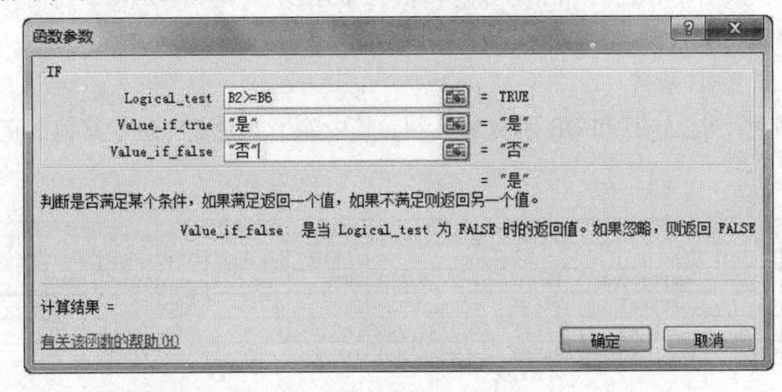

图 4.3.11　IF 函数的基本格式

方法 2：IF 函数的嵌套使用。

用图 4.3.10 所示的数据，判断"数学"成绩的等级。判断条件是如果数学成绩大于或等于 90 分为"优"，80～90 为"良"，70～80 为"中"，60～70 为"及格"，60 分以下为"不及格"。

① 单击 E2 单元格。

② 单击编辑栏上的 fx 按钮，在弹出的"插入函数"对话框中，选择类别"逻辑"，在"选

择函数”处选择“IF”。

③ 在弹出的“函数参数”对话框中设置参数，如图 4.3.12 所示。

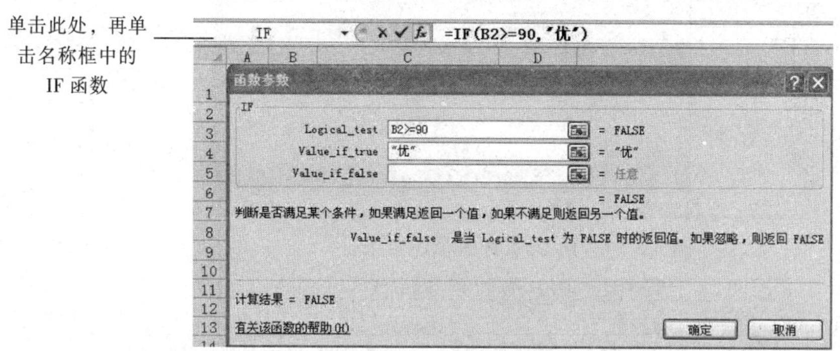

图 4.3.12 IF 函数的嵌套使用

④ 做了一次判断之后要继续判断，在 Value_if_false 处要再次单击名称框中的 IF 函数，在弹出的 IF“函数参数”中，继续做判断。直到最后一次判断只剩两个结果。

或者直接在 E2 单元格中输入“=IF(B2>=90,"优",IF(B2>=80,"良",IF(B2>=70,"中",IF(B2>=60,"合格","不合格"))))”，注意：其中用到的符号都是英文状态的符号。

这种情况叫做 IF 函数的嵌套使用，当返回值超过 2 种情况时使用，如上例，返回的结果有 5 种情况，需要使用到 4 个 IF 函数，Excel 最多允许 IF 函数嵌套 7 层。

图 4.3.13 所示的是 IF 函数的简单实用和嵌套使用的情况：

G24

	A	B	C	D	E	F
1	语文	数学	数学成绩是否合格	数学成绩是否合格	数学成绩等级	数学成绩等级
2	78	87	=IF(B2>=60,"是","否")	是	=IF(B2>=90,"优",IF(B2>=80,"良",IF(B2>=70,"中",IF(B2>=60,"合格","不合格"))))	良
3	79	78	=IF(B3>=60,"是","否")	是	=IF(B3>=90,"优",IF(B3>=80,"良",IF(B3>=70,"中",IF(B3>=60,"合格","不合格"))))	中
4	89	63	=IF(B4>=60,"是","否")	是	=IF(B4>=90,"优",IF(B4>=80,"良",IF(B4>=70,"中",IF(B4>=60,"合格","不合格"))))	合格
5	88	99	=IF(B5>=60,"是","否")	是	=IF(B5>=90,"优",IF(B5>=80,"良",IF(B5>=70,"中",IF(B5>=60,"合格","不合格"))))	优
6	67	59	=IF(B6>=60,"是","否")	否	=IF(B6>=90,"优",IF(B6>=80,"良",IF(B6>=70,"中",IF(B6>=60,"合格","不合格"))))	不合格
7	87	98	=IF(B7>=60,"是","否")	是	=IF(B7>=90,"优",IF(B7>=80,"良",IF(B7>=70,"中",IF(B7>=60,"合格","不合格"))))	优
8	95	88	=IF(B8>=60,"是","否")	是	=IF(B8>=90,"优",IF(B8>=80,"良",IF(B8>=70,"中",IF(B8>=60,"合格","不合格"))))	良
9	90	88	=IF(B9>=60,"是","否")	是	=IF(B9>=90,"优",IF(B9>=80,"良",IF(B9>=70,"中",IF(B9>=60,"合格","不合格"))))	良

图 4.3.13 IF 函数的简单使用和嵌套使用的公式和结果

方法 3：有多个逻辑条件。

用图 4.3.10 所示的数据，判断如果“语文”和“数学”都大于 80 分，返回“良好”，否则返回“一般”。

IF 函数的这种情况是判断条件比较复杂，首先要分析涉及几个条件，然后判断各个条件之间的关系，选择 AND 和 OR 函数来表示条件之间的关系。

① 单击 G2 单元格。

② 单击编辑栏上的 f_x 按钮，在弹出的“插入函数”对话框中，选择类别“逻辑”，在“选择函数”处选择“IF”。

③ 在弹出的“函数参数”对话框中设置参数，如图 4.3.14 所示。

由于逻辑条件需要用到逻辑函数 AND 函数或者 OR 函数，在做这种情况的 IF 函数时，先输入 Value_if_true 和 Value_if_false 处的结果，然后单击 Logical_test，在“名称框”的下拉菜单中选择逻辑函数 AND 和 OR，进一步设置条件，如图 4.3.15 所示。

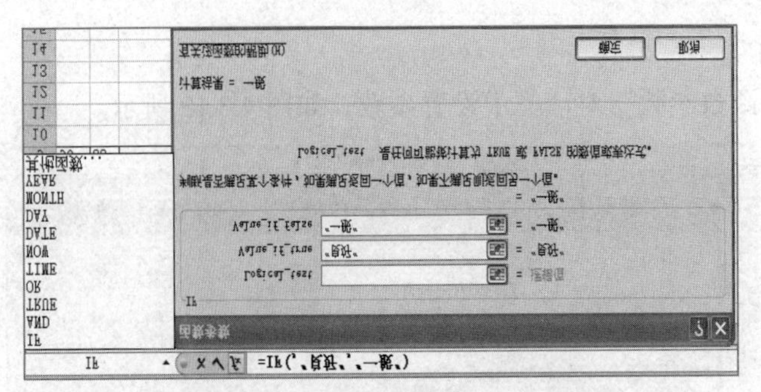

图 4.3.14　IF 函数有多个逻辑条件

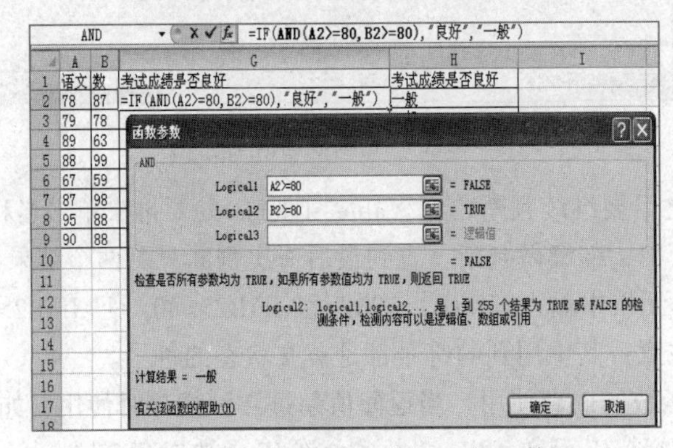

图 4.3.15　IF 函数中使用逻辑函数

或者直接在 G2 单元格中输入“=IF(AND(A2>=80,B2>=80),"良好","一般")”，注意：其中用到的符号都是英文状态的符号。

【例 4.3.5】请打开“例 4.3.5 条件函数.xlsx”工作簿文件，并按指定要求完成有关的操作。（注：没有要求操作的项目请不要更改。）（扫描二维码获取案例操作视频）

A. 在 Sheet1 工作表的 D3:D40 区域使用 IF 函数计算补考成绩是否及格，补考成绩大于等于 60 分的，“是否及格”列显示为“是”，否则为“否”。（是否及格的结果使用汉字是或否，不包含双引号。）

B. 保存文件。

操作步骤：

① 打开“例 4.3.5 条件函数”文件，选中 D3 单元格，选择“公式”→“插入函数”→选择“IF”函数，打开“IF 函数”对话框。

② 在“IF 函数”对话框中输入相应的参数，第 1 个参数输入“C3>=60”，第 2 个输入“是”，第 3 个输入“否”，确定即可得到结果。

③ 保存文档。

4.3.6　财务函数

常用账务函数有：

1. PMT 分期付款函数

语法：PMT（Rate,Nper,pv,Fv,Type）

功能：基于固定利率及等额分期付款方式，返回贷款的每期付款额。

参数说明：

- Rate：贷款利率。
- Nper：该项贷款的付款总数。
- Pv：现值，或一系列未来付款的当前值的累积和，也称为本金。
- Fv：为未来值，或在最后一次付款后希望得到的现金余额，如果省略 Fv，则假设其值为零，也就是一笔贷款的未来值为零。
- Type：数字 0 或 1，用以指定各期的付款时间是在期初还是期末，Type 为 0 或省略代表期末；Type 为 1 代表期初。

假如贷款 1 万元，按 8%的年利率，分 10 个月偿还，求每月末要支付的金额，数据表如图 4.3.16 所示。

	A	B
1	数据	说明
2	8%	年利率
3	10	支付的月份数
4	10000	贷款额

图 4.3.16　基本数据和说明

操作步骤如下：

① 定 A6 单元格，输入函数“=PMT(A2/12, A3, A4)”，或者选定 A6 单元格，单击“公式”选项卡“函数库”组中的“插入函数”按钮，选择 PMT 函数，在弹出的对话框中设置参数，如图 4.3.17 所示。

② 按 Enter 键或者单击“确定”按钮，得到结果，如图 4.3.18 所示。

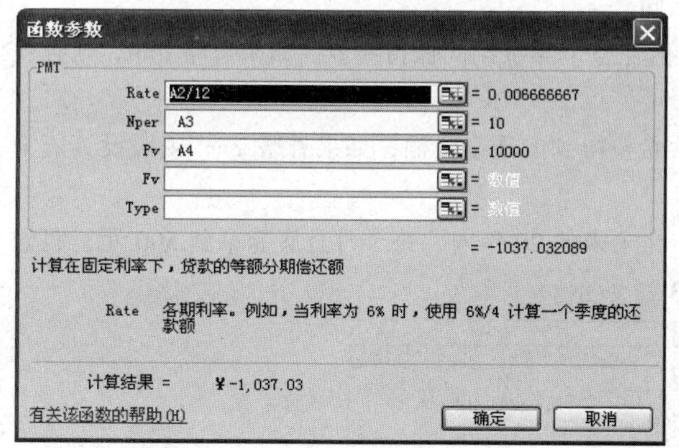

图 4.3.17　PMT 函数参数设置

A6　fx =PMT(A2/12, A3, A4)

	A	B
1	数据	说明
2	8%	年利率
3	10	支付的月份数
4	10000	贷款额
5	公式	说明（结果）
6	¥-1,037.03	在上述条件下贷款的月支付额

图 4.3.18　使用 PMT 函数得到的结果

说明：参数 Rate 与 Nper 必须一致，即如果 Rate 是年利率，则期限 Nper 设置为年，如果 Rate 是月利率，期限 Nper 为月，如果给出的参数不一致，则需要进行转换。

因为要在 10 个月后全部还当清，所以未来值为零，可以省略该 Fv 参数。因为是选择月末还，所以 Type 也可以省略。

假如在一定的利率下，希望在 18 年后得到 5 万元，每个月应往银行存多少钱？数据表如图 4.3.19 所示。

操作步骤如下：

① 选定 A6 单元格，输入函数“=PMT(A2/12, A3*12, 0, A4)”。

② 按 Enter 键，出现图 4.3.20 所示的结果。

	A	B
1	数据	说明
2	6%	年利率
3	18	计划储蓄的年数
4	50,000	18 年内计划储蓄的数额 fv

图 4.3.19　基本数据和说明

A6　=PMT(A2/12, A3*12, 0, A4)

	A	B
1	数据	说明
2	6%	年利率
3	18	计划储蓄的年数
4	50,000	18 年内计划储蓄的数额 fv
5	公式	说明（结果）
6	￥-129.08	为 18 年后最终得到 50,000，每个月应存的数额（-129.08）

图 4.3.20　使用 PMT 函数得到的结果

③ 或者选定 A6 单元格，单击“公式”选项卡“函数库”组中的“插入函数”按钮，选择 PMT 函数，弹出图 4.3.17 所示的 PMT 对话框。在贷款利率 Rate 输入月利率，要把年利率转换成月利率。在该项贷款的付款总数 Nper 中输入贷款的期限。因为是想在 18 年后最终得到 5 万元，所以现在现值为零，未来值 Fv 为 50 000 元。因为是选择月末还，所以 Type 省略。

2. PV 返回投资现值函数

语法：PV（Rate,Nper,Pmt,Fv,Type）

功能：返回投资的现值。现值为一系列未来付款的当前值的累积和。

参数说明：

- Rate、Nper、Type 参数与 Pmt 函数相同。
- Pmt：为各期所应支付的金额，其数值在整个年金期间保持不变。如果忽略 Pmt，则必须包含 Fv 参数。
- Fv：为未来值，或在最后一次支付后希望得到的现金余额，如果省略 Fv，则假设其值为零（一笔贷款的未来值即为零）。

假设投资一项保险需一次付款 6 万元，在未来的 20 年内，每个月月底能拿到 500 元，假如年利率为 8%，求投资现值。数据表如图 4.3.21 所示。

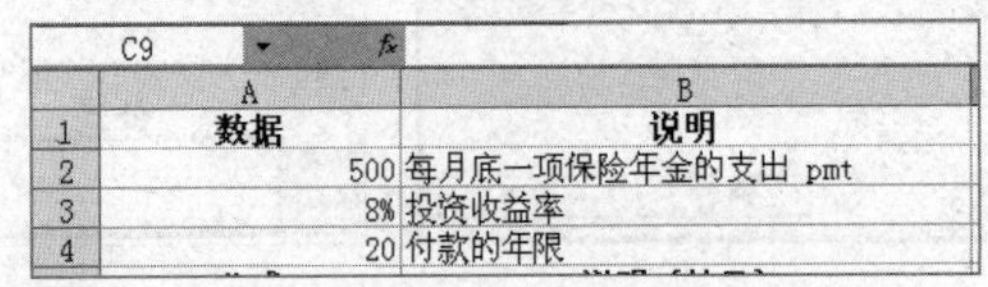

C9

	A	B
1	数据	说明
2	500	每月底一项保险年金的支出 pmt
3	8%	投资收益率
4	20	付款的年限

图 4.3.21　基本数据和说明

① 选定 A6 单元格，输入函数“=PV(A3/12, 12*A4, A2, , 0)”。

② 按 Enter 键，得到图 4.3.22 所示的结果。

A6　=PV(A3/12, 12*A4, A2, , 0)

	A	B
1	数据	说明
2	500	每月底一项保险年金的支出
3	8%	投资收益率
4	20	付款的年限
5	公式	说明（结果）
6	￥-59,777.15	在上述条件下年金的现值 。

图 4.3.22　使用 PV 函数得到的结果

或者选定 A6 单元格，单击“公式”选项卡“函数库”组中的“插入函数”按钮，选择 PV，设置参数，如图 4.3.23 所示。

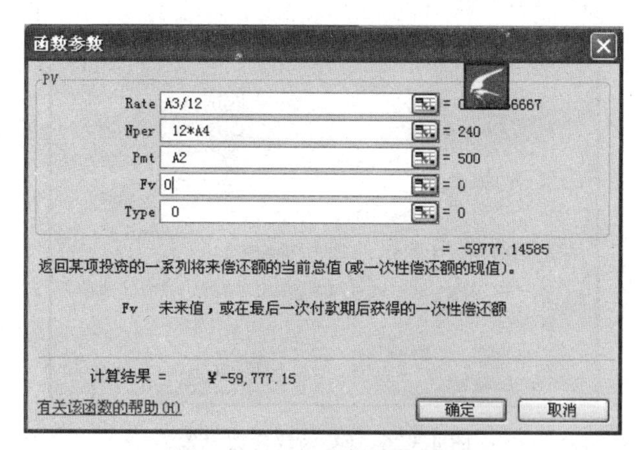

图 4.3.23 PV 函数参数设置

PV 函数的返回结果为-59 777.15，说明这项保险现在值 59 777.15 元，比购买的所付的钱少，说明如果购买这项保险是不合算的。

3. FV 返回投资未来值函数

语法：FV（Rate,Nper,Pmt,Pv,Type）

功能：基于固定利率及等额分期付款方式，返回某项投资的未来值。

参数说明：

- Rate、Nper、Type 参数与 Pmt 函数相同。
- Pmt：为各期所应支付的金额，其数值在整个年金期间保持不变。如果忽略 pmt，则必须包括 Pv 参数。
- Pv：为现值，即从该项投资开始计算时已经入账的款项，或一系列未来付款的当前值的累积和，也称为本金。如果省略 Pv，则假设其值为零，并且必须包括 Pmt 参数。

在年利率为 6%下，现在银行账号上有 500 元，而在今后的 10 个月中每个月月初往银行存 200 元，求 10 月后投资的未来值。数据表如图 4.3.24 所示。

① 定 A8 单元格，输入函数“=FV(A2/12, A3, A4, A5, A6)”。

② 按 Enter 键，得到图 4.3.25 所示的结果。

	A	B
1	数据	说明
2	6%	年利率
3	10	付款期总数
4	-200	各期应付金额
5	-500	现值
6	1	各期的支付时间在期初

图 4.3.24 基本数据和说明

A8 =FV(A2/12, A3, A4, A5, A6)

	A	B
1	数据	说明
2	6%	年利率
3	10	付款期总数
4	-200	各期应付金额
5	-500	现值
6	1	各期的支付时间在期初
7	公式	说明（结果）
8	￥2,581.40	在上述条件下投资的未来值

图 4.3.25 使用 FV 函数得到的结果

或者选定 A8 单元格，单击“公式”选项卡“函数库”组中的“插入函数”按钮，选择 FV，弹出“函数参数”对话框，参数设置如图 4.3.26 所示。

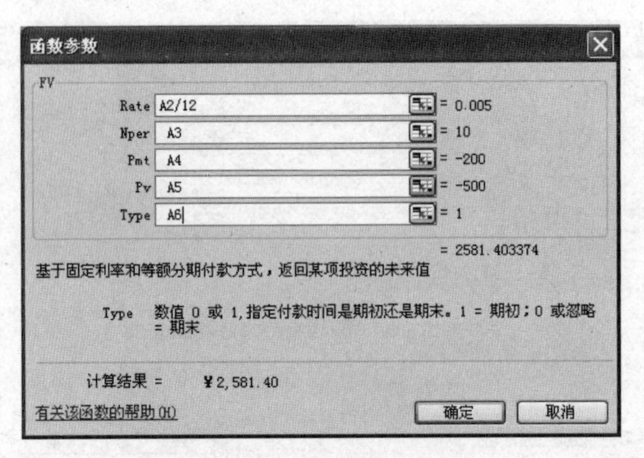

图 4.3.26　FV 函数参数设置

【例 4.3.6】请打开“例 4.3.6 财务函数.xlsx”工作簿文件，并按指定要求完成有关的操作。（注：没有要求操作的项目请不要更改。）（扫描二维码获取案例操作视频）

A. 删除“备注”工作表。

B. 利用 Sheet1 工作表中的数据，在 E2 单元格计算储蓄到期额。（提示：必须使用 FV 函数，不使用指定的函数不得分。）

C. 保存文件。

操作步骤：

① 打开“例 4.3.6 财务函数”文件，单击 “备注”工作表标签，右击弹出快捷菜单，选择“删除”命令删除工作表。

② 单击 Sheet1 工作表，选中 E8 单元格，选择“公式”→“插入函数”，“FV”函数，打开“FV 函数”对话框。

③ 按 FV 函数参数要求逐一输入相应参数，单击“确定”按钮即可。

④ 保存文档。

4.3.7　频率分布函数

FREQUENCY 频率分布函数

语法：FREQUENCY(Data_array,Bins_array)。

功能：以一列垂直数组返回某个区域中数据的频率分布。

参数说明：

- Data_array：为一数组或对一组数值的引用，用来计算频率，忽略空白单元格和文本。
- Bins_array：为间隔的数组或对间隔的引用，该间隔用于对 Data_array 中的数值进行分组，设定对 Data_array 进行频率计算的分段点。

用图 4.3.27 所示的数据，统计语文和数学的平均分在 70 以下，70～80 分，80～90，90 分以上的人数各是多少。

操作步骤：

① 单击 C1 单元格，输入平均分，单击 C2 单元格，使用 AVERAGE ()函数计算出平均分。

② 在空白区域建立间隔数组，即分段点，选定 E2 单元格，输入“<70”，选定 F2 单元格，输入 69.9（由于平均分保留 1 位小数，在设置分段点时也要设置 1 位小数），同样的方法依次在 E3:E5 单元格区域输入“70～80”“80～90”“>90”，在 F3:F4 单元格区域输入 79.9，89.9。

③ 定 G2:G5 区域，作为结果数组输出区域。

④ 数类别选择“统计”，选择函数 FREQUENCY，Data_array 参数选定 C2:C9 单元格区域，Bins_array 参数选定 F2:F4 区域。

⑤ 按 Ctrl+Shift+Enter 组合键，得到结果。如图 4.3.27 所示。

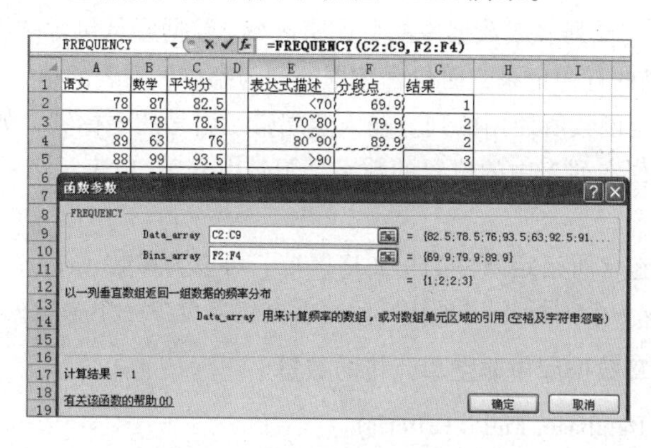

图 4.3.27 FREQUENCY 函数的使用

说明：在使用频率分布函数时要注意以下三点：

第一，要注意分段点的设置，如本例中，对平均分分成 4 个间隔进行统计，那么分段点有 3 个，也就是说分段点的个数比间隔数少 1 个。

第二，在插入频率分布函数前要选定的是一个数组，而不是一个单元格，分成几个间隔，就选择几个单元格作为结果输出数组。

第三，频率分布函数必须按 Ctrl+Shift+Enter 组合键，否则不能得到正确的结果。

【例 4.3.7】请打开“例 4.3.7 频率分布函数.xlsx”工作簿文件，并按指定要求完成有关的操作。（注：没有要求操作的项目请不要更改。）（扫描二维码获取案例操作视频）

A. 在工作表“Sheet1”B10:B12 单元格区域中用频率分布函数统计数据源区域 A2:A8 各区间的值的个数（即统计 40 以下、40～60、60 以上各分数段的值的个数），统计的区间由 B2 至 B3 各值所确定。

B. 保存文件。（必修使用 FREQUENCY 函数操作，可查看函数使用的提示和帮助，不用函数不得分。）

操作步骤：

① 打开“例 4.3.7 频率分布函数”文件，选中 B10 单元格，选择“公式”→“插入函数”，选择“frequency”函数，打开“frequency 函数”对话框。

② 在 frequency 函数对话框中输入相应的参数，即可得到结果，其他区间同理得到相应结果。

③ 保存文档。

4.3.8 数据库统计函数

常用数据库统计函数有：

1. DCOUNT 计算数据库中包含数字的单元格的数量

语法：DCOUNT(Database, Field, Criteria)

功能：计算数据库中包含数字的单元格的数量。

参数说明：

- Database 必需。构成列表或数据库的单元格区域。数据库是包含一组相关数据的列表，其中包含相关信息的行为记录，而包含数据的列为字段。列表的第一行包含每一列的标签。
- Field 必需。指定函数所使用的列。输入两端带双引号的列标签，如 "使用年数" 或 "产量"；或是代表列在列表中的位置的数字（不带引号）：1 表示第一列，2 表示第二列，依此类推。
- Criteria 必需。包含所指定条件的单元格区域。可以为参数 Criteria 指定任意区域，只要此区域包含至少一个列标签，并且列标签下方包含至少一个指定列条件的单元格。

2. DCOUNTA 计算数据库中非空单元格的数量

语法：DCOUNTA(Database, Field, Criteria)

功能：计算数据库中非空单元格的数量。

参数说明：同 DCOUNT 函数。

3. DMAX 返回所选数据库条目的最大值

语法：DMAX(Database, Field, Criteria)

功能：返回列表或数据库中满足指定条件的记录字段（列）中的最大数字。

参数说明：同 DCOUNT 函数。

4. DMIN 返回所选数据库条目的最小值

语法：DMIN (Database, Field, Criteria)

功能：返回列表或数据库中满足指定条件的记录字段（列）中的最小数字。

参数说明：同 DCOUNT 函数。

5. DSUM 对数据库中符合条件的记录的字段列中的数字求和

语法：DSUM(Database, Field, Criteria)

功能：返回列表或数据库中满足指定条件的记录字段（列）中的数字之和。

参数说明：同 DCOUNT 函数。

6. DAVERAGE 返回所选数据库条目的平均值

语法：DAVERAGE(Database, Field, Criteria)

功能：对列表或数据库中满足指定条件的记录字段（列）中的数值求平均值。

参数说明：同 DCOUNT 函数。

从上面给出的六个数据库统计函数的语法可知，所有的数据库统计函数的语法都是相同的，首先要在空白区域建立 Criteria，Criteria 的设置最重要也是最难的地方。

Criteria 条件区域的建立，要注意以下几点：

第一，条件中所有涉及的字段名要放在同一行，如图 4.3.28 中，虽然只是涉及两个字段，但是其中有一个要比较两次，所以将涉及的字段名放在同一行。

第二，如果同一个字段要比较多次就要出现多次，如图 4.3.28 中，“重量”要比较两次，则在创建条件是要出现两次。

第三，在字段名的下一行开始输入条件，如果不同的条件要同时满足，则放在同一行，如果满足其中一个就行，就放在不同行。如图 4.3.28 中，三个条件要同时满足，所以放在同一行。

F12 =DSUM(A2:D13,D2,Criteria)

	A	B	C	D	E	F	G
1	1999年1-3月茶叶公司发货清单						
2	日期	地点	等级	重量	等级	重量	重量
3	1999-1-8	森谷	B	362	A	>=300	<=400
4	1999-1-14	泸川	C	368			
5	1999-1-18	林河	C	380			
6	1999-1-28	马岭	A	340			
7	1999-2-5	马岭	D	490			
8	1999-2-9	泸川	D	450			
9	1999-2-18	泸川	D	180			
10	1999-2-23	森谷	A	320			
11	1999-2-28	森谷	D	260			
12	1999-3-10	泸川	A	250		660	
13	1999-3-14	泸川	C	160			

计数将所有等级为A重量在 [300，400] 范围的重量和，条件区域的起始位置是E1，结果放到F12单元格。

图 4.3.28　数据库统计函数的使用

【例 4.3.8】请打开“例 4.3.8 数据库统计函数.xlsx”工作簿文件，并按指定要求完成有关的操作。（注：没有要求操作的项目请不要更改。）（扫描二维码获取案例操作视频）

A. 在工作表“Sheet1”C13:C15 单元格区域中用数据库函数 DMAX 分别计算出数据源区域 A1:D7 中满足制定数据库条件的最大数值，数据条件单元格区域分别 B9:B10，C9:C10，D9:D10。

B. 保存文件。（提示：必修使用 DMAX 函数操作，可查看函数使用的提示和帮助，不用函数不得分。）

操作步骤：

① 打开“例 4.3.8 数据库统计函数”文件。

② 单击 Sheet1 工作表，选中 C13 单元格，选择“公式”→“插入函数”，选择“DMAX 函数”，打开“DMAX 函数”对话框，按 DMAX 函数参数要求逐一输入相应参数，单击“确定”按钮即可，其他区间的统计方法同理得到相应的结果。

③ 保存文档。

4.3.9　查找函数

VLOOKUP 查找函数

语法：VLOOKUP（Lookup_value, Table_array, Col_index_num, [Range_lookup]）

功能：函数搜索某个单元格区域的第一列，然后返回该区域相同行上任何单元格中的值。

参数说明：

- Lookup_value 必需。要在表格或区域的第一列中搜索的值。Lookup_value 参数可以是值或引用。如果为 Lookup_value 参数提供的值小于 Table_array 参数第一列中的最小值，则 VLOOKUP 将返回错误值#N/A。
- Table_array 必需。包含数据的单元格区域。可以使用对区域（例如，A2:D8）或区域名称的引用。Table_array 第一列中的值是由 Lookup_value 搜索的值。这些值可以是文本、数字或逻辑值。文本不区分大小写。
- Col_index_num 必需。Table_array 参数中必须返回的匹配值的列号。Col_index_num 参数为 1 时，返回 Table_array 第一列中的值；Col_index_num 为 2 时，返回 Table_array 第二列中的值，依此类推。
- Range_lookup 可选。一个逻辑值，指定希望 VLOOKUP 查找精确匹配值还是近似匹配值：如果 Range_lookup 为 TRUE 或被省略，则返回精确匹配值或近似匹配值。如果找不到精确匹配值，则返回小于 Lookup_value 的最大值。

要点：

如果 Range_lookup 为 TRUE 或被省略，则必须按升序排列 Table_array 第一列中的值；否则，VLOOKUP 可能无法返回正确的值。

如果 Range_lookup 为 FALSE，则不需要对 Table_array 第一列中的值进行排序。

如果 Range_lookup 参数为 FALSE，VLOOKUP 将只查找精确匹配值。如果 Table_array 的第一列中有两个或更多值与 Lookup_value 匹配，则使用第一个找到的值。如果找不到精确匹配值，则返回错误值#N/A。

如图 4.3.29 所示，用 VLOOKUP 函数查找何书山的基本工资。

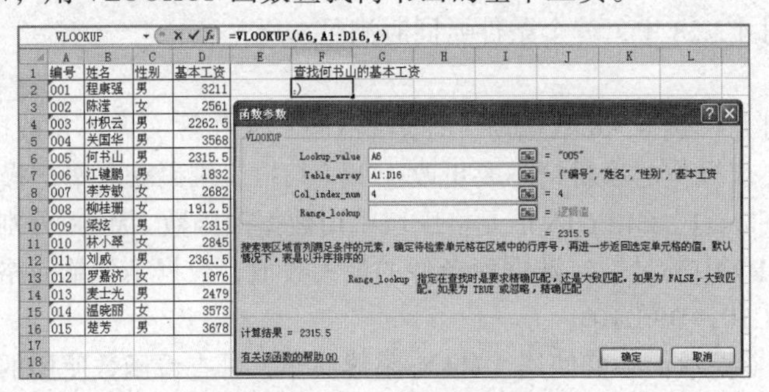

图 4.3.29　VLOOKUP 函数的使用

【例 4.3.9】请打开“例 4.3.9 查找函数.xlsx”工作簿文件，并按指定要求完成有关的操作。（注：没有要求操作的项目请不要更改。）（扫描二维码获取案例操作视频）

A. 在“成绩查询”工作表 B2：B13 区域中使用 VLOOKUP 函数将各人员的成绩从“四级英语考试成绩”工作表中查找出来（提示：必须使用 VLOOKUP 函数，不使用指定的函数不得分）；

B. 保存文件。

操作步骤：

① 打开“例 4.3.9 查找函数”文档，先在四级英语考试成绩工作表中按字段准考证号升序进行数据表 A1:C13 排序；

② 在成绩查询工作表中选中 B2 单元格，选择“公式”→“插入函数”→“VLOOKUP”函数，弹出 VLOOKUP 函数对话框，输入相应的参数值，即可得到结果；

③ 保存文档。

4.4　图 表 应 用

在使用 Excel 2010 分析数据时，可以使用各种类型的图表来展示枯燥的数据，图表可以将数据直观、形象地转化为可视化的图形。

4.4.1　图表概述

通过图表可以更清楚地展示数据、分析数据和查看数据。一张完整的图表包括图表标题、坐标轴、图表区、绘图区、数据系列、网格线和图例等内容，如图 4.4.1 所示。

各个组成部分的具体作用如下：

- 图表标题：用于说明图表的主要用途。
- 坐标轴：用于显示数据系列的名称（分类轴）及其对应的数值（数值轴）。
- 图表区：用于存放图表各个组成部分的场所。
- 绘图区：用于显示数据系列的变化。
- 数据系列：用不同长短或大小的形状来表示数据的变化。
- 网格线：用于辅助查看数据系列的数据大小。
- 图例：用于标识每个数据系列代表的名称。

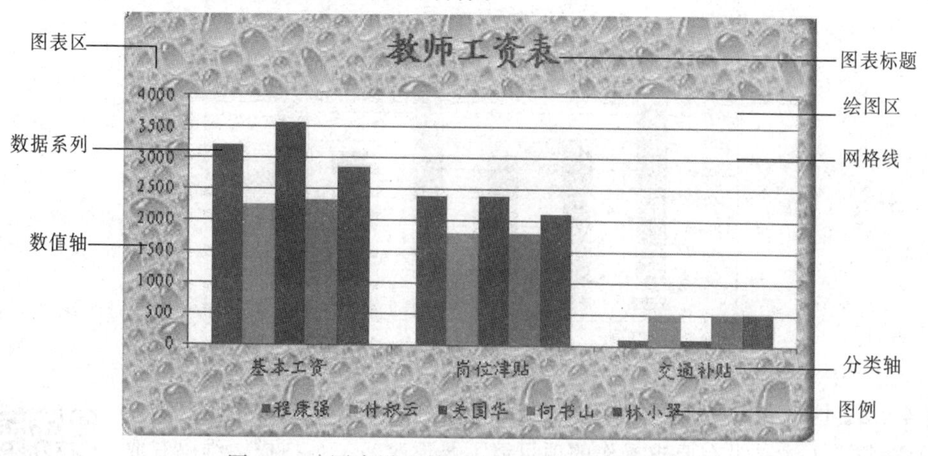

图 4.4.1　图表设置效果图以及图表的组成部分

4.4.2　创建图表

图表都与创建它们的工作表数据相链接，当修改工作表数据时，图表会随之更新。在 Excel 2010 中创建图表的方法有两种：一种是通过下拉菜单创建；另一种是通过对话框创建。不管是哪一种方法创建，首先要做的是确定数据源。

① 通过下拉菜单创建：选择需要创建图表的数据源，在“插入”选项卡“图表”组中单击需要的图表类型的按钮，在弹出的下拉菜单中选择需要的子类图表类型即可，如图 4.4.2 所示。

② 通过对话框创建：选择需要创建图表的数据源，在“插入”选项卡“图表”组中单击对话框启动器按钮，如图 4.4.2 所示，打开的“插入图表”对话框中选择需要的图表类型，如图 4.4.3 所示。

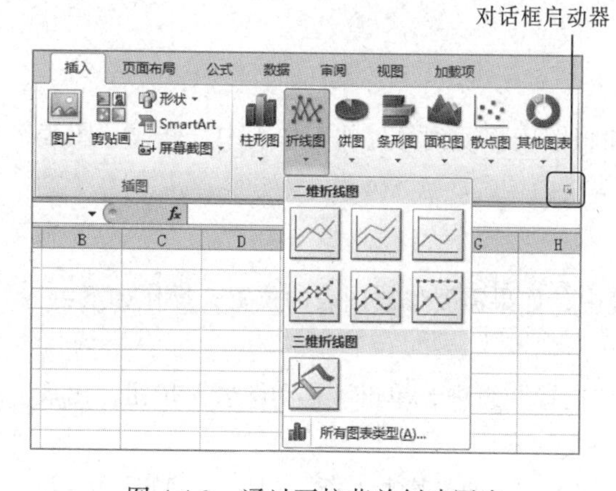

图 4.4.2　通过下拉菜单创建图表

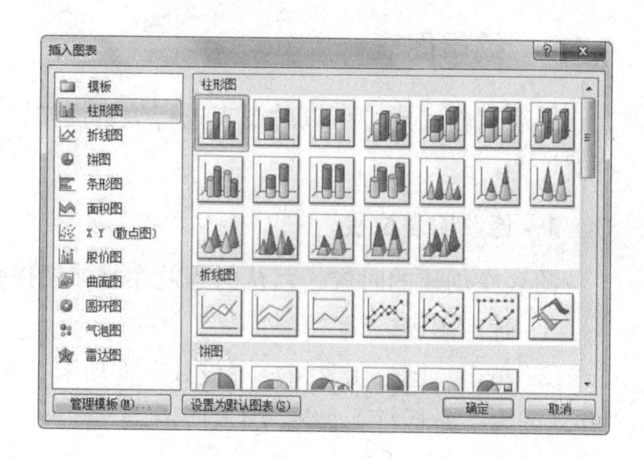

图 4.4.3　通过对话框创建图表

下面用“教师工资表.xisx”工作簿的“图表”工作表中以前5条记录的“姓名”和“基本工资”创建一个图表。

由于“姓名”和“基本工资”两个字段是不连续的，所以在选定了前 5 条记录的“姓名”之后（即按住鼠标左键从 B3 拖到 B7），在按住 Ctrl 键的同时，按住鼠标左键从 F3 拖到 F7，数据源选定好之后，在“插入”选项卡“图表”组中单击“柱形图”，在子类型中选择“簇状柱形图”，即可以创建一个图 4.4.4 所示的图表。

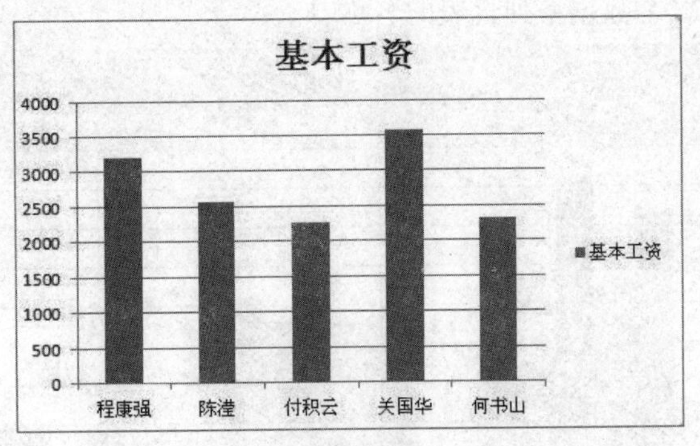

图 4.4.4　图表示例

【例 4.4.2】请打开“例 4.4.2 创建图表.xlsx”工作簿文件，并按指定要求完成有关的操作。（注：没有要求操作的项目请不要更改。）（扫描二维码获取案例操作视频）

A. 选择“景区”和“合计”两列的数据，绘制圆环图，要求图例位置靠左，数据标签显示类别名称和百分比，图表标题显示在图表上方，内容为“景区游客统计”。

B. 保存文件。

操作步骤：

① 打开“例 4.4.2 创建图表”文档，选中“景区”和“合计”两列数据，选择“插入”→“插图”组→“图表”命令，选中圆环图，得到圆环图的初形。

② 在圆环图的初形中按要求编辑相应的数据参数内容，即可得到相应的图表图。

③ 保存文档。

4.4.3　编辑图表

图表制作完成，可以对图表进行编辑操作，如将图表移动到另外的工作表中、修改“图表样式”等。

1. 修改图表位置

图表在创建的时候，默认的是放在当前工作表中，如果需要修改图表的位置，操作如下：

① 选定图表。

② 单击“图表工具”→“设计”选项卡，在“位置”组中，单击“移动图表”按钮，出现“移动图表”对话框，如图 4.4.5 所示。

③ 选定“新工作表”单选按钮，输入新工作表的名称，如“基本工资”，单击“确定”按钮，

将图表移到新工作表“基本工资”中。

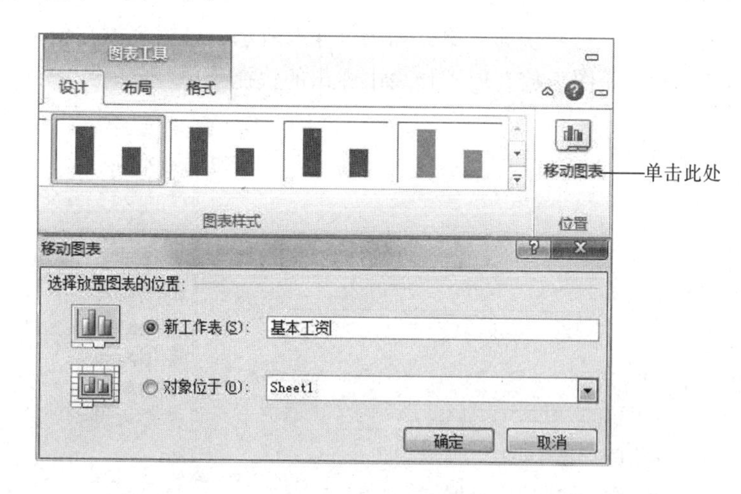

图 4.4.5 “移动图表”对话框

2. 修改图表样式

① 在“基本工资”工作表中选定图表。

② 单击“图表工具”→“设计”选项卡，在“图表样式”组中，从图表样式区域中选择“样式 8”，如图 4.4.6 所示。

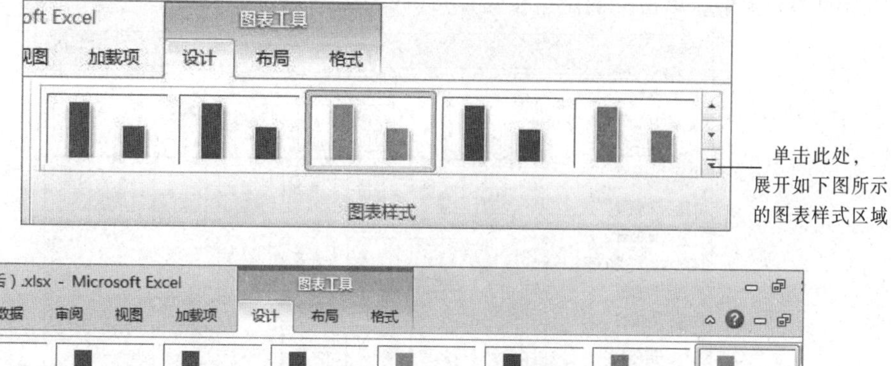

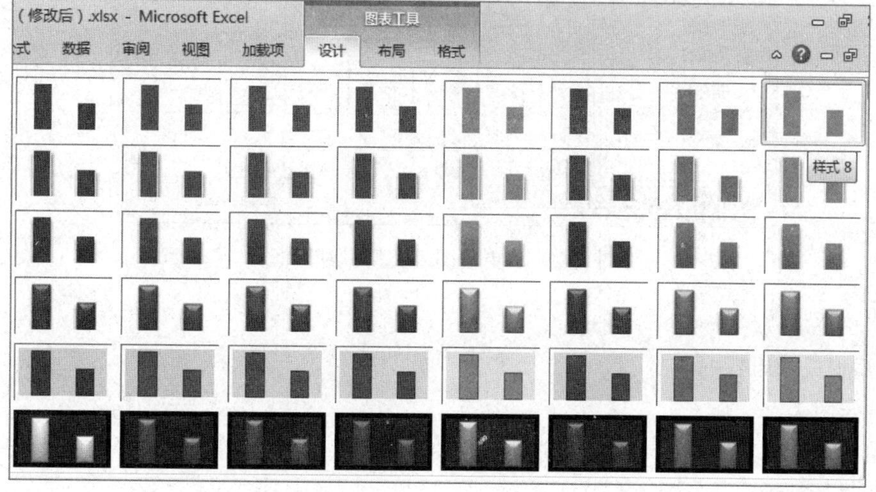

图 4.4.6 修改图表样式

3．修改图表类型

① 在图表上右击，打开快捷菜单，如图 4.4.7 所示，是图表放在新工作表中弹出的快捷菜单；如图 4.4.8 所示，是图表放在原工作表中弹出的快捷菜单。

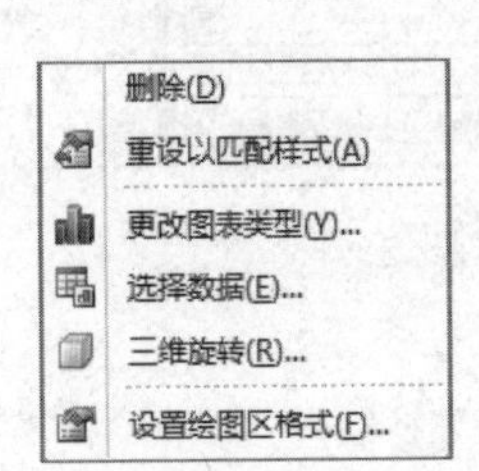

图 4.4.7　图表放在新工作表中的快捷菜单

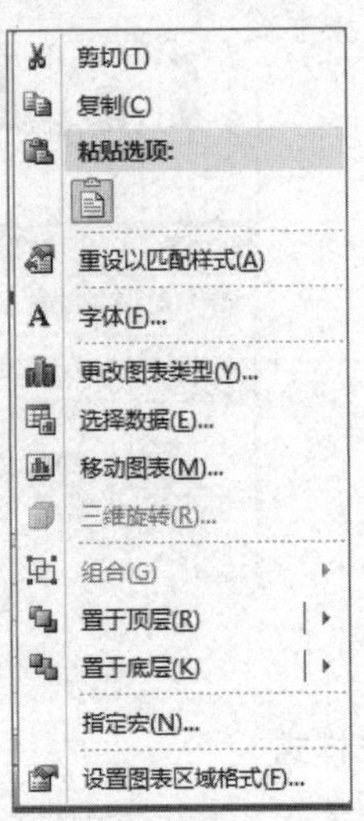

图 4.4.8　图表在原工作表中的快捷菜单

② 选择“更改图表类型”命令，打开“更改图表类型”对话框，如图 4.4.9 所示，在其中选择新的图表类型，单击“确定”按钮即可。

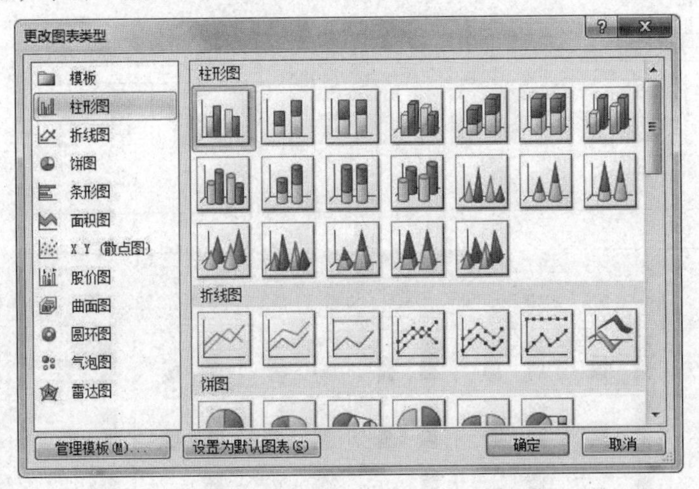

图 4.4.9　“更改图表类型”对话框

4．更改数据源

（1）添加或编辑数据

① 选定图表。

② 单击“图表工具”→“设计”选项卡，在“数据”组中，单击“选择数据”按钮，打开“选择数据源”对话框，如图 4.4.10 所示。

在图 4.4.10 所示的“选择数据源”对话框，中单击“添加”或者“编辑”按钮，可打开“编辑数据系列”对话框，单击其中的“系列名称”和“系列值”文本框后的“折叠”按钮，选择添加数据系列的名称和值所在的单元格或单元格区域，单击“确定”按钮。

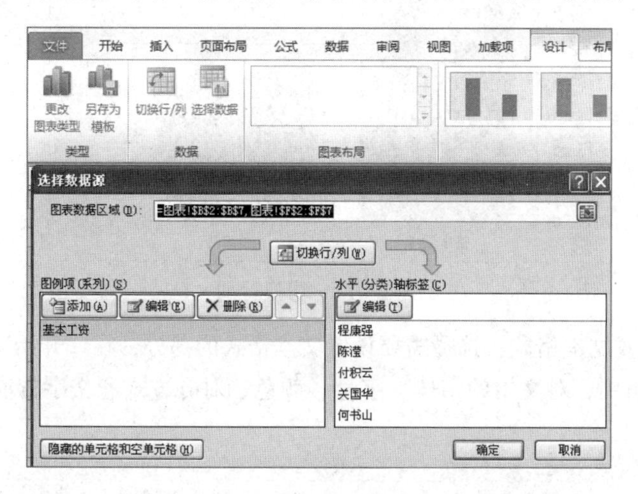

图 4.4.10 “选择数据源”对话框

如图 4.4.11 所示，是在图表中增加“岗位津贴”之后的效果图。

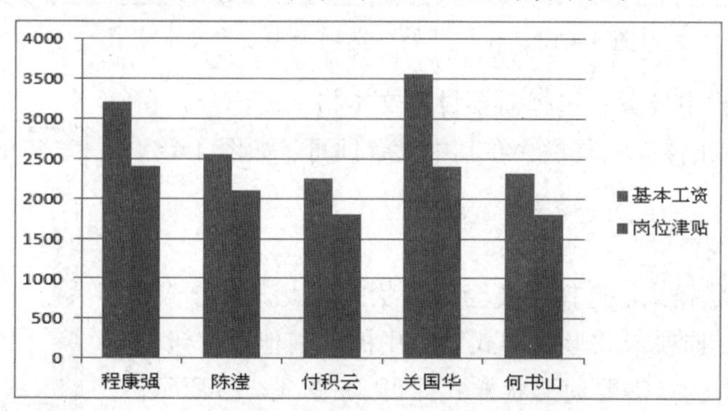

图 4.4.11 在图表中添加数据

往图表中添加数据，还有一种简单的方法：在工作表中选定要添加的数据区域，按 Ctrl+C 复制，然后在图表上按 Ctrl+V，即可完成数据的添加。

如要在图 4.4.11 的基础上在添加“交通补贴”的数据，则先在工作表中选定“H2:H7”区域，按 Ctrl+C 组合键复制，然后在图表上按 Ctrl+V 组合键，即可完成数据的添加。

（2）删除数据

要删除数据系列，直接在图表中选中一个系列，按 Delete 键即可。也可以在“选择数据源”对话框中单击“删除”按钮，如图 4.4.10 所示。

（3）切换行/列

单击“切换行/列”按钮，可以将图表中图例和分类坐标轴的位置切换，如图 4.4.12 所示。

5．美化图表选外观

（1）设置图表中的文本格式

设置图表文本格式主要有两种方法：一是在功能区中设置；另一种是在浮动工具栏中设置。

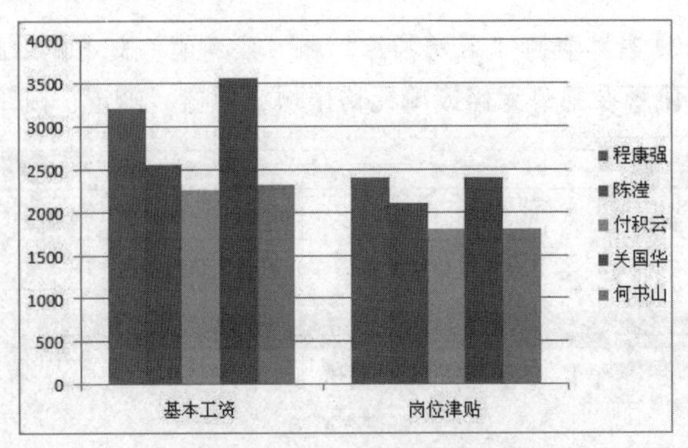

图 4.4.12　切换行列

① 功能区中设置文本格式：选择需要设置文本格式的部分，在“开始”选项卡“字体”组中和“对其方式”组中，对文本的字体、字号、颜色、对齐方式和文字方向等格式进行设置，如图 4.4.13 所示。

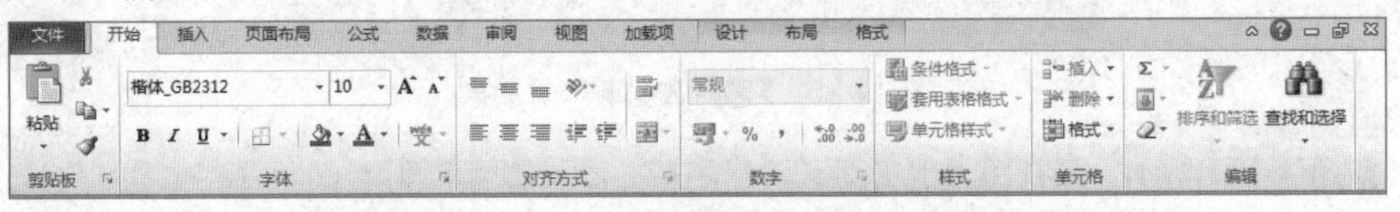

图 4.4.13　在“开始”选项卡中设置文本格式

② 在浮动工具栏中设置：选择需要设置文本格式的部分，在其上右击后自动显示出浮动工具栏，在其中设置即可，如图 4.4.14 所示。

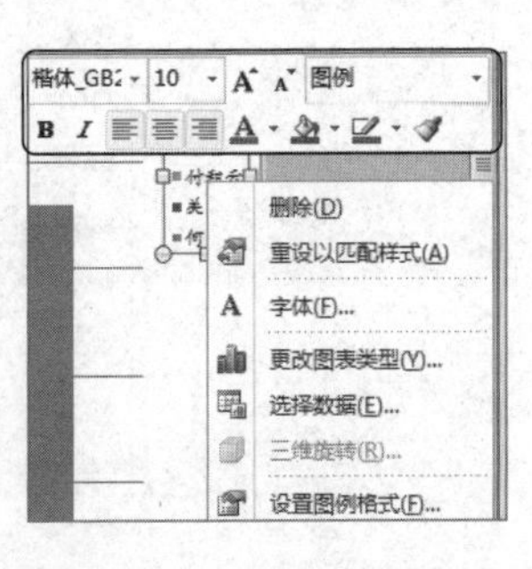

图 4.4.14　浮动工具栏

（2）填充图表形状

① 套用内置形状样式。选择需要套用形状的图表，单击“图表工具”→“格式”选项卡“形状样式”组中的“其他”按钮，在弹出的下拉列表中选择需要的形状样式即可，如图 4.4.15 所示。

② 设置纯色填充。选择需要设置的形状，单击“图表工具”→“格式”选项卡“形状样式”组中单击“形状填充”按钮右侧的下拉按钮，在弹出的下拉菜单中选择颜色即可，如图 4.4.16 所示。

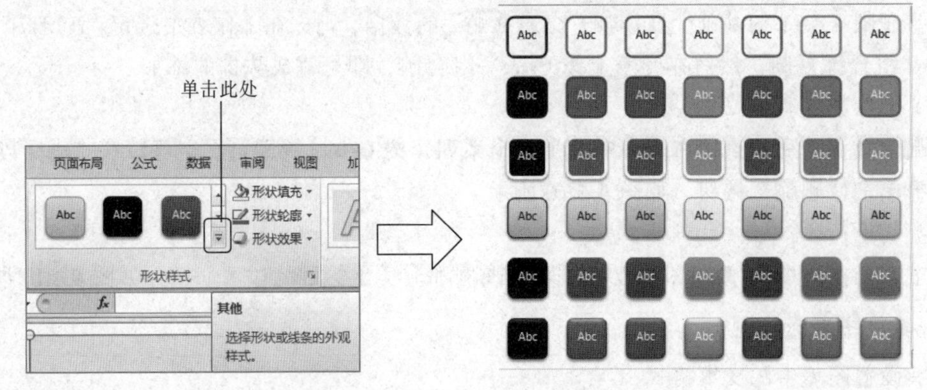

图 4.4.15　套用内置形状样式

如果选择“其他填充颜色”命令，在打开的“颜色”对话框的“标准”选项卡和“自定义”选项卡中可选择更多的颜色，如图 4.4.16 所示。

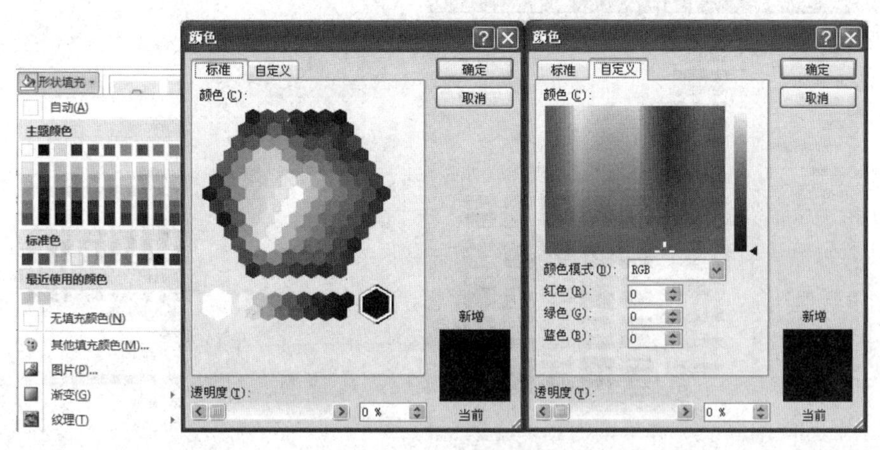

图 4.4.16 “形状填充”下拉菜单和“颜色”对话框

③ 设置渐变填充。选择需要设置填充效果的形状，在“图表工具”→“格式”选项卡“形状样式”组中单击“形状填充”，在下拉菜单中选择“渐变”，如图 4.4.16 所示，在弹出的子菜单中选择相应的选项即可。

若在“渐变”子菜单中选择“其他渐变”命令，打开图 4.4.17 所示的“设置数据系列格式”对话框，在“填充”选项卡中选中“渐变填充”单选按钮，单击“预设颜色”按钮，在弹出的下拉列表中选择系统内置的渐变填充选项，如图 4.4.17 所示。

④ 设置图片填充。图片填充就是使用图片来填充图表中的形状，主要用于图表区或绘图区的背景设置，操作方法如下：

选择图表区或者绘图区，在“图表工具”→“格式”选项卡“形状样式”组中单击“形状填充”，在下拉菜单中选择“图片”，如图 4.4.16 所示，在弹出的“插入图片”对话框中选择需要的图片，单击“插入”即可。

⑤ 设置纹理填充。纹理填充是在背景上添加各种图案花纹，具体操作为：在“图表工具”→“格式”选项卡“形状样式”组中单击“形状填充”，在下拉菜单中选择“纹理”，如图 4.4.16 所示，在弹出的子菜单中选择相应的选项即可。

（3）设置图表形状轮廓

设置图表形状轮廓就是给图表或者图表中的形状加外边框。

具体操作为：选择图表或者图表中的形状，在“图表工具”→“格式”选项卡“形状样式”组中单击“形状轮廓”按钮右侧的下拉按钮，弹出图 4.4.18 所示的下拉菜单，在其中做设置即可。

（4）设置图表形状效果

图表的形状效果包括了预设、阴影、映像、发光、柔滑边缘、棱台和三维旋转共 7 种。

具体操作为：选择图表或者图表中的形状，在“图表工具”→“格式”选项卡“形状样式”组中单击“形状效果”，弹出图 4.4.19 所示的下拉菜单，在其中选择需要的效果命令。

（5）更改布局样式

图表的布局主要包括图表标题、图例、坐标轴和坐标轴标题等元素，通过将不同的元素进行组合或改变其位置，形成不同的布局样式。

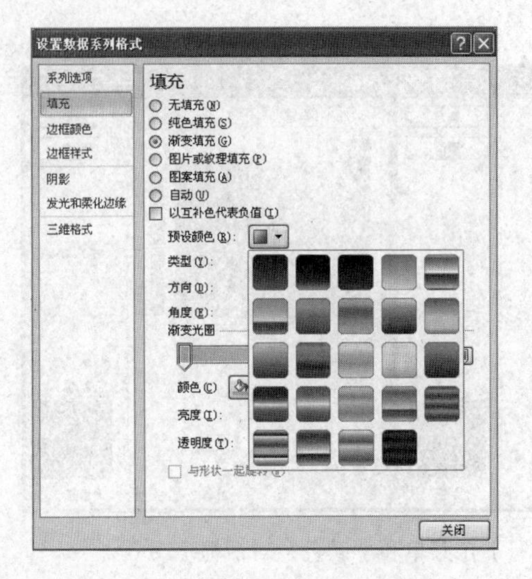

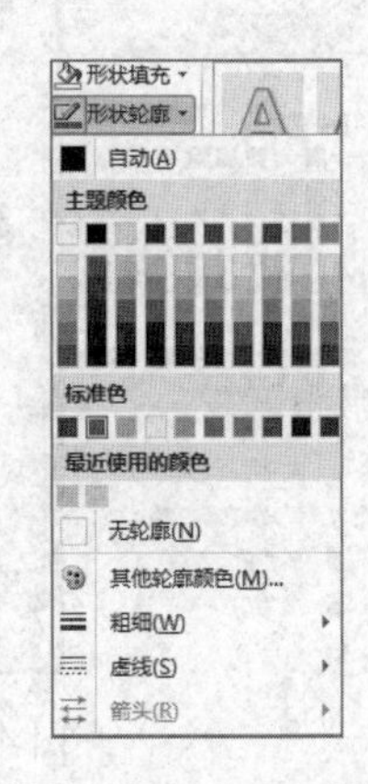

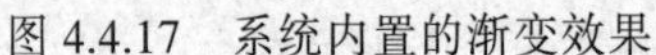

图 4.4.17　系统内置的渐变效果　　　图 4.4.18 “形状轮廓”下拉菜单

具体操作为：选择需要更改的图表，单击“图表工具”→“格式”选项卡“图表布局”组中列表框右侧的“其他”按钮，展开所有内置的布局列表框，选择需要的布局样式即可。

（6）设置图例格式

图例是标识每个数据系列代表的名称。

具体操作为：在图例上右击，在弹出的快捷菜单中选择“设置图例格式”，弹出图 4.4.20 所示的设置图例格式对话框，该对话框可以进行图例选项、填充、边框颜色、边框样式、阴影，发光和柔滑边缘，根据需求进行相应的设置即可。

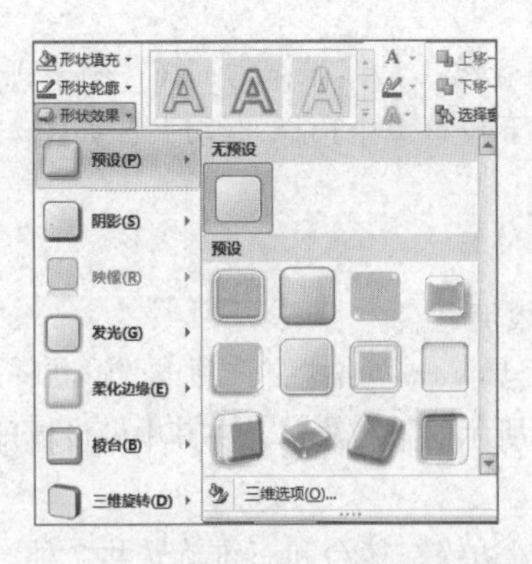

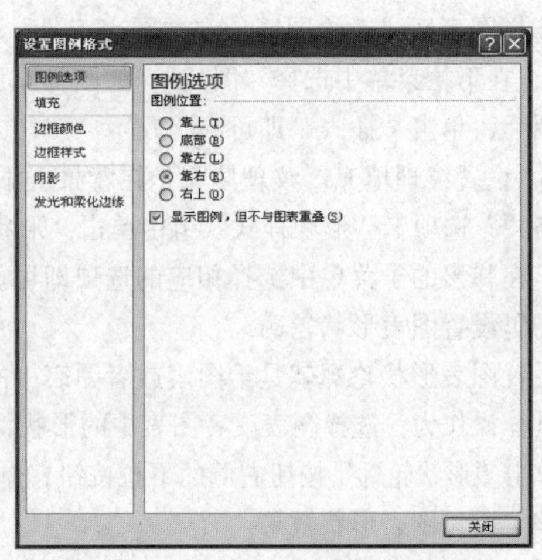

图 4.4.19　设置图表“形状效果”　　　图 4.4.20 “设置图例格式”对话框

（7）添加图表标题

创建图表后，需要为图表添加一个可概括和描述图表主要功能的标题，标题要符合数据源的内容，还需要精准的表达。

具体操作为：选择需要添加标题的图表，在“图表工具”→“布局”选项卡“标签”组中单击“图表标题”按钮，在弹出的下拉菜单中选择需要的标题显示方式，如图 4.4.21 所示。一般情况下，多选用“图表上方”标题显示方式。

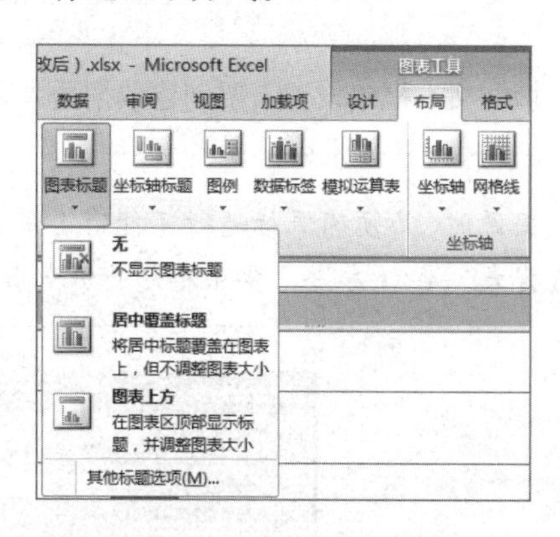

图 4.4.21 “图表标题”下拉菜单

【例 4.4.3】请打开“例 4.4.3 编辑图表.xlsx”工作簿文件，并按指定要求完成有关的操作。（注：没有要求操作的项目请不要更改。）（扫描二维码获取案例操作视频）

A．在 Sheet1 工作表中，将图表中标题文字格式化为 18 号、蓝色的文字；图表区格式的图案为阴影、内部居中、圆角边框；绘图区域填充效果的渐变颜色预设为：“雨后初晴”，类型为线性，方向为线性对角–左下到右上。

B．保存文件。

操作步骤：

① 打开“例 4.4.3 编辑图表”文档，选中图表标题字体，选择“开始”→“字体”对话框，输入字体格式化参数。

② 选中图表区，选择“图表工具”→“格式”组→“形状效果”→“阴影”，设置阴影效果，在图表区右击，弹出快捷菜单，选择“设置图表区域格式”→“边框样式”→“圆角”选项。

③ 选中绘图区，右击弹出快捷菜单，选择“设置绘图区域格式”→“填充”→“渐变”，在渐变样式中选择“雨后初晴”，类型为线性，方向为线性对角→左下到右上，得到结果。

④ 保存文档。

4.4.4 数据透视表和数据透视图

数据透视表和数据透视图对于透视分析表格数据来说是强大的分析工具，数据透视表是从数据库中生成的总结报告，通过它能方便地查看工作表中的数据，可以快速合并和比较数据；数据透视图是在数据透视表的基础上创建的，二者是动态关联的关系，即当改变了数据透视表中的任意一个数据，数据透视图中的数据也将发生改变。

1. 创建数据透视表

用“教师工资表.xlsx”工作簿中的数据来创建数据透视表，统计不同“职称”的“基本工资”的平均值，具体操作步骤如下：

① 打开对话框：单击任意一个单元格，在“插入”选项卡“表格”组中单击“数据透视表”下方的下拉按钮，在弹出的下拉菜单中选择“数据透视表”命令，打开“创建数据透视表”对话框，如图 4.4.22 所示。

② 设置数据源：在“表/区域”文本框中设置需要创建数据透视表的数据源，如图 4.4.23 所示。

注意

在确定数据透视表的数据源时，必须确保标题行不能有合并的单元格或者空白单元格，否则系统将不能生成数据透视表。也就是说，要从标题行开始设置数据源。

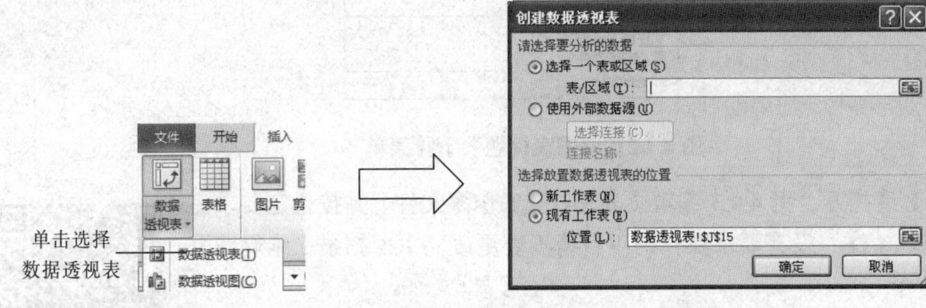

图 4.4.22 “创建数据透视表”对话框

③ 设置数据透视表的位置：选中“现有工作表”单选按钮，将鼠标指针定位到“位置”文本框中，在工作表中单击 A19 单元格。如图 4.4.23 所示。

如果选中“新建工作表”，则会创建一个空白工作表来保存数据透视表。

④ 创建空白数据透视表：单击“确定”按钮关闭对话框，系统自动创建一个名为“数据透视表 1”的空白数据透视表，并打开“数据透视表字段列表”窗格，如图 4.4.24 所示。

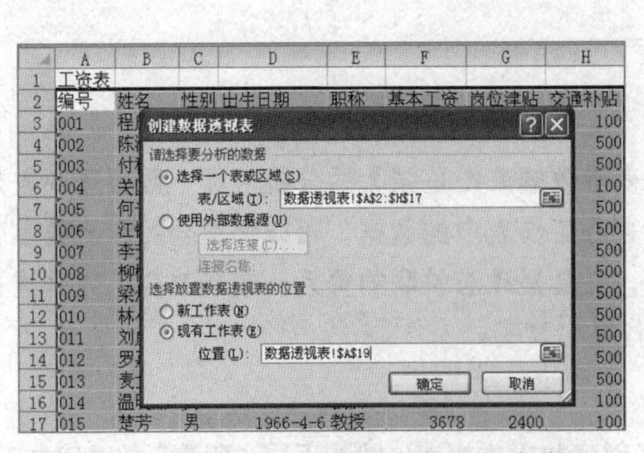

图 4.4.23 设置数据源和设置数据透视表位置

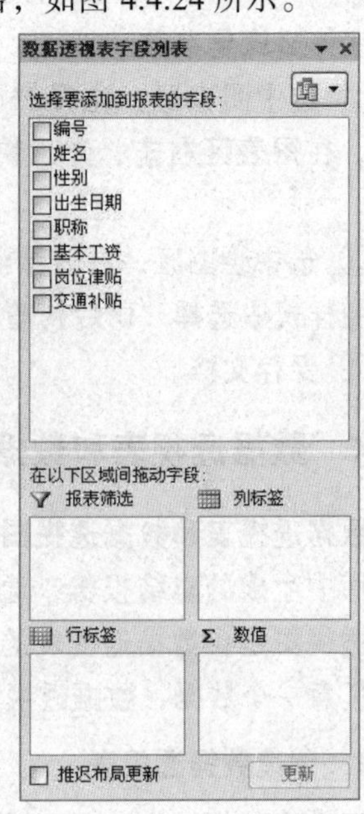

图 4.4.24 “数据透视表字段列表”窗格

⑤ 添加显示字段：在“选择要添加到报表的字段”列表框中，选中“职称”和“基本工资”复选框，完成操作。

注意

选择字段的先后顺序不同，系统自动给出的数据透视表也不同。

如图 4.4.25 所示，默认的汇总方式是“求和”，在数据透视表中双击“求和项”，弹出“值字段设置”，在“值字段汇总方式”下选“平均值”即可。如图 4.4.26 所示。

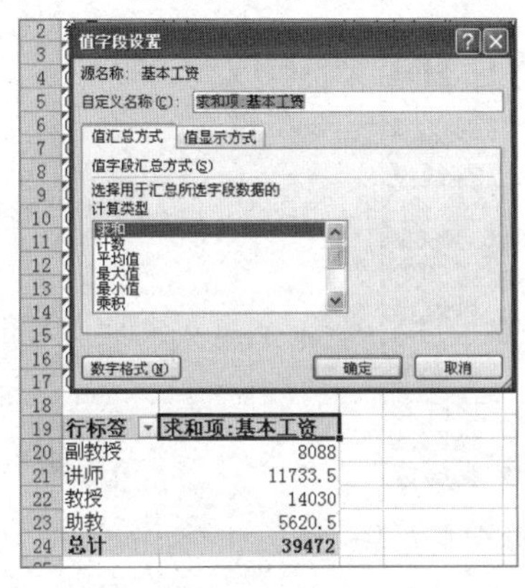

图 4.4.25　修改“汇总项”

行标签	平均值项:基本工资
副教授	2696
讲师	2346.7
教授	3507.5
助教	1873.5
总计	2631.466667

图 4.4.26 修改汇总项后的数据透视表

2. 设计布局和格式

默认情况下，系统会根据所选的目标字段自动设置最合适数据透视表的布局格式，但可以根据实际需要修改数据透视表的布局格式。

（1）设置分类汇总的显示位置

如果数据透视表的行字段由两个或两个以上的字段组成，如图 4.4.27 所示，显示的是不同“职称”，不同“性别”的平均“基本工资”，这里“职称”和“性别”两个为行字段。

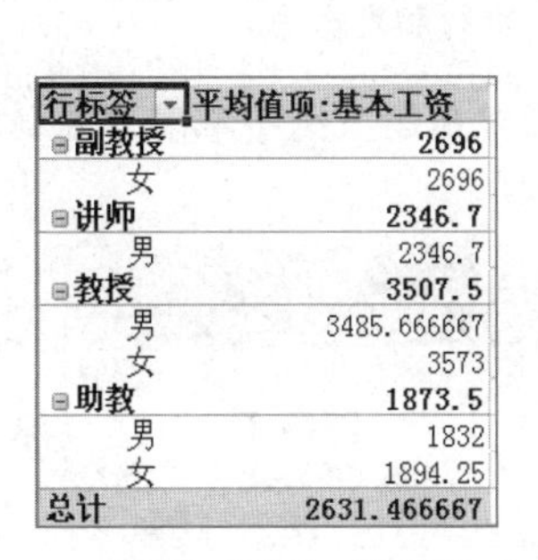

行标签	平均值项:基本工资
副教授	2696
女	2696
讲师	2346.7
男	2346.7
教授	3507.5
男	3485.666667
女	3573
助教	1873.5
男	1832
女	1894.25
总计	2631.466667

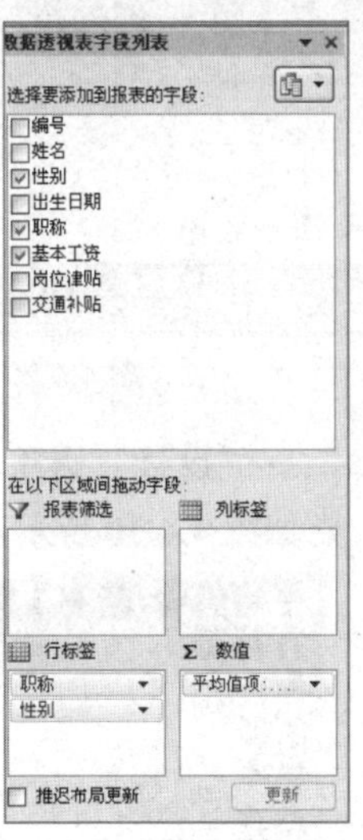

图 4.4.27　根据不同的“职称”和“性别”汇总基本工资平均值

数据透视表的汇总项显示在分析数据的下方，可以根据需要设置分类汇总的显示位置。

具体操作：单击“数据透视表工具设计”选项卡“布局”组中“分类汇总”下拉按钮，在弹出的下拉列表中列举了3种处理分类汇总的方式。

① 不显示分类汇总：选择该方式可以将数据透视表中的汇总记录取消。

② 在组的底部显示所有分类汇总：该方式为数据透视表分类汇总的默认显示方式，即将汇总记录显示在各个分组的下方，如图4.4.28所示。

行标签	平均值项:基本工资
⊟副教授	
女	2696
副教授 汇总	**2696**
⊟讲师	
男	2346.7
讲师 汇总	**2346.7**
⊟教授	
男	3485.666667
女	3573
教授 汇总	**3507.5**
⊟助教	
男	1832
女	1894.25
助教 汇总	**1873.5**
总计	**2631.466667**

图4.4.28　在组的底部显示分类汇总

③ 在组的顶部显示所有分类汇总：将汇总记录显示在各个分组的上方，如图4.4.27所示。

（2）隐藏和显示总计记录

在数据透视表中任意选择一个单元格，在“数据透视表工具”→“设计”选项卡“布局”组中单击“总计”下拉按钮，在下拉列表框中列举了4个选项：

① 对行和列禁用：同时隐藏行总计和列总计记录。

在“数据透视表字段列表”单击“性别”字段，并将其设置为“列标签”，得到图4.4.29所示的数据透视表。默认的显示方式是“对行和列启用”。

平均值项:基本工资	列标签		
行标签	男	女	总计
副教授		2696	2696
讲师	2346.7		2346.7
教授	3485.666667	3573	3507.5
助教	1832	1894.25	1873.5
总计	**2669.166667**	**2574.916667**	**2631.466667**

图4.4.29　对行和列启用

在“数据透视表工具”→“设计”选项卡“布局”组中单击“总计”按钮，在下拉列表框中选择“对行和列禁用”则如图4.4.30所示。

平均值项:基本工资	列标签	
行标签	男	女
副教授		2696
讲师	2346.7	
教授	3485.666667	3573
助教	1832	1894.25

图4.4.30　对行和列禁用

② 对行和列启用：同时显示行总计和列总计记录，系统默认显示方式，如图 4.4.29 所示。

③ 仅对行启用：仅在列位置显示行的总计记录，如图 4.4.31 所示。

④ 仅对列启用：仅在行位置显示列的总计记录，如图 4.4.32 所示。

平均值项:基本工资	列标签		
行标签	男	女	总计
副教授		2696	2696
讲师	2346.7		2346.7
教授	3485.666667	3573	3507.5
助教	1832	1894.25	1873.5

图 4.4.31　仅对行启用

平均值项:基本工资	列标签	
行标签	男	女
副教授		2696
讲师	2346.7	
教授	3485.666667	3573
助教	1832	1894.25
总计	2669.166667	2574.916667

图 4.4.32　仅对列启用

（3）更改数据透视表的报表布局

在数据透视表中选择一个数据单元格之后，单击“数据透视表工具”→“设计”选项卡“布局”组中的“报表布局”按钮，在弹出的下拉列表中选择相应的选项即可。

3. 编辑数据透视表

（1）更改数据透视的汇总方式

默认情况下，不同类型的数据在数据透视表中的汇总方式不同，如数值数据默认情况为求和汇总方式，文本数据为计数汇总方式。

系统还提供了平均值、最大值等其他汇总方式，可以根据需要，在“值字段设置”对话框中更改数据透视的汇总方式。

在数据透视表上右击，在弹出的快捷菜单中选择“值汇总依据”命令，在弹出的子菜单中选择相应的命令，若选择“其他选项”可打开“值字段设置”对话框，如图 4.4.33 所示。

在“数据透视表字段列表”窗格的“数值”列表框中单击要更改汇总方式的字段，在弹出的下拉菜单中选择“值字段设置”命令，在打开的“值字段设置”对话框中设置。

（2）隐藏和显示明细数据

如图 4.4.34 所示，在行标签处添加“姓名”字段，那么在“职称”字段选项还包含了下一级数据，并全部显示出来，这样透视表就显得非常杂乱，不利于数据分析。可以通过显示或隐藏明细数据选择性的查看数据。

单击数据透视表字段前面的⊟按钮，将隐藏下面的各项数据，单击前面的⊞按钮，将展开该字段下的各项数据。

（3）刷新数据透视表中的数据

数据透视表中的数据和表格中的原始数据具有关联性，但是修改了原始数据，系统不会自动将数据透视表中的数据进行同步更新，需要手动对数据进行刷新。

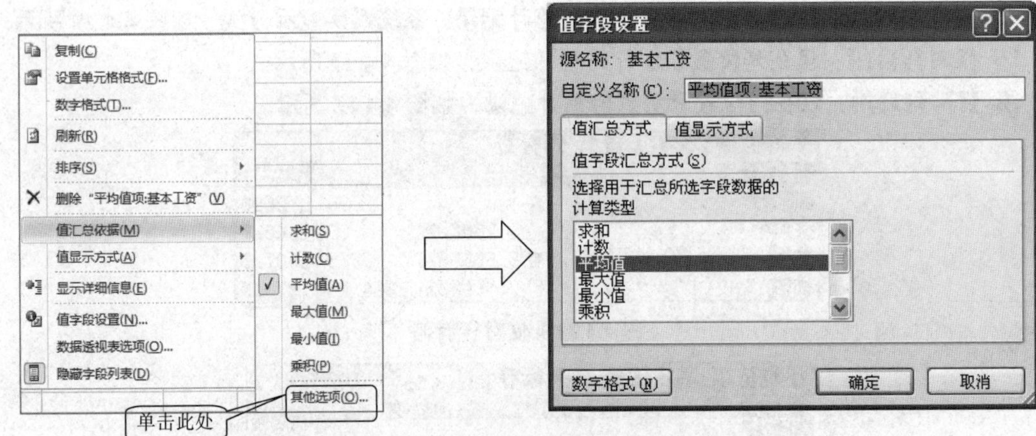

图 4.4.33 更改数据透视表汇总方式

平均值项		性别		
职称	姓名	男	女	总计
⊟副教授	陈滢		2561	2561
	李芳敏		2682	2682
	林小翠		2845	2845
副教授 汇总			2696	2696
⊟讲师	付积云	2262.5		2262.5
	何书山	2315.5		2315.5
	梁炫	2315		2315
	刘威	2361.5		2361.5
	麦士光	2479		2479
讲师 汇总		2346.7		2346.7
⊟教授	程康强	3211		3211
	楚芳	3678		3678
	关国华	3568		3568
	温晓丽		3573	3573
教授 汇总		3485.666667	3573	3507.5
⊟助教	江键鹏	1832		1832
	柳桂珊		1912.5	1912.5
	罗嘉济		1876	1876
助教 汇总		1832	1894.25	1873.5
总计		2669.166667	2574.916667	2631.466667

展开折叠按钮

图 4.4.34 添加"姓名"字段的数据透视表

具体操作：在数据透视表中单击任意一个单元格，在"数据透视表工具"→"选项"选项卡的"数据"组中，单击"刷新"按钮下方的下拉按钮，在下拉菜单中选择"刷新"或"全部刷新"。

也可以在数据透视表中右击任意一个单元格，在弹出的快捷菜单中选择"刷新"命令。

（4）移动数据透视表

在 Excel 中，系统提供了移动数据透视表的功能，可将数据透视表移动到其他位置。

具体操作：在数据透视表中单击任意一个单元格，在"数据透视表工具"→"选项"选项卡的"操作"组中单击"移动数据透视表"按钮，对打开的"移动数据透视表"对话框进行设置，如图 4.4.35 所示。

（5）更改数据透视表选项

具体操作：在"数据透视表工具"→"选项"选项卡的"数据透视表"组中单击"选项"按钮，在打开的"数据透视表选项"对话框中进行设置，如图 4.4.36 所示。

在其中可以对数据透视表重命名，可以通过不同的选项卡设置数据透视表的其他选项。

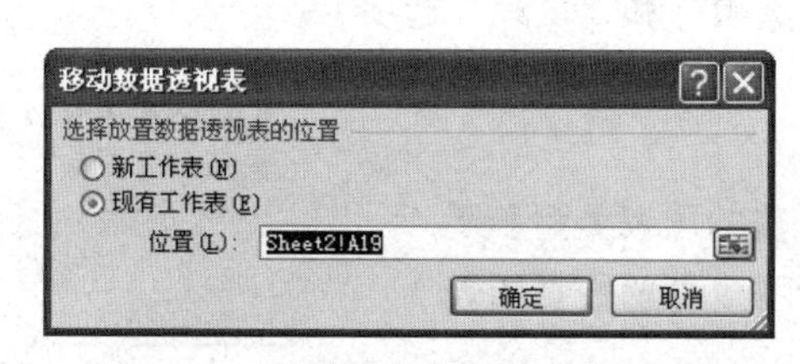

图 4.4.35 “移动数据透视表”对话框

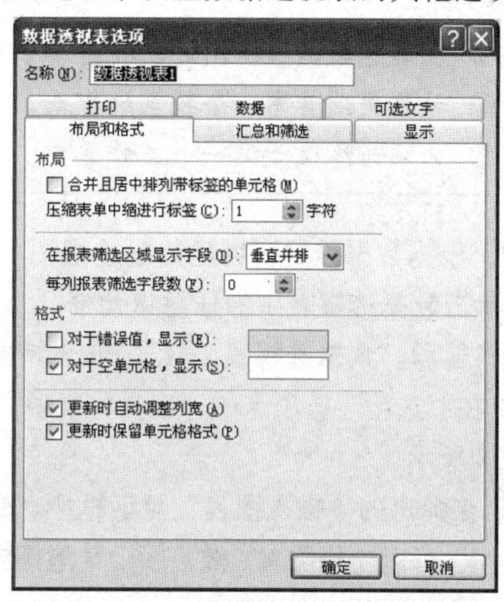

图 4.4.36 “数据透视表选项”对话框

4．创建数据透视图

（1）直接创建数据透视图

在工作表中选择需要创建数据透视图的单元格区域，在“插入”选项卡“表格”组中单击“数据透视表”按钮下方的下拉按钮，在弹出的下拉菜单中选择“数据透视图”命令，打开“创建数据透视表及数据透视图”对话框，在其中设置数据透视图的位置，单击“确定”按钮，系统自动创建一个空白的数据透视图，在“数据透视表字段列表”窗格中选择需要的字段添加到数据透视图中，如图 4.4.37 所示。

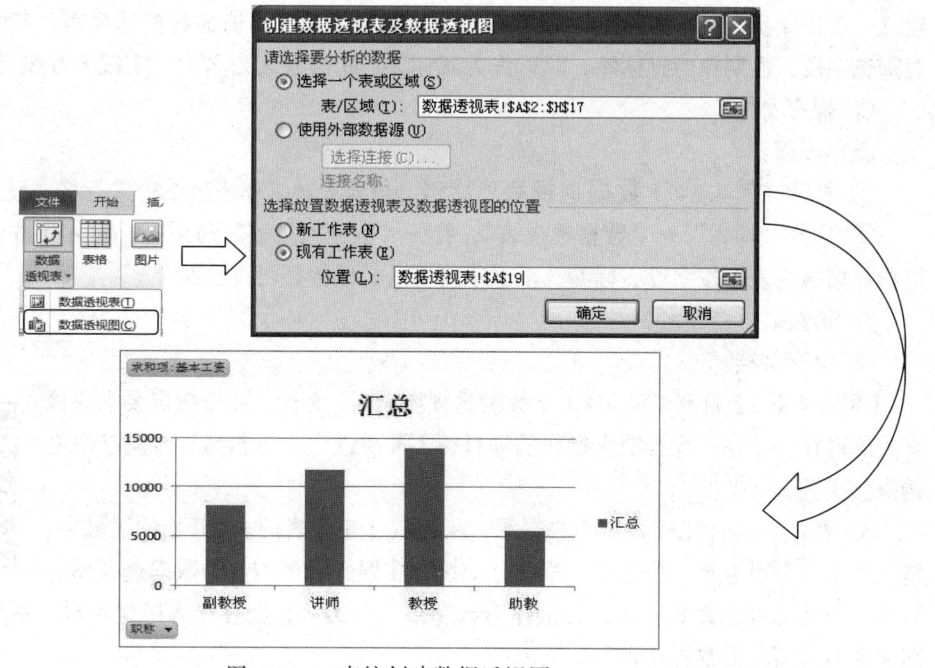

图 4.4.37 直接创建数据透视图

注意

① 在新建数据透视图时，将自动创建数据透视表。

② 如果更改其中一个报表的布局，另外一个报表也随之更改。

③ 必须始终位于同一个工作簿中。

（2）根据数据透视表创建数据透视图

①单击数据透视表中的任意单元格。

②将显示“数据透视表工具”，其上增加了“选项”和“设计”选项卡。

③ 在“选项”选项卡的“工具”组中，单击“数据透视图”，如图 4.4.38 所示。

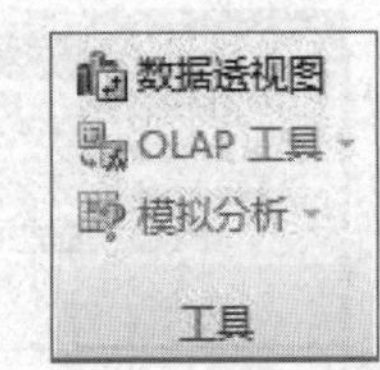

图 4.4.38　数据透视图按钮

④ 在弹出的“插入图表”对话框中，单击所需的图表类型和图表子类型。可以使用除 XY 散点图、气泡图或股价图以外的任意图表类型。

⑤ 单击“确定”按钮。

另外一种方法：在“插入”选项卡的“图表”组中，单击相应的图表按钮，在弹出的下拉列表中选择需要的图标类型。

【例 4.4.4-1】请打开“例 4.4.4-1 数据透视表.xlsx”文件，并按指定要求完成有关的操作。（注：没有要求操作的项目请不要更改。）（扫描二维码获取案例操作视频）

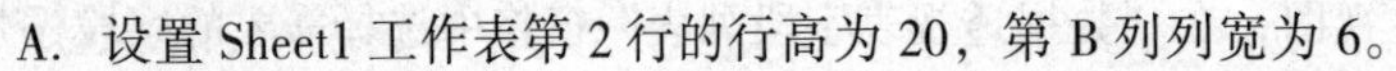

A. 设置 Sheet1 工作表第 2 行的行高为 20，第 B 列列宽为 6。

B. 利用 Sheet1 工作表作为数据源，在 Sheet1 工作表的 H2 开始的区域中，建立一个以学历为页，按性别、职称分类统计实践天数平均值的数据透视表，其中学历作为报表筛选字段，性别作为行标签，职称作为列标签。把透视表命名为“实践天数统计表”。

C. 保存文件

操作步骤：

① 打开“例 4.4.4-1 数据透视表”文档，按要求对工作表第 2 行进行格式设置。

② 选择“插入”→“数据透视表”，打开“数据透视表”对话框，输入参数，在表中插入空白数据透视表，按字段、标签、汇总项内容进行设置即可得到结果。

③ 透视表重新命名。

④ 保存文档。

【例 4.4.4-2】打开“例 4.4.4-2 数据透视图.xlsx”文件，并按指定要求完成有关的操作。（注：没有要求操作的项目请不要更改。）（扫描二维码获取案例操作视频）

A. 利用 Sheet1 工作表作为数据源，在 Sheet1 工作表的 H2 开始的区域中，建立一个以学历为页，按性别、职称分类统计实践天数平均值的数据透视图，其中学历作为报表筛选字段，性别作为轴字段（分类），职称作为图例字段（系列）。把透视图命名为“实践天数统计表”。

B. 保存文件。

操作步骤：

① 打开“例 4.4.4-2 数据透视图”文档。

② 选择“插入”→“数据透视图”，打开“数据透视图”对话框，输入参数，在表中插入空白数据透视图，按字段、标签、汇总项内容进行设置即可得到结果。

③ 透视图重新命名。

④ 保存文档。

4.4.5 创建迷你图

表格中我们都是通过插入图表来表示数据的情况，如果想在单元格中显示数据，可以插入迷你图。插入迷你图的步骤如下：

① 启动 Excel 2010，打开相关的工作簿文档，如图 4.4.39 所示。

② 选中用于创建迷你图表的数据单元格区域，切换到“插入”选项卡中，在“迷你图”组中，单击一种迷你图的图表类型按钮，打开“创建迷你图”对话框，如图 4.4.40 所示。

H10

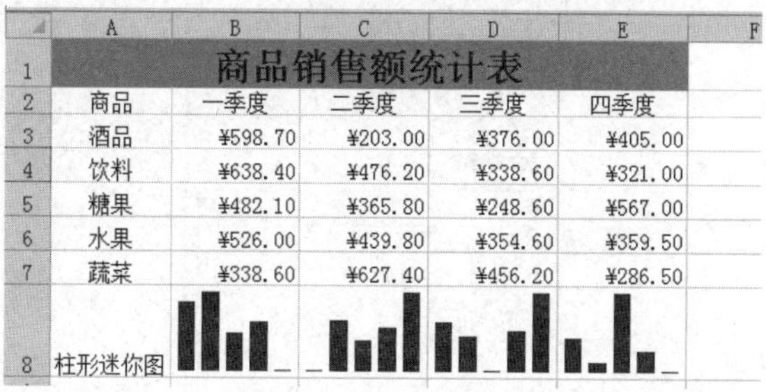

	A	B	C	D	E
1	商品销售额统计表				
2	商品	一季度	二季度	三季度	四季度
3	酒品	¥598.70	¥203.00	¥376.00	¥405.00
4	饮料	¥638.40	¥476.20	¥338.60	¥321.00
5	糖果	¥482.10	¥365.80	¥248.60	¥567.00
6	水果	¥526.00	¥439.80	¥354.60	¥359.50
7	蔬菜	¥338.60	¥627.40	¥456.20	¥286.50

Sheet1

图 4.4.39 创建迷你图数据

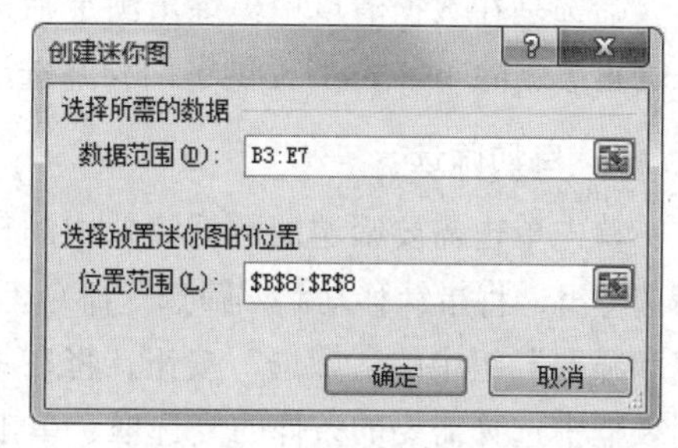

图 4.4.40 “创建迷你图”对话框

③ 利用“位置范围”右侧的折叠按钮，选中显示迷你图表的单元格（如 B8：E8 区域），单击“确定”按钮，迷你图就显示在上述单元区域中了，如图 4.4.41 所示。

	A	B	C	D	E	F
1	商品销售额统计表					
2	商品	一季度	二季度	三季度	四季度	
3	酒品	¥598.70	¥203.00	¥376.00	¥405.00	
4	饮料	¥638.40	¥476.20	¥338.60	¥321.00	
5	糖果	¥482.10	¥365.80	¥248.60	¥567.00	
6	水果	¥526.00	¥439.80	¥354.60	¥359.50	
7	蔬菜	¥338.60	¥627.40	¥456.20	¥286.50	
8	柱形迷你图					

图 4.4.41 柱形迷你图

④ 选中迷你图表所在单元区域，软件会展开“迷你图工具/设计”功能选项卡，可以利用其中的相关功能按钮，对迷你图作进一步的格式化处理。

【例 4.4.5】请打开“例 4.4.5 创建迷你图.xlsx”工作簿文件，并按指定要求完成有关的操作。（注：没有要求操作的项目请不要更改。）（扫描二维码获取案例操作视频）

A. 在 Sheet1 工作表中设置 A1 单元格格式，字体颜色为标准色：深蓝色，填充背景为标准色：浅蓝色（RGB 颜色模式：红色 0；绿色 176；蓝色 240）。

B. 利用 Sheet1 工作表中 B3:E7 区域的数据，在 B8:E8 区域创建各商品每个季度销售额的柱形迷你图，迷你图颜色选择标准色绿色。

C. 保存文件。

操作步骤：

① 打开“例 4.4.5 创建迷你图”文档，选中指定单元格进行格式设置。

② 选中 B3:E7 区域的数据，选择“插入”→“迷你图”组→柱形迷你图，按要求创建迷你图。

③ 按要求对迷你图进行格式设置。

④ 保存文档。

4.5 数据库应用

4.5.1 筛选

筛选是在数据清单中提炼出满足筛选条件的数据，不满足条件的数据暂时被隐藏起来（并未真正被删除）。Excel 提供了两种筛选清单的命令：自动筛选和高级筛选。

1. 自动筛选

首先单击需要筛选的数据清单中的任意一个单元格，然后单击“数据”选项卡中“排序和筛选”组，将指针移动到“筛选”命令上单击，或者在“开始”选项卡的“编辑”组中单击“排序和筛选”组中的“筛选”按钮，将在每个字段右侧出现一个▼按钮，单击该按钮，在弹出的列表框中选择需要的条件的复选框，单击“确定”按钮。

如要筛选出所有的女教师，则单击“性别”字段旁的下拉按钮，弹出图 4.5.1 所示的列表框，默认的是全选，单击“全选”复选框，然后单击“女”前面的复选框，即可完成筛选。

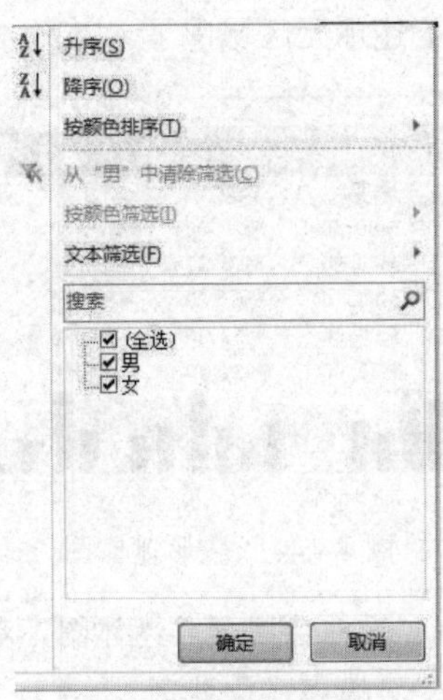

图 4.5.1　自动筛选

如果要取消筛选结果，使所有数据记录全部显示出来，可再次单击“数据”选项卡“排序和筛选”组中的“筛选”按钮。

在使用多个条件进行自动筛选时，各条件之间的关系是逻辑“与”的关系。设置过“自动筛选”，字段名右侧显示的是按钮，没有设置的显示按钮。

在图 4.5.1 所示的筛选器中，在“文本筛选”的下级菜单中，选择“自定义筛选”，弹出“自定义自动筛选方式”对话框，其中可以按“与”和“或”的逻辑关系设置两个条件，如图 4.5.2 所示。

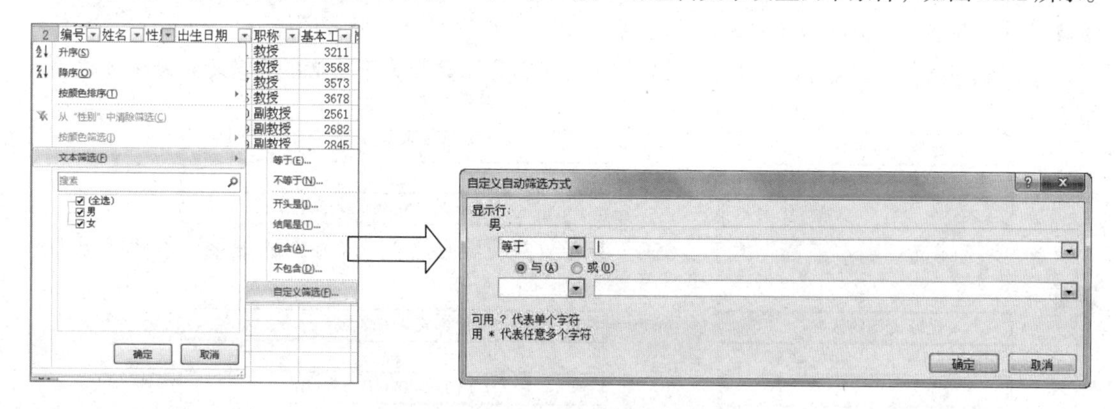

图 4.5.2 “自定义自动筛选”对话框

2. 高级筛选

虽然自动筛选也能做满足多个条件的筛选，但只是逻辑“与”的关系，如果要做逻辑“或”的关系，或是更加复杂条件的筛选，就需要用到高级筛选。

由于高级筛选的条件不是在对话框中设置的，所以在使用高级筛选之前要先建立条件区域，条件区域可以选择在数据清单以外的任何空白处，只要空白的空间足以放下所有条件就可以。建立条件区域有两种方法：

方法 1：比较式条件区域。

条件区域的第一行为条件字段标题，第二行开始是条件行。条件字段名必须与数据清单的字段名相同，排列顺序可以不同。同时要注意以下几点：

① 要在条件区域的第一行写上条件中用到的字段名，字段名必须与数据清单中的一致，用复制的方法又快又准。

② 在字段名行的下方写筛选条件，条件的数据要和相应的字段在同一列。

③ 在具体写条件时，要分析好条件之间是逻辑“与”关系还是逻辑“或”关系，如果是逻辑“与”关系，这些条件要写到同一行中，如果是逻辑“或”关系，这些条件要写到不同的行中。

方法 2：计算式条件区域。

条件区域的第一行为条件标题（除字段名以外的字符），第二行是表示条件的逻辑表达式，该表达式以数据表第一行记录的单元格与指定的条件数值进行比较运算，其值为逻辑值（TRUE 或 FALSE）。执行高级筛选时，计算机自动将每个记录的数据按照表达式进行运算，当运算结果为真，即符合筛选条件，该记录被选中。

下面以“教师工资表.xlsx”工作簿的“数据分析”工作表为例，对相同的要求用两种不同的方法来建立条件区域。

① 要求筛选“基本工资”在 2 800～3 500 分之间的记录，条件区域表示如下：

比较式条件区域：	
基本工资	基本工资
>=2800	<=3500

计算式条件区域：
gd
=AND(F3>=2800,F3<=3500)

说明：当一个字段需要进行多次比较时，该字段名应该出现多次；条件区域中用到的符号必须是英文状态的符号，否则 Excel 将无法识别条件。

计算式条件区域中的“gd”是一个标识，可以用除字段名以外的字符；在输入或者插入逻辑函数之后，会显示 TRUE 或 FALSE，为了便于比较，在这里显示公式原样。

② 要求筛选“基本工资”大于 3 000，同时“岗位津贴”大于 2 000 的记录，条件区域表示如下：

比较式条件区域：	
基本工资	岗位津贴
>3000	>2000

计算式条件区域：
gd
=And(F3>3000,G3>2000)

③ 要求筛选“基本工资”大于 3 000，或者“岗位津贴”大于 2 000 的记录，条件区域表示如下：

比较式条件区域：	
基本工资	岗位津贴
>3000	
	>2000

计算式条件区域：
gd
=OR(F3>3000,G3>2000)

④ 要求筛选出“男教授”或“女副教授”的记录，条件区域表示如下：

比较式条件区域：			
性别	职称	性别	职称
男	教授		
		女	副教授

计算式条件区域：
Gd
=OR(AND(C3="男",E3="教授"),AND(C3="女",D3="副教授"))

使用计算式建立条件区域时，如果出现了字符，需要加上英文状态的双引号。

从上述几种情况来分析，建立条件区域要注意两点：

第一，条件涉及哪些字段。

第二，这些条件是什么关系，即是逻辑“与”的关系还是逻辑“或”的关系。

弄清楚了这两点，建立条件区域就不难了。

下面，以筛选出“男教授”和“女副教授”的记录为例，来具体说明高级筛选的步骤：

① 在空白区域建立条件区域，见前面第④个要求；

② 单击数据清单中的任一单元格，在“数据”选项卡“排序和筛选”组，单击“高级”选项，弹出“高级筛选”对话框。

③ 在“列表区域”和“条件区域”分别填上内容，用鼠标在工作表中拖动，选择筛选方式中的“将筛选结果复制到其他位置”单选按钮，在“复制到”后面的文本框中选中一个空白的单元格，如图 4.5.3 所示。

④ 单击“确定”按钮。

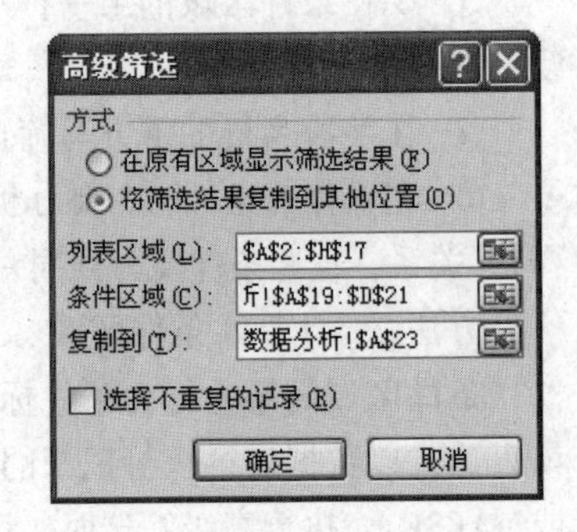

图 4.5.3 “高级筛选”对话框

说明：在“高级筛选”中，在选择筛选方式时，如果选择“在原有区域显示结果”复选框，“高级筛选”对话框中“复制到”文本框不可用，筛选结果不符合条件的自动隐藏。

如果选择“将筛选结果复制到其他位置”，“复制到”变为可用，但是由于不知道筛选出来的具体记录有多少，所以只需要选择一个单元格即可，筛选出来的结果将以此单元格为左上角单元格进行填充。

【例 4.5.1-1】请打开“例 4.5.1-1 普通筛选.xlsx”工作簿文件，并按指定要求完成有关的操作。（注：没有要求操作的项目请不要更改。）（扫描二维码获取案例操作视频）

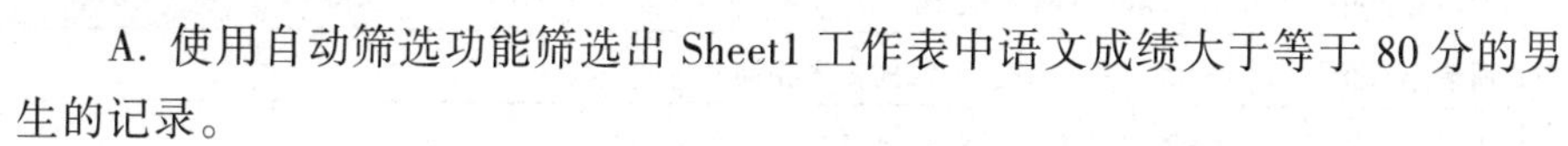

A. 使用自动筛选功能筛选出 Sheet1 工作表中语文成绩大于等于 80 分的男生的记录。

B. 保存文件。

操作步骤：

① 打开“例 4.5.1-1 普通筛选”文档，选中字段行，选择“数据”→“排序和筛选”组中的“筛选”命令，这时字段行出现右下角的倒三角。

② 单击文字段倒三角，显示“筛选”对话框，选择“数字筛选”→“大于或等于”命令，打开“大于或等于”对话框，输入参数 80，确定即可得到结果。

③ 保存文档。

【例 4.5.1-2】请打开“例 4.5.1-2 高级筛选.xlsx”工作簿文件，并按指定要求完成有关的操作。（注：没有要求操作的项目请不要更改。）（扫描二维码获取案例操作视频）

A. 在 Sheet1 表中使用高级筛选的方法，筛选出阅读大于等于 19 分的记录，条件区域从 H2 开始写，目标区域左上角单元格为 H5。

B. 保存文件。

操作步骤：

① 打开“例 4.5.1-2 高级筛选”文档，单击 H2 单元格设置条件区域，字段值为阅读，条件值为 19。

② 选择“数据”→“排序和筛选”组→“高级”命令，打开“高级筛选”对话框，设置相应参数，得到结果。

③ 保存文档。

4.5.2 排序

数据排序是指按照一定的规则对数据进行整理、排列，也可以为其他操作做准备，如分类汇总。Excel 2010 提供了多种排序方法，如升序、降序、自定义排序等。

1. 普通排序

为了更好地理解排序的功能，首先要了解排序的规则，除了数字能够按照大小顺序进行排列，文本、逻辑值等都能进行排序，汉字的排序以其拼音字母的先后顺序排列。排序的基本规则如表 4.5.1 所示。

表 4.5.1 排序的基本规则

<table>
<tr><th>数据类型</th><th>排序规则（升序）</th></tr>
<tr><td>数字</td><td>数字按从最小的负数到最大的正数进行排序</td></tr>
<tr><td>日期</td><td>日期按从最早的日期到最晚的日期进行排序</td></tr>
<tr><td>文本</td><td>0 1 2 3 4 5 6 7 8 9 （空格） ! " # $ % & ( ) * , . / : ; ? @ [\ ] ^ _ ` { | } ~ + < = > A~Z a~z</td></tr>
</table>

续表

数据类型	排序规则（升序）
逻辑	在逻辑值中，FALSE 排在 TRUE 之前
错误	所有错误值（如 #NUM! 和 #REF!）的优先级相同
空白单元格	无论是按升序还是按降序排序，空白单元格总是放在最后 （空白单元格是空单元格，它不同于包含一个或多个空格字符的单元格）

在排序之前先选定数据清单中的任一单元格作为活动单元格，如果是数据清单之外的单元格，会弹出图 4.5.4 所示的提示。

图 4.5.4　错误提示

选中数据清单中的任意单元格，在“数据”选项卡中“排序和筛选”组中单击“排序”按钮，弹出图 4.5.5 所示的排序对话框。

其中 3 个下拉列表时不能同时打开的，这里为了方便描述，放在了一起。

“添加条件”按钮：单击一次，添加一个条件，显示“次要关键字”。

“删除条件”按钮：单击一次，删除一个条件。

“复制条件”按钮：将最后一个条件复制一份。

“选项”按钮：会弹出“选项”对话框，对排序的方向和方法进行选择。

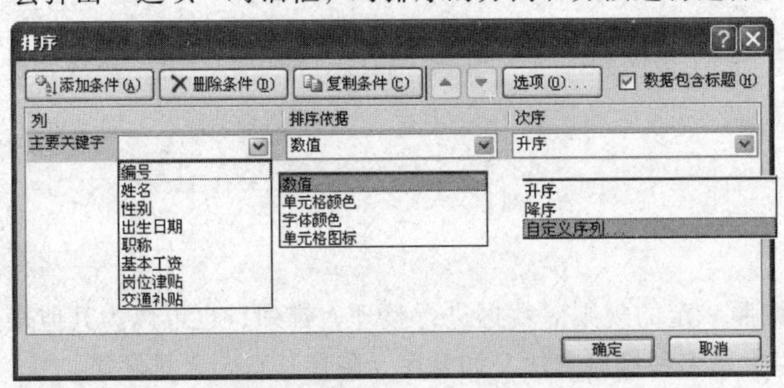

图 4.5.5　“排序”对话框

2. 自定义排序

除了内置的序列排序外，Excel 2010 还支持用户自定义的序列进行排序，比如职称的“教授”“副教授”“讲师”“助教”如果按默认的升序，是“副教授”“讲师”“教授”“助教”，其排序规则是汉字拼音的字母顺序。

如果要按照职称的高低来排序，将其排为“教授”“副教授”“讲师”“助教”的顺序，就需要自定义一个序列。

自定义序列的步骤如下：

① 单击数据清单中的任意一个单元格。

② 在“数据”选项卡的“排序和筛选”组中单击“排序”按钮，打开“排序”对话框。

③ 在“主要关键字”项的“列”栏中选择“职称”选项，在“次序”栏中选择“自定义序列”，弹出“自定义序列”对话框，如图 4.5.6 所示。

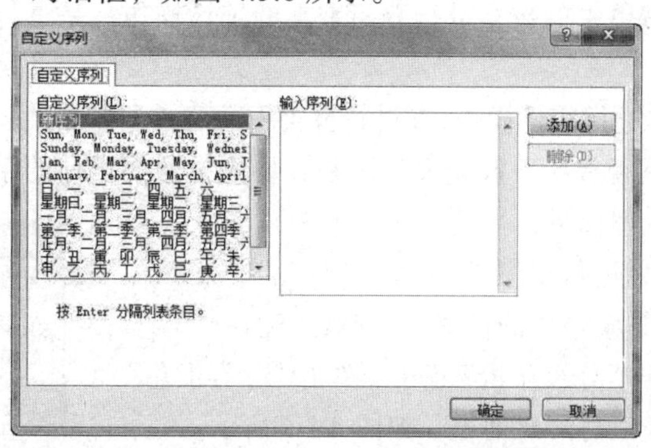

图 4.5.6 “自定义序列”对话框

④ 在“自定义序列”对话框的“输入序列”列表框中按顺序输入新的序列，项与项之间用 Enter 键隔开，输入完之后单击“添加”按钮。

⑤ 在左侧“自定义序列”列表框中选择新添加的序列，依次单击“确定”按钮关闭所有对话框，返回 Excel 工作表即可看到排序结果，如图 4.5.7 所示。

工资表							
编号	姓名	性别	出生日期	职称	基本工资	岗位津贴	交通补贴
001	程康强	男	1962-5-11	教授	3211	2400	100
004	关国华	男	1965-4-1	教授	3568	2400	100
014	温晓丽	女	1965-6-7	教授	3573	2400	100
015	楚芳	男	1966-4-6	教授	3678	2400	100
002	陈滢	女	1972-6-10	副教授	2561	2100	500
007	李芳敏	女	1978-12-29	副教授	2682	2100	500
010	林小翠	女	1975-8-29	副教授	2845	2100	500
003	付积云	男	1980-1-20	讲师	2262.5	1800	500
005	何书山	男	1982-5-5	讲师	2315.5	1800	500
009	梁炫	男	1988-1-14	讲师	2315	1800	500
011	刘威	男	1978-9-26	讲师	2361.5	1800	500
013	麦士光	男	1982-9-10	讲师	2479	1800	500
006	江键鹏	男	1985-5-2	助教	1832	1500	500
008	柳桂珊	女	1980-12-8	助教	1912.5	1500	500
012	罗嘉济	女	1981-5-2	助教	1876	1500	500

图 4.5.7 自定义序列排序

【例 4.5.2】请打开“例 4.5.2 排序.xlsx”工作簿文件，并按指定要求完成有关的操作。（注：没有要求操作的项目请不要更改。）（扫描二维码获取案例操作视频）

A. 对 Sheet1 工作表中对数据；以“上海分公司”销售额为主要关键字作升序排序，以“北京分公司”为次要关键字作降序排序。

B. 保存文件。

操作步骤：

① 打开“例 4.5.2 排序”文档，选中排序区域 A2:F8，选择“数据”→“排序”命令，打开“排序”对话框。

② 在“排序”对话框中按要求设置主要和次要关键字，单击“确定”按钮即可。

③ 保存文档。

4.5.3 分类汇总

分类汇总是对数据清单中的数据进行分门别类的统计操作，是进行数据分析和统计非常有用的工具。

分类汇总是按类别来进行统计操作，在进行分类汇总之前要观察所要统计的字段是否分好类别，即同一类别的记录是否放在一起，如果不是，要先按照要统计的字段进行排序，然后再进行分类汇总操作，操作步骤如下：

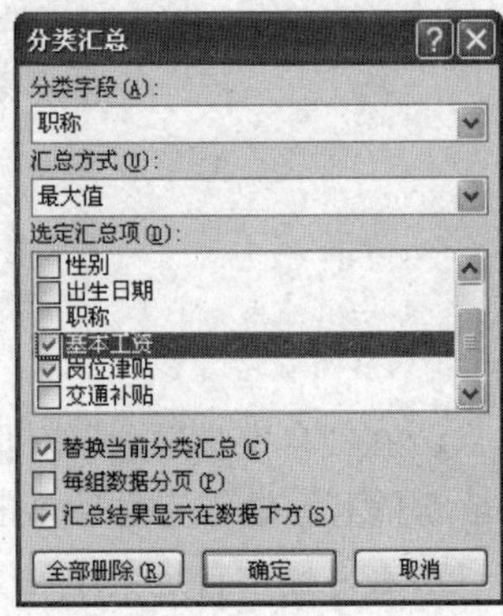

图 4.5.8 “分类汇总”对话框

① 首先选定汇总列，进行排序。

② 单击要汇总的数据菜单中的任意一个单元格。

③ 在“数据”选项卡“分级显示”组中，单击“分类汇总”命令。系统会弹出“分类汇总”对话框，如图 4.5.8 所示。

④ 在“分类字段”下拉列表框中，选择要用来分类汇总的数据列。选定的数据列一定要与执行排序的数据列相同。

⑤ 在“汇总方式”下拉列表框中，单击需要的用于计算分类汇总的函数。

⑥ 在“选定汇总项”列表框中，选定需要对其进行汇总计算的数值列对应的复选框。单击“确定”按钮。

如果已经做了一次分类汇总，在图 4.5.8 所示的“分类汇总”对话框中，去掉“替换当前分类汇总”复选框的选中，可以实现分类汇总的嵌套。

如果要删除分类汇总，则单击图 4.5.8“分类汇总”对话框中“全部删除”按钮。

【例 4.5.3】请打开“例 4.5.3 分类汇总.xlsx”工作簿文件，并按指定要求完成有关的操作。（注：没有要求操作的项目请不要更改。）（扫描二维码获取案例操作视频）

A. 在 Sheet2 工作表中对数据清单按所属专业（升序）排序，然后分类汇总：统计各专业学生的平均补考成绩，汇总结果显示在数据的上方，局部效果如图 4.5.9 所示。

B. 保存文件。

操作步骤：

① 打开“例 4.5.3 分类汇总”文件。

② 选中 A2:D40 单元格区域，选择“数据”→“排序”，打开“排序”对话框，按关键字所属专业点升序排序。

③ 选中 A2:D40 区域，选择“数据”→“分级显示”→“分类汇总”命令，打开“分类汇总”对话框，按要求选相关选项，得到分类汇总结果。

④ 保存文档。

	A	B	C
1	英语补考成绩		
2	学生姓名	所属专业	补考成绩
3		总计平均值	72.5
4		产品设计 平均	78.66667
5	王晓宁	产品设计	74
6	魏文鼎	产品设计	79
7	李伯仁	产品设计	90
8	陈醉	产品设计	83
9	谢瑞雯	产品设计	71
10	黄声锐	产品设计	75
11		电气工程 平均	67.75
12	宋成城	电气工程	57
13	高展翔	电气工程	43
14	马甫仁	电气工程	72
15	李书召	电气工程	79

图 4.5.9 局部效果图

4.5.4 合并计算

如果需要分析的数据存在于多张工作表甚至不同的工作簿中，则可以使用 Excel 的合并计算功能，如图 4.5.10 所示，将位于不同工作表或工作簿中的相关数据按一定规则进行合并计算，并将计算结果保存到新的工作表中，根据源工作表结构不同，可以采用按位置或按类别的方式进行合并计算。

1. 按位置合并计算

当多个源区域中的数据是按照相同的顺序排列，并使用相同的行和列标签时，可使用按位置合并计算的方法。

在包含要对其进行合并计算的数据的每个工作表中，通过执行下列操作设置数据：

① 确保每个数据区域都采用列表格式：每列的第一行都有一个标签，列中包含相应的数据，并且列表中没有空白的行或列。

② 将每个区域分别置于单独的工作表中，不要将任何区域放在需要放置合并的工作表中。

③ 确保每个区域都具有相同的布局。

④ 在主工作表中，在要显示合并数据的单元格区域中，单击左上方的单元格。

注：为避免在目标工作表中所合并的数据覆盖现有数据，请确保在此单元格的右侧和下面为合并数据留出足够多的单元格。

按位置合并计算的具体操作过程如下：

① 在“数据”选项卡上的“数据工具”组中，单击“合并计算”按钮，打开“合并计算”对话框，如图 4.5.11 所示。

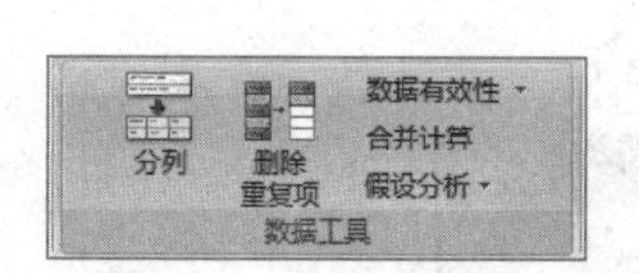

图 4.5.10 “合并计算”按钮

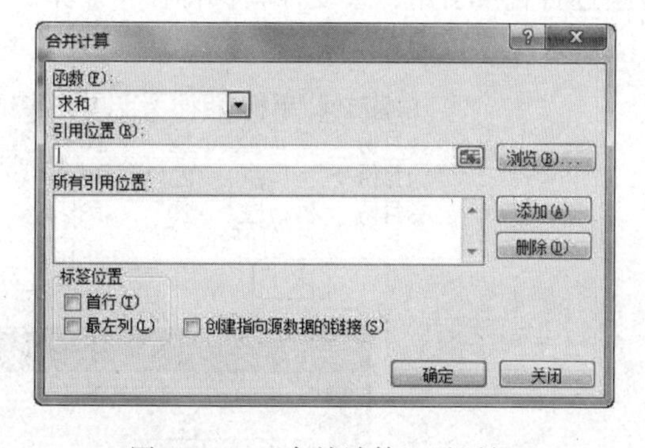

图 4.5.11 “合并计算”对话框

② 如果包含要对其进行合并计算的数据的工作表位于另一个工作簿中，请单击“浏览”按钮找到该工作簿，然后单击“确定”关闭“浏览”对话框。

③ 在“函数”下拉列表框中选择计算方式。

④ 在“引用位置”中，选择要进行合并计算的区域。

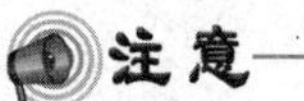

注意

每一张工作表都选择相同的区域。

⑤ 在“合并计算”对话框中单击“添加”按钮，将计算区域添加到“所有引用位置”列表框中，用同样的方法添加其他工作表中的相同位置到“所有引用位置”列表框中。

⑥ 在“标签位置”栏中选中“首行”和“最左侧”复选框，单击“确定”按钮。

若要设置合并计算，以便它能够在另一个工作簿中的源数据发生变化时自动进行更新，请选中“创建指向源数据的链接”复选框。

要点：只有当包含数据的工作表位于另一个工作簿中时，才选中此复选框。一旦选中此复选框，则不能再更改合并计算中包括的单元格和区域。

若要设置合并计算，以便用户可以通过更改合并计算中包括的单元格和区域来手动更新合并计算，请清除“创建指向源数据的链接”复选框。

如图 4.5.12 所示，对日用品一二季度的销量进行求和汇总，则首先要保证两张表具有相同的行和列标签。按照“按位置合并计算”的操作步骤进行计算，得到图 4.5.13 所示的结果。

日用品一季度销售情况

产品名称	第1个月	第2个月	第3个月
洗衣粉	10	20	30
肥皂	110	120	90
洗发水	5	6	4
沐浴露	12	13	11

日用品二季度销售情况

产品名称	第1个月	第2个月	第3个月
洗衣粉	25	12	23
肥皂	111	100	105
洗发水	10	8	9
沐浴露	10	11	12

图 4.5.12　进行“按位置合并计算”的数据

2．按类别合并计算

如果要计算的工作表具有不同的行或列标签，执行合并计算时，Excel 会自动执行按类别合并计算，即计算结果区域包含所有工作表中的所有行和列标签，不同标签进行直接引用，重复标签执行合并计算，如图 4.5.14 所示。

	第1个月	第2个月	第3个月
洗衣粉	35	32	53
肥皂	221	220	195
洗发水	15	14	13
沐浴露	22	24	23

图 4.5.13　进行“按位置合并计算”的结果

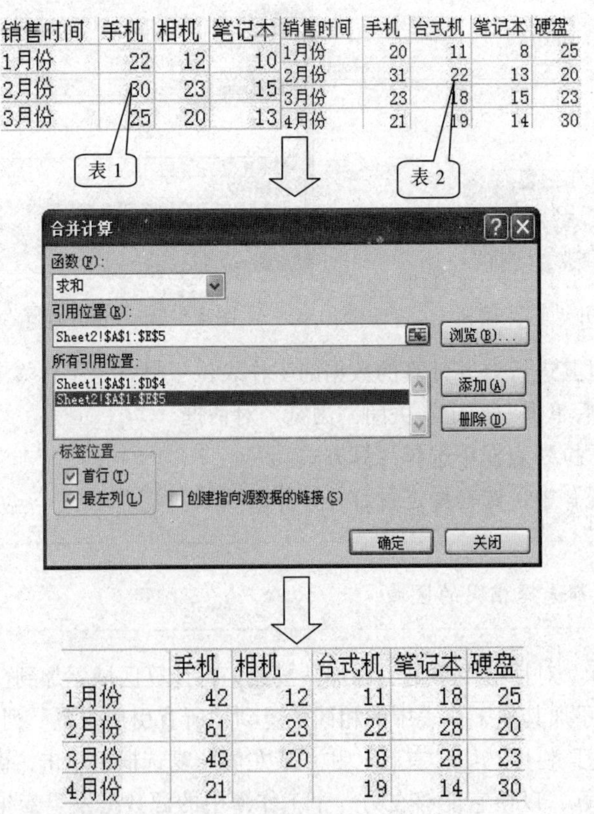

销售时间	手机	相机	笔记本
1月份	22	12	10
2月份	30	23	15
3月份	25	20	13

销售时间	手机	台式机	笔记本	硬盘
1月份	20	11	8	25
2月份	31	22	13	20
3月份	23	18	15	23
4月份	21	19	14	30

	手机	相机	台式机	笔记本	硬盘
1月份	42	12	11	18	25
2月份	61	23	22	28	20
3月份	48	20	18	28	23
4月份	21		19	14	30

图 4.5.14　“按类别合并计算”结果

与其他源区域中的标签不匹配的任何标签都会导致合并计算中出现单独的行或列。

确保不想进行合并计算的任何类别都有仅出现在一个源区域中的唯一标签，若要设置合并计算，以便它在源数据改变时自动更新，请选中“创建指向源数据的链接”复选框。

要点：只有当该工作表位于其他工作簿中时，才能选中此复选框。一旦选中此复选框，则不能对在合并计算中包括哪些单元格和区域进行更改。

系统默认的合并计算方式是“按类别合并计算”，只有当行和列标签完全一致时，才使用“按位置合并计算”。

【例 4.5.4】请打开“例 4.5.4 合并计算.xlsx”工作簿文件，并按指定要求完成有关的操作。（注：没有要求操作的项目请不要更改。）（扫描二维码获取案例操作视频）

A. 根据“计划期一”“计划期二”“计划期三”三个工作表 B3:E8 区域的数据，利用合并计算命令按位置合并数据，在“总制片量”工作表 B3:E8 区域统计 2 个计划期每个制片厂的总制片量。

B. 保存文件。

操作步骤：

① 打开“例 4.5.4 合并计算”文档，在总制片量工作表中选中区域 A2:E8，单击“数据”→“数据工具”→“合并计算”命令，打开“合并计算”对话框。

② 对话框函数选中求和，将统计的计划期三张表中的数据引用添加好。

③ 选中标签位置：首行、最左列再确定即可以得到结果。

④ 保存文档。

4.5.5 模拟运算表

当在工作表中使用了公式，可以对其进行假设分析，查看当改变公式中的某些值时结果会有什么变化，模拟运算表提供了一个操作所有变化的捷径。

模拟运算表是一个单元格区域，它可显示一个或多个公式中替换不同值时的结果。模拟运算表有两种类型：单变量模拟运算表和双变量模拟运算表。

1. 单变量模拟运算表

单变量模拟运算表中，对一个变量输入不同值时查看它对一个或多个公式的影响。既可使用面向列的模拟运算表，也可使用面向行的模拟运算表。

这里以贷款 20 万元买房，分 10 年在不同的利率下求月供金额为例，介绍如何使用单变量模拟运算表。

操作步骤如下：

① 创建一个工作表，在工作表输入相应的文本和数值，如图 4.5.15 所示。

② 单击 B4 单元格，插入 PMT 函数，设置参数，函数为“=PMT(B1/12, B2*12,B3)”。

③ 选定包含公式和替换值序列的矩形区域 A4:B7，如图 4.5.16 所示。

④ 在“数据”选项卡的“数据工具”组中，单击“模拟分析”按钮，在下拉菜单中选择“模拟运算表”命令，弹出“模拟运算表”对话框，如图 4.5.17 所示。

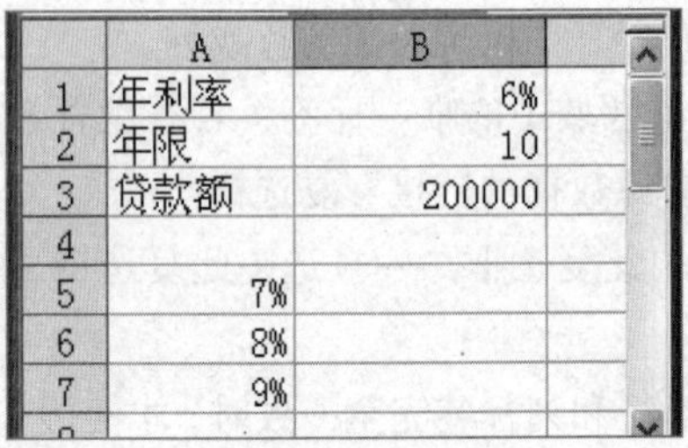

A
B
1 年利率 6%
2 年限 10
3 贷款额 200000
4
5 7%
6 8%
7 9%

图 4.5.15　基本数据

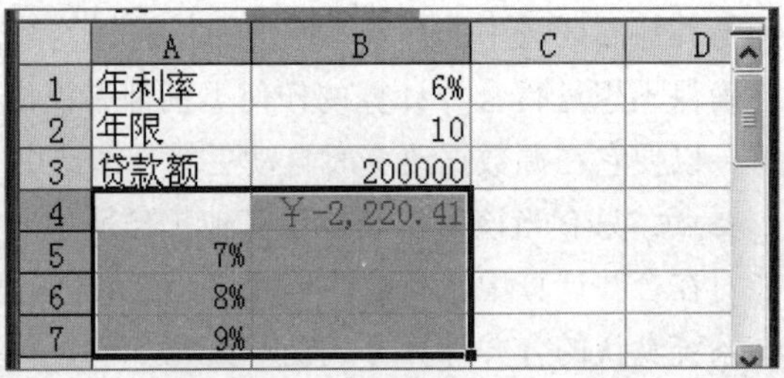

A
B
C
D
1 年利率 6%
2 年限 10
3 贷款额 200000
4 ￥-2, 220. 41
5 7%
6 8%
7 9%

图 4.5.16　选定区域

在对话框中有两个文本框，分别是“输入引用行的单元格”和“输入引用列的单元格”。如果改变的数值放在同一列中，则在“输入引用列的单元格”文本框中输入变量所在的单元格，如果改变的数值放在同一行，则在“输入引用行的单元格”文本框中输入，本例中在“输入引用列的单元格”文本框中输入$B$1。

⑤ 单击“确定”按钮，结果如图 4.5.18 所示。

模拟运算表
输入引用行的单元格(R):
输入引用列的单元格(C): $B$1
确定
取消

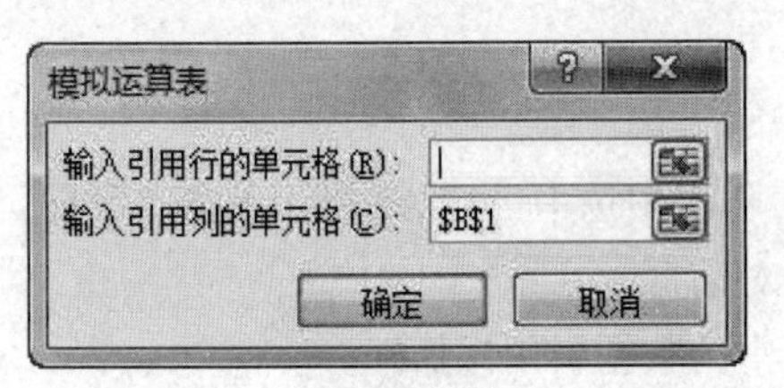

图 4.5.17 “模拟运算表”对话框

A
B
C
D
1 年利率 6%
2 年限 10
3 贷款额 200000
4 ￥-2, 220. 41
5 7% -2322. 169584
6 8% -2426. 551887
7 9% -2533. 515475

图 4.5.18 “单变量模拟运算表”运算结果

2. 双变量模拟运算表

双变量模拟运算表中，对两个变量输入不同值，查看它对一个公式的影响。

这里以贷款 20 万元买房，不同的利率、不同年限下求月供金额为例，介绍如何使用双变量模拟运算表。操作步骤如下：

① 创建一个工作表，在工作表输入相应的文本和数值，如图 4.5.19 所示。

② 单击 A4 单元格，插入 PMT 函数，设置参数，函数为“=PMT(B1/12, B2*12,B3)”。

③ 选定包含公式和替换值序列的矩形区域 A4:D7。

④ 在“数据”选项卡的“数据工具”组中，单击“模拟分析”按钮，在下拉菜单中选择“模拟运算表”命令，弹出“模拟运算表”对话框，在其中设置参数，如图 4.5.20 所示。

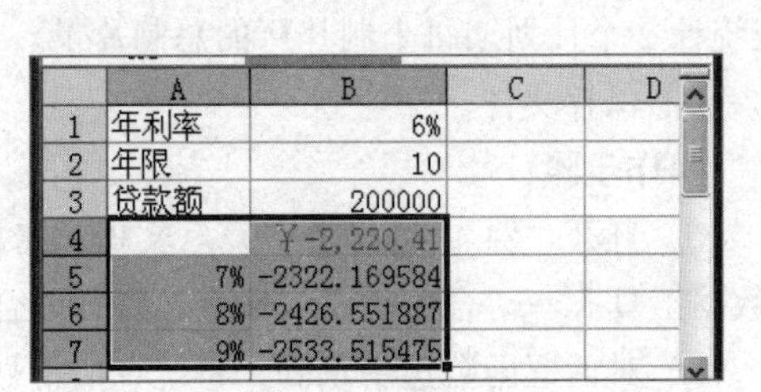

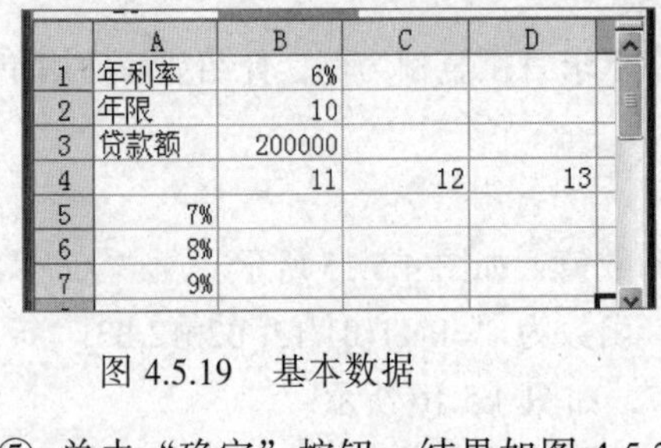

A
B
C
D
1 年利率 6%
2 年限 10
3 贷款额 200000
4 11 12 13
5 7%
6 8%
7 9%

图 4.5.19　基本数据

模拟运算表
输入引用行的单元格(R): $B$2
输入引用列的单元格(C): $B$1
确定
取消

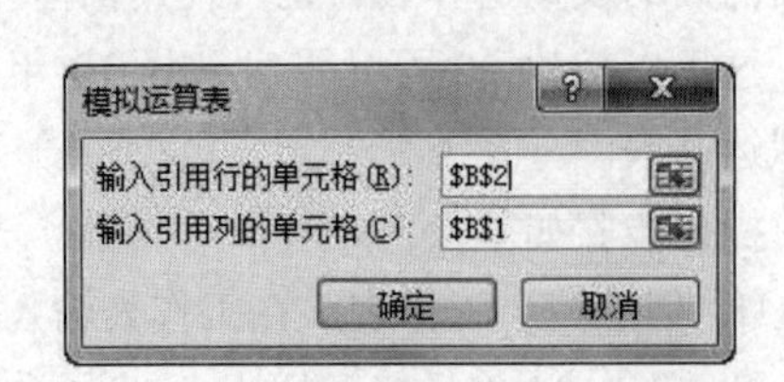

图 4.5.20 “模拟运算表”对话框

⑤ 单击“确定”按钮，结果如图 4.5.21 所示。

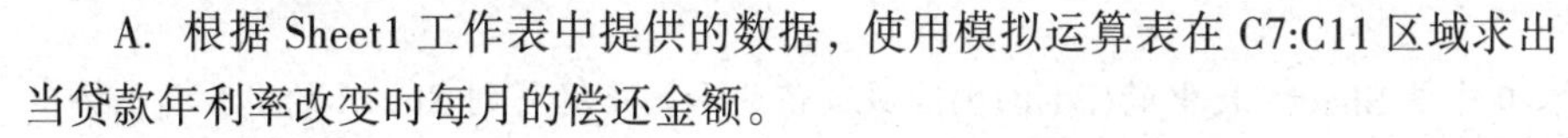

	A	B	C	D	E
1	年利率	6%			
2	年限	10			
3	贷款额	200000			
4	￥-2,220.41	11	12	13	
5	7%	-2176.82	-2056.76	-1956.15	
6	8%	-2283.09	-2164.91	-2066.15	
7	9%	-2392.16	-2276.06	-2179.36	
8					

图 4.5.21 “双变量模拟运算表”运算结果

【例 4.5.5-1】请打开“例 4.5.5-1 单变量模拟运算表.xlsx”工作簿文件，并按指定要求完成有关的操作。（注：没有要求操作的项目请不要更改。）（扫描二维码获取案例操作视频）

A. 根据 Sheet1 工作表中提供的数据，使用模拟运算表在 C7:C11 区域求出当贷款年利率改变时每月的偿还金额。

B. 保存文件。

操作步骤：

① 打开“例 4.5.5-1 单变量模拟运算表”文档。

② 选定包含公式和替换值序列的矩形区域 B6:C11。

③ 在“数据”选项卡的“数据工具”组中，单击“模拟分析”按钮，在下拉菜单中选择“模拟运算表”命令，弹出“模拟运算表”对话框，在其中设置参数，得到结果。

④ 保存文档。

【例 4.5.5-2】请打开“例 4.5.5-2 双变量模拟运算表.xlsx”工作簿文件，并按指定要求完成有关的操作。（注：没有要求操作的项目请不要更改。）（扫描二维码获取案例操作视频）

A. 根据 Sheet1 工作表中提供的数据，使用模拟运算表在 B12:F16 区域求出当贷款年利率和贷款金额改变时每月的偿还金额，部分单元格的值如图 4.5.22 所示。

B. 保存文件。

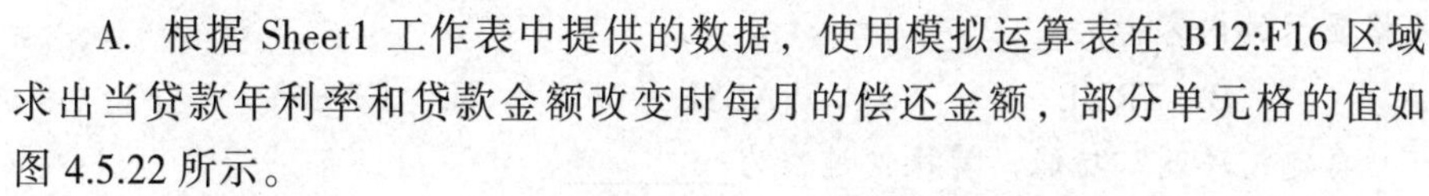

￥-6,966.51	7%	6.50%
500000	￥-5,805.42	￥-5,677.40
400000	￥-4,644.34	￥-4,541.92
300000	￥-3,483.25	￥-3,406.44

图 4.5.22 例 4.5.5-2 效果图

操作步骤：

① 打开“例 4.5.5-2 双变量模拟运算表”文档。

② 选定包含公式和替换值序列的矩形区域 A11:F16。

③ 在“数据”选项卡的“数据工具”组中，单击“模拟分析”按钮，在下拉菜单中选择“模拟运算表”命令，弹出“模拟运算表”对话框，在其中设置参数，得到结果。

④ 保存文档。

4.6 课后练习

一、单选题

1. Excel表格中下列单元格中为绝对引用是________。

A. =$C$1+$C$4*10　　B. =$C$1+C4*10

C. =C1+C4*10　　D. =C1+$C$4*10

2. Excel工作簿中Sheetl的A1单元格中的公式"=AVERAGE(Sheet3!B1:b10)"表示________。

A. 计算本工作簿Sheet3表中的(B1:b10)区域数值的平均值，并填写到Sheetl的A1单元格中

B. 计算本工作簿Sheet1表中的(B1:b10)区域数值的平均值，并填写到Sheetl的A1单元格中

C. 计算本工作簿Sheet3表中的(B1:b10)区域数值的和，并填写到Sheetl的A1单元格中

D. 计算本工作簿Sheet3表中的(B1:b10)区域数值的平均值，并填写到Sheet3的A1单元格中

3. Excel表格的分类汇总功能中，按某字段进行分类汇总前，必须对该字段进行________。

A. 排序　　B. 求和　　C. 筛选　　D. 分类

4. 已知工作表中C3单元格的值为59，C4单元格中为公式"=if(C3>=60, "合格","不合格")"，则C4单元格显示的内容为________。

A. 60　　B. 合格　　C. 不合格　　D. 80

5. Excel工作簿中Sheetl、Sheet2等表示________。

A. 单个数据　　B. 工作簿名　　C. 工作表名　　D. 文件名

6. 已知工作表中C3单元格的值为15、D3单元格的值为9，E3单元格中为公式"=C3>D3"，则E3单元格显示的内容为________。

A. #N／A　　B. TRUE　　C. FALSE　　D. C3>D3

7. Excel具有"自定义序列"功能，其操作过程为________。

A. 公式—选项—高级—编辑自定义列表

B. 文件—选项—高级—编辑自定义列表

C. 数据—选项—高级—编辑自定义列表

D. 插入—选项—高级—编辑自定义列表

8. 已知工作表中C3单元格与D4单元格的值均为0，C4单元格中为公式"=C3=D4"，则C4单元格显示的内容为________。

A. C3=D4　　B. #N／A　　C. 0　　D. TRUE

9. Excel函数中各参数间的分隔符号一般用________。

A. 空格　　B. 分号　　C. 句号　　D. 逗号

10. 在Excel工作表中，已知D2单元格的内容为=B2*C2，当D2单元格被复制到E3单元格时，E3单元格的内容为________。

A. =B3*C3　　B. =C3*D3　　C. =B2*C2　　D. =C2*D2

11. 下面关于工作表与工作簿的论述正确的是________。

A. 一个工作簿的多张工作表类型相同，或同是数据表，或同是图表

B. 一张工作表保存在一个文件中

C. 一个工作簿保存在一个文件中

D. 一个工作簿中一定有 3 张工作表

12. Excel 中的货币格式除了可以在数字前加人民币符号外，还有________格式也可以在数字前加人民币符号。

A. 数值　　B. 常规　　C. 会计专用　　D. 特殊

13. Excel 工作表 A1 单元格的内容为公式=SUM(C1:C8,A4:E4)，表示________。

A. 计算(C1:C8)区域的数值之和

B. 计算(C1:C8)与（A4:E4）两个区域的数值之和

C. 计算(C1:E4)区域的数值之和

D. 计算(A4:E4)区域的数值之和

14. 已知工作表中 C3 单元格的值为 80，C4 单元格中为公式“=if(C3>=60, "合格","不合格")”，则 C4 单元格显示的内容为________。

A. 不合格　　B. 80　　C. 60　　D. 合格

15. Excel 中也可以用________表示 Sheet2 工作表的 B9 单元格。

A. Sheet2!B9　　B. Sheet2$B9　　C. Sheet2.B9　　D. Sheet2:B9

16. 在 Excel 中，若要将光标移到工作表 A1 单元格，可按________键。

A. Ctrl+End　　B. Ctrl+Home　　C. End　　D. Home

17. Excel 工作簿的默认名是________。

A. Sheetl　　B. Excell　　C. 工作簿 1　　D. Bookl

18. 在 Excel 中，下列引用地址为绝对引用地址的是________。

A. $D5　　B. E$6　　C. F8　　D. $G$9

19. 在 Excel 中各运算符的优先级由高到低顺序为________。

A. 数学运算符、比较运算符、连接运算符

B. 数学运算符、连接运算符、比较运算符

C. 比较运算符、连接串运算符、数学运算符

D. 连接运算符、数学运算符、比较运算符

20. 下面________不属于 Excel 2010 的视图方式。

A. 分页预览　　B. 普通　　C. 页面　　D. 全屏显示

二、综合实训

1. 现有广东环科有限公司员工工资表，请你帮忙完善美化表格，完成后续操作。请打开 Excel 综合实训 1.xlsx 文档，参照效果图 final_1.jpg 进行编辑并保存。

涉及的操作有：合并后居中、调整行高、设置标题文本格式、列标题加粗、数据对齐、填充序列、货币、自动调整列宽、公式计算、设置表格边框和底纹、排序、插入批注、复制工作表并重命名（含标签颜色）等。

2. 请编辑“2016 大数据领域人物和机构影响力排名”，按要求显示数据、编辑条件格式并排名、排序；插入数据透视图，并进行筛选。请打开 Excel 综合实训 2.xlsx 文档，参照效果图

final_2.jpg 和 final_3.jpg 进行编辑并保存。

涉及的操作有：冻结窗格、数据有效性、统计函数 RANK(或 RANK.EQ)、排序、条件格式（色阶）、数据透视图（数据透视表行标签“类型”，显示“综合得分”最大值。“带数据标记的折线图”，图表布局 8，图标样式 44，删除图表标题，删除图例，调整图表大小和位置）、分类汇总等。

（扫描二维码获取案例操作）

第5章　PowerPoint 2010 演示文稿设计与制作

PowerPoint 2010 是当前最流行的一种演示文稿制作工具，它是 Office 2010 办公软件成员之一，可以帮助演讲者构造出图文并茂的演示文稿。演示文稿是由一张或若干张幻灯片组成的，这些幻灯片一般分为首页、概述页、过渡页、内容页和结束页。它的最终目的是给观众演示，主要用于学术交流、培训课件、产品展示、工作汇报、企业宣传、项目宣讲、咨询方案、竞聘演说等。

5.1　PowerPoint 2010 概述

5.1.1　PowerPoint 2010 的启动与退出

1. PowerPoint 2010 的启动

启动中文 PowerPoint 2010 主要有以下几种方法：

① 选择“开始”→“所有程序”，在“所有程序”级联菜单中单击“Microsoft Office”→“Microsoft PowerPoint 2010”命令，启动 PowerPoint 2010 应用程序。

② 如果在桌面上创建了 PowerPoint 2010 快捷方式图标，可直接双击快捷图标启动 PowerPoint 2010 应用程序窗口。

③ 双击任何一个已经存在的 PowerPoint 文档，即可启动 PowerPoint 2010 应用程序并打开该文档。

2. PowerPoint 2010 工作界面

启动 PowerPoint 2010 后，它的主要界面组成如图 5.1.1 所示，包含了快速启动工具栏、标题栏、功能区、大纲/幻灯片浏览器窗格、幻灯片窗格、备注窗格、状态栏等。其中功能区包括了“文件”“开始”“插入”“设计”“切换”“动画”“幻灯片放映”“审阅”和“视图”选项卡。

打开演示文稿时自动出现的单个幻灯片有两个占位符：一个用于标题格式，另一个用于副标题格式。占位符是一种带有虚线边缘的框，新建一个 PPT 文档时会自动出现，包括标题和内容框。在框内可以输入标题及正文，或插入图表、表格和图片等对象，如图 5.1.2 所示。

3. PowerPoint 2010 关闭与退出

退出中文 PowerPoint 2010 主要有以下几种方法：

① 选择“文件”→“退出”命令。

② 单击窗口标题栏右边的“关闭”按钮。

③ 按 Alt+F4 组合键。

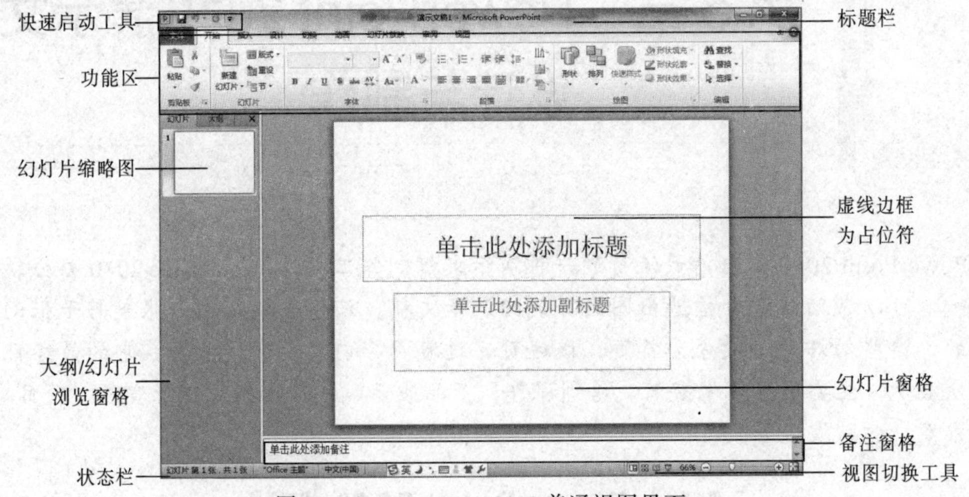

图 5.1.1　PowerPoint 2010 普通视图界面

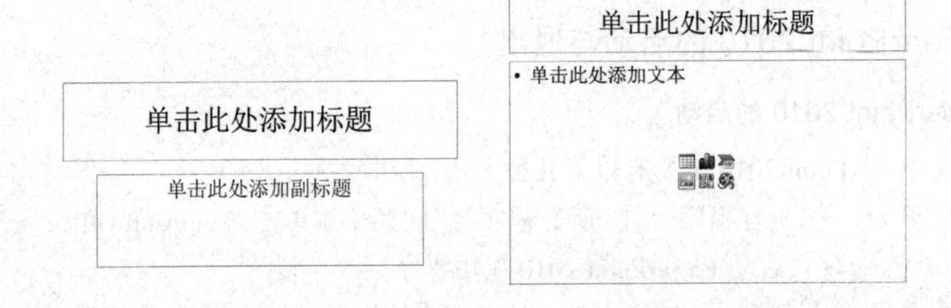

图 5.1.2　幻灯片占位符

5.1.2　演示文稿的基本操作

1. 创建演示文稿

在功能区中选择“文件”→“新建”命令，新建选项卡的下级选项中有两个标题卡，一个是主页，一个是 office.com 模版，如图 5.1.3 所示，在创建幻灯片时，可以根据内容主题选择合适的模版。

新建空白演示文稿如图 5.1.4 所示。

2. 保存与打开演示文稿

在制作演示文稿时，要养成随时保存演示文稿的习惯，以防发生意外而使正在编辑的内容丢失。演示文稿编辑完毕后，使用“文件”选项卡可打开或保存现有文件和打印演示文稿，如图 5.1.5 中所示。

图 5.1.3　新建演示文稿选项

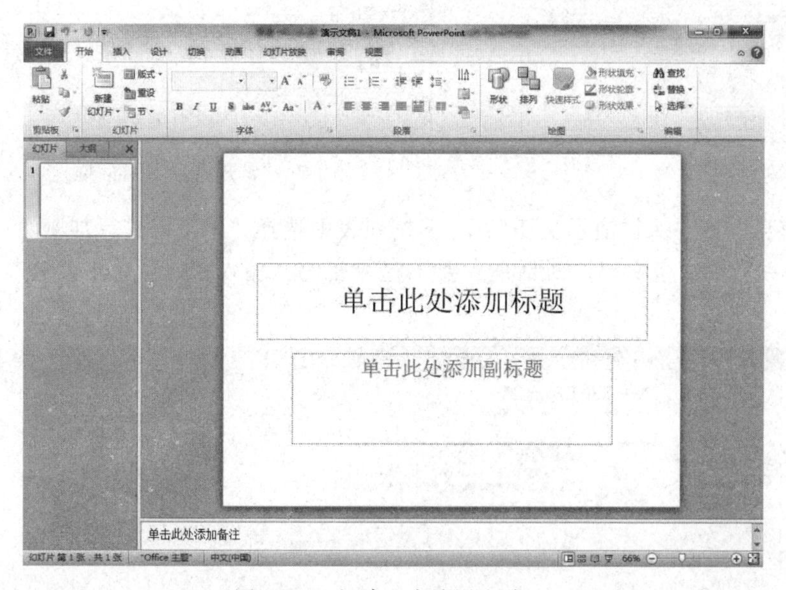

图 5.1.4　新建空白演示文稿

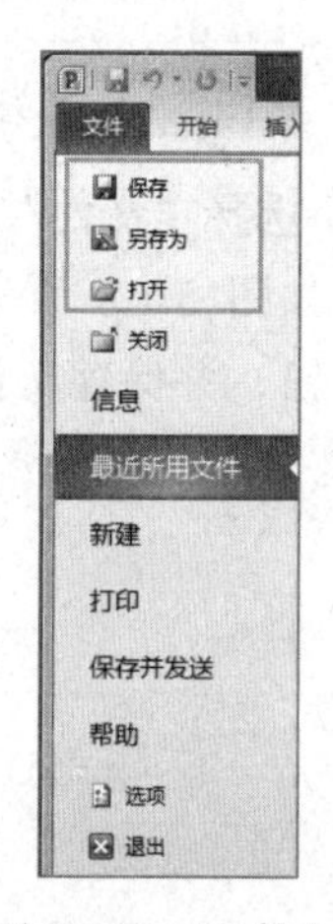

图 5.1.5　“文件”选项卡

（1）演示文稿的保存

① 选择“文件”→“保存”命令，在“文件名”框中，输入演示文稿的名称，然后单击“保存”按钮。

② 选择“文件”→“另存为”命令，在“另存为”对话框的左侧窗格中，单击选中要保存演示文稿的文件夹或其他位置。

（2）演示文稿的打开

① 双击需要打开的演示文稿，可打开演示文稿。

② 打开 PowerPoint 文稿后，单击“文件”选项卡，选择“打开”命令，弹出“打开”对话框，选择路径及要打开的文件，即可打开演示文稿。

3．保护演示文稿

对于创建完成的 PPT 演示文稿，如果不希望被其他人任意修改，可以对演示文稿进行加密保护。在打开的演示文稿中，可以通过以下两种方法实现：

① 选择“文件”→“另存为”命令，弹出“另存为”对话框，单击“工具”下拉列表，选

择“常规选项”，在弹出对话框中分别设置“打开权限密码”和“修改权限密码”，确定后保存文档，具体操作如图 5.1.6 和图 5.1.7 所示。

图 5.1.6 “另存为”对话框

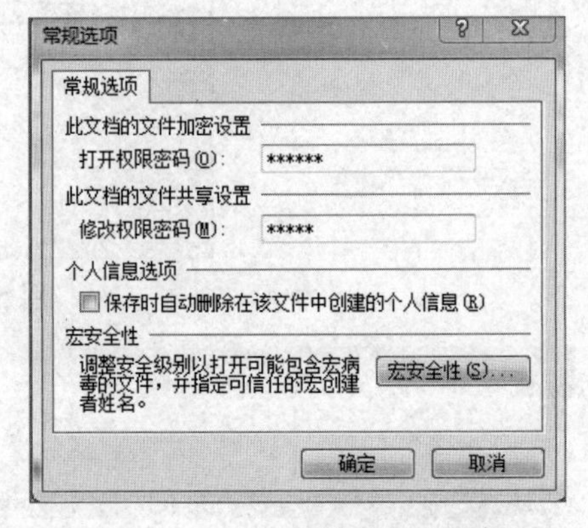

图 5.1.7 “常规选项”对话框

② 选择“文件”→“信息”→“保护演示文稿”，在下拉列表中选择“用密码进行加密”选项，如图 5.1.8 所示弹出一个“加密文档”对话框，要求输入密码，输入密码后单击“确定”按钮，并保存文档。

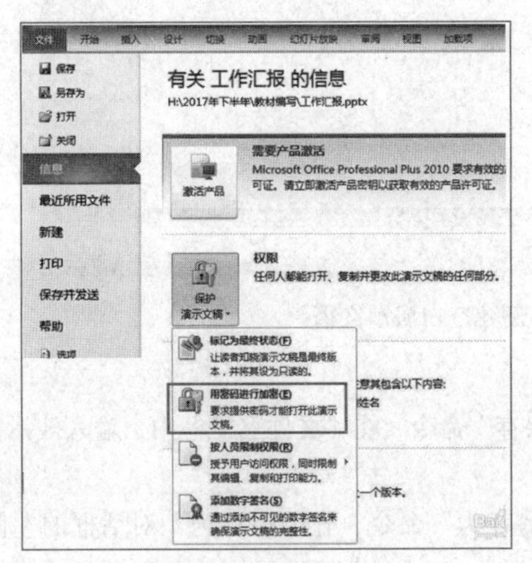

图 5.1.8 保护演示文稿

5.1.3 幻灯片的基本操作

演示文稿文件是由若干张幻灯片相互联系且按一定的顺序排列组成的。演示文稿建立以后，为了完善文稿经常会调整幻灯片的位置，在这里介绍幻灯片相关的操作。

1. 新建幻灯片

① 缩略图上新建幻灯片。在幻灯片缩略图上右击，在弹出的快捷菜单中选择“新建幻灯片”命令，如图 5.1.9 所示。

② 插入不同版式的幻灯片。在“开始”选项卡上的“幻灯片”组中，单击“新建幻灯片”下拉按钮，有多个幻灯片布局选择。若想创建的新幻灯片与前一张幻灯片的布局相同，只需单击“新建幻灯片”，如图 5.1.10 所示。

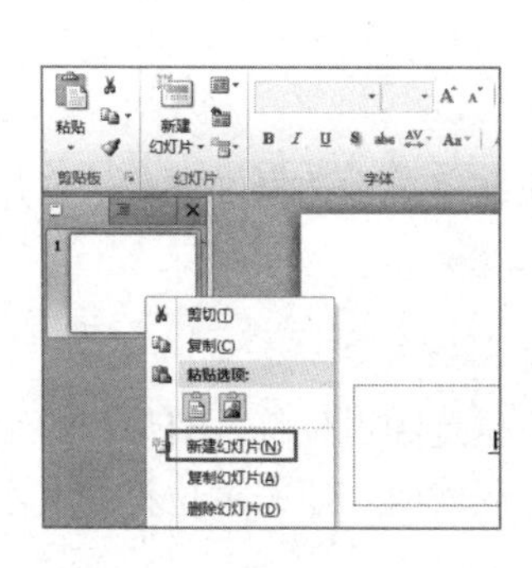

图 5.1.9　缩略图上新建幻灯片

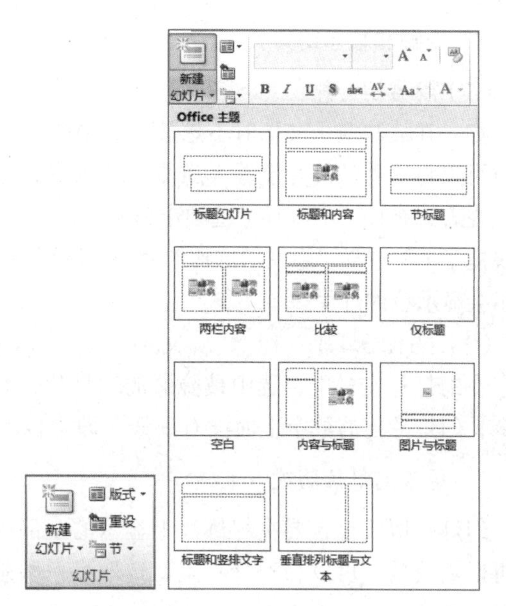

图 5.1.10　“幻灯片”组

2. 选定幻灯片

在对幻灯片进行操作之前，要先选定幻灯片。在普通视图中“幻灯片”选项卡窗格上或幻灯片浏览视图中，不同的选定方式如下：

① 选定某一张幻灯片：单击指定的幻灯片。

② 连续选择多张幻灯片：单击选定第一张幻灯片，按住 Shift 键同时单击需要选定的最后一张幻灯片。

③ 选择不连续的幻灯片：单击选定的第一张幻灯片，按住 Ctrl 键同时单击需要选定不连续的幻灯片。

④ 全部选择：按 Ctrl+A 组合键。

3. 移动幻灯片

① 在普通视图中“幻灯片”选项卡窗格上或幻灯片浏览视图中，选定要移动的幻灯片，将其拖动到所需的位置。

② 选择“开始”选项卡中“剪贴板”组的“剪切”命令，并在所需位置上“粘贴”。

4. 复制幻灯片

① 在普通视图“幻灯片”选项卡窗格或幻灯片浏览视图中，选中要复制的幻灯片右击，在弹出的快捷菜单中选择“复制幻灯片”命令，并粘贴到指定的位置。

② 选中需复制的幻灯片，选择“开始”选项卡“剪贴板”组的“复制”命令，并在所需位置上粘贴。

5．删除幻灯片

在普通视图“幻灯片”选项卡窗格上或幻灯片浏览器视图中，选中要删除的幻灯片右击，在弹出的快捷菜单中选择“删除幻灯片”。

6．隐藏和显示幻灯片

（1）隐藏幻灯片。

如果在放映演示文稿时不想放映其中的某些幻灯片，但又不希望将它们从演示文稿中删除，此时可以将这些幻灯片设置为隐藏。被隐藏的幻灯片仍然保留在演示文稿中。

在普通视图“幻灯片”选项卡窗格或幻灯片浏览视图中，选中要隐藏的幻灯片右击，在弹出的快捷菜单中选择“隐藏幻灯片”命令，被隐藏幻灯片的数字上被划上了斜线，在幻灯片播放时，就不会显示该幻灯片。

（2）显示幻灯片

在幻灯片左栏中，选中被隐藏的幻灯片，右击，在弹出的快捷菜单中选择“隐藏幻灯片”命令，幻灯片前的数字上面没有斜线，即可显示被隐藏的幻灯片。

7．更改幻灯片版式

幻灯片版式包含要在幻灯片上显示的全部内容的格式设置、位置和占位符。幻灯片的版式是可以更改的，可以为幻灯片重新选取另一种版式，更改幻灯片版式时，原来占位符的文本内容保持不变。

在幻灯片普通视图中，选择需要修改版式的幻灯片，单击“开始”选项卡“幻灯片”组的“版式”下拉按钮，在下拉列表中可以选择多个幻灯片版式，如图 5.1.11 所示。

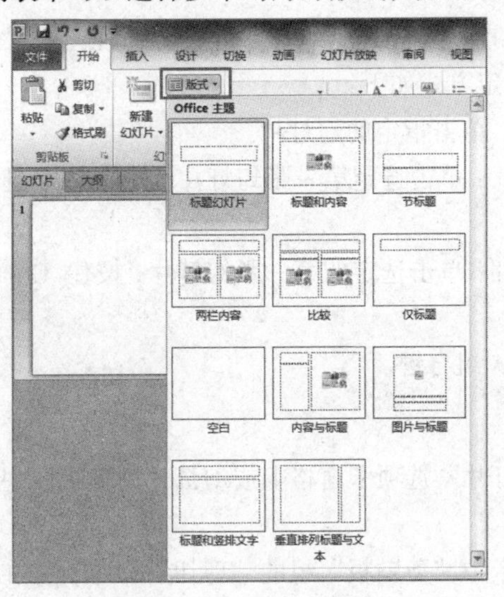

图 5.1.11　幻灯片版式

【例 5.1.3】打开演示文稿“动画制作分类.pptx”，将第二张幻灯片的版式修改为“标题和内容”版式。（扫描二维码获取案例操作视频）

操作步骤：

① 双击打开“动画制作分类.pptx”，选择第二张幻灯片。

② 在“开始”选项卡上的“幻灯片”组中，单击选择“版式”下拉按钮，在下拉列表中，选择“标题和内容”即可。

5.2　简单演示文稿制作

5.2.1　幻灯片文本编辑

幻灯片文本编辑包括对幻灯片内容的输入、字符格式化、段落格式化、文本的查找与替换以及排版等。

1. 输入与编辑文本

（1）直接输入文本

创建演示文稿后，可以在幻灯片中默认的文本占位符、插入的文本框和形状中输入文本。

（2）导入 Word 文本

Word 和 PowerPoint 之间是相互关联的，在 PowerPoint 2010 中插入 Word 文本，也能使用 Word 文本编辑功能在 PowerPoint 中对文件进行编辑处理。在“插入”选项卡“文本”组中单击“对象”按钮，在“插入对象”对话框中，选择“由文件创建”选项，单击“浏览”按钮选择指定 Word 文件，单击“确定”按钮，如图 5.2.1 所示。

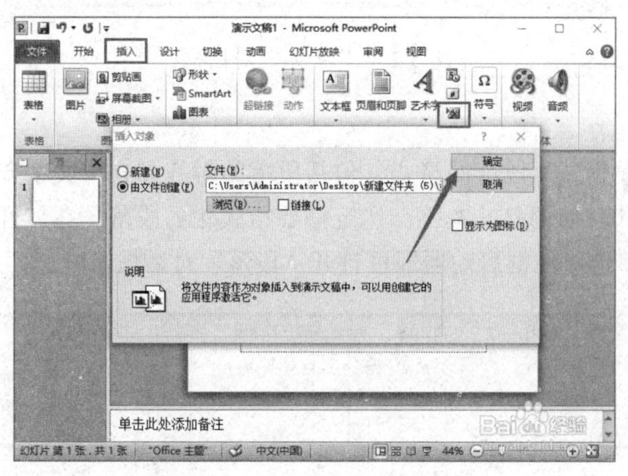

图 5.2.1　插入对象 Word 文本

2. 字符格式化

在幻灯片中设置文本字符格式的方法与在 Word 中的设置方法基本相同，即可以设置字体、字形、字号、颜色及效果等。选择要格式化的文本，在“开始”选项卡上的“字体”组中进行设置，单击对话框启动器即可打开“字体”对话框。“字体”组如图 5.2.2 所示。

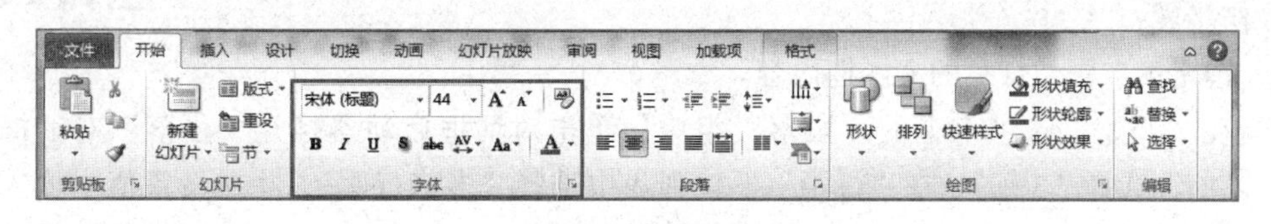

图 5.2.2　“字体”组

【例 5.2.1-1】打开演示文稿“国家森林公园.pptx”，在第一张幻灯片的副标题区域输入“自然风光”，设置字体格式为“幼圆”字体、加粗、36 磅、标准色蓝色。（扫描二维码获取案例操作视频）

操作步骤：

① 选取幻灯片中的副标题文字“自然风光”。

② 在“开始”选项卡上的“字体”组中，单击对话框启动器打开“字体”对话框，打开“中文字体”下拉列表，选择“幼圆”选项；在“字体颜色”中选择“标准色蓝色”，在“字形”下拉列表框中选择“加粗”这一行，在“大小”框中输入“36”，如图 5.2.3 所示。

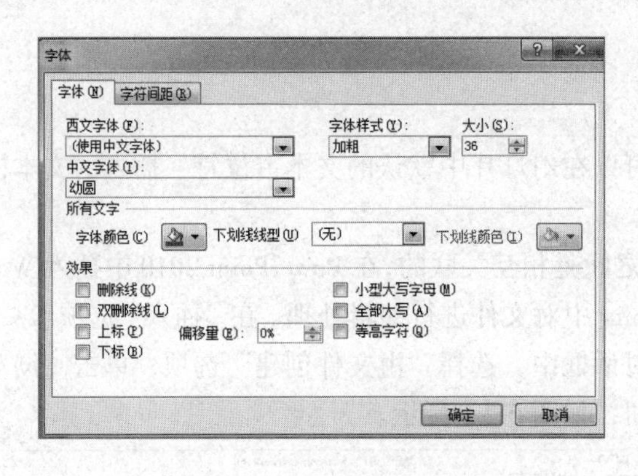

图 5.2.3 “字体”对话框

3. 段落格式化

在幻灯片中还可设置文本段落的格式，包括段落的对齐方式与文字方向、段落间距与行间距、项目符号与编号和自动调整文本等。选定需要格式化的段落，在“开始”选项卡上的“段落”组中进行设置，单击对话框启动器即可打开“段落”对话框。“段落”组如图 5.2.4 所示。

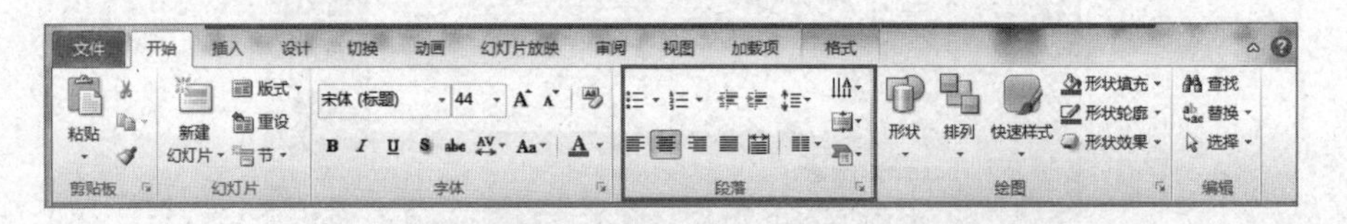

图 5.2.4 “段落”组

【例 5.2.1-2】打开演示文稿“用餐礼仪.pptx”，为第二张幻灯片中包含文字“勺子”的文本框内所有文字设置段落格式，段前间距：3 磅，行距：1.8 倍行距，并自定义项目符号字体为 Wingdings，字符代码为 175，符号大小为 105% 字高，标准色蓝色。（扫描二维码获取案例操作视频）

操作步骤：

① 选定第二张幻灯片的文本框内容。

② 在“开始”选项卡上的“段落”组中，单击对话框启动器打开“段落”对话框，在间距“段前”选择“3 磅”，在“行距”下拉列表中选择“多倍行距”，并在设置值中输入 1.8，如图 5.2.5 所示。

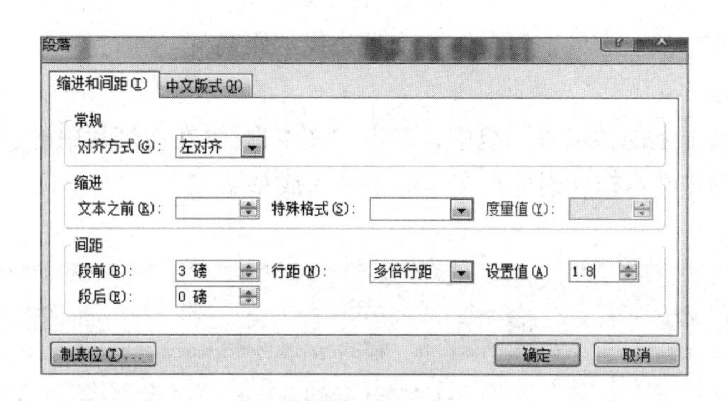

图 5.2.5　设置“间距”“行距”

③ 在“开始”选项卡上的“段落”组中，单击打开“项目符号和编号”对话框，单击“自定义”按钮，打开“符号”对话框，在“字体”下拉列表中选择 Wingdings，“字符代码”框中输入“175”，然后单击“确定”按钮；在“大小”文本框中输入 105，并在“颜色”下拉列表中选择蓝色，如图 5.2.6 所示。

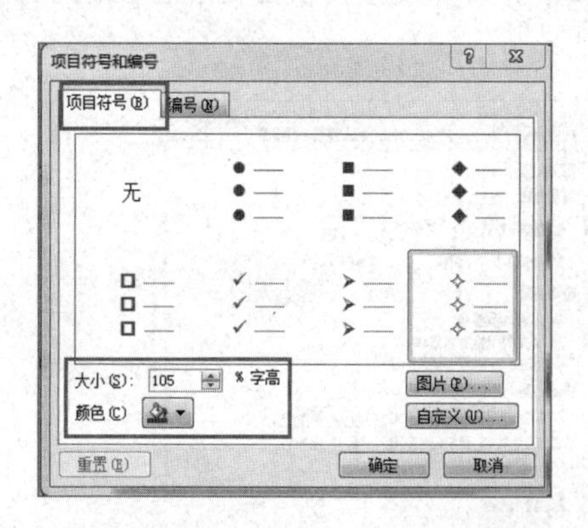

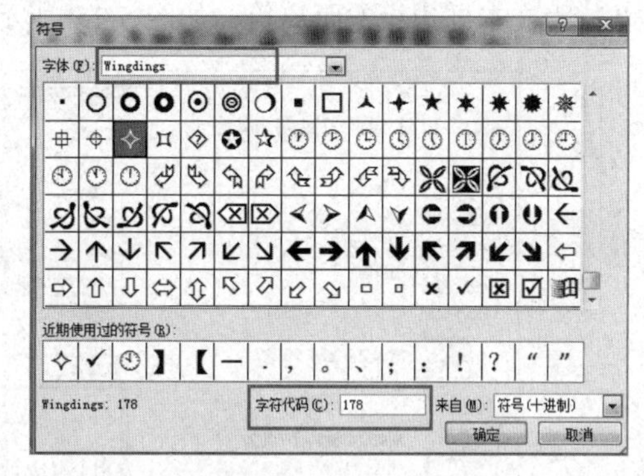

图 5.2.6　“项目符号”设置

4. 文本查找与替换

在幻灯片中还可以对文本进行查找与替换的设置。在“开始”选项卡上的“编辑”组中，选择“查找”或“替换”命令，在弹出的对话框中进行设置。“编辑”组如图 5.2.7 所示。

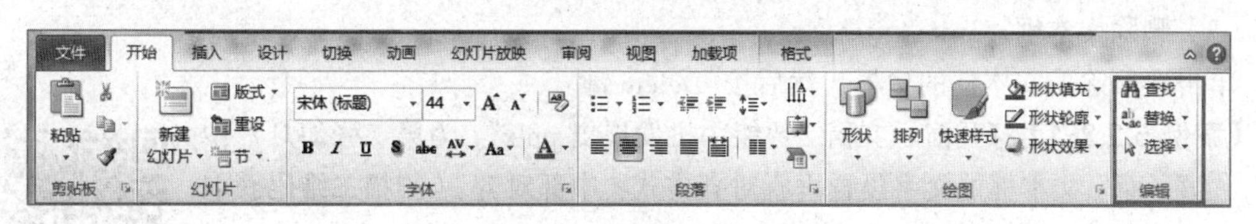

图 5.2.7　“编辑”组

5.2.2　幻灯片中对象元素的插入及编辑

1. 文本框

在幻灯片中，文本框是最常用的占位符，可以灵活排版文本。在默认版式中，文本框是没有框线没有颜色的，在“设置文本效果格式”对话框的“文本框”选项卡，可以精确地设置文字在文本框中的对齐方式、方向，以及距文本框边缘的距离等。

（1）绘制文本框

在“插入”选项卡上的“文本”组中，单击“文本框”，在幻灯片中通过拖动来绘制具有所需大小的文本框，单击文本框，则可在文本框中输入或粘贴文本。“文本框”下拉菜单如图 5.2.8 所示。

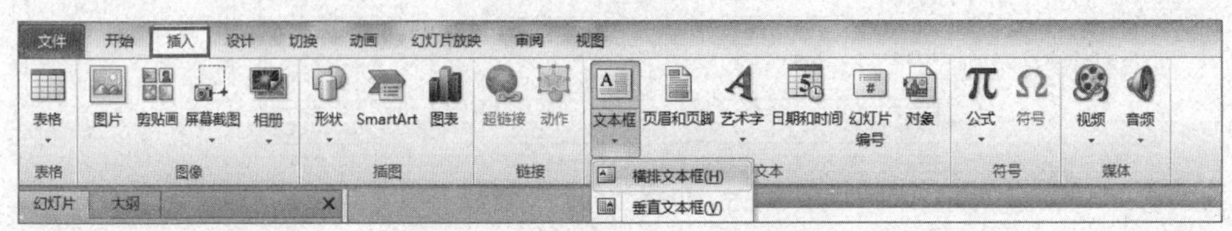

图 5.2.8 “文本框”下拉菜单

（2）设置文本框格式

选中文本框的文本，单击“段落”组中的“文字方向”按钮，单击列表中的“其他选项”，打开“设置文本效果格式”对话框的“文本框”选项卡，可以设置文字在文本框中的对齐方式、方向，以及距文本框边缘的距离等，如图 5.2.9 所示。

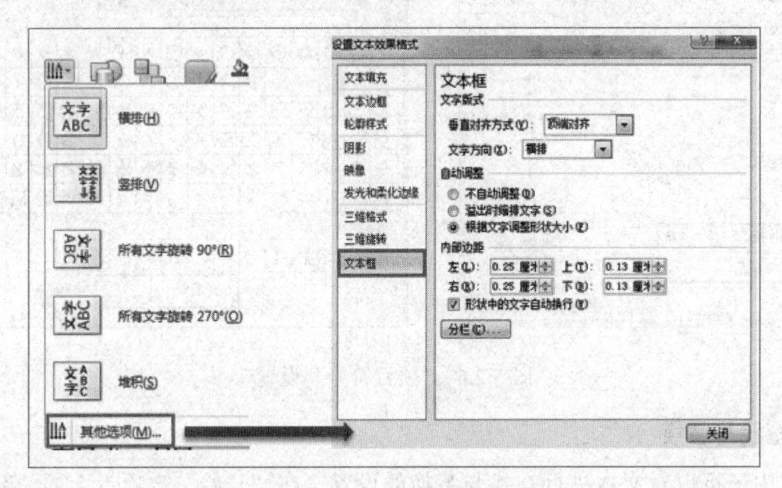

图 5.2.9 设置文本框格式

（3）删除文本框

单击要删除的文本框的边框，然后按 Delete 键。

【案例 5.2.2-1】打开演示文稿“智能手机发展史.pptx”，为第二张幻灯片中包含“第一章”文本框的文字设置垂直对齐方式：中部对齐。（扫描二维码获取案例操作视频）

操作步骤：

① 选定第二张幻灯片的文本框。

② 在“开始”选项卡上的“段落”组中，单击 “文字方向”列表中的“其他选项”，打开“设置文本效果格式”对话框的“文本框”选项卡，在“文字版式”的垂直对齐方式中选择“中部对齐”，如图 5.2.10 所示。

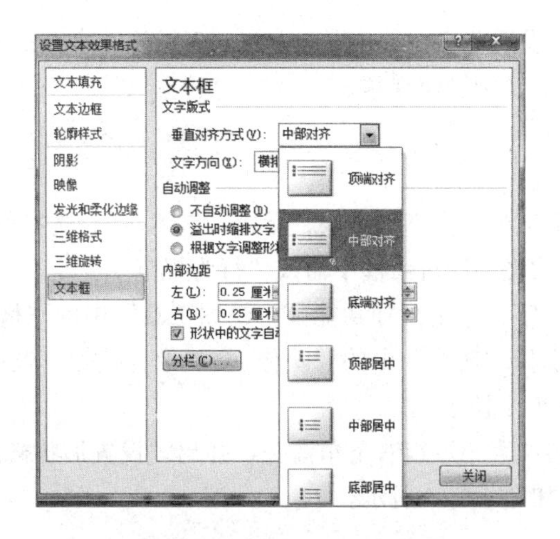

图 5.2.10　设置垂直对齐方式

2．艺术字

（1）插入艺术字

在“插入”选项卡上的“文字”组中，单击“艺术字”，然后选择所需艺术字样式，可以输入文字，如图 5.2.11 所示。

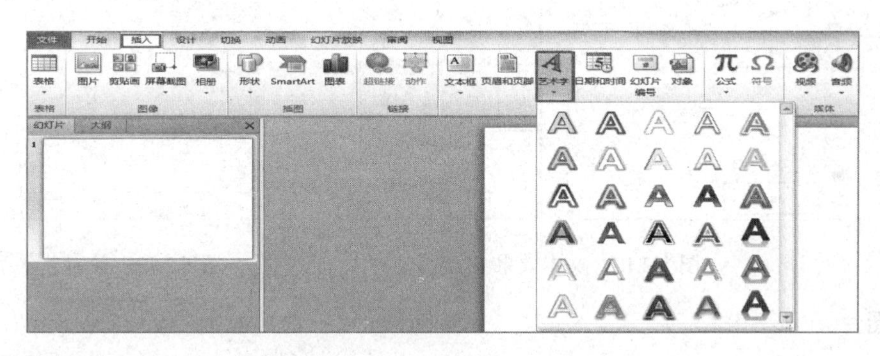

图 5.2.11　“艺术字”下拉按钮

（2）编辑和美化艺术字

若需要编辑、修改艺术字的文本内容，可直接在文本框中进行操作；若需要设置文本的字符和段落格式等，可利用“开始”选项卡的“字体”和“段落”组进行。

如果需要设置文本的样式、填充和轮廓等艺术效果，在“绘图工具”→“格式”选项卡的“艺术字样式”组进行设置；如果需要设置艺术字文本框的样式、填充、轮廓等效果，在该选项卡的“形状样式”组进行设置。

设置艺术字形状，可以单击“艺术字样式”组“文本效果”按钮右侧的下拉按钮，在展开的列表中选择“转换”子列表中的选项，以改变艺术字的形状。

【例 5.2.2-2】打开演示文稿“公司管理制度培训.pptx”，在第四张幻灯片中增加艺术字，内容为“行为规范”，艺术字样式为第 4 行第 4 列（样式名称为：渐变填充-粉色，强调文字颜色 1，轮廓-白色），艺术字样式的文本效果为“映像-全映像，接触”；为艺术字添加“转换”文本效果，将艺术字形状转换为“弯

曲”类别下的“波形 1”；设置艺术字的位置为水平：8 厘米（自左上角），垂直：1.5 厘米（自左上角）。（扫描二维码获取案例操作视频）

操作步骤：

① 选定第四张幻灯片。

② 在“插入”选项卡上的“文字”组中，单击“艺术字”，选择第 4 行第 4 列的艺术字，在出现的“请在此放置您的文字”对话框中输入“行为规范”。

③ 选中所输入的艺术字，单击附加功能区“绘图工具”中的“格式”，在“艺术字样式”组中单击“文本效果”，选择“转换”中的“映像-全映像，接触”选项，选择“转换”→“弯曲”→“波形 1”。如图 5.5.12 所示。

④ 选中艺术字，单击“大小”组右下角箭头，弹出“设置形状格式”对话框，在“位置”中选择输入相应的数值，如图 5.2.13 所示。

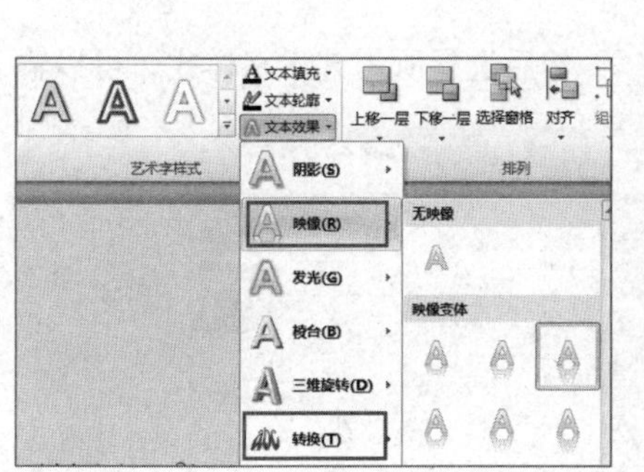

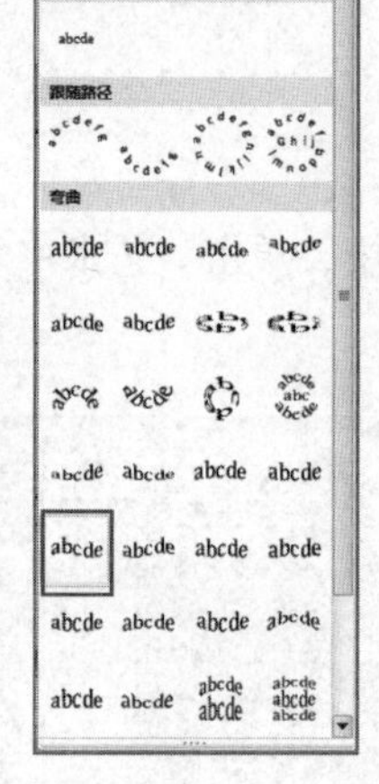

图 5.2.12　文本效果

图 5.2.13　设置艺术字位置

3．图片

在幻灯片中插入各种图片、剪贴画，可以使演示文稿更加丰富多彩。插入图像后，可以移动位置、改变大小，操作方法和在 Word 中的方法是非常相似的。

（1）插入图片

在“插入”选项卡上的“图像”组中，可以插入图片、剪贴画、屏幕截图和相册。“图像”组如图 5.2.14 所示。

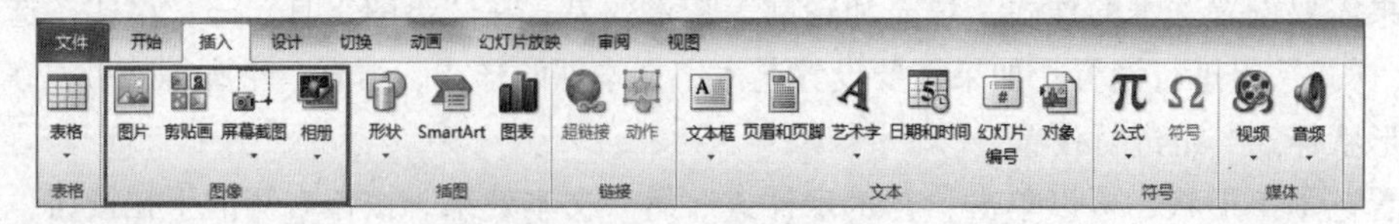

图 5.2.14　“图像”组

（2）编辑图片

在幻灯片中插入图片后，利用与编辑形状相同的方法来对图片执行各种编辑操作，如选择、移动、缩放、复制、旋转、叠放、组合、对齐，并对图片进行裁剪。

（3）美化图片

利用“图片工具”选项卡中的“格式”可以对图片进行各种美化操作，如删除图片背景、设置图片艺术效果、调整图片的颜色、调整图片的亮度和对比度等。

【例 5.2.2-3】打开演示文稿“餐桌礼仪”.pptx”，为第二张幻灯片插入图片“餐桌.jpg”，设置图片的位置为水平：14 厘米（自左上角）；垂直：8 厘米（自左上角），图片高度为 10 厘米。（扫描二维码获取案例操作视频）

操作步骤：

① 选定第二张幻灯片。

② 在“插入”选项卡上的“图像”组中，选择“图片”，弹出“插入图片”对话框，找到图片的路径选择“餐桌.jpg”，单击“插入”按钮即可。

③ 选中插入的图片，在“图片工具”的“格式”中选择“大小”组的对话框启动器，在弹出的“设置图片格式”对话框中，分别在“位置”和“大小”中设置相应数值，如图 5.2.15 所示。

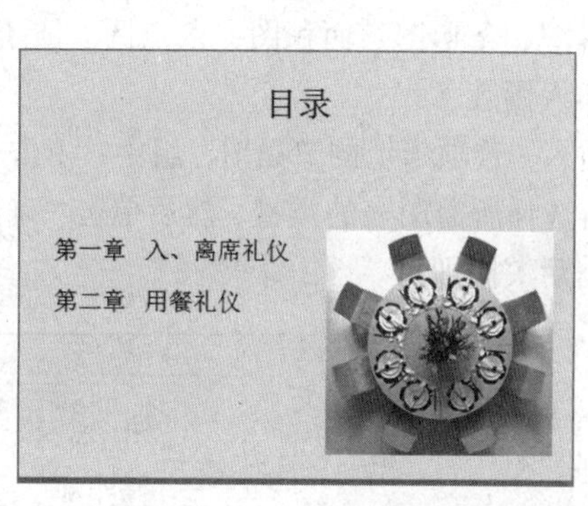

图 5.2.15 设置图片格式

4. 形状

在 PPT 演示文稿中还提供了形状绘制功能，利用“开始”选项卡“绘图”组的形状列表，或在“插入”选项卡上的“插图”组中，选择“形状”下拉列表，单击选择相应的“形状”工具，在幻灯片合适的位置进行绘制。

美化形状主要是通过“绘图工具”→“格式”选项卡进行。单击“绘图工具”→“格式”选项卡上“形状样式”组中的“其他”按钮 ，展开“形状样式”列表，从中选择所需的系统内置样式。

【例 5.2.2-4】打开演示文稿“摩擦力.pptx”，更改第二张幻灯片的文本框的形状，将形状更改成“矩形”类型中的“圆角矩形”。（扫描二维码获取案例操作视频）

操作步骤：

① 选中第二张幻灯片的文本框形状。

② 在“绘图工具”→“格式”选项卡上“插入形状”组中，单击“更改形状”，选择“圆角矩形”，如图 5.2.16 所示。

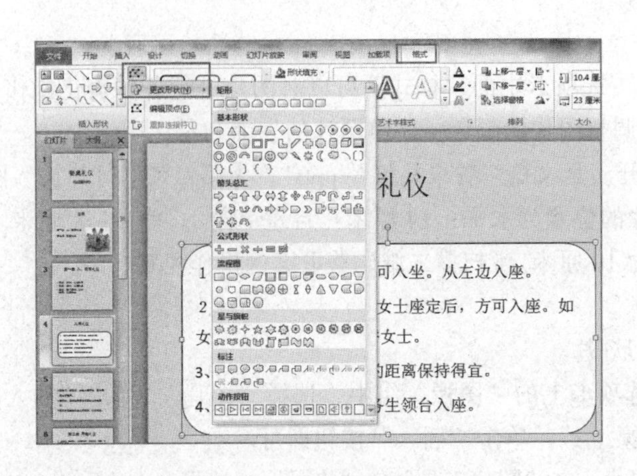

图 5.2.16　更改形状

5．图表

在 PowerPoint 2010 中需要用数据说明问题时，可以插入多种数据图表和图形，如柱形图、折线图、饼图、条形图、面积图、散点图、股价图、曲面图、圆环图、气泡图和雷达图。

（1）插入图表

在“插入”选项卡上的“插图”组中，单击“图表”，在“插入图表”对话框中，如图 5.2.17 所示，单击选择所需图表的类型，然后单击“确定”按钮，并在出现的 Excel 2010 中编辑数据，编辑完数据后关闭即可。

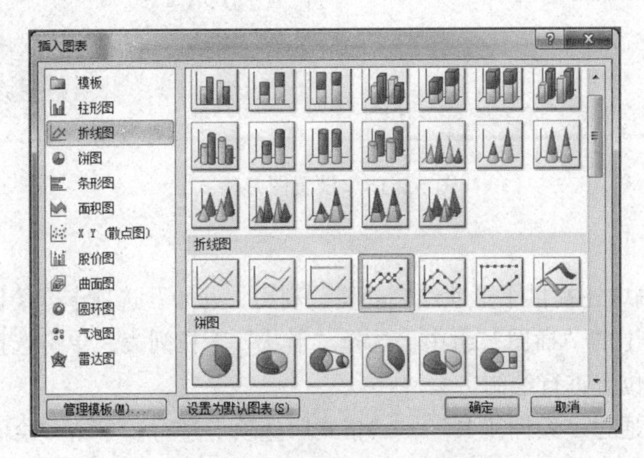

图 5.2.17　“插入图表”对话框

（2）编辑和美化图表

在幻灯片中插入图表后，可以使用“图表工具”选项卡的“设计”“布局”“格式”3 个子选项对图表进行编辑和美化操作，如编辑图表数据、更改图表类型、调整图表布局、对图表各组成元素进行格式设置等。

【例 5.2.2-5】打开演示文稿“餐具使用.pptx”，在第三张幻灯片内插入一个类型为“三维饼图”的图表，图表数据的编辑如图 5.2.18 所示。将图表的标题显示图表上方，并修改为：不同餐具使用率，并设置其为“样式 3”的图表样式。（扫描二维码获取案例操作视频）

操作步骤：

① 选择第三张幻灯片。

② 在“插入”选项卡上的“插图”组中，单击“图表”，在“插入图表”对话框中，单击选择“饼图”中的“三维饼图”，单击“确定”按钮；在出现的 Excel 表格中输入相应的数据，然后关闭 Excel 表。

	A	B
1		使用率
2	勺子	20%
3	盘子	12%
4	筷子	68%

图 5.2.18　图表数据

③ 选中图表，在“图表工具”的“布局”选项卡中的“图表标题”选择“图表上方”，在图表中双击“图表标题”，输入“不同餐具使用率”；在“设计”选项卡中的“图表样式”选择“样式 3”。

6. SmartArt 图形

在演示文稿中可以用 SmartArt 图示的方法表示事物之间的联系。插入 SmartArt 图的方法和插入图表等对象的方法类似，在“插入”选项卡上的“插图”组中，单击“SmartArt”按钮，单击选择所需 SmartArt 的类型，然后单击“确定”按钮。

选中 SmartArt 图形后，可利用“SmartArt 工具”选项卡的“设计”和“格式”子选项卡对 SmartArt 图形进行编辑与美化。

【例 5.2.2-6】打开演示文稿“席位礼仪.pptx”，在第二张幻灯片右侧的内容框中插入 SmartArt 图形，图形布局为“流程”类型中的“圆箭头流程”，输入图 5.2.19 所示的文字，并设置 SmartArt 样式的“文档最佳匹配对象”为“中等效果”。（扫描二维码获取案例操作视频）

操作步骤：

① 选中第二张幻灯片。

② 在“插入”选项卡上的“插图”组中，单击“SmartArt”，打开“选择 SmartArt 图形”对话框，单击选择“流程”中的“圆箭头流程”，单击“确定”按钮。

③ 在“圆箭头流程”的文本框中输入相应的文字，并调整 SmartArt 图形到右侧。

④ 在“SmartArt 样式”中选择“文档的最佳匹配对象”下的“中等效果”。

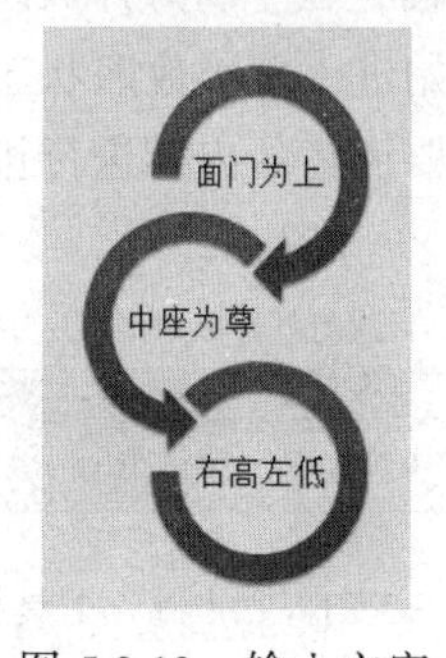

图 5.2.19　输入文字

7. 表格

（1）插入表格

选中要添加表格的幻灯片，在“插入”选项卡上的“表格”组中，单击“表格”按钮，在“插入表格”下拉列表中，单击并移动指针以选择所需的行数和列数，然后释放鼠标左键，或者单击“插入表格”，如图 5.2.20 所示，直接在“列数”和“行数”列表中输入数字。

（2）编辑和美化表格

插入表格后，在“表格工具”选项卡的“设计”和“布局”子选项卡对表格进行编辑与美化，如合并相关单元格以制作表头、在表格中插入行或列、调整表格的行高和列宽、设置表格样式、为表格添加边框和底纹等。

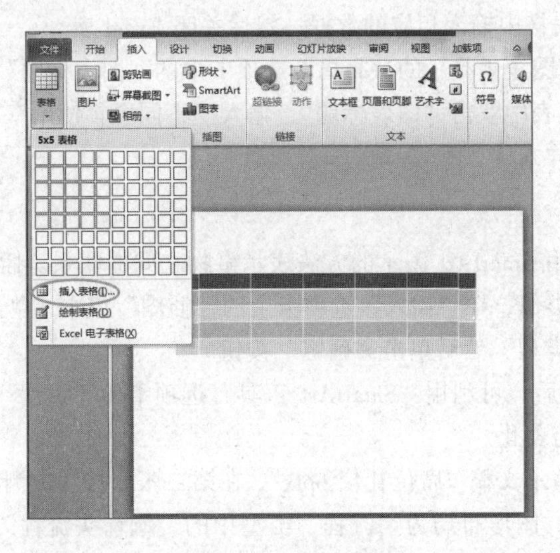

图 5.2.20　插入表格

5.2.3　演示文稿的展示技术与发布

1. 幻灯片的展示

（1）排练计时

为了使演讲者的讲述与幻灯片的切换保持同步，除了将幻灯片切换方式设置为“单击鼠标时”外，还可以使用 PowerPoint 提供的“排练计时”功能，预先排练好每张幻灯片的播放时间。

① 打开要设置排练计时的演示文稿，在“幻灯片放映”选项卡上“设置”组中单击“排练计时”按钮，这时从第 1 张幻灯片开始进入全屏放映状态，并在右上角显示“录制”工具栏，如图 5.2.21 所示。演讲者可以对自己要讲述的内容进行排练，以确定当前幻灯片的放映时间，如图 5.2.21 所示。

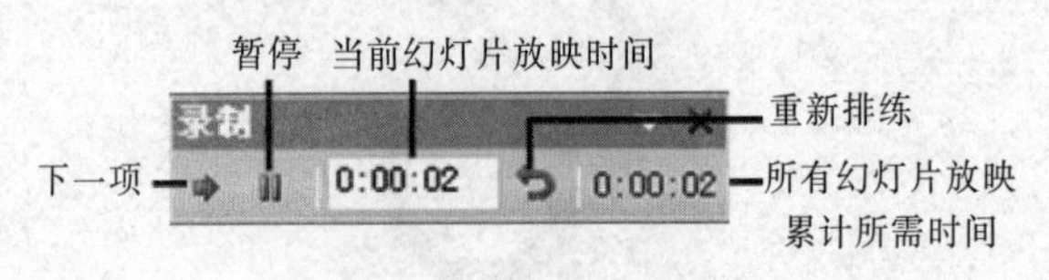

图 5.2.21　“录制”工具栏

② 放映时间确定好之后，单击幻灯片任意位置，或单击“录制”对话框中的“下一项”按钮，切换到下一张幻灯片，可以看到“录制”工具栏中间的时间重新开始计时，而右侧演示文稿总放映时间将继续计时。

③ 当演示文稿中所有幻灯片的放映时间排练完毕后，屏幕上会出现提示框。如果单击“是”按钮，可将排练结果保存起来，以后播放演示文稿时，每张幻灯片的自动切换时间就会与设置的一样；如果想放弃刚才的排练结果，可以单击“否”按钮。排练计时提示框如图 5.2.22 所示。

图 5.2.22　排练计时

上述操作完成后，演示文稿自动切换到“幻灯片浏览”视图下，在每张幻灯片的左下角可看到幻灯片播放时间。

（2）录制幻灯片旁白

使用演示文稿的录制幻灯片演示功能，不仅可以对幻灯片进行排练计时，还可以为演示文稿录制旁白，以及使用激光笔标注需要重点强调的内容。

① 打开要录制幻灯片演示的演示文稿，在“幻灯片放映”选项卡“设置”组中单击“录制幻灯片演示”下拉按钮，在下拉菜单中选择相应命令打开“录制幻灯片演示”对话框进行相应设置，单击“开始录制”按钮，开始放映幻灯片，当窗口左上角出现“录制”工具栏，就可以对着麦克风录入自己对当前幻灯片的讲解。对当前幻灯片的旁白录制完毕后，单击切换到第 2 张幻灯片，然后继续进行录制。如图 5.2.23 所示。

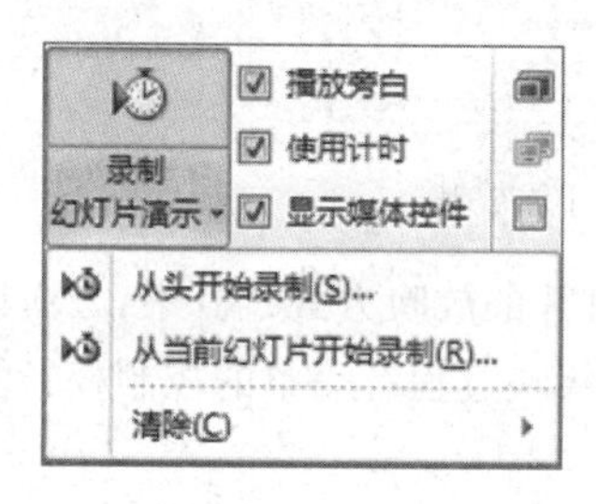

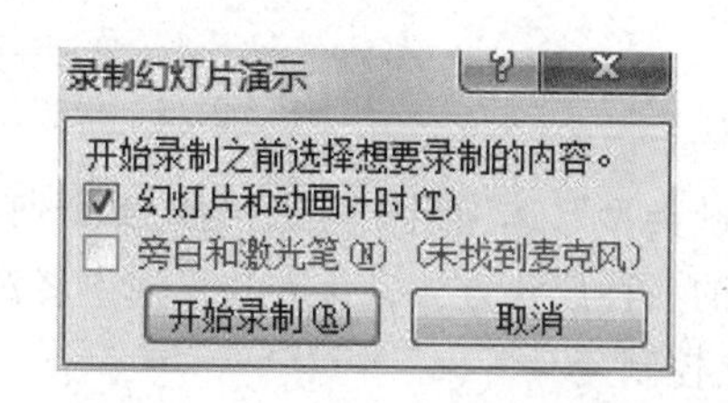

图 5.2.23　录制幻灯片演示

② 在录制的过程中，可按住 Ctrl 键激活激光笔工具，然后在一些需要重点强调的地方单击或拖动鼠标框住这些内容，在放映演示文稿时将出现激光以强调这些内容。

当所有幻灯片都录制好后，PowerPoint 2010 会自动切换到“幻灯片浏览”视图下，在该视图下，每张幻灯片的左下角可看到录制的演示时间，并且在右下角出现一个声音图标，这样在放映到这些幻灯片时，将自动播放录制的旁白。

（3）开始放映幻灯片

当演示文稿制作完成并美化后，就可以放映幻灯片了。在功能区“幻灯片放映”下的“开始放映幻灯片”组中，可以选择“从头开始”“从当前幻灯片开始”“广播幻灯片”“自定义幻灯片放映”的方式来放映幻灯片，如图 5.2.24 所示。

图 5.2.24　开始放映幻灯片

在放映演示文稿过程中，可以通过鼠标和键盘来控制整个放映过程。如单击切换幻灯片和播放动画（根据先前对演示文稿的设置进行），按 Esc 键结束放映，为幻灯片添加墨迹注释等。

（4）幻灯片放映设置

在放映幻灯片时，用户可根据不同的场所设置不同的放映方式，如可以由演讲者控制放映，也可以由观众自行浏览，或自动播放。此外，对于每一种放映方式，还可以控制是否循环播放，指定播放哪些幻灯片以及确定幻灯片的换片方式等。

要设置幻灯片放映方式，选择“幻灯片放映”→“设置”→“设置幻灯片放映”命令，弹出“设置幻灯片放映”对话框，如图 5.2.25 所示。

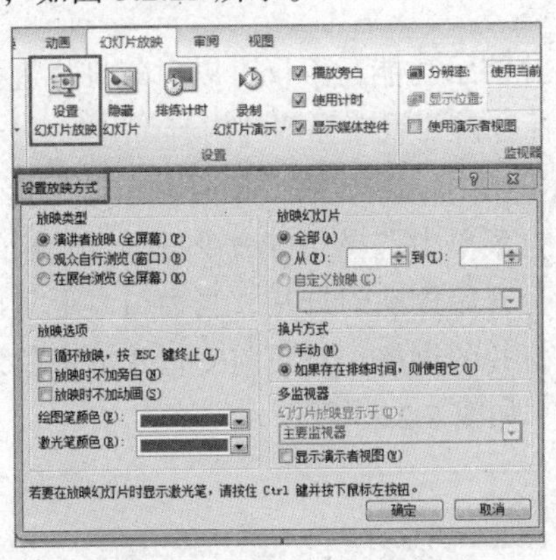

图 5.2.25　设置幻灯片放映

① 在“放映类型”选项组中可以选择 3 个幻灯片的放映方式，其中，“演讲者放映（全屏幕）”是最常用的一种放映方式，该方式下演讲者对放映过程有完整的控制权，能在演讲的同时灵活地进行放映控制。

② 在“放映幻灯片”选项组中可以设置制定放映的幻灯片范围。

③ 在“放映选项”选项组中可以设定幻灯片放映时的一些设置，如：循环放映、放映时不加旁白、放映时不加动画等。

④ 在“换片方式”选项组中可以设定幻灯片放映时是手动换片，还是采用排练时间定时自动换片。

【例 5.2.3-1】打开演示文稿“操作系统原理.pptx”，设置幻灯片放映方式：观众自行浏览（窗口），放映选项设置为：放映时不加旁白、不加动画，从第 2 张播放至第 4 张幻灯片。（扫描二维码获取案例操作视频）

操作步骤：

① 选择“幻灯片放映”→“设置”→“设置幻灯片放映”命令，弹出“设置幻灯片放映”对话框，在“放映类型”上单击选择“观众自行浏览（窗口）”；在“放映选项”勾选上“放映时不加旁白”“放映时不加动画”复选框；在“放映幻灯片”上设置从第 2 张到第 4 张播放。

② 单击“确定”按钮即可。

2. 幻灯片的页面设置

在“设计”选项卡的“页面设置”组中，选择“页面设置”命令，弹出“页面设置”对话框，可以设置幻灯片大小、宽度和高度、幻灯片方向和起始幻灯片编号，以及备注、讲义和大纲的打印方向等选项，如图 5.2.26 所示。

【例 5.2.3-2】打开演示文稿“词乐.pptx”，将演示文稿幻灯片大小设置为“全屏显示（4:3）”，幻灯片方向改为横向。（扫描二维码获取案例操作视频）

操作步骤：

在“设计”→“页面设置”中，选择“页面设置”命令，在“页面设置”对话框中的“幻灯片大小”列表上选择“全屏显示（4:3）”，幻灯片方向单击选择“纵向”，然后单击“确定”按钮。

3. 演示文稿的打印与发布

演示文稿制作完成后，有时需要将演示文稿打印出来。此外，还可以将演示文稿发布到网上，打包到其他计算机中，以及输出为其他文件格式等。

（1）打印演示文稿

在演示文稿制作完成后，除了可以在计算机上通过放映幻灯片来展示文稿，还可以将演示文稿打印出来。单击“文件”选项卡下的“打印”命令，出现设置“打印”页面，如图 5.2.27 所示。

图 5.2.26 页面设置

图 5.2.27　打印设置

① 在“份数”文本框中，输入要打印的演示文稿份数。

② 在“打印机”下，选择要使用的打印机。

③ 在“设置”下拉列表中，选择“打印全部幻灯片”命令，则打印所有幻灯片；单击“打印所选幻灯片”，则打印所选的一张或多张幻灯片；单击“打印当前幻灯片”，则仅打印当前显示的幻灯片。若要按编号打印特定幻灯片，可单击“自定义范围”，在出现的“幻灯片”文本框中输入各幻灯片的页码，要使用无空格的逗号将各个编号隔开，例如：1,3,5-12。

④ 在“整页幻灯片”“单面打印”“调整”“灰度”下，可以根据需要选择相应的选项进行操作，设置完成后单击“打印”命令，即可打印。

（2）发布演示文稿

单击“文件”选项卡，在展开的界面中单击“保存并发送”项，在打开的界面中，我们可以将演示文稿发送到网络上，或将演示文稿创建为 PDF 文件或视频，还可以将演示文稿打包到

CD 或本地磁盘以方便在其他计算机中播放等，如图 5.2.28 所示。

图 5.2.28　保存并发送

5.3　个性化的模板设计——制作“儿童阅读”演示文稿

5.3.1　母版

演示文稿中的幻灯片内容一般不相同，但有些内容可能相同。如果演示文稿包含大量幻灯片，在编辑每张幻灯片时要重复输入这些内容，非常烦琐，这时可以使用幻灯片母版统一设置演示文稿中的所有幻灯片，或指定幻灯片的内容格式（如占位符中文本的格式），以及需要统一在这些幻灯片中显示的内容，如图片、图形、文本或幻灯片背景等。

母版分为幻灯片母版、讲义母版和备注母版 3 种，其中幻灯片母版是幻灯片层次结构中的顶层幻灯片，用于存储演示文稿的主题和幻灯片版式的信息。修改和使用幻灯片母版可以统一更改每张幻灯片的样式，因此在创建和编辑幻灯片母版或相应版式时，在功能区“视图”选项卡下的“母版视图”下操作。

1．创建幻灯片母版

“视图”选项卡“母版视图”组，单击“幻灯片母版”，功能区会出现“幻灯片母版”选项卡，进入幻灯片母版视图后，可在幻灯片左侧窗格中单击选择要设置的母版，然后在右侧窗格利用“开始”“插入”等选项卡设置占位符的文本格式，或者插入图片、绘制图形并设置格式，还可利用“幻灯片母版”选项卡设置母版的背景、颜色、字体、效果、占位符的大小位置等，所进行的设置将应用于对应的幻灯片中。“幻灯片母版”视图如图 5.3.1 所示。

2．编辑幻灯片母版

进入幻灯片母版视图后，可以根据需要插入、重命名和删除幻灯片母版和版式母版，以及设置需要在母版中显示的占位符等，并将其应用于演示文稿中指定的幻灯片中。

（1）插入幻灯片母版

进入幻灯片母版视图，在“幻灯片母版”选项卡的“编辑母版”组中单击“插入幻灯片母版”按钮，将在当前幻灯片母版之后插入一个幻灯片母版，以及附属于它的各版式母版。若要插入版式母版，可先选中要在其后插入版式母版的母版，然后单击“编辑母版”组中的“插入版式”按钮。编辑母版如图 5.3.2 所示。

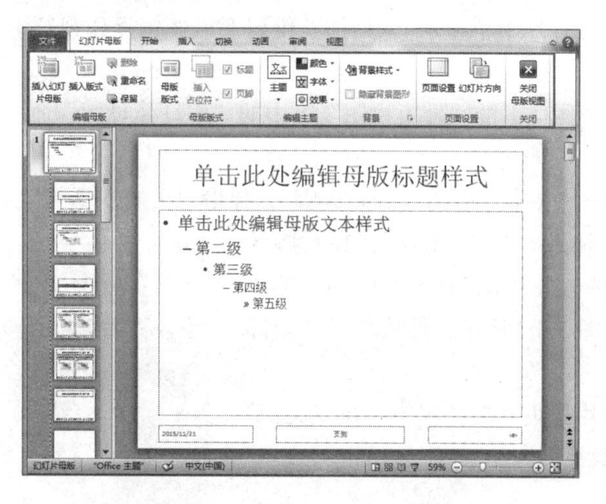

图 5.3.1 “幻灯片母版”视图

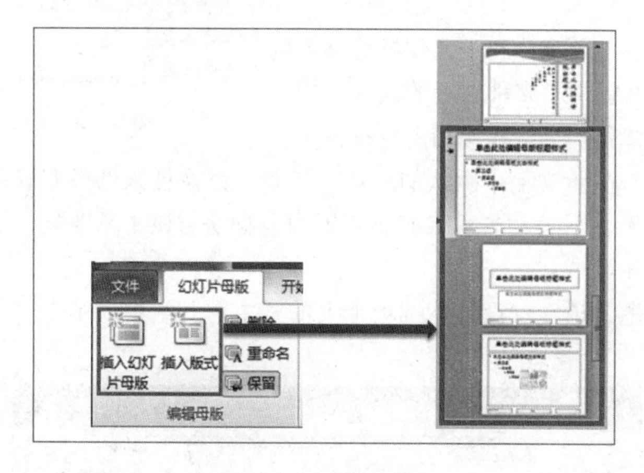

图 5.3.2 编辑母版

（2）设置幻灯片母版格式

对于新建的幻灯片母版和版式母版，也可利用各选项卡为它们设置格式。例如，利用“幻灯片母版”选项卡的“背景”组为新建的幻灯片母版设置背景，此时其包含的各版式母版将自动应用设置的格式。设置好新建的幻灯片母版和版式母版后，关闭母版视图。

（3）应用新建版式母版

要为幻灯片应用新建的版式母版，可选择要应用的幻灯片，然后单击“开始”选项卡“幻灯片”组中的“版式”按钮，从弹出的列表中进行选择。

3．应用讲义母版和备注母版

单击“视图”选项卡上“母版视图”组中的“讲义母版”或“备注母版”按钮，可进入讲义母版或备注母版视图，这两个视图用来统一设置演示文稿的讲义和备注的页眉、页脚、页码、背景和页面方向等。

【例 5.3.1】打开“儿童阅读.pptx”，使用“母版”为所有幻灯片插入幻灯片编号和页脚，页脚内容为“绘本阅读”；插入日期和时间，设置固定日期，日期为“2017/11/28”标题幻灯片中不显示。（扫描二维码获取案例操作视频）

操作步骤：

① 选择功能区“视图”下的“母版视图”组中的“幻灯片母版”命令，转换为幻灯片母版视图。

② 单击“插入”→“文本”中的“页眉页脚”，弹出“页眉和页脚”对话框，勾选“日期和时间”选择“固定”，输入“2017/11/28”；在页脚区域输入：绘本阅读；并勾选“幻灯片编号”和“标题幻灯片中不显示”，如图 5.3.3 所示，然后单击“全部应用”按钮。

③ 切换到“幻灯片母版”功能区中，在“关闭”组中，单击“关闭母版视图”。

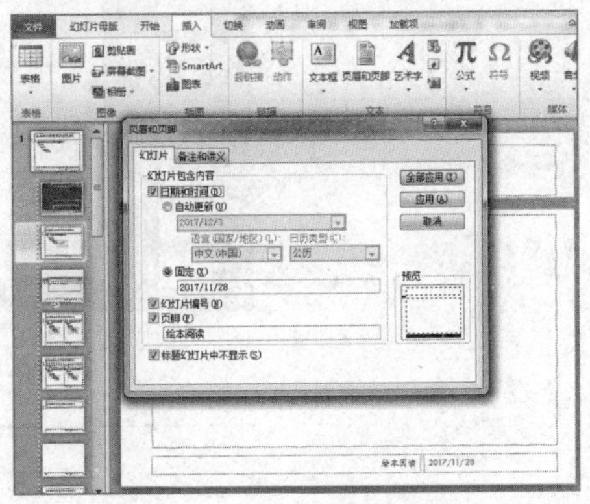

图 5.3.3　在母版中编辑页脚

5.3.2　主题

主题是主题颜色、主题字体和主题效果等格式的集合。PowerPoint 2010 提供了多种内置的设计主题，包含协调配色方案、背景、字体样式和占位符位置。使用预先设计的主题，演示文稿中默认的幻灯片背景，以及插入的所有新的（或原有的保持默认设置的）图形、表格、图表、艺术字或文字等均会自动与该主题匹配，可以轻松快捷地更改演示文稿的整体主题外观。

若要查看更多主题，请在“设计”选项卡上的“主题”组中，单击“更多”下拉列表，如图 5.3.4 所示。

图 5.3.4　“主题”下拉列表

1. 幻灯片应用主题样式

打开要更改主题的演示文稿，单击“设计”选项卡上“主题”组中的“其他”按钮，在展开的列表中单击某个主题的缩览图。

① 将不同的设计主题应用于整个演示文稿，可以在“设计”选项卡上的“主题”组中，单击要应用的文档主题。若要预览应用了特定主题的当前幻灯片的外观，将指针停留在该主题的缩略图上，可以知道应用主题的名称，如图 5.3.5 所示。

图 5.3.5　将选定的主题应用到演示幻灯片中

② 若将不同的设计主题应用于不同的幻灯片，则需选中应用特定主题的幻灯片，当指针停留在该主题的缩略图上时，右击，选择快捷菜单中的“应用于选定幻灯片”命令，如图 5.3.6 所示。

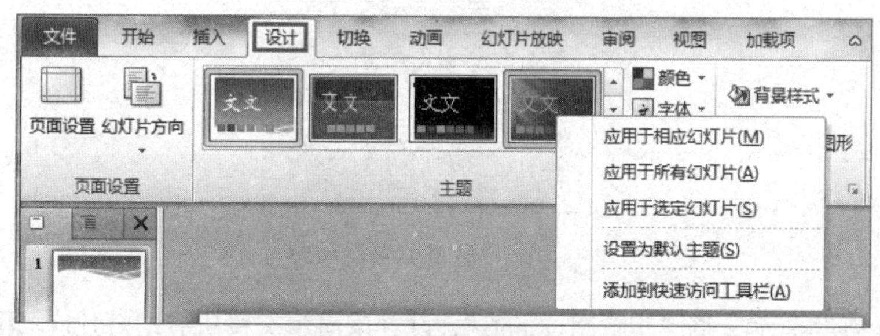

图 5.3.6　将选定的主题应用到选定的幻灯片中

2. 更改主题颜色、字体及效果

根据演示文稿的需要，还可在“主题”组中选择并调整主题颜色、主题字体和主题效果。“主题”组如图 5.3.7 所示。

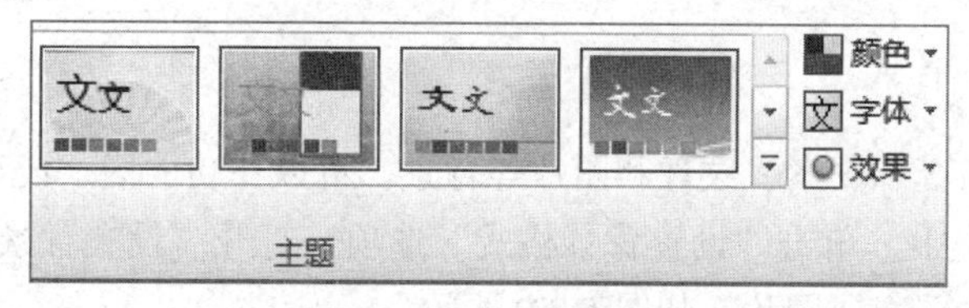

图 5.3.7　“主题”组

（1）设置主题颜色

主题颜色包括幻灯片背景颜色、图形填充颜色、图形边框颜色、文字颜色、强调文字颜色、超链接颜色和已访问过的超链接颜色等。单击“设计”选项卡上“主题”组中的“颜色”下拉按钮，展开颜色列表，在列表中单击某颜色组合，可以将其应用于演示文稿中的所有幻灯片。

（2）设置主题字体

通过设置主题字体可以快速更改演示文稿中所有标题文字和正文文字的字体格式。PowerPoint 2010 自带了多种常用的字体格式组合，可以选择所需的格式，也可根据实际情况自定义字体的搭配效果。单击“主题”组“字体”按钮右侧的下拉按钮，展开“字体”列表，在每个主题名称下方可看到该主题的标题和正文文本字体的名称，选择主题字体。

（3）设置主题效果

主题效果是幻灯片中图形线条和填充效果设置的组合，其中包含了多种常用的阴影和三维设置组合。在“设计”选项卡上“主题”组中单击“效果”下拉按钮，在展开的列表中可以看到各种主题效果，选择某个主题效果，即可将其应用于当前演示文稿的所有幻灯片中。“效果”下拉菜单如图 5.3.8 所示。

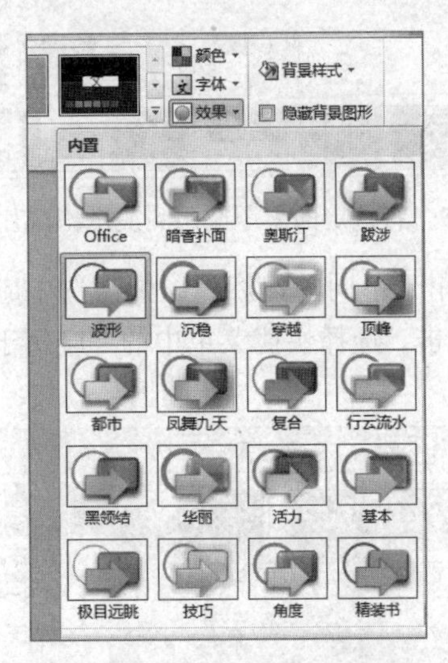

图 5.3.8 “效果”下拉菜单

【例 5.3.2】打开演示文稿“儿童阅读.pptx”，设置该演示文稿所有幻灯片应用设计主题“中性”。（扫描二维码获取案例操作视频）

操作步骤：

单击功能区“设计”在“设计”选项卡的“主题”组中选择“中性”主题，右击，在弹出的快捷菜单中选择“应用于所有幻灯片”命令。

5.3.3 幻灯片背景格式

要自定义纯色、渐变、图案、纹理和图片等背景，可以在功能区“设计”选项卡下“背景”组的“背景样式”列表中，单击“设置背景格式”选项，打开“设置背景格式”对话框设置改变背景颜色、添加背景图案或图片，如图 5.3.9 所示。

1. 使用图片作为幻灯片背景

在“设计”选项卡上的“背景”组中，选择“背景样式”下拉列表中“设置背景格式”命令，弹出“设置背景格式”对话框。在“填充”下选择“图片或纹理填充”命令，如图 5.3.10 所示，这时有以下 3 种方式可以添加图片：

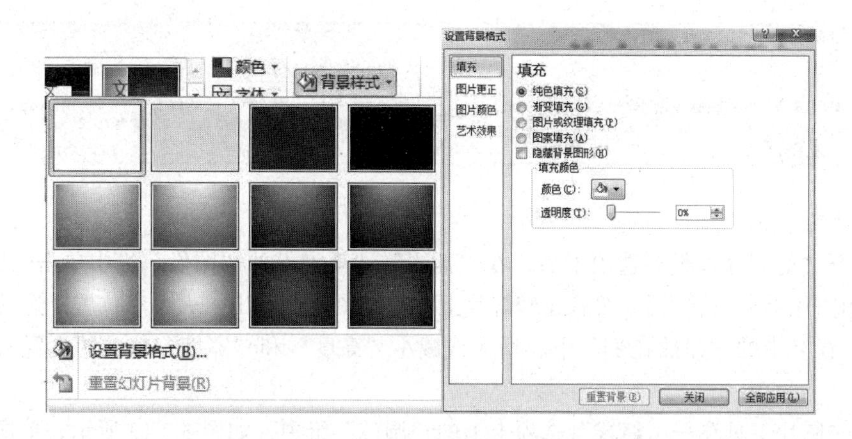

图 5.3.9　背景格式

① 要插入来自文件的图片，则单击“文件”，在“插入图片”选项卡中找到并双击要插入的图片。

② 要粘贴复制的图片，则单击“剪贴板”。

③ 要使用剪贴画图片，则单击“剪贴画”，在“搜索文字”框中输入描述所需的字词或短语，或者输入剪辑的全部或部分文件名，选择剪贴画后单击“确定”按钮。

若要使用图片作为所选幻灯片的背景，则单击“关闭”；若要使用图片作为演示文稿中所有幻灯片的背景，则单击“全部应用”。

2. 使用纯颜色作为幻灯片背景

① 在“设计”选项卡上的“背景”组中，选择“背景样式”下拉列表中“设置背景格式”命令，弹出“设置背景格式”对话框。在“填充”下选择“纯色填充”命令，单击“颜色”按钮，选择所需的颜色。

② 若要使用所选颜色作为所选幻灯片的背景，则单击“关闭”按钮；若要使用所选颜色作为演示文稿中所有幻灯片的背景，则单击“全部应用”按钮。如图 5.3.11 所示。

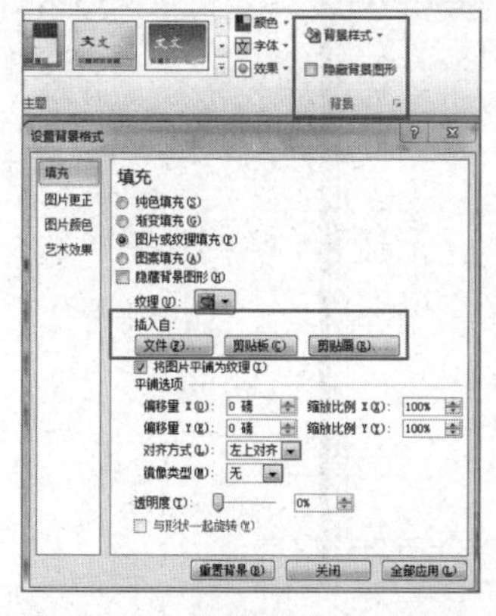

图 5.3.10　设置图片背景格式

图 5.3.11　设置填充颜色

3. 使用图片为水印设置幻灯片背景

① 在“视图”选项卡上的“母版视图”组中单击“幻灯片母版”，可以为演示文稿中的所有幻灯片添加水印，如图 5.3.12 所示。

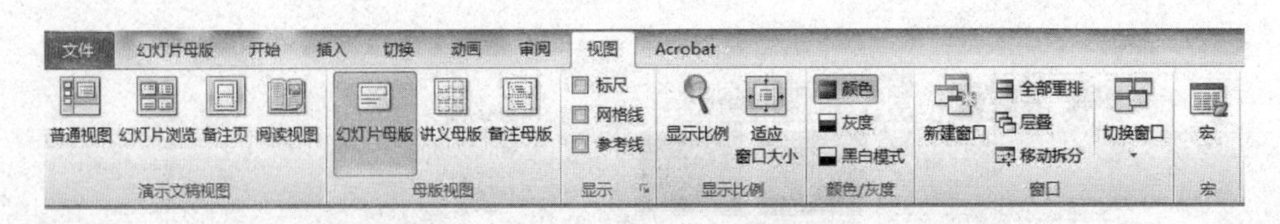

图 5.3.12　幻灯片母版

② 打开“幻灯片母版”选项卡后，在“插入”选项卡上的“图像”组中单击“图片”，找到所需要的图片单击“插入”，然后在幻灯片上右击该图片，弹出“大小和位置”选项卡，可以在“大小”窗格中的“缩放比例”下，增大或减小“高度”和“宽度”框中的设置来调整图片的大小。

③ 在“图片工具”→“格式”选项卡上的“调整”组中，如图 5.3.13 所示，单击“颜色”下拉列表中的“重新着色”，可以调整所需要的颜色效果。

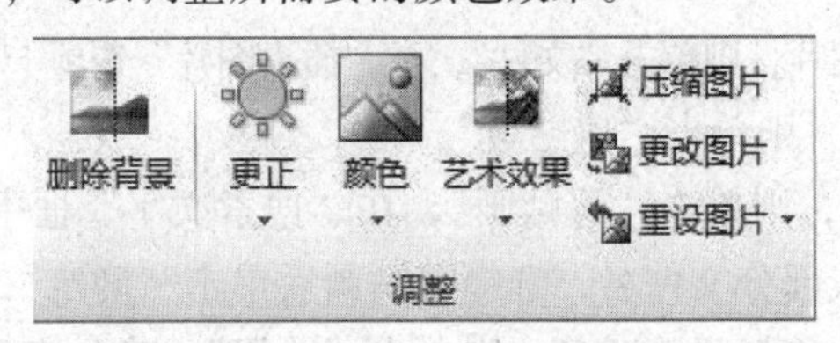

图 5.3.13　“调整”组

④ 在“图片工具”→“格式”选项卡上的“调整”组中，单击“更正”下拉按钮，在下拉列表中可以更改图片的“锐化和柔化”以及“亮度和对比度”。选择“图片更正选项”可以打开“设置图片格式”命令，也可以进行上述调整，如图 5.3.14 所示。

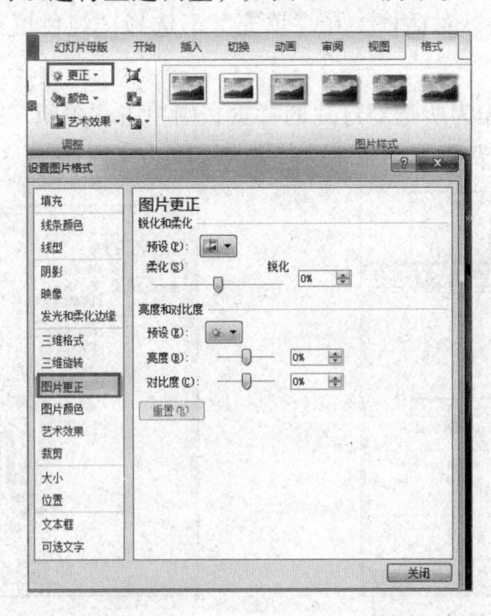

图 5.3.14　调整“锐化和柔化”及“亮度和对比度”

⑤ 对图片水印的编辑和定位及其外观感到满意后，需要将水印置于幻灯片的底层，在“图片工具”→“格式”选项卡上的“排列”组中，选择“下移一层”下拉列表中的“置于底层”，然后关闭“幻灯片母版”。

【例 5.3.3】打开演示文稿“儿童阅读.pptx”，将第五张幻灯片的背景格式设置渐变填充，使用预设颜色“羊皮纸”。（扫描二维码获取案例操作视频）

操作步骤：

① 单击选择第五张幻灯片。

② 单击“设计”选项卡→“背景”组→“背景样式”下拉按钮，在下拉列表中选择“设置背景格式”命令，弹出“设置背景格式”对话框，在“填充”下选择“渐变填充”单选按钮，单击“预设颜色”下拉列表，选择“羊皮纸”后，单击“关闭”按钮，如图 5.3.15 所示。

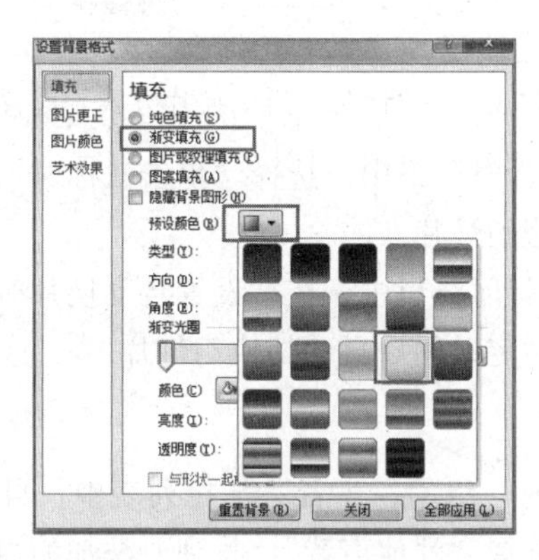

图 5.3.15　设置幻灯片背景

5.4　叠加动画设计——制作“计算机动画制作”演示文稿

5.4.1　幻灯片间的切换效果

幻灯片的切换效果是指放映幻灯片时从一张幻灯片过渡到下一张幻灯片时的视觉动画效果，为每张幻灯片添加具有动感的切换效果可以丰富其放映过程，还可以添加切换声音、控制每张幻灯片切换的速度及持续时间等。

1. 幻灯片间的切换

在“切换”选项卡下的“切换到此幻灯片”组中，单击选择要应用于该幻灯片的幻灯片切换效果，如图 5.4.1 所示，已选择了“切出”切换效果。若要查看更多切换效果，请单击“其他”按钮。

图 5.4.1　“切换到此幻灯片”组

2. 幻灯片切换效果计时

① 设置两张幻灯片之间的切换效果的持续时间，可以在“切换”选项卡上“计时”组中的“持续时间”文本框中，输入或选择所需要的时间，如图 5.4.2 所示。

图 5.4.2 “计时”组

② 在幻灯片放映时设置幻灯片的换片方式有两种选择，如图 5.4.3 所示。

图 5.4.3 “计时”组“换片方式”设置

a. 在“切换”选项卡的“计时”组中，选择“单击鼠标时”按钮复选框，在幻灯片放映过程中单击鼠标即可切换到下一张幻灯片。

b. 在“切换”选项卡的“计时”组中，在“设置自动换片时间”文本框中输入时间，则在幻灯片放映过程中，幻灯片在指定时间后自动切换幻灯片。

3. 幻灯片切换时添加声音

在“切换”选项卡的“计时”组的“声音”下拉列表中，可以单击选择所需要的声音；若列表中没有需要的声音，可以选择“其他声音”，找到要添加的声音文件单击“确定”按钮，如图 5.4.4 所示。

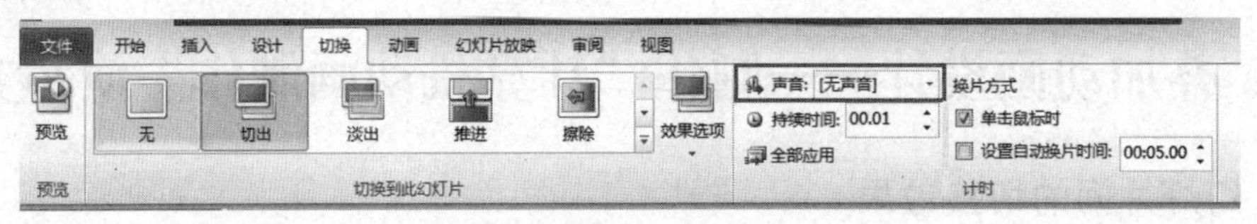

图 5.4.4 计时组“声音”设置

【例 5.4.1】打开演示文稿“计算机动画制作.pptx”，为所有幻灯片添加切换效果，切换效果为动态内容：轨道，效果选项：自底部，带“风铃”声音；换片方式为“自动换片”，时间为 10 秒，应用于所有幻灯片。（扫描二维码获取案例操作视频）

操作步骤：

① 在“切换”选项卡下的“切换到此幻灯片”组中，单击▾按钮在动态内容中选择“轨道”，并在“效果选项”下拉列表中选择“自底部”。

② 在“计时”组中，在“声音”下拉列表选择“风铃”；在“换片方式”中取消勾选“单击鼠标时”，并勾选上“设置自动换片时间”，并输入“10”。

③ 最后单击“计时”组中的“全部应用”即可，如图 5.4.5 所示。

图 5.4.5 切换效果设置

5.4.2 动画效果

在演示文稿中可以给文本、图片、形状、表格、SmartArt 图形和视频等对象添加声音效果，设置进入、退出、大小、颜色、移动等各种动画效果，以增强演示文稿的表现力。

1. 不同类型的动画效果

在 PowerPoint 2010 演示文稿中的动画主要有进入、强调、退出和动作路径 4 种不同类型的动画，可以在“动画”选项卡来添加和设置这些动画效果。

①“进入”动画：可以使 PPT 页面里的对象表现出从无到有、陆续出现的动画效果。

②“强调”动画：在放映过程中引起观众注意的一类动画，它不是从无到有，而是一开始就存在，进行形状或颜色发生变化。经常使用的效果是：放大、缩小、闪烁、陀螺旋等。有时候对一些对象组合后再做强调动画，会得到意想不到的结果。

③“退出”动画：是“进入”动画的逆过程，即对象从有到无、陆续消失的一个动画过程。

④ 动作路径动画：让对象按照回执的路径运动的动画效果。使用这些效果可以使对象上下移动、左右移动或者沿着星形或圆形图案移动。

除动作路径动画外，在 PowerPoint 中添加和设置不同类型动画的操作基本相同。

2. 为对象添加动画效果

选中要设置动画效果的对象，在“动画”选项卡上的“动画”组中，单击“其他”按钮，展开动画列表，然后单击选择所需的动画效果，即可为所选对象添加该动画效果。选择动画列表下方的“更多进入效果”，如图 5.4.6 所示，可在打开的对话框中选择更多的动画效果。

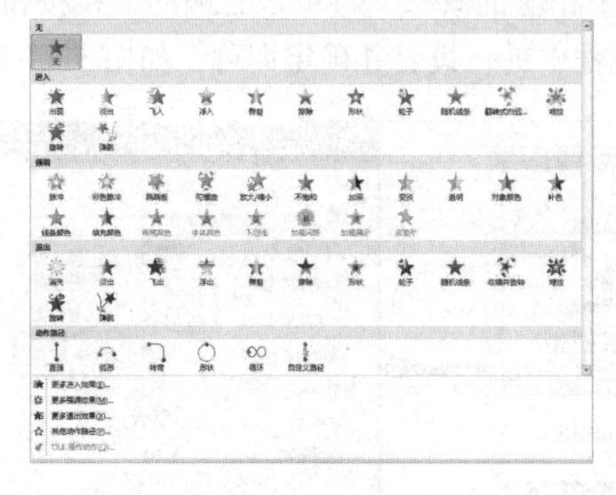

图 5.4.6 动画列表

3. 设置动画效果选项

为对象添加动画效果后，可以为动画设置效果选项，不同的动画效果，其选项也不相同。在“动画”选项卡上的“动画”组中，单击“效果选项”下拉按钮，选择所需的选项，如图 5.4.7 所示，是“轮子”动画效果选项设置。

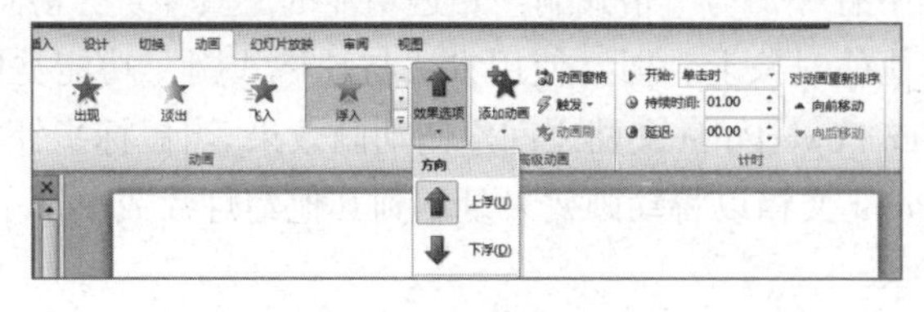

图 5.4.7 动画效果选项

4. 高级动画

在功能区“动画”下“高级动画”组中，可以添加动画、打开动画窗格、设置动画的触发方式和复制动画等。

（1）对单个对象添加多个动画效果

在“动画”选项卡上的“高级动画”组中，如图 5.4.8 所示，单击“添加动画”可添加其他动画效果。

图 5.4.8 “高级动画”组

（2）动画窗格控制动画

“动画”下“高级动画”组中，单击“动画窗格”弹出“动画窗格”对话框，在窗格中可以管理已添加的动画效果，如选择、删除动画效果，调整动画效果的播放顺序，以及对动画效果进行更多设置等。

在动画窗格中，可以看到为当前幻灯片添加的所有动画效果都将显示在该窗格中，将鼠标指针移至某个动画效果上方，将显示动画的开始播放方式、动画效果类型和添加动画的对象。

当需要重新设置动画效果选项、开始方式和持续时间，以及调整效果的播放顺序和复制、删除效果等时，都需要先选中相应的效果，再单击右侧的下拉按钮，从弹出的列表中选择“效果选项”，然后在打开的对话框中进行设置并确定即可，如图 5.4.9 所示。

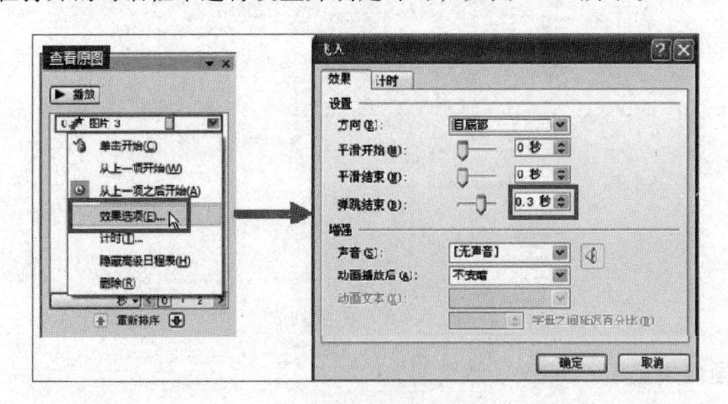

图 5.4.9 效果选项

（3）动画刷复制动画

在 PowerPoint 2010 中有一个与“格式刷”相近功能的工具——“动画刷”。利用此工具可以快速复制动画效果到其他的对象上，而且使用方法与“格式刷”功能类似。使用“动画刷”工具还可以在不同幻灯片或 PowerPoint 文档之间复制动画效果。当鼠标指针右边出现刷子图案时可以切换幻灯片或 PowerPoint 文档以将动画效果复制到其他幻灯片或 PowerPoint 文档。“动画刷”的应用如图 5.4.10 所示。

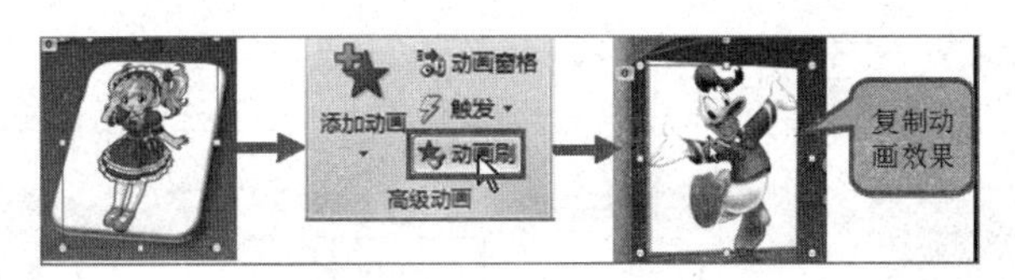

图 5.4.10 “动画刷”的应用

5．动画重新排序

在功能区“动画”选项卡上的“计时”组中，可以对动画重新排序，选择“对动画重新排序”下的“向前移动”使动画在列表中另一动画之前发生，或者选择“向后移动”使动画在列表中另一动画之后发生。并且可以设置动画指定开始播放方式、持续时间和延迟时间等，如图 5.4.11 所示。

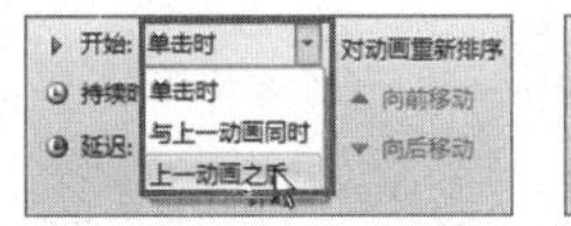

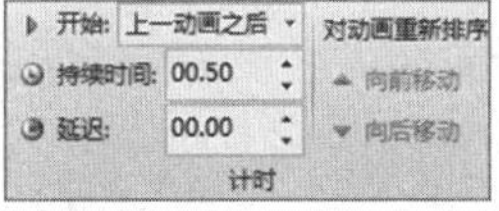

图 5.4.11 “计时”组

6．动画预览

动画设置完毕后，在“动画”选项卡上的“预览”组中，单击“预览”，可以观看动画效果。

【例 5.4.2】打开演示文稿“计算机动画制作.pptx”，为第一张幻灯片中标题文本框设置自定义动画，添加强调动画，动画样式为：波浪形，动画带有增强声音效果，声音为：打字机；将第二张幻灯片中标题文字的动画效果设置为：“缩放”，效果选项为：幻灯片中心，持续时间 3 秒，动画的播放顺序调整为先标题后内容。（扫描二维码获取案例操作视频）

操作步骤：

① 在普通视图中，选择第一张幻灯片，选中标题“计算机动画制作”，在“动画”选项卡的功能区中，在强调动画中选择“波浪形”效果。单击“动画”组的对话框启动器，弹出“波浪形”对话框，在设置“声音”选项卡选择“打字机”，最后单击“确定”按钮，如图 5.4.12 所示。

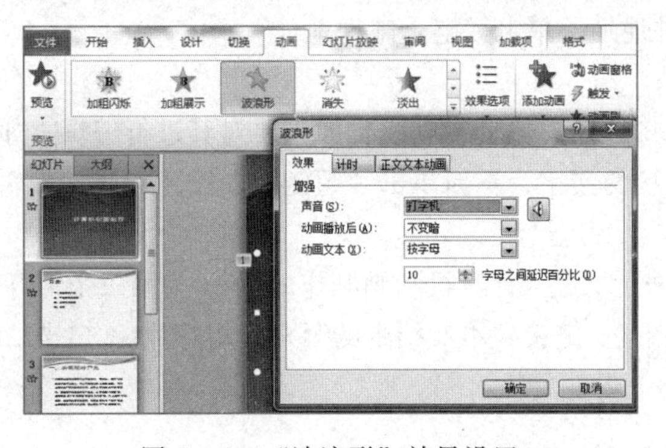

图 5.4.12 “波浪形”效果设置

② 选择第二张幻灯片，使用与①同样方法给标题文字“目录”设置“缩放”效果，在效果选项中选择“幻灯片中心”，切换到“计时”组选项卡，在“持续时间”中输入 3 秒，并在“对动画重新排序”中点击“向前移动”，如图 5.4.13 所示。

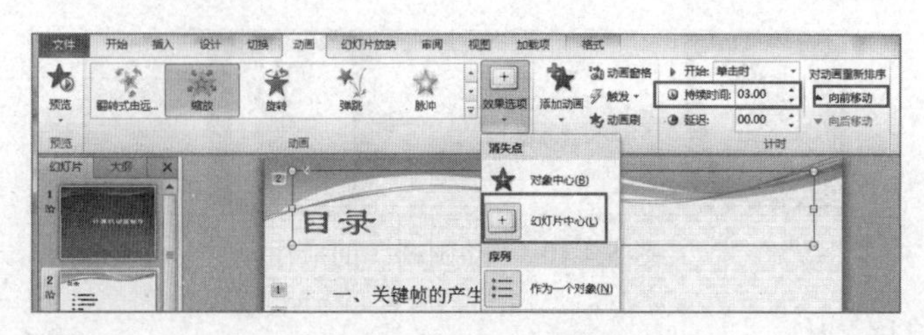

图 5.4.13 “缩放”效果设置

5.4.3 为幻灯片对象添加交互式动作

为演示文稿添加交互式动作是指在放映幻灯片时，单击幻灯片的某个对象便能跳转指定的幻灯片，或打开某个文件或网页。在 PowerPoint 2010 中，我们可通过创建超链接或制作动作按钮来实现演示文稿的交互。

1. 超链接

在 PowerPoint 2010 中，演示文稿一般按照顺序依次放映，有时需要改变这种顺序，在放映到某处时，需要从一张幻灯片跳到同一演示文稿中另一张幻灯片，或跳到不同演示文稿、电子邮件地址、网页或其他文件，这时候就要借助于超链接的方法来实现。因此，我们可以为幻灯片中的任何对象，包括文本、图片、图形和图表等设置超链接，在放映演示文稿时，单击设置了超链接的对象，便可以跳转到超链接指向的幻灯片、文件或网页等。

（1）创建超链接

选中要设置超链接的对象，在“插入”选项卡上的“链接”组中，单击“超链接”弹出“插入超链接”对话框，在“链接到”列表中选择要链接到的目标，然后进行相应设置并确定。在“链接到”下有 4 种链接形式：

① 连接到不同演示文稿、网页或其他文件，单击“现有文件或网页”。

② 连接到同一演示文稿中的幻灯片，单击“本文档中的位置”。

③ 连接到“新建文档”，单击“新建文档”，在“新建文档名称”框中，输入要创建并链接的文件名称。

④ 连接到电子邮件地址，单击“电子邮件地址”。

（2）编辑超链接

插入超链接的文字将自动添加上下画线，如果要对其进行编辑，如更改链接目标，或删除超链接，选择插入超链接的文字，重新单击“超链接”按钮，在“编辑超链接”对话框中单击“删除链接”即可。

【例 5.4.3-1】打开演示文稿“计算机动画制作.pptx”，为第二张幻灯片内文字“四、着色”建立超链接，链接到本文档中的第六张幻灯片。（扫描二维码获取案例操作视频）

操作步骤：

① 在“普通”视图中，选择第二张幻灯片中“四、着色”文本内容。

② 选择“插入”→“超链接”命令，弹出“插入超链接”对话框，单击对话框中的“本文档中的位置”选项，在右侧出现“四、着色”演示文稿中所有幻灯片标题，如图 5.4.14 所示。

2. 动作按钮

PowerPoint 2010 在功能区“插入”下的“插图”组中的“形状”下提供了一组动作按钮，可以从中选择一个动作按钮并设置超链接来实现交互。在放映幻灯片时，单击相应的动作按钮就可以触发该按钮的链接，切换到指定的幻灯片或启动其他应用程序，如图 5.4.15 所示。

（1）创建动作按钮

选择要添加动作按钮的幻灯片，在“开始”选项卡“插图”组“形状”列表下方的“动作按钮”类别中选择所需动作按钮，接着在幻灯片的合适位置按住鼠标左键并拖动，绘制动作按钮，松开鼠标左键，将自动打开“动作设置”对话框，保持“链接到”单选按钮的选中，然后单击其下方编辑框右侧的下拉按钮，在展开的列表中选择要链接到的幻灯片，单击“确定”按钮完成设置。

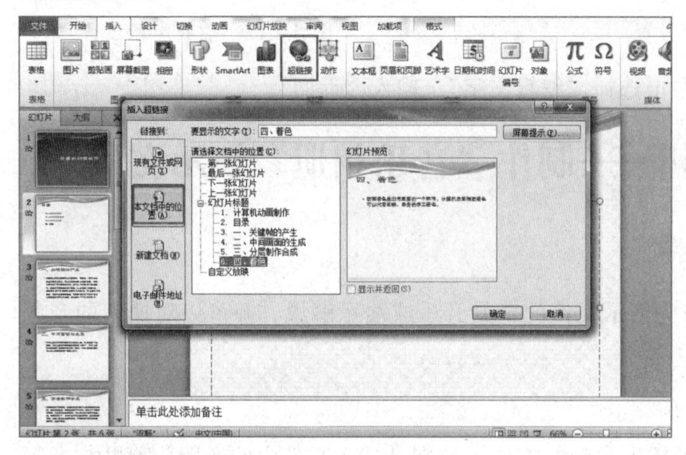

图 5.4.14 插入超链接

图 5.4.15 动作按钮

（2）编辑动作按钮

对于绘制的按钮，可以利用“绘图工具”→“格式”选项卡中的选项设置其外观，方法与设置形状相同，还可将绘制的按钮复制到其他幻灯片中。

选中绘制的动作按钮或幻灯片中的任何对象，单击“插入”选项卡“链接”组中的“动作”按钮，可在打开的“动作设置”对话框中编辑动作目标。

【例 5.4.3-2】打开演示文稿“计算机动画制作.pptx”，在第三张幻灯片右下角位置插入自定义动作按钮，按钮文字为“返回”；单击鼠标时的动作设为超链接到第二张幻灯片，并添加“推动”的播放声音。（扫描二维码获取案例操作视频）

操作步骤：

① 在“插入”选项卡“插图”组单击“形状”下拉按钮，在下拉列表的“动作按钮”中选择“自定义”，在第三张幻灯片右下角画一个框，这时会弹出“动作设置”对话框，在“单击鼠标”选项卡中选择超链接到“幻灯片”，在弹出的“超链接到幻灯片”框里选择“2.目录”，如图 5.4.16 所示。

② 单击“确定”按钮后，勾选“播放声音”复选框，并在其下拉列表中选择“推动”，如图 5.4.17 所示，然后单击“确定”按钮。

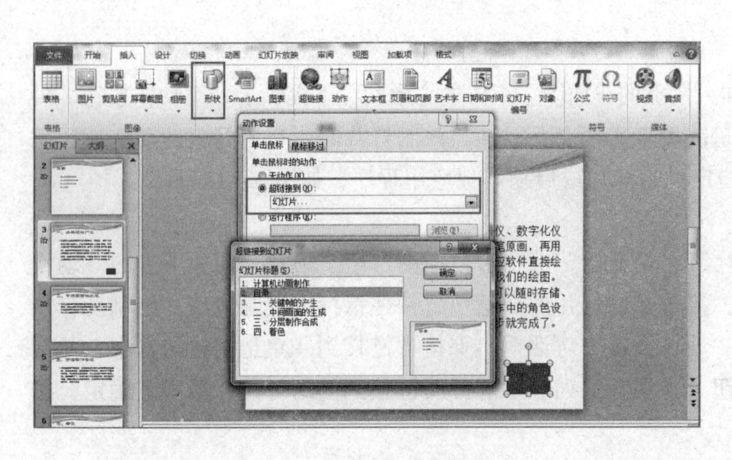

图 5.4.16　动作设置

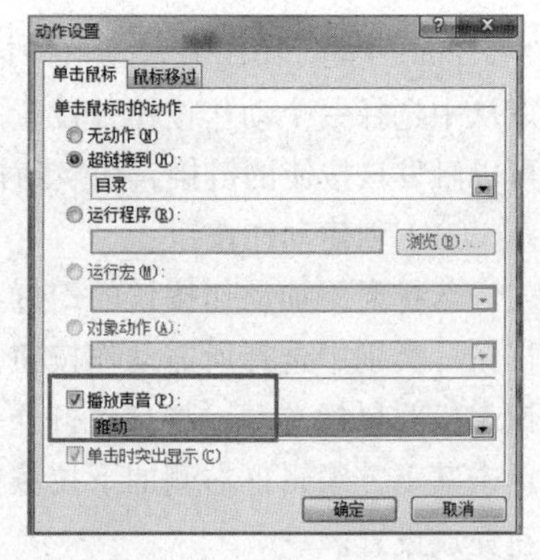

图 5.4.17　播放声音设置

③ 选择这个自定义动作按钮，右击选择“编辑文字”，输入“返回”。

5.5　插入多媒体剪辑——制作“音乐相册”演示文稿

5.5.1　在幻灯片中添加音频文件

在幻灯片中插入音频文件可以作为演示文稿的背景音乐或演示解说，并可以对插入的音频进行编辑以满足设计需要。

1. 插入音频文件

在 PowerPoint 2010 中主要有 3 种插入音频的方法，分别是插入文件中的音频、剪贴画音频和录制音频。

（1）文件中的音频

选择要插入音频的幻灯片，单击“插入”选项卡上“媒体”组中的“音频”下拉按钮，在展开的列表中选择“文件中的音频”项，打开“插入音频”对话框，选择要插入的声音文件，在 PowerPoint 2010 中可以插入.mp3、.midi、.wav、.au 等格式的声音文件。单击“插入”按钮，系统将在幻灯片中心位置添加一个声音图标，并在声音图标下方显示音频播放控件，如图 5.5.1 所示。

（2）剪贴画音频

若在“音频”列表中选择“剪贴画音频”选项，在打开的“剪贴画”任务窗格中可插入 PowerPoint 2010 自带的或 Office.com 官方网站提供的音频，这些声音一般具有特定的主题，而且播放时间较短，常用于渲染气氛，如图 5.5.2 所示。

（3）录制音频

若计算机配置了麦克风，则还可在“音频”列表中选择“录制音频”选项，打开“录音”对话框录制声音，然后对着麦克风说话，开始录制声音，单击“停止”按钮，再单击“确定”按钮，即可在幻灯片编辑区看到插入的声音图标，如图 5.5.3 所示。

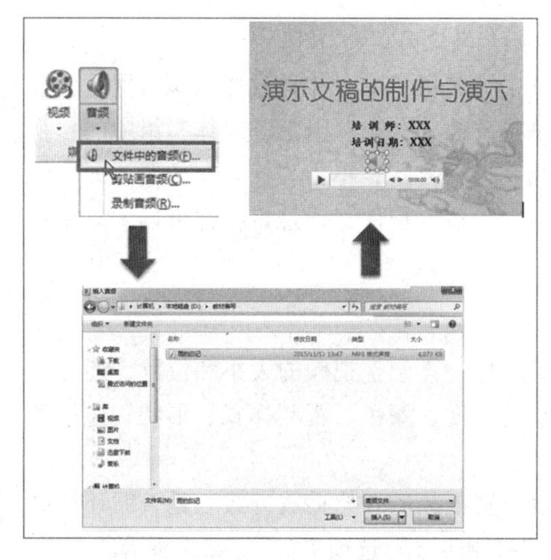

图 5.5.1 插入“文件中的音频”

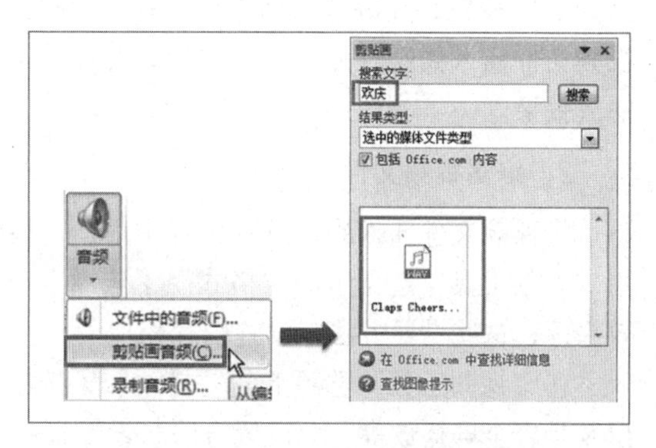

图 5.5.2 插入“剪贴画音频”

2. 编辑音频文件

将音频文件插入到幻灯片中后，选择声音图标，在菜单栏出现的“音频工具”选项卡中，可根据需要利用该选项卡的“格式”子选项对音频图标进行格式设置。还可利用“播放”子选项卡预览声音、剪裁声音、设置声音的淡入淡出效果，以及设置放映幻灯片时声音的音量、开始方式和是否循环播放等。“音频工具”选项卡如图 5.5.4 所示。

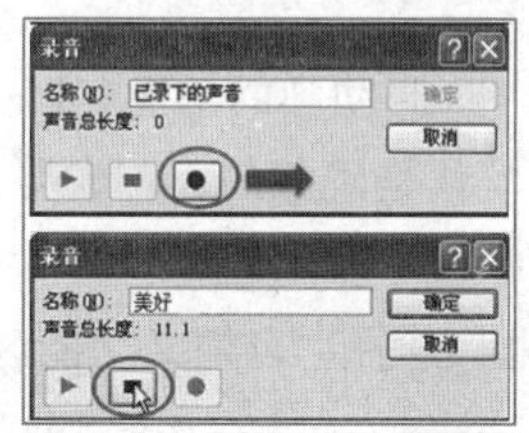

图 5.5.3 插入“录制音频”

图 5.5.4 音频工具

【例 5.5.1】打开演示文稿“音乐相册.pptx”，在第一张幻灯片中插入音频文件“背景音乐.mp3”，使幻灯片在放映时播放声音。（扫描二维码获取案例操作视频）

操作步骤：

① 选中第一张幻灯片。

② 在“插入”选项卡上的“媒体”组中，单击“音频”下拉按钮，在下拉列表选择“文件中的音频”，打开“插入音频”对话框，找到“背景音乐.mp3”音频文件，单击“插入”按钮。

③ 插入音频文件后，幻灯片上会出现声音的图标，单击图标，在“音频工具”的“播放”选项卡下的“音频选项”组中，单击“开始”下拉按钮，再单击“跨幻灯片播放”按钮。

5.5.2 在幻灯片中添加视频剪辑文件和 Flash 动画

在 PowerPoint 中可以插入.AVI、.MPEG、.WMV 等格式的视频文件，以及.SWF 格式的 Flash 动画，并且可以对插入的视频进行编辑以满足设计需要。

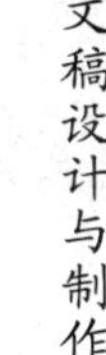

1. 插入视频文件

在 PowerPoint 2010 中主要有 3 种插入视频方式，分别是插入文件中的视频、来自网站的视频和剪贴画视频。选择要插入视频的幻灯片，然后单击“插入”选项卡上“媒体”组中的“视频”下拉按钮，在展开的列表中选择所要插入的视频文件的方式，单击“插入”按钮，即可将视频文件插入到幻灯片的中心位置，并在其下方显示视频播放控件，通过该控件可以预览视频播放效果。

2. 编辑视频文件

将视频文件插入到幻灯片并选中后，可以像编辑图片一样调整视频的大小和位置，还可利用“视频工具”选项卡的“格式”子选项卡设置视频的亮度、颜色、视频样式、形状、边框和效果等，这些设置方法与设置图片相似。

在“视频工具”选项卡的“播放”子选项卡可以设置视频的开始播放方式、是否循环播放以及是否全屏播放等，此设置方法与设置音频相似。“视频工具”选项卡如图 5.5.5 所示。

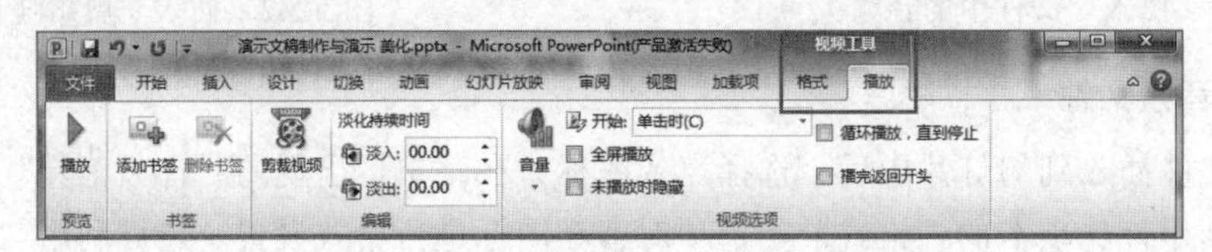

图 5.5.5 “视频工具”选项卡

3. 插入 Flash 动画

在 PowerPoint 2010 中，除了可以插入视频和音频，还提供了添加 Flash 动画的功能。Flash 的插入是通过开发工具来实现的，但在 PowerPoint 2010 中的开发工具默认是隐藏的，首先要调出开发工具栏。

① 选择“文件”→“选项”命令，弹出“PowerPoint 选项”对话框，选择“自定义功能区”下的“主选项卡”，选择“开发工具”复选框，如图 5.5.6 所示。

② 单击“确定”按钮后，在功能区会出现“开发工具”选项，单击“其他控件”图标，在弹出的“其他控件”对话框中，选择“Shockwave Flash Object”，并单击“确定”按钮，如图 5.5.7 所示。

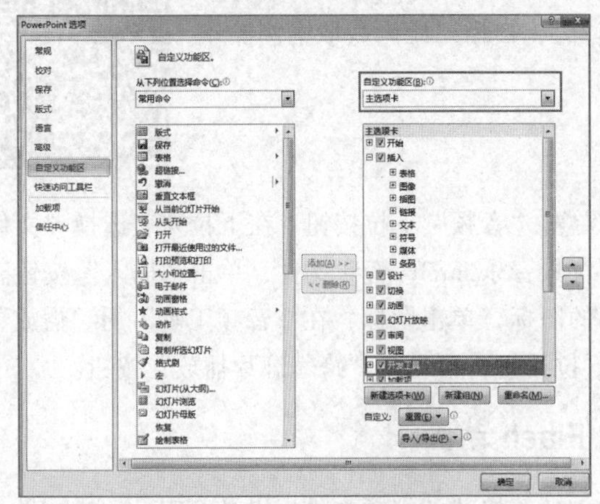

图 5.5.6 开发工具

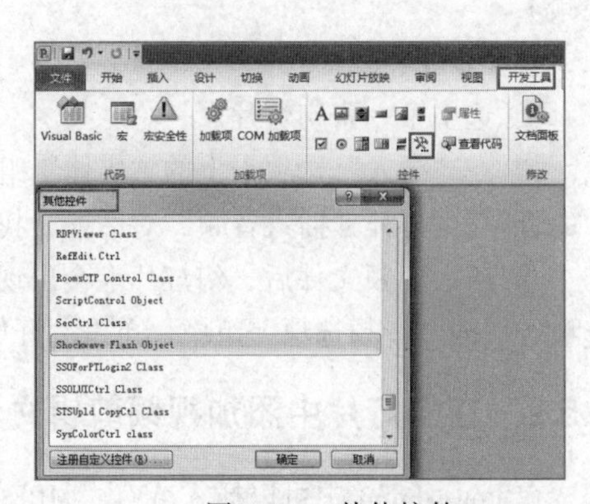

图 5.5.7 其他控件

③ 插入控件后，鼠标指针会自动变成十字形，在文档空白处拖动鼠标绘制一个与 Flash 大小相当的矩形，如图 5.5.8 所示。

④ 右击矩形，在弹出的快捷菜单中选择“属性”选项，在弹出的“属性”对话框中，找到 Movie 选项，输入要插入的 Flash 文件名，包括扩展名（Flash 文件最好跟 PowerPoint 文件放同一路径）。在这里，Playing 选项一般设为 True，以实现 Flash 自动播放；EmbedMovie 选项设为 True，以保证 Flash 完全嵌入 PPT，如图 5.5.9 所示。

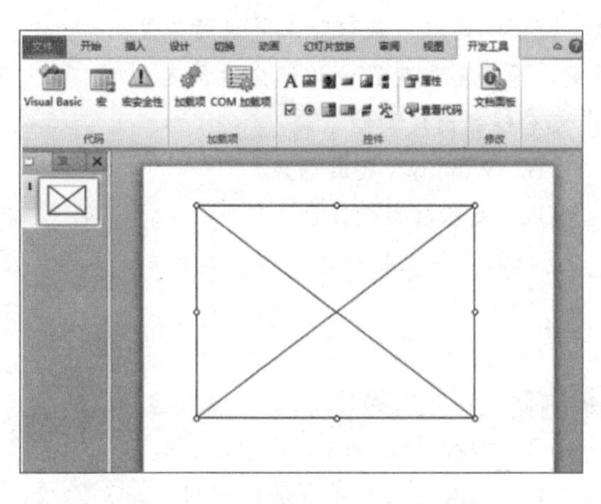

图 5.5.8　绘制 Flash 大小矩形

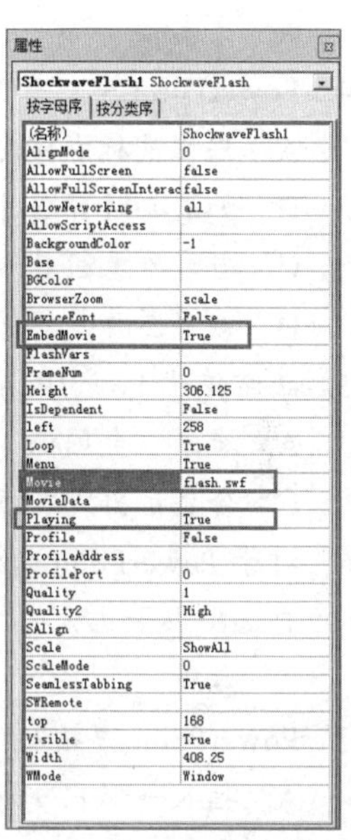

图 5.5.9　属性设置

【例 5.5.2】打开演示文稿“音乐相册.pptx”，在第三张幻灯片中的内容框中选择插入媒体剪辑视频，视频文件名称“音乐相册制作.swf”，视频大小缩放比例设置为 150%，锁定纵横比。（扫描二维码获取案例操作视频）

操作步骤：

① 选中第三张幻灯片的内容框。

② 在“插入”选项卡上的“媒体”组中，单击“视频”下拉列表选择“文件中的视频”，打开“插入视频”对话框，找到“音乐相册制作.mp3”视频文件，单击“插入”按钮。

③ 插入视频文件后，在“视频工具”的“格式”选项卡中，单击“大小”组的对话框启动器，弹出“设置视频格式”对话框，设置视频“缩放比例”为 150%，勾上“锁定纵横比”后关闭。

5.6 课后练习

一、单选题

1. PowerPoint 文档保护方法包括________。

   A. 转换为视频　　　　B. 其他选项都是

   C. 用密码进行加密　　D. 转换成 PDF

2. PowerPoint 的幻灯片复制过程中，对采用不同模板的幻灯片，当将幻灯片从一个演示文稿粘贴到另一个演示文稿时，将会________。

A. 粘贴幻灯片，并自动套用目标演示文稿的模板

B. 粘贴幻灯片，并随机套用其中一个演示文稿的模板

C. 粘贴幻灯片出错，显示为不能兼容

D. 粘贴幻灯片，并自动套用原有演示文稿的模板

3. PowerPoint 中若想插入 Flash 动画，需要先通过“自定义功能区”添加________。

A. 文本框　B. 加载项　C. Flash 控件　D. 开发工具

4. PowerPoint 中，有关修改图片，下列说法错误的是________。

A. 按住鼠标右键向图片内部拖动时，可以隐藏图片的部分区域

B. 如果要裁剪图片，单击选定图片，再单击“图片”工具栏中的“裁剪”按钮

C. 当需要重新显示被隐藏的部分时，还可以通过“裁剪”工具进行恢复

D. 裁剪图片是指保存图片的大小不变，而将不希望显示的部分隐藏起来

5. 正常编辑 PowerPoint 幻灯片时，单击文本框会出现的结果是________。

A. 文本框会闪烁　B. Windows 发出响声

C. 会显示出文本框的控制点　D. 文本框变成红色

6. 对于 PowerPoint 的幻灯片，________是指幻灯片上的标题和副标题文本、列表、图表、自选图形等元素的排列方式。

A. 母版　B. 版式　C. 模版　D. 样式

7. PowerPoint 中插入“动作按钮”，需要执行________操作。

A. 插入→形状→动作按钮　B. 插入→SmartArt→动作按钮

C. 插入→剪贴画→动作按钮　D. 插入→艺术字→动作按钮

8. 在 PowerPoint 2010 中，下列有关幻灯片背景设置的说法，正确的是________。

A. 不可以为幻灯片设置不同的颜色、图案或者纹理的背景

B. 不可以使用图片作为幻灯片背景

C. 不可以为单张幻灯片进行背景设置

D. 可以同时对当前演示文稿中的所有幻灯片设置背景

9. PowerPoint 中，下列说法中错误的是________。

A. 可以设置幻灯片切换效果　B. 可以动态显示文本和对象

C. 可以更改动画对象的出现顺序　D. 图表中的元素不可以设置动画效果

10. PowerPoint 演示文稿中提供了 4 种不同类型的动画效果，下列________不属于其中。

A. “进入”效果　B. 动作路径　C. 动作按钮　D. “退出”效果

11. 演示文稿中复制动画，可使用________。

A. 格式刷　B. 样式　C. 自定义动画　D. 动画刷

12. 在 PowerPoint 2010 中，进入幻灯片母版的方法是________。

A. 选择“开始”选择卡中的“母版视图”组中的“幻灯片母版”命令按钮

B. 选择“视图”选择卡中的“母版视图”组中的“幻灯片母版”命令按钮

C. 按住 Shift 键同时，再单击“普通视图”按钮

D. 以上说法都不对

13. PowerPoint 2010 中，执行了插入新幻灯片的操作，被插入的幻灯片将出现在________。

A. 最前　　B. 当前幻灯片之后

C. 最后　　D. 当前幻灯片之前

14. PowerPoint 2010 提供的幻灯片模板（主题），主要是解决幻灯片的________。

A. 文字格式　B. 文字颜色　C. 背景图案　D. 以上全是

15. 在 PowerPoint 2010 中，若想设置幻灯片中图片对象的动画效果，应选择________。

A. “动画”选项卡下的“添加动画”按钮

B. “幻灯片放映”选项卡

C. “设计”选项卡下的“效果”按钮

D. “切换”选项卡下“换片方式”

16. 要使幻灯片中的标题、图片、文字等按用户的要求顺序出现，应进行的设置是________。

A. 设置放映方式 B. 幻灯片切换　C. 自定义动画　D. 幻灯片链接

17. 在 PowerPoint 中，________说法是不正确的。

A. 可以将 Excel 的数据直接导入幻灯片上的数据表

B. 演示文稿不能转换成 Web 页

C. 可以在幻灯片浏览视图中对演示文稿进行整体修改

D. 可以在演示文稿中插入图表

18. PowerPoint 中设置幻灯片放映时，若指定播放其中某几张幻灯片，则应执行________操作。

A. 幻灯片放映→录制旁白　B. 幻灯片放映→排练计时

C. 幻灯片放映→自定义幻灯片放映　D. 幻灯片放映→设置放映方式

19. PowerPoint 中设置幻灯片放映时换页效果为“溶解”，应使用________。

A. 动作按钮　B. 添加动画　C. 设置幻灯片放映　D. 幻灯片“切换”

20. 幻灯片的放映时，若要终止幻灯片的放映，可直接按________键。

A. Ctrl+F4　B. End　C. Esc　D. Ctrl+C

二、综合实训

为了更好地宣传绿色采购，李辉负责制定了“我国绿色采购研究.docx”。他需要将我国绿色采购研究 Word 文档中的内容制作为可以向上级进行展示的 PowerPoint 演示文稿。

现在，请你根据“我国绿色采购研究.docx”中的内容，按照如下要求完成演示文稿的制作：

1. 创建一个新演示文稿，内容需要包含“我国绿色采购研究.docx”文件中所有讲解的要点，包括：

（1）演示文稿中的内容编排，需要严格遵循 Word 文档中的内容顺序，并仅需要包含 Word 文档中应用了“标题 1”“标题 2”“标题 3”样式的文字内容。

（2）Word 文档中应用了“标题 1”样式的文字，需要成为演示文稿中每页幻灯片的标题文字。

（3）Word 文档中应用了“标题 2”样式的文字，需要成为演示文稿中每页幻灯片的第一级文本内容。

（4）Word 文档中应用了“标题 3”样式的文字，需要成为演示文稿中每页幻灯片的第二级文本内容。

2. 将演示文稿中的第一页幻灯片，调整为“标题幻灯片”版式。

3. 为演示文稿应用一个美观的主题样式，演示文稿播放的全程需要有背景音乐。

4. 在标题为“商业生态系统的生命周期”的幻灯片页中，插入一个2行5列的表格，行标题分别为“发展阶段”“战略要点”，从第二列开始，列标题分别为“开创阶段”“扩展阶段”“领导阶段”“死亡或更新”。

5. 在标题为“我国商业绿色采购基本结论”的幻灯片页中，将文本框中包含的流程文字利用 SmartArt 图形展现。

6. 在该演示文稿中创建一个演示方案，该演示方案包含第1、3、5、7页幻灯片，并将该演示方案命名为“放映方案1”。

7. 保存制作完成的演示文稿，并将其命名为“PowerPoint.pptx”。

（扫描二维码获取案例操作视频）

第 6 章　互联网应用

计算机技术与通信技术相互结合诞生了计算机网络，它已经成为人们社会生活中不可缺少的部分。进入 20 世纪 90 年代以后，以 Internet 为代表的计算机网络得到了飞速的发展，已从最初的教育科研网络逐步发展成为商业网络。Internet 正改变着我们工作和生活的各个方面，人们可以通过 Internet 查阅资料和获取知识，也可以通过 Internet 进行网上购物、网上订票、网上交易、网上交友，还可以在 Internet 上实时观看世界性的盛事、在世界经济范围内进行投资。本章主要介绍计算机网络与互联网的基本概念和原理以及互联网的基本应用。

6.1　了解计算机网络与互联网

现在是互联网+的时代，互联网已经成为了人们生活、学习、工作、娱乐中不可或缺的信息传播媒介，本节主要学习互联网的基础知识以及常见应用。

1. 计算机网络定义

计算机网络，就是将地理位置不同并具有独立功能的多个计算机，通过通信设备和线路连接起来，在网络操作系统、网络管理软件和网络通信协议的管理和协调下，实现彼此之间的数据通信和资源共享的系统。

2. 计算机网络的信息传输

在网络中，信息的传输就像是日常发送信件，信件（信息）由发送者撰写（生成），通过交通运输（数据传输），最后送到接收者的手里，不过在计算机网络中，数据传输并不需要通过交通工具，而是通过发送者和接受者之间已经连接好的物理连接进行通信即可，而传输的内容则是被计算机“翻译”成的二进制代码，也就是比特（bits，b），所以计算机网络传输速率的单位是比特率（Bitrate）（bit/s），即以 1 秒能传输多少比特的数据来衡量计算机网络传输的速度，而这个传输速度称为这个网络的带宽（Bandwidth），1 比特的数据从发送者到接收者所需要的时间称为延时（Latency）。然而，在我们使用计算机网络时会觉得传输速度通常只有其带宽标称的 1/8 左右，这是因为一般的计算机系统通常采用字节（byte，B）作为最小的数据容量单位，所以要通过 1 B=8 b 的单位换算。

类似计算机网络的信息传播形式其实在没有计算机的年代就一直在使用了，比如摩斯码，把信息转换成长短不一的信号，再通过声、光、电等手段把信号传输出去。今天，在计算机网络中通常使用的传输手段有光、电、电波。

通过表 6.1.1 来简单认识一下常见的网络传输手段。

表 6.1.1　常见的网络传输手段

比较项目	好处	坏处	常见应用
电	便宜，使用简单	信号容易衰减	网线（双绞线）
光	快，长距离（跨洋）	昂贵，铺设难度大	光纤
电波	无线	信号范围有限	无线网络（Wifi 等）

（1）电信号

电信号数据传输的原理简单来说是通过电平变化来表示比特位里的 0 和 1，现行的通信标准里有不同的表达方式，有的是通过电平发生变化和不发生变化来判断，有的是通过高电平和低电平来判断。

最常见的电信号传输介质是双绞线和同轴线，双绞线即网线，是由几组两两相互缠绕并相互绝缘的铜导线组成，接头的类型为 RJ-45，也就是俗称的水晶头。双绞线由于其信号衰减快所以其理论最长的传输距离为 100m。另外，双绞线价格便宜并且易于安装部署是其优点。

图 6.1.1 所示为双绞线、水晶头、网线口。

图 6.1.1　双绞线、水晶头、网线插口

（2）光信号

光信号传输的原理是通过有无光脉冲来表述比特位，光纤就是光波传输的主体，光波在光纤里折射前进并最终到达目的地，不同波长的光因为起折射角度不同，可以同时在光纤中传播。

光纤最大的优点就是传输速度快、传输距离长，光纤的应用十分广泛，比如中美海底光缆；也可以作为楼宇间互联，现在在许多地方光纤已经直接入户。虽然光纤有诸多的优点，但由于部署光纤的成本不低且切割、连接和通信都需要特殊的专用设备才能完成，所以一般民用级别的计算机互联仍然不会将光纤作为第一选择。

（3）无线信号

无线传输就是通过无线电信号传输信息的方式，主流应用的无线网络分为通过公众移动通信网实现的无线网络（如 4G、3G）和无线局域网（WiFi）两种方式。

采用无线信号进行数据传输的优势是显而易见的，设备间没有了物理连线的束缚，连接可以更自由更灵活。然而缺点是信号的稳定性不好，传输的信息容易被监听，还有通信范围的限制。

图 6.1.2 所示为光纤。

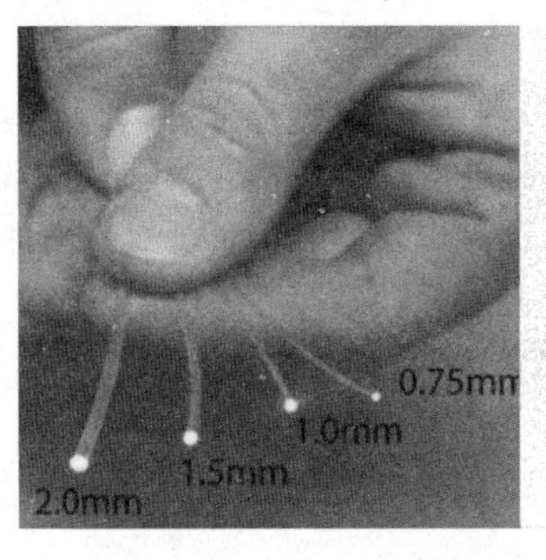

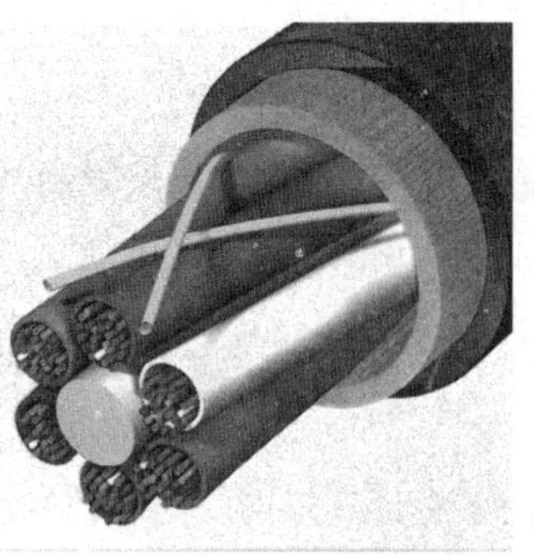

图 6.1.2　光纤

3. 计算机网络的组成

为了简化计算机网络的分析与设计，有利于网络的硬件和软件配置，按照计算机网络的系统功能，计算机网可分为资源子网和通信子网两大部分。

① 资源子网主要负责全网的信息处理，具有为网络用户提供网络服务和资源共享等功能。它主要包括网络中所有的主机、I/O（Input/Output，输入/输出）设备、终端、各种网络协议、网络软件和数据库等。

② 通信子网主要负责全网的数据通信，为网络用户提供数据传输、转接、加工和变换等通信处理工作。它主要包括通信线路（即传输介质）、网络连接设备（如网络接口设备、通信控制处理机、网桥、路由器、交换机、网关、调制解调器、卫星地面接收站等）、网络通信协议和通信控制软件等。

4. 计算机网络的分类

从不同的角度对计算机网络进行分类，有助于理解计算机网络。

（1）按网络规模分类

按计算机网络所覆盖的地理范围大小进行分类，可以将计算机网络分为局域网、城域网和广域网。由于网络覆盖的地理范围不同，它们所采用的传输技术也不同，因而形成了不同网络技术特点与网络服务功能。

① 局域网。局域网（Local Area Network，LAN）的覆盖范围较小，一般在 10 km 范围内，如一个实验室、一幢大楼、一个园区的网络。局域网有传输速率高、误码率低、成本低、容易组网、易维护、易管理、使用方便灵活等特点。

② 城域网。城域网（Metropolitan Area Network，MAN）的覆盖范围通常为一座城市，从几千米到几十千米，城域网是介于广域网与局域网之间的一种高速网络。

城域网通常由政府或大型集团组建，如城市信息港，它作为城市基础设施，为公众提供服务，目前，随着中国信息化建设的发展，很多城市都在规划和建设自己的城市信息高速公路，以实现大量用户之间的数据、语音、图形与视频等多种信息的传输功能。

③ 广域网。广域网（Wide Area Network，WAN）的覆盖范围很大，几个城市，一个国家，几个国家，甚至全球都属于广域网的范畴，从几十千米到几千、几万千米，广域网通常可以利用公用网络（如公用数据网、公用电话网、卫星通信网等）进行组建，将分布在不同国家和地区的计算机系统连接起来，达到资源共享的目的。

（2）按连接范围分类

按连接范围分类，计算机网络可以分为内联网（Intranet）和外联网（Extranet）。内联网采用 Internet 技术建立的企业网，用防火墙限制与外部的信息交换，以确保内部的信息安全。外联网则指校园网或企业网与 Internet 连接的通道，内部网络正是通过外联网与外界通信的。

6.2 掌握 Internet 基础知识

在上一节，我们了解计算机网络的基础知识，在本节中，我们将学习 IP 地址、域名、URL、电子邮件协议等知识。

1. 互联网的概念

互联网即 Internet，也称之为环球网或因特网，即广域网、局域网及单机按照一定的通信协议组成的国际计算机网络。互联网是指将两台或者是两台以上的计算机终端、客户端、服务端通过计算机信息技术的手段互相联系起来的结果，人们可以与远在千里之外的朋友相互发送邮件、共同完成一项工作、共同娱乐。

2. TCP/IP

TCP/IP 协议族（TCP/IP Protocol Suite，TCP/IP Protocols），简称 TCP/IP，是互联网协议族（Internet Protocol Suite，缩写为 IPS）的另一个称呼，它是一个网络通信模型，以及整个网络传输协议家族，是整个互联网通信基础架构。它被广泛称呼为 TCP/IP 协议族的原因是这个协议家族的两个核心协议，TCP（Transmission Control Protocol，传输控制协议）和 IP（Internet Protocol，网际协议）是这个家族中最早通过的标准。由于网络通信协议普遍采用分层的结构，当多个层次的协议共同工作时，类似计算机科学中的堆栈，因此又被称为 TCP/IP 协议栈（TCP/IP Protocol Stack）。这些协议最早发源于美国国防部（缩写为 DoD）的 ARPA 网项目，现在由互联网工程任务组（Internet Engineering Task Force，IETF）负责维护。

TCP/IP 提供点对点的链接机制，将数据应该如何封装、定址、传输、路由以及在目的地如何接收，都加以标准化。它将软件通信过程抽象化为 4 个抽象层，采取协议堆栈的方式，分别实现出不同通信协议。协议套组下的各种协议，依其功能不同，被分别归属到这 4 个层次结构之中，常被视为是简化的七层 OSI 模型。

3. IP 地址

Internet 将不同的网络互连起来，实现广泛的资源共享，但首先要解决的是计算机定位问题。在网络中识别计算机通常是依靠地址。所以，为了识别到 Internet 上的一个网络或一台计算机，为其分配的 Internet 地址就必须是具有唯一性的。在 Internet 中，标识一台计算机或一个网络的唯一方式就是使用 IP 地址。当与 Internet 上其他用户进行通信时，或者寻找 Internet 的各种资源时，都要用到 IP 地址。

（1）IP 地址

互联网协议地址（Internet Protocol Address，又译为网际协议地址），缩写为 IP 地址，它是由软件实现，可以修改，并在统一管理下进行分配。IP 地址不须考虑待分配地址的计算机所在的网络类型等网络技术细节，完全屏蔽了物理地址的差异。

IP 地址是 Internet 主机或网络的一种数字型标识。目前所使用的 IP 版本规定：IP 地址由 32 位二进制数组成，按 8 位为单位分为 4 个字节。

由于二进制不容易书写和记忆，IP 地址通常把 32 位 IP 地址分为每 8 位一段，共 4 段，把每段分别转换为十进制数，再用“.”把每段转换成的十进制数字分开，这种记法称为点分十进制表示法，所以 IP 地址常以×××.×××.×××.×××形式表现，每组×××代表小于或等于 255 的十进制数（二进制数 11111111 转换成十进制就是 255）。

如：IP 地址为 11000000 10101000 00000000 00000010

分别转换为　　192　　　168　　　0　　　2

在每段间加上“.”即：192.168.0.2。

类似电话号码分为区号和本机号码那样，IP 地址在二进制表示时被分为网络号和主机号两部分，如图 6.2.1 所示。

网络号	主机号

图 6.2.1　IP 地址结构

网络号：位于 IP 地址前端，用来标识该地址所属的网络，在同一个网络内的主机应该使用同一个网络号，表示其属于同一个网络，如果主机间各自的网络号不一样会导致无法直接通信。

主机号：位于 IP 地址后端，用来区分同一个网络中的不同主机，即为某网络中特定主机的号码。

根据 IP 地址的结构即网络标识长度和主机标识长度的不同，Internet 的 IP 地址可分为 3 个主要类：A 类、B 类、C 类。除此以外，还有 D、E 两种是次要地址，D 类地址是专供多目传送，是多目地址，E 类地址是扩展备用地址。

① A 类 IP 地址。

A 类 IP 地址的 4 段中，第 1 段，也就是前 8 位二进制数为网络号，其余 3 段为主机号。

如图 6.2.2 所示，A 类地址的前缀为 0，网络号长度是 7 位，主机号长度为 24 位。

地址范围（网络号与主机号均不能全部为 0 或全部为 1，下画线部分为主机号）：

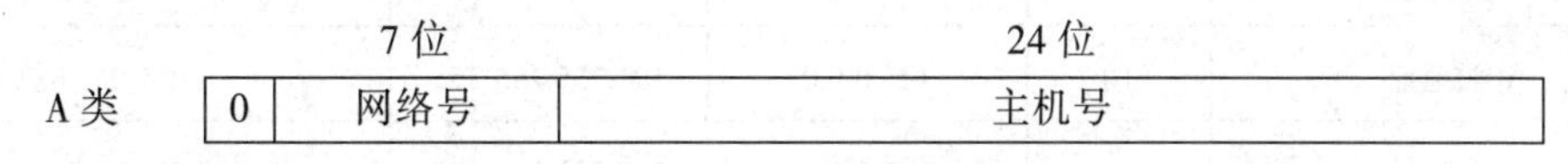

图 6.2.2　A 类 IP 地址结构

从 00000001.00000000.00000000.00000001 到 01111111.11111111.11111111.11111110。

即从 1.0.0.1 到 127.255.255.254。

网络（号）数量：126 个（1～126，127 保留为环回测试使用）。

每个网段的主机（号）数量：$2^{24}-2$=16 777 214（个）。

② B 类 IP 地址。B 类 IP 地址的 4 段中，前两段，也就是前 16 位二进制数为网络号，其余两段为主机号。

如图 6.2.3 所示，B 类地址的前缀为 10，网络号长度是 14 位，主机号长度为 16 位。

14 位　　16 位

B 类 | 1 | 0 | 网络号 | 主机号

图 6.2.3　B 类 IP 地址结构

地址范围（网络号与主机号均不能全部为 0 或全部为 1，下画线部分为主机号）：

从 1000000.00000000.00000000.00000001 到 10111111.11111111.11111111.11111110。

即从 128.0.0.1 到 191.255.255.254。

网络（号）数量：2^{14}=16 384（个）。

每个网段的主机（号）数量：2^{16}−2=65 534（个）

③ C 类 IP 地址。C 类 IP 地址的 4 段中，前 3 段，也就是前 24 位二进制数为网络号，剩下的一段为主机号。

如图 6.2.4 所示，C 类地址的前缀为 110，网络号长度是 21 位，主机号长度为 8 位。

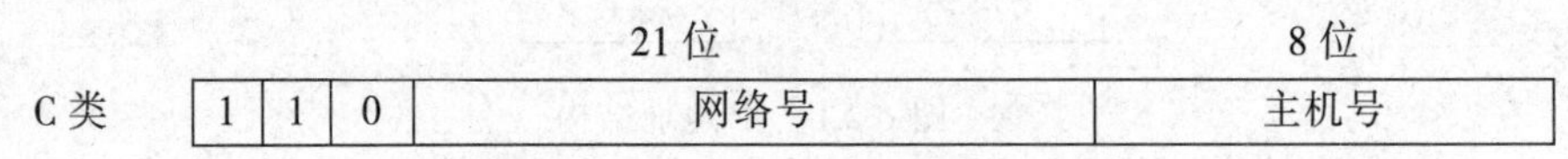

图 6.2.4　C 类 IP 地址结构

地址范围（网络号与主机号均不能全部为 0 或全部为 1，下画线部分为主机号）：

从 1100000.00000000.00000000.00000001 到 11011111.11111111.11111111.11111110。

即从 192.0.0.1 到 223.255.255.254。

网络（号）数量：2^{21}=2 097 152（个）

每个网段的主机（号）数量：2^{8}−2=254（个）

从表 6.2.1 会发现每个类别的 IP 地址第一段数字都是不同的，因此可以根据它快速判断 IP 地址的类型。

表 6.2.1　IP 地址

分类	前缀	开始地址	结束地址	默认子网掩码
A 类地址	0	0.0.0.0	127.255.255.255	255.0.0.0
B 类地址	10	128.0.0.0	191.255.255.255	255.255.0.0
C 类地址	110	192.0.0.0	223.255.255.255	255.255.255.0
D 类地址（群播）	1110	224.0.0.0	239.255.255.255	未定义
E 类地址（保留）	1111	240.0.0.0	255.255.255.255	未定义

A 类，1～126；B 类，128～191；C 类，192～223。

（2）子网掩码

当计算机被分配到一个 IP 地址时，我们如何了解到这个 IP 地址哪部分是主机号而哪部分是网络号呢？这时候就需要一个子网掩码来把它们指示出来了。子网掩码和 IP 地址一样是由 32 位二进制数组成，它由连续的 1 和连续的 0 两部分组成，子网掩码为 1 的部分指示出与之对应的 IP 地址的这部分是网络号，而连续为 0 的部分则指示出主机号的部分。例如：IP 地址 10.1.2.119

的二进制值为：00001010 . 00000001 . 00000010 . 01110111。

对应的子网掩码二进制地址为： 11111111 . 11111111 . 11111111 . 00000000。这就是说，这个 IP 地址的前 3 段都是网络号，最后一段才是它的主机号，其网段地址为 10.1.2.0，主机号为 119。我们再把子网掩码改为点分十进制表示法，即：255.255.255.0。有了子网掩码就可以清晰地指定一个 IP 地址的网络号和主机号分别是多少，所以子网掩码是 IP 地址不可或缺的一部分。

（3）IP 地址的枯竭

目前我们使用的是互联网协议（Internet Protocol，IP）开发过程中的第四个修订版本，因此被称作互联网协议版本 4（Internet Protocol version 4，IPv4）。IPv4 为标准化互联网络的核心部分，也是使用最广泛的互联网协议版本。所有的可用 IPv4 地址是由互联网号码分配局（Internet Assigned Number Authority，IANA）以及其下 5 个区域互联网注册管理机构（Regional Internet Registry，RIR）共同管理分配。由 IANA 管理的 IPv4 地址，于 2011 年 1 月 31 日完全用尽。其他 5 个区域的可核发地址，也随之陆续用尽：亚太地区在 2011 年 4 月 15 日用尽，欧洲地区在 2012 年 9 月 14 日，拉丁美洲及加勒比海地区在 2014 年 6 月 10 日，北美地区在 2015 年 9 月 24 日。目前全球仅剩主管非洲 IPv4 地址的 AFRINIC 预计 2019 年才会发放完所有的 IPv4 位址。可以说在今天，全球的 IPv4 地址资源已经完全枯竭了。

另外一个促使人们认识到 IP 地址枯竭危机的因素是智能设备和物联网的兴起。近年来智能家具和智能穿戴设备逐渐成熟和被人们所接受。智能设备的一个重要功能就是网络化信息集成，并且可以通过网络统一管理，如果像智能电灯、智能空调、智能电视、智能冰箱这些智能家电，又或者是像智能服饰、智能手表、智能眼镜这些智能穿戴设备每一个都需要一个 IP 地址来标注自己在网络里的唯一性，很显然 IPv4 是不可能解决这个矛盾的。

IPv4 使用 32 位地址，理论上讲应该可以拥有约 42 亿个 IP 地址，不过由于一些地址是为特殊用途所保留的，如专用网络（约 0.18 亿）和多播地址（约 2.7 亿），以及采用 A、B、C 三类编址方式后，可用的网络地址和主机地址的数目大打折扣。进入 20 世纪 80 年代晚期，人们已开始意识到地址枯竭的问题，1993 年互联网工程任务组（Internet Enginerring Task Force，IETF）推出网络地址转换（NAT）与无类别域间路由（CIDR）方案，然而这些过渡方案皆无法阻止枯竭问题的发生，只能延缓它的发生速度。最终的解决方案，仍然需要从 IPv4 转移到新一代的互联网协议——IPv6。

（4）IPv6 技术

从 1990 年开始，以 IP 地址不足为契机，IETF 开始规划 IPv4 的下一代协议，除了要解决即将遇到的 IP 地址短缺问题外，还要发展更多的扩展以弥补旧协议的不足。1994 年，正式提议 IPv6 发展计划，并于 1996 年 8 月 10 日成为 IETF 的草案标准，最终在 1998 年 12 月作为互联网标准规范（RFC 2460）的方式出台。

IPv6 的计划是创建未来互联网扩充的基础，其目标是取代 IPv4。单从数字上来说，IPv6 采用 128 位的地址，因此可以支持的地址数量达到 16^{32} 个，就以地球人口为 70 亿人计算，每人平均可分得约 4.86×10^{28} 个 IPv6 地址。这不但解决了网络地址资源数量的问题，同时也为除计算机外的设备连入互联网在数量限制上扫清了障碍。

IPv6 二进制下为 128 位长度，文本书写时以 16 位为一组，每组以冒号“:”隔开，可以分为 8 组，每组以 4 位十六进制方式表示。例如：1234:abcd:a1a2:0b0c:1313:1112:ba11:4211 是一个合法的 IPv6 地址。同时在一些条件下可以省略书写：

① 每组的数字以 0 开头的，可以省略开头的 0，例如下面的地址是相等的：

- 234:0bcd:00a2:0000:0000:0000:0011:0ab1
- 1234:bcd:0a2:000:000:000:011:ab1
- 1234:bcd:a2:00:00:00:11:ab1
- 1234:bcd:a2:0:0:0:11:ab1

② 可以用双冒号“::”表示一组或多组连续的 0，但在一个地址里只能出现一次，以下地址是相等的：

- 1234:bcd:a2:0:0:0:11:ab1
- 1234:bcd:a2::11:ab1

另外，为了方便由 IPv4 过渡到 IPv6，在 IPv6 主机和路由器与 IPv4 系统共存的时，采用 IPv4 地址向 IPv6 地址映射的方式使之兼容，这类地址称为 IPv4 翻译（IPv4-translated）的 IPv6 地址。这类地址的前缀为::ffff:0:0:0/96，也被写作::ffff:0:a.b.c.d。举例来说，如果 IPv4 的一个地址为 10.1.2.123（十六进制为 0x0A01027B），它可以被转化为 0000:0000:0000:0000:0000:ffff:0A01:027B 或者::ffff:A01:27B。同时，还可以使用混合符号（IPv4-compatible address），则地址可以为::ffff:10.1.2.123。

4. 域名

IP 地址是一种数字型标识，对使用 Internet 的人来说有不便记忆和难以理解的缺点，因而产生了与 IP 数字型地址相对应的一种字符型标识，这就是域名。

目前 Internet 所使用的域名采用层次型命名机制。在层次型命名机制中，名字空间被分成若干个部分，每一部分授权给某个管理机构，授权管理机构再将其管辖的名字空间进一步划分，再把每一部分授权给若干个下级机构进行管理。如此反复，整个名字空间的管理形成了一个层次型树形结构，其中每一个结点（包括各层管理机构和最后的主机结点）都有一个相应的标识符，主机的名字就是从树叶到树根路径上各结点标识符的有序序列。域名也使用层次命名法，最大五层，不小于两层，各层间仍使用点号“.”分割。域名从右向左分层，最右部分是顶级域，如中国为 cn。

一个通用的域名格式为：

主机名. 第 n 级子域名. ……. 第二级子域名. 第一级子域名（顶级域）

域名可以以一个字母或数字开头和结尾，并且中间的字符只能是字母、数字和连字符，不区分大小写，域名的总长度不能超过 255 个字符，每结点不能超过 63 个字符。与 IP 地址一样，域名在整个 Internet 中必须是唯一的，当高级子域名相同时，低级子域名绝不允许重复。如图 6.2.5 所示，www.gzhu.edu.cn 就是一台主机的完整名字。

为保证域名系统的通用性，Internet 国际特别委员会（IAHC）规定顶级域名为一组标准化符号，如表 6.2.2 所示。顶级域名一般分为两类，即通用顶级域名和国家地区代码顶级域名。国家地区代码顶级域名是按两个字母的后缀表示该域所在的国家或地区，例如：cn（中国）、de（德国）、eu（欧盟）、uk（英国）等，每个申请加入因特网的国家都可以作为一个顶级域；通用顶级域名是互联网名称与数字地址分配机构（IANA）管理的顶级域（TLD）之一，它通常是由网络的用途或组织的性质来决定域名，例如：com（商业机构）、edu（教育机构）、gov（政府机构）、net（网络服务供应商）等。

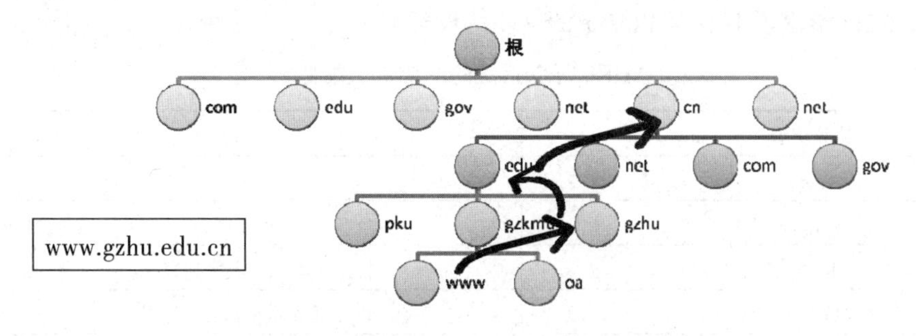

图 6.2.5　层次型名字的树状结构

Internet 通信过程中使用的是 IP 地址来指定要访问的主机，而用户访问网络服务时一般是使用域名，因此在域名与 IP 地址之间存在一种转换，Internet 通过域名服务器（Domain Name Server，DNS）系统提供域名与 IP 地址互相翻译转换的双向查找功能，把制定的域名解析到注册的 IP 地址上去。另外，一个 Internet 域名只能对应一个 IP 地址，但是每个 IP 地址不一定只对应一个 Internet 域名。

表 6.2.2　Internet 顶级域名分配

顶级域名	分配对象
com	商业组织
net	网络支持中心
edu	教育机构
gov	政府部门
国家代码	各个国家

5．统一资源定位符（URL）

在 Internet 中有如此众多的 Web 服务器，而每台服务器中又包含很多的页面，如何来找到想看的主页呢？这时，就需要使用统一资源定位符（Uniform Resource Locators，URL）了。URL 是对可以从 Internet 上得到的资源的位置和访问方法的一种简洁的表示。URL 给资源的位置提供一种抽象的识别方法，并用这种方法给资源定位。只要能够给资源定位，系统就可以对资源进行各种操作，如存取、更新、替换和查找其属性。上述的“资源”是指在 Internet 上可以被访问的任何对象，包括文件目录、文件、文档、图像、声音等，以及与 Internet 相连的任何形式的数据。标准的 URL 由 3 部分组成：服务器类型、主机名和路径及文件名。例如，万维网联盟的 Web 服务器中一个页面的 URL 为：

http://www.w3.org/student/index.html

其中，“http”指明要访问的服务；“www.w3.org”指明要访问的服务器的主机名，主机名可以是该主机的 IP 地址，也可以是该主机的域名；协议和主机名称或 IP 地址间使用半角冒号（:）连接，包含资源路径的冒号后还有两个半角斜杠（//）；而“/student/index.html”指明要访问页面的路径及文件名。

实际上，URL 是一种通用的网络资源定位法。除了指定"http"以访问 Web 服务之外，URL 还可以通过指定其他协议类型访问其他类型的服务器。例如，可以通过制定"ftp:"访问 FTP 文件服务器等。表 6.2.3 给出了 URL 可以指定的主要协议类型。

表 6.2.3　URL 可以指定的主要协议类型

协议类型	描述
file://	本地文件
mailto:	电子邮件
http://	超文本传输协议
https://	超文本传输安全协议
mms://	微软媒体服务器协议
ftp://	文件传输协议
thunder://	迅雷链接

在 Web 服务中，可以忽略路径及文件名 URL 来指定 Web 服务器上的默认页面。例如，如果浏览器请求的页面为 http://www.w3.org/，那么，服务器将使用它的默认页面进行响应。

6．Internet 的接入方式

从信息资源的角度，Internet 是一个集信息资源为一体使网络用户共享的信息资源网。家庭用户或单位用户要接入 Internet，可通过各种通信线路连接到 ISP（Internet Service Provider，Internet 服务提供商，例如中国电信，中国联通），由 ISP 提供 Internet 的入网连接和信息服务。Internet 接入是通过特定传输通道的，利用以下传输技术完成用户与 Internet 的物理连接。

（1）xDSL 接入

在通过本地环路提供数字服务的技术中，最有效的类型之一是数字用户线（Digital Subscriber Line，DSL）技术，是目前运用最广泛的铜线接入方式。

基于 DSL 的技术有：

- ADSL（非对称用户数字线）。
- HDSL（高速用户数字线）。
- RADSL（速率自适应数字用户线路）。
- SDSL（对称数字用户线路，标准版 HDSL）。
- VDSL（超高速用户数字线）。
- G.SHDSL（ITU-T 标准替换早期 SDSL）。
- VDSL2（超高速用户数字线 2）。

这些技术统称 xDSL 技术，国内最常见的是中国电信使用的 ADSL 技术以及铁通使用的 VDSL 技术。

ADSL 可直接利用现有的电话线路，通过 ADSL MODEM 进行数字信息传输。理论速率可达到 8Mbit/s 的下行和 1 Mbit/s 的上行，传输距离可达 4～5 千米。ADSL2+速率可达 24 Mbit/s 下行和 1 Mbit/s 上行。另外，最新的 VDSL2 技术可以达到上下行各 100 Mbit/s 的速率。特点是速率稳定、带宽独享、语音数据不干扰等。适用于家庭、个人等用户的大多数网络应用需求，满足一些宽带业务包括 IPTV、视频点播（VOD），远程教学，可视电话，多媒体检索，LAN 互联，Internet

接入等。DSL 技术的特点是可达范围（从电话交换中心到用户的线路长度）与数据速率成反比，例如 VDSL 这样的技术只能提供短距离链路。

ADSL 技术具有以下一些主要特点：可以充分利用现有的电话线网络，通过在线路两端加装 ADSL 设备便可为用户提供宽带服务；它可以与普通电话线共存于一条电话线上，接听、拨打电话的同时能进行 ADSL 传输，而又互不影响；进行数据传输时不通过电话交换机，这样上网时就不需要缴付额外的电话费，可节省费用；ADSL 的数据传输速率可根据线路的情况进行自动调整，它以“尽力而为”地方式进行数据传输。

（2）HFC（CABLEMODEM）

HFC 是一种基于有线电视网络铜线资源的接入方式。具有专线上网的连接特点，允许用户通过有线电视网实现高速接入 Internet。适用于拥有有线电视网的家庭、个人或中小团体。特点是速率较高，接入方式方便（通过有线电缆传输数据，不需要布线），可实现各类视频服务、高速下载等。缺点在于基于有线电视网络的架构是属于网络资源分享型的，当用户激增时，速率就会下降且不稳定，扩展性不够。

（3）光纤宽带接入

光纤宽带接入是通过光纤直接接入到各家各户。特点是速率高，抗干扰能力强，适用于家庭、个人或各类企事业团体，可以实现各类高速率的 Internet 应用（视频服务、高速数据传输、远程交互等），缺点是一次性布线成本较高。

（4）无线网络

无线网络是一种有线接入的延伸技术，使用无线射频（RF）技术越空收发数据，减少使用电线连接，因此无线网络系统既可达到建设计算机网络系统的目的，又可让设备自由安排和搬动。在公共开放的场所或者企业内部，无线网络一般会作为已存在有线网络的一个补充方式，装有无线网卡的计算机通过无线手段方便接入 Internet。

目前，我国 4G 移动通信两种技术标准，中国移动的 TDD-LTE 以及中国电信和中国联通的 FDD-LTE 各使用自己的标准及专门的上网卡，网卡之间互不兼容。

7. Internet 的应用

通过 Internet，用户可以访问到各种企业组织提供的许多服务并获取信息，其中最常见的有：电子邮件（E-mail）、远程登录（TELNET）、文件传输（FTP）、WWW 服务、搜索引擎、即时通信、VoIP 等。Internet 上的服务都是客户机/服务器模式的，即一台计算机或其上运行的某个应用程序作为客户端，客户端是提出服务请求的一端；而另一台计算机或其上运行的某个应用程序作为服务器端，向申请服务的客户端提供服务。

（1）电子邮件（E-mail）功能

电子邮件是 Internet 的一个基本服务，通过 Internet 和用户的电子邮件地址，人们可以方便、快速地交换电子邮件、查询信息，以及加入有关的公告、讨论和辩论组。E-mail 是 Internet 上使用率较高的一种功能。

（2）文件传输（FTP）

FTP（File Transfer Protocol，文件传输协议）是 Internet 提供的基本功能，它向所有 Internet 用户提供了在 Internet 上传输任何类型的文件：文本文件、二进制文件、图像文件、声音文件、数据压缩文件等的传输功能。FTP 服务可以分为两种类型：普通 FTP 服务和匿名（anonymous）

FTP 服务。

普通 FTP 在 FTP 服务器上向注册用户提供文件传输功能，而匿名 FTP 可向任何 Internet 用户提供核定的文件传输功能。Internet 上 FTP 服务器，将其中的文件索引创建到一个单一的可搜索的数据库中，用户只要给出希望查找的文件类型及文件名。

（3）网页浏览

WWW（World Wide Web）又称“全球信息网”“万维网”，有时也直接简称为“Web”或“3W”。WWW 服务通过 HTTP 协议（HyperText Transfer Protocol）来传输；使用超文本（hypertext）和超媒体（hypermedia）技术，即它可以在一个文件中用文字、图片或声音等连接另一个文件，用户通过阅读并选择超文本，就可以从一个文件跳到另一个文件，或从一个站点跳转至另一个站点，从而取得自己想获得的信息。

由于 Web 可以传播图文并茂和有声有色的信息，引起了全世界许多大公司、政府部门和教育机构的兴趣，认为它是做广告、宣传和传递信息的强大工具。因此，基本上每一个连接了 Internet 的服务器都具备 WWW 服务，有时也称为主页（homepage）服务器。

（4）搜索引擎

搜索引擎是指根据一定的策略及算法从 Internet 上搜集信息，并对信息进行整理后，为用户提供检索查询服务，将检索相关结果的信息展示给用户的系统。搜索引擎按其工作方式主要可分为 3 种，分别是全文搜索引擎（Full Text Search Engine）、垂直搜索引擎（Vertical Search Engine）和元搜索引擎（Meta Search Engine）。其中最常见的是全文搜索引擎，著名的百度和谷歌都是全文搜索引擎的代表。

（5）即时通信

即时通信（Instant Messaging，IM）是一个实时通信系统，允许两人或多人使用网络实时地传递文字消息、文件、语音与视频交流。近年来，许多即时通信服务开始提供视频会议的功能，网络会议服务开始集成为兼有视频会议与实时消息的功能。于是，这些媒体的分别变得越来越模糊。即时通信不再是一个单纯的聊天工具，它已经发展成集交流、资讯、娱乐、搜索、电子商务、办公协作和企业客户服务等为一体的综合化信息平台。随着移动 Internet 的发展，Internet 即时通信也在向移动化扩张。目前，腾讯等重要即时通信提供商都提供通过手机接入 Internet 即时通信的业务，用户可以通过手机与其他已经安装了相应客户端软件的手机或计算机收发消息。

6.3 IE 浏览器的使用

浏览器是上网使用得最多的工具之一，本节首先学习 IE 浏览器的界面元素，在此基础上掌握浏览器的一些基本功能使用，如主页设置、历史记录使用、自动完成功能使用、收藏夹的使用等，然后学习操作网页的保存、网页图片的保存等。

6.3.1 浏览器

1. 浏览器的概念

在计算机里“浏览器”一般特指网页浏览器，是一种用于检索并展示万维网信息资源的应用程序。这些信息资源可为网页、图像、视频或其他内容，它们由统一资源定位符（URL）定位。

文件内容通常使用超文本标记语言（HyperText Markup Language，HTML ）来描述，HTML 是由 IETF 用简化的 SGML（Standard Generalized Markup Language，标准通用标记语言）语法进行进一步发展而来，后来成为国际标准，由万维网联盟（W3C）维护。大部分的浏览器除了支持打开网页文件外还可以直接打开 HTML 所支持的多媒体文件，例如 JPEG、PNG、GIF 等图像格式，并且能够扩展使用众多的插件来支持更广泛的媒体文件，例如 Flash、Silverlight 这类新型交互式媒体。另外，许多浏览器还支持其他的 URL 类型及其相应的协议，如 FTP、HTTPS（HTTP 协议的加密版本）。

Internet Explorer，简称为 IE，是微软公司推出的一款网页浏览器。IE 是微软 Windows 操作系统的一个重要组成部分。

2. 浏览器的类别

现在市场上各种名称的浏览器有很多，但大多是使用相同的内核，所以我们可以按不同的内核为浏览器分类，如表 6.3.1 所示。

表 6.3.1　主流浏览器内核

内核名称	代表浏览器
Trident	IE 浏览器，Maxthon 浏览器
Webkit	Safari 浏览器
Gecko	Firefox 浏览器
Blink	Chrome 浏览器，Opera 浏览器

3. IE 浏览器的界面

启动 Internet Explorer 十分简单，只要在桌面上双击 Internet Explorer 的快捷图标即可。浏览器启动后，就可以看到如图 6.3.1 所示的页面。

图 6.3.1　浏览器的界面

IE 浏览器像所有的 Windows 应用软件一样，它的窗口主要包括：

菜单栏：菜单栏中包含控制和操作 Internet Explorer 的命令，共由 6 个菜单项组成，即“文件”“编辑”“查看”“收藏”“工具”“帮助”菜单项，每个菜单项包含一组菜单命令。与其他 Windows 窗口不同的是，它可以移动、隐藏。默认情况按 Alt 键显示。

收藏夹：对于经常要访问的网站通过快速收藏按钮可以直接把网站收藏到收藏夹栏，方便再次访问，其他要收藏的网站则可以收藏到传统的收藏夹内。

地址栏：在此输入需要访问的网站地址或选择曾经访问过的网站地址。同时为了方便检索，可以选定一个常用的搜索引擎（例如百度、必应），在搜索栏内输入要搜索的关键字便可直接跳转到该搜索引擎的检索结果页面。

选项卡：对于同时打开的网站，为了快速切换访问，可以用在同一个 IE 窗口打开多个选项卡来浏览多个不同的页面。

浏览区：当浏览器成功地连上指定网站后，站点上的网页即可在该窗口中显示。

4. IE 浏览器的设置

在 IE 浏览器窗口中，执行“工具”→“Internet 选项”，即可弹出图 6.3.2 所示的“Internet 选项”对话框。

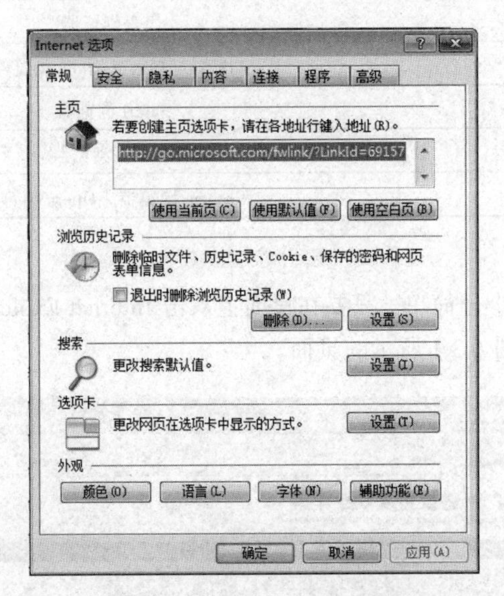

图 6.3.2 “Internet 选项”对话框

（1）定义主页

主页是指启动 Internet Explorer 时系统自动连接和显示的页面。程序将自动把 Internet Explorer 的默认主页：http://www.microsoft.com/windows/ie_intl/cn/start/作为主页。为了使用方便，用户可以把自己最常打开的网页设置为主页。

在 Internet Explorer 中单击“工具”菜单中的“Internet 选项”，打开“Internet 选项”对话框，在“常规”标签中“主页”的地址栏框中输入网址，如图 6.3.2 所示，然后单击“确定”按钮。

用户也可以选择“使用当前页”（把当前正在显示的网页设为主页）和“使用空白页”。

（2）临时文件

用户在浏览网页时，网页上的图片、动画、声音等文件将会被下载到本机的临时文件夹中。

当用户再次访问该网站时，由于 IE 可以从临时文件夹中而不是从 Web 上打开已经查看过的网页，这样就大大加快了网页的显示速度。增加临时文件夹的空间可以更快地显示以前访问过的网页，但由此也减少了计算机上可提供给其他文件的空间。

用户可以通过 Internet 临时文件中的“设置”调整临时文件所占用的硬盘空间。如果想清除临时文件，可单击图 6.3.2 常规标签中的“删除文件”按钮，释放临时文件所占用的空间。

（3）历史记录

当用户访问某个网站时，网站地址将会被保存到历史记录中。用户可以从 IE 地址栏查看最近访问过的网站地址（单击地址栏的下拉按钮）。可以设置历史记录保存的天数，如果想清除历史记录，可以选中图 6.3.2“常规”标签中的“退出时删除浏览历史记录”复选框。

（4）自动完成功能

IE 在默认状态时会保存用户在网页上填写的用户名和密码（例如网页上登录邮箱）。这样可以省去用户重复填写所带来的麻烦，但也带来了安全隐患。如果要设置自动完成的功能，可以选择“内容”标签中的“个人信息”，单击“自动完成”按钮，选择相应的选项或清除自动完成的记录。

6.3.2 实例

【例 6.3.2-1】通过 URL 地址“www.w3.org”访问万维网联盟的网站。（扫描二维码获取案例操作视频）

操作步骤：

IE 启动成功后，系统自动连接浏览器的默认主页。如果要访问其他网页，可以通过超链接或在地址栏中输入要访问的网站地址。如在地址栏中输入网址：http://www.w3.org（不要忘记域名前加上 http://），按 Enter 键，如图 6.3.3 所示。

【例 6.3.2-2】通过 URL 地址“www.w3.org”访问万维网联盟的网站并使用收藏夹收藏该网站。（扫描二维码获取案例操作视频）

图 6.3.3 网络浏览

Internet Explorer 支持用户为经常访问的网页设置书签，以免用户下次再访问时需经过漫长的搜索过程才找到感兴趣的页面。收藏夹保存了网页地址，提供了永久、快速检索网页的手段。在访问万维网联盟的网站时，可选择“收藏夹”按钮下的“添加到收藏夹”按钮，如图 6.3.4 所示，为当前网页设定书签。下次要调用该页面时，只要选择“收藏”菜单下的列表中的相应网页即可。

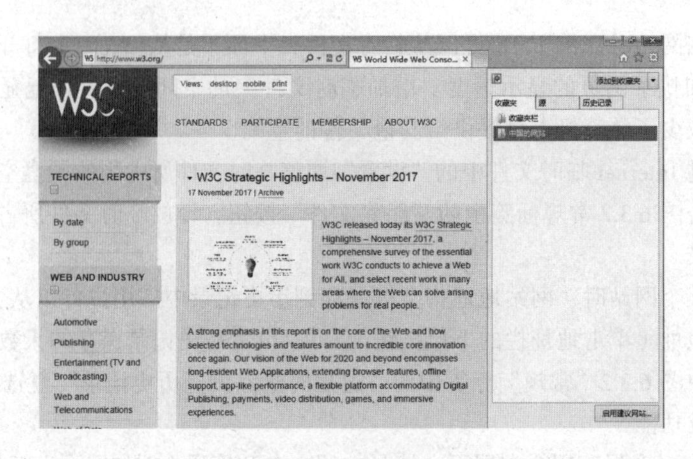

图 6.3.4　收藏夹

【例 6.3.2-3】通过 URL 地址“www.w3.org”访问万维网联盟的网站并使用保存功能保存该网站首页。(扫描二维码获取案例操作视频)

操作步骤：

选择“页面”菜单中的“另存为”命令，如图 6.3.5 所示，在弹出的“另存为”对话框中，选择文件保存的位置，输入文件名以及选择保存类型(默认为 html 类型，但也可以改为 txt 类型)。最后单击“保存”按钮。

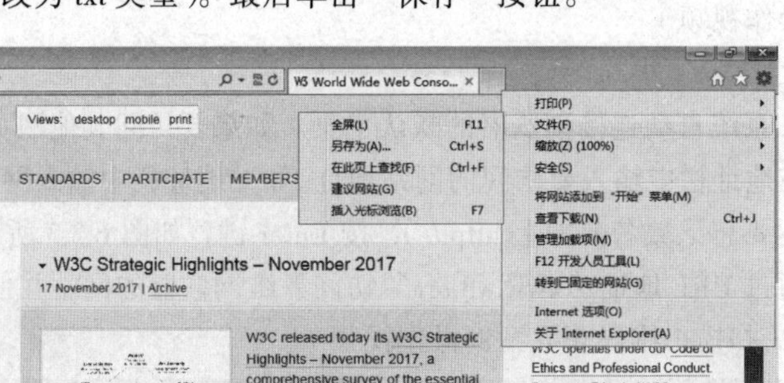

图 6.3.5　网页保存位置选择

【例 6.3.2-4】通过 URL 地址“www.w3.org”访问万维网联盟的网站并把学校地址保存到一个新建 Word 文档中。(扫描二维码获取案例操作视频)

操作步骤：

使用鼠标拖曳，选中“地址”区域的信息，执行“编辑”菜单中的“复制”命令，或者右击已选的高亮部分，在弹出的快捷菜单中选“复制”，然后打开 Word 文档，执行“粘贴”操作。

【例 6.3.2-5】通过 URL 地址“www.w3.org”访问万维网联盟的网站，把第一篇新闻稿的配图保存在桌面上。(扫描二维码获取案例操作视频)

操作步骤：

打开“www.w3.org”万维网联盟的网站，选中第一篇的配图，右击，打开快捷菜单，选择“图片另存为”选项，然后按指示进行操作即可，如图 6.3.6 和图 6.3.7 所示。

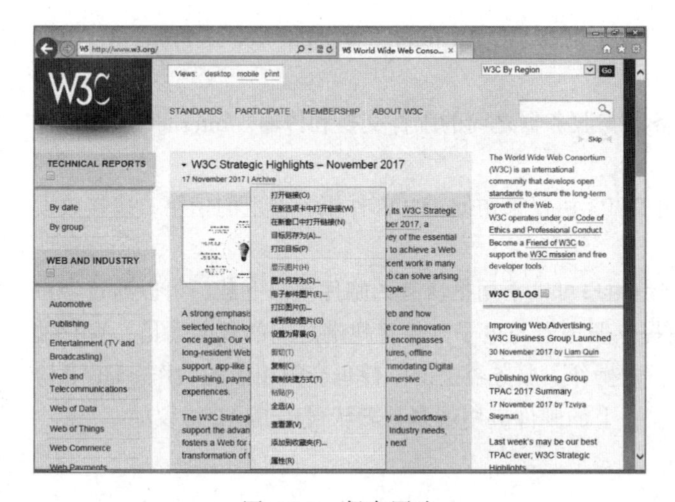

图 6.3.6　保存图片

图 6.3.7　图片保存位置选择

6.4　电子邮件的应用

电子邮件（Electronic mail，简称 E-mail），是一种通过网络进行信息交换的通信手段。与传统的通信方式相比，它具有快捷、经济、高效、方便和灵活的特点，是 Internet 中最常用的资源之一。

6.4.1　电子邮件

1. 电子邮件基本原理

电子邮件的收发过程遵循 C/S（Client/Server，客户端/服务器）模式，邮件收发者的计算机作为邮件客户机，而邮件服务器则是一台专门计算机。通常个人用户之间不能直接发送和接收电子邮件，而是首先将邮件从自己的计算机发送到邮件服务器，再由该服务器发送到 Internet 上，然后发送到收件人邮箱所在的邮件服务器上，最后才到达收件人的计算机中。在这个过程中，邮件服务器相当于一个“邮局”，它管理着众多用户注册地邮件信箱，而每个用户的信箱都在该邮件服务器的硬盘上占据一定的存储空间。电子邮件系统如图 6.4.1 所示。

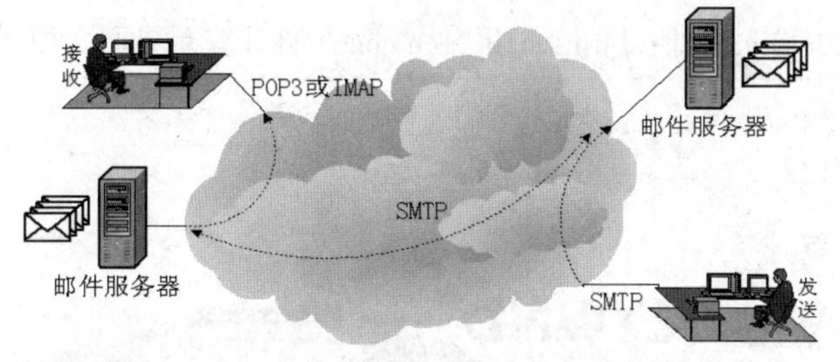

图 6.4.1　电子邮件系统示意图

2. 电子邮件协议

电子邮件的发送和接收过程需要遵循专门的电子邮件协议，它是整个网络应用协议的一部分。著名的邮件协议有 SMTP（Simple Mail Transfer Protocol，简单邮件传输协议）、POP3（Post Office

Protocol-Version 3，即邮局协议-版本 3 协议）以及 IMAP（Interactive Mail Access Protocol，邮件接收协议）。

SMTP 用于邮件的发送，适用于服务器与服务器之间的邮件交换和传输。Internet 上的邮件服务器大多遵循 SMTP 协议。

POP3 用于邮件的接收。用户可使用 POP3 协议来访问 ISP 邮件服务器上的信箱，以接收发给自己的电子邮件。

IMAP 协议与 POP3 协议的主要区别是用户可以不用把所有的邮件全部下载，可以通过客户端直接对服务器上的邮件进行操作。它提供服务器与电子邮件客户端之间的双向通信，客户端的操作都会反馈到服务器上，对邮件进行的操作，服务器上的邮件也会做相应的动作。IMAP 协议多用于轻量级的邮件应用，例如移动设备上的邮件应用就多是默认采用 IMAP 协议的。

3．电子邮件格式

电子邮件能否达到目的地，几乎完全依赖于是否正确地使用了邮件地址，就如邮政信件上必须正确填写的家庭地址一样。

电子邮件地址可以分为两部分，前面是用户名，后面是服务器域名，中间用“@”符号隔开（读作“at”），比如一个电子邮件地址 johnsmith@163.com，用户名是“johnsmith”，邮件服务器是“163.com”。当邮件发过来时是发到“163.com”服务器中的“johnsmith”账号对应的邮箱。

6.4.2　实例

【例 6.4.2-1】在 21cn 电子邮箱网站申请免费的电子邮箱。（扫描二维码获取案例操作视频）

使用电子邮件前必须申请注册一个电子邮箱，即拥有一个电子邮件账户，账户包括用户名和密码。目前许多网站提供免费的电子邮箱服务和付费增值的电子邮箱服务，比较出名的邮箱有新浪 Sina 邮箱、网易 163 邮箱、谷歌 Gmail 邮箱、腾讯 QQ 邮箱、微软 Outlook 邮箱和雅虎 Yahoo 邮箱等，用户可以申请一个或多个免费的电子邮箱。

下面以在 21cn 注册一个用户名为“jsmith2591”的免费电子邮箱为例进行介绍。

操作步骤：

① 在 IE 地址栏中输入网址：http://mail.21cn.com。打开登录界面，如图 6.4.2 所示。

图 6.4.2　21CN 邮箱登录页面

②单击“注册”，进入 21CN 邮箱账号注册界面，如图 6.4.3 所示，首先在用户名处输入想使用的用户名：jsmith2591，通过系统提示确认用户名可用，如用户名已经被注册，则要更换其他用户名。用户名在邮箱中必须是唯一，即不能和别人已经注册过的用户名重名。

③ 在得到用户名可用的提示后，按照注册页面提示完成其他资料的填写，完成后提交申请即表示注册成功。这时邮箱账户 jsmith2591@21cn.com 就可以使用了。

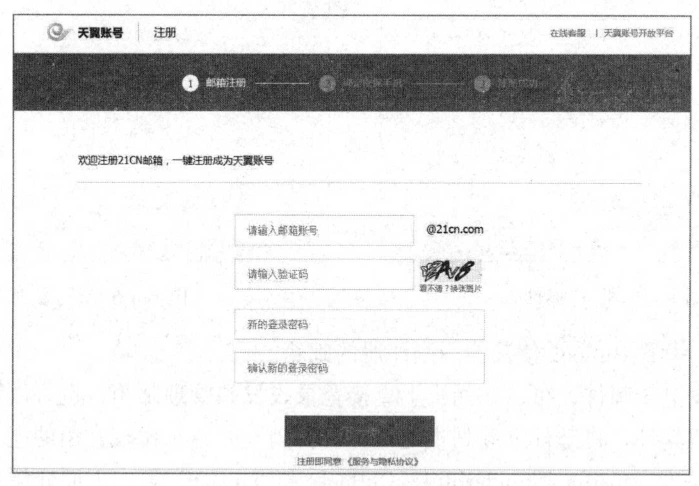

图 6.4.3　邮箱账号注册界面

【例 6.4.2-2】通过 IE 浏览器利用刚注册的免费邮箱收发邮件。（扫描二维码获取案例操作视频）

注册了电子邮箱后，就可以撰写、发送和接收电子邮件了，很多电子邮箱既支持直接通过 IE 进入相应的网站收发电子邮件，也支持利用客户端软件如 Outlook、Foxmail 等进行电子邮件的收发。

下面以前面申请的免费邮箱 jsmith2591@21cn.com 为例，介绍如何通过 IE 浏览器收发电子邮件。

操作步骤：

① 打开网址为“http://mail.21cn.com”，在“用户名”框中输入电子邮箱的的用户名“jsmith2591”，输入注册时设置的密码，单击“登录”按钮，即可进入电子邮箱操作界面收发邮件，如图 6.4.4 所示。

图 6.4.4　登录邮箱首页

② 在电子邮箱操作界面，选择“收信”或“写信”，分别可以进行“接收邮件”和“发送邮件”的操作，如图 6.4.5 所示。发送邮件时，需要填写收件人邮件地址和主题，如图 6.4.6 所示若发送的内容比较多，可以先做成文件，再以附件的形式发送出去。

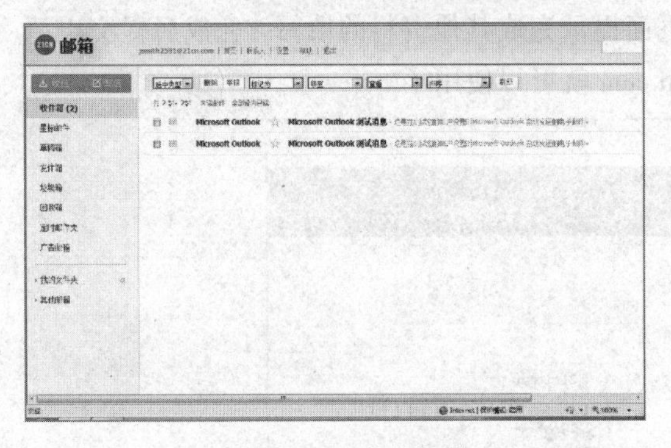

图 6.4.5 收发邮件

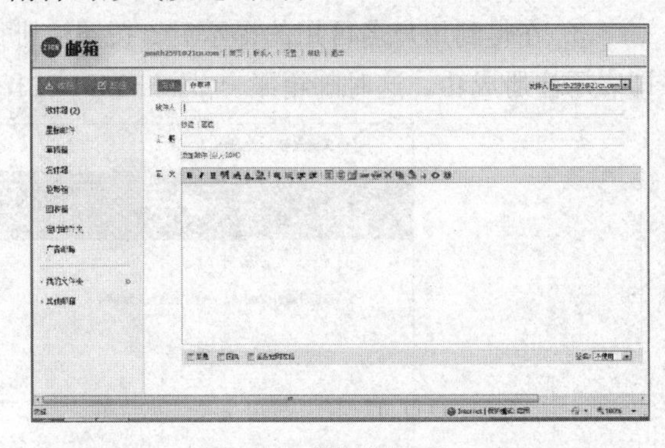

图 6.4.6 撰写新邮件

【例 6.4.2-3】设置 Outlook 使其能用刚注册的邮箱。

在网络上收发电子邮件，可以在网页上直接登录收发和管理邮箱，也可以使用电子邮件客户软件，将邮件下载到本地计算机再浏览内容。比较常用的电子邮件客户端软件有 Mozilla Thunderbird、Outlook 和 Foxmail 等。下面介绍 Outlook 的启动与账号配置。

操作步骤：

（1）Outlook 的启动

方法一：单击桌面上的“Outlook”图标。

方法二：单击“开始”菜单，选择“程序”中的“Outlook”图标。

（2）Outlook 账号的配置

如果没有邮件账号，就无法使用 Outlook 发送和接收邮件。配置邮件账号之前，必须要知道一些必要的信息，包括用户名、密码、电子邮件地址、POP3 邮件服务器地址、SMTP 服务器地址。

启动 Outlook，第一次打开 Outlook 会自动打开添加账号的界面，跟随软件流程指引完成第一个账号的设置，如图 6.4.7 和图 6.4.8 所示。

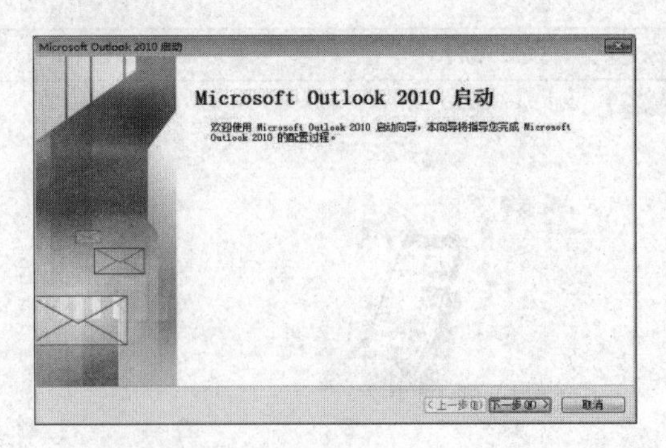

图 6.4.7 添加电子邮件账号

如图 6.4.9 所示，按“添加新账户”界面提示填入必要的信息。首先在“您的姓名”中填入邮件发件人的名字，在“电子邮件地址”中填入电子邮箱地址。

账号类型可以根据我们需求和邮箱提供的服务选择账号类型为 POP3 或 IMAP。在“接收邮件服务器”文本框内填入邮件供应商提供的收信服务器地址，例如填写：pop.21cn.com（请正确填写，否则接收不了邮件）。在“发送邮件服务器（SMTP）”文本框内填入发信服务器地址。例如 smtp.21cn.com（请正确填写，否则发送不了邮件）。（注：这里是以 21cn.com 作为例子。实际操作中不同的电子邮箱填写的服务器地址是不同的，在填写前要了解清楚。一般可在邮箱帮助页面找到说明。）

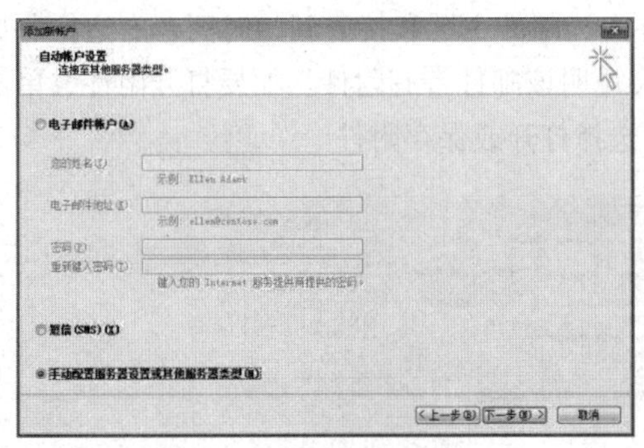

图 6.4.8　填写邮件显示名称　　　　图 6.4.9　填写邮件地址

在“登录信息”中填入自己账号的用户名和密码，用户名根据不同电子邮箱的要求，可以是@前的部分，也可以是完整的电子邮件地址。密码是申请邮箱的时候由用户自己设定的，可以选择保存密码。

最后打开“其他设置”，在“发送服务器”标签中勾选“我的发送服务器（SMTP）要求验证”，如图 6.4.10 所示，在一般情况下为了避免用户发送垃圾邮件，都会需要在发送邮件时验证身份。

完成所有配置后单击“测试账户设置”按钮，弹出“测试账户设置”窗口，系统会验证用户设置的内容是否正确，如图 6.4.11 所示，设置的电子邮箱是否可用。通过测试后就可以通过 Outlook 来管理电子邮箱了。

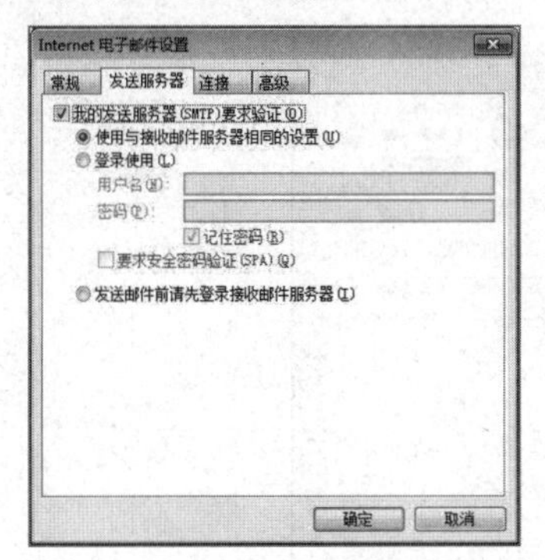

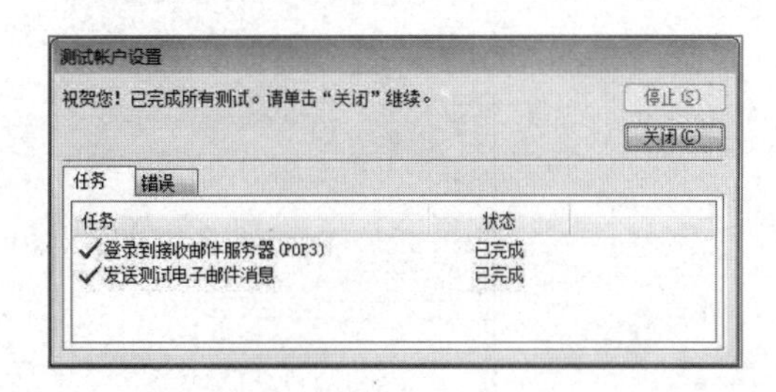

图 6.4.10　设置发送邮件的选项　　　　图 6.4.11　测试账户设置

【例 6.4.2-4】 通过 Outlook 进行接收邮件、阅读邮件、发送邮件、回复邮件、转发邮件以及管理邮件的操作。（扫描二维码获取案例操作视频）

操作步骤：

（1）接收邮件

启动 Outlook，单击工具栏上的“发送/接收所有文件夹”按钮，系统会与用户的收件服务器连接，如果有新的邮件则会将其下载到用户的计算机上，并存放在“收件箱”里。如果在设置账号时没有保存电子邮箱密码，在上述过程中系统会要求输入密码以确认收件人。

（2）阅读邮件

当邮件接收下来后，便可以阅读信件及附件的内容。操作过程如下：

返回 Outlook 的主界面，选择“收件箱”。

选择需要阅读的邮件，如图 6.4.12 所示。邮件窗口分为 4 部分，其中主要工作区的左边栏是所接收的所有邮件的列表，列出每封邮件的发件人、邮件主题和接收到的时间。右边栏所显示的是当前选中信件的内容。图 6.4.12 中的回形夹说明该邮件带有附件。如要打开附件，单击回形夹，在回形夹的左下方出现一个下拉窗口，可选择打开或保存附件。

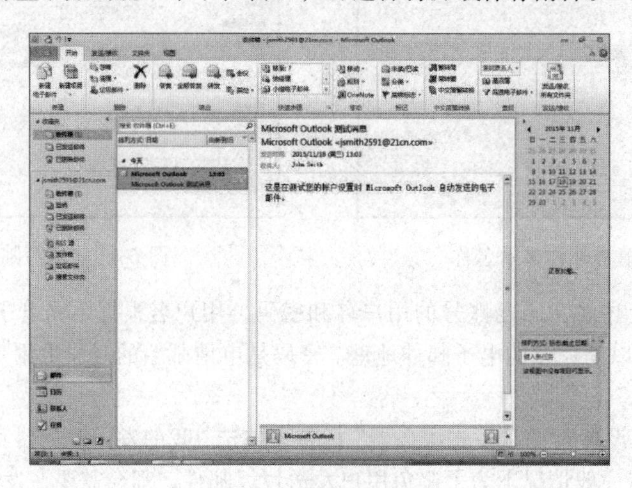

图 6.4.12　阅读邮件

（3）撰写和发送邮件

单击工具栏上的“新邮件”按钮，弹出图 6.4.13 所示的“新邮件”窗口。

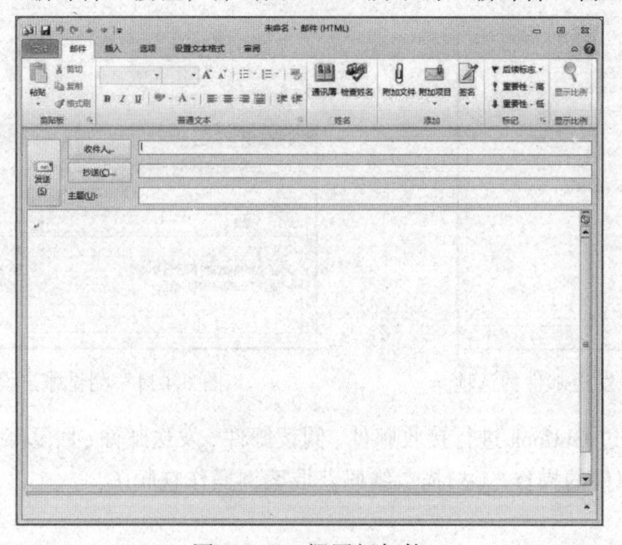

图 6.4.13　撰写新邮件

在“收件人”框中输入收信人的电子邮件地址，如果一封信要发给多个收件人，那么在“抄送”框中输入其他收件人的地址，每个收件人的地址用分号（；）隔开。

在“主题”框中输入邮件的主题。窗口的下半部分是一个撰写邮件内容的文本编辑框。

如果要在邮件中附加文件，可以单击工具栏上的回形夹按钮，弹出图 6.4.14 所示的“插入附件”对话框。选择要附带的文件，单击“附加”按钮，添加附件。

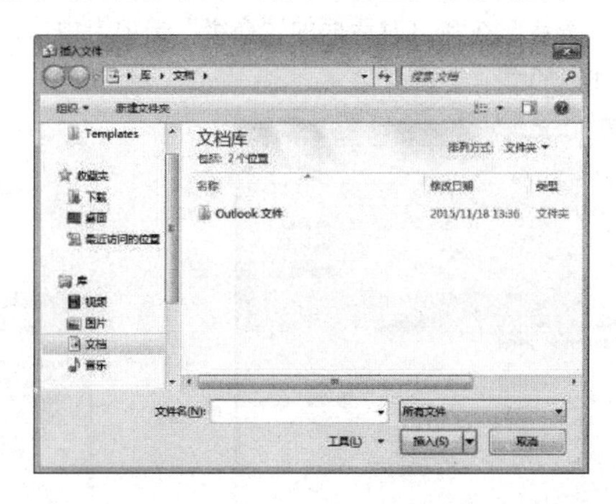

图 6.4.14 “插入附件”对话框

撰写完毕后，单击新邮件窗口左上角的“发送”按钮，将新邮件送到“发件箱”中。

单击 Outlook 窗口中的“发送/接收所有文件夹”按钮，将“发件箱”中的邮件发送到 Internet 上。此时“发件箱”将被清空，发送出去的邮件将在“已发送邮件”中出现。

（4）回复与转发邮件

① 答复：回复发件人是一种简便的答复邮件，通常用来发简短回信。如果用户想马上就回信给发件人，可以单击 Outlook 窗口工具栏上的“答复”按钮。用户只需在邮件内容栏中书写要回复的信件内容，然后单击“发送”按钮。

② 全部答复：如果用户收到的邮件有一个收件人列表，即该邮件是发送给多个收件人的，那么，当用户想回复作者同时又想将答复的内容告诉全部收件人的时候，可以单击工具栏上的“全部答复”按钮。用户只需在邮件内容栏中书写要回复的信件内容，然后单击“发送”按钮就可以将回复内容同时发送给原邮件的所有收件人。

③ 转发：转发邮件是在用户收到一封邮件后，希望将此邮件转发给另一个朋友看，就可以单击工具栏上的“转发” 按钮。用户只需在“收件人”输入框中输入要转发对方的电子邮件地址，然后单击“发送”按钮。

（5）管理邮件

① 删除邮件。在邮件列表中选择邮件，单击工具栏上的“删除”按钮或按下 Delete 键。此时邮件将被放入“已删除邮件”文件夹中。若要恢复已删除的邮件，请打开“已删除邮件”文件夹，然后将邮件拖回收件箱或其他文件夹。

如果想在退出 Outlook 时将已删除邮件清除，请单击“文件”→“选项”命令，在弹出对话框的“高级”选项卡中，选择“退出 Outlook 时清空已删除邮件文件夹”复选框，如图 6.4.15 所示。

要手动清除已删除的邮件，打开“已删除邮件”文件夹，选择需要清除的邮件，按下 Delete 键，此时邮件将完全清除掉并无法恢复。

② 将邮件存储在邮件服务器上。如果需要从多台计算机上阅读同一封邮件，用户可以将邮件存储在服务器上。从不同的计算机登录到用户的账号时，Outlook 将按照用户设置的选项下载邮件。

a. 在“文件”的“信息”中，单击“账户设置”，选择邮件账号，然后单击“更改”。

b. 单击“其他设置”按钮，在弹出对话框的“高级”选项卡中勾选“在服务器上保留邮件副本”复选框，如图 6.4.16 所示。

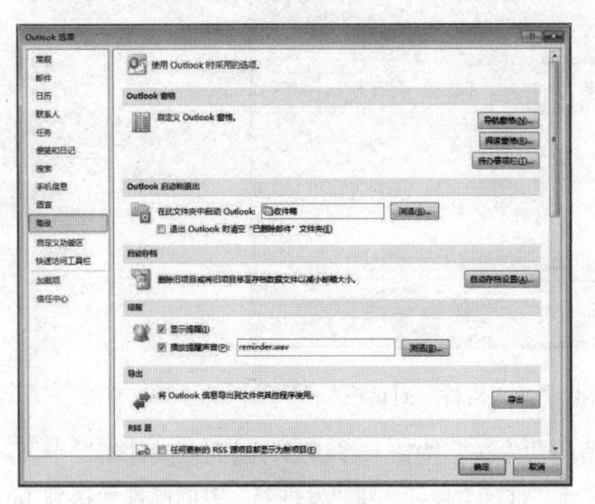

图 6.4.15　删除邮件选项

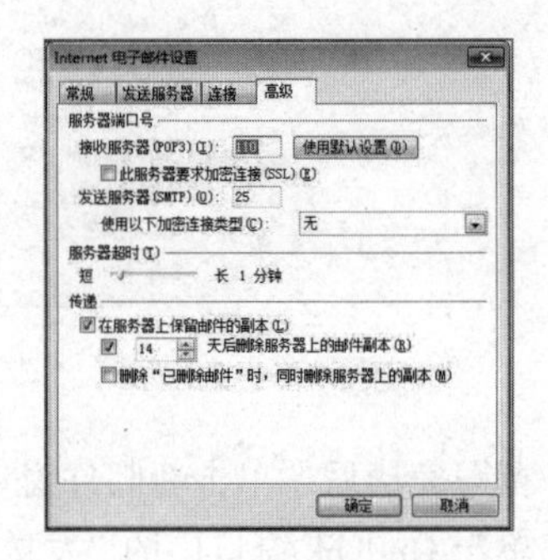

图 6.4.16　将邮件存储在服务器上

c. 在 Outlook 中查找邮件。

d. 在邮件列表上方的快速搜索栏输入要查找的关键字即可在邮件中进行查找，若要实现更复杂和精确的查找可以单击快速搜索栏，在出现的“搜索”选项卡中，单击“搜索工具”按钮，再单击菜单中的“高级查找”即可。

③ 将联系人添加到通讯簿中。若要在收件箱中选择要添加的用户，则在邮件预览窗格里右击发件人，单击“添加到 Outlook 联系人”按钮即可。

6.5　文件上传与下载

在信息化社会里，人们习惯了在网络上获取信息资源并下载文件到本地保存以供日后随时可以浏览、使用。在 Internet 创建之初人们就迫切需要一套协议去方便他们实现上传和下载的功能，所以 FTP 就应运而生了。FTP 服务提供了一种很好地文件上传和下载的功能，直到今天，这种服务依然是最常用的一种文件上传下载的方式。本节在了解 FTP 服务相关知识基础上，掌握 FTP 服务中文件上传和下载的操作。

6.5.1　FTP

1. FTP 概述

FTP 是文件传输协议（File Transfer Protocol）的缩写。顾名思义，这个协议的任务是从一台计算机将文件传送到另一台计算机。不管两台计算机的位置如何，也不管它们是怎样连接的或者是否使用相同的操作系统，只要两台计算机连上 Internet，就能实现远程文件的传输。FTP 是

Internet 提供的极为实用的服务之一，用户可以利用它在 Internet 上实现对目标主机的上传和下载工作。

FTP 服务器指的是安装有 FTP 服务端程序的服务器，它由一系列服务组成，允许传输所有类型的文件。用户在本地计算机通过 FTP 客户端程序来访问 FTP 服务器。一般来说，要访问 Internet 上的 FTP 服务器需要具有相应访问权限，用户需要拥有 FTP 服务器的用户名和口令才能取得访问权。

一部分 FTP 服务器为了方便用户，提供了一种可以匿名访问的 FTP 服务，用户不需要主机的账号和密码，只需要以“anonymous”或“guest”作为登录的账号，以用户的电子邮件地址作为密码即可。

2. FTP 操作方式

早期的 FTP 操作是以命令行方式进行的，现在大多直接通过图形界面来进行操作。支持 FTP 的软件有许多，最常用来登录 FTP 的方法有 3 种：

① 直接在浏览器上访问。

② 使用 FTP 客户端程序，如 CuteFTP、Transmit、FlashFXP 等。

③ 采用资源管理器访问。

6.5.2 实例

【例 6.5.2-1】使用浏览器访问 FTP 站点“ftp.freebsd.org”，下载路径“pub/FreeBSD/”下的 README.TXT 文件。（扫描二维码获取案例操作视频）

操作步骤：

① 在浏览器窗口的地址栏中输入 FTP 地址，如“ftp://ftp.freebsd.org”，然后按 Enter 键，浏览器就会连接到指定的服务器上，并自动以“anonymous”作为用户名，以用户的电子邮件地址作为口令进行登录，如图 6.5.1 所示。

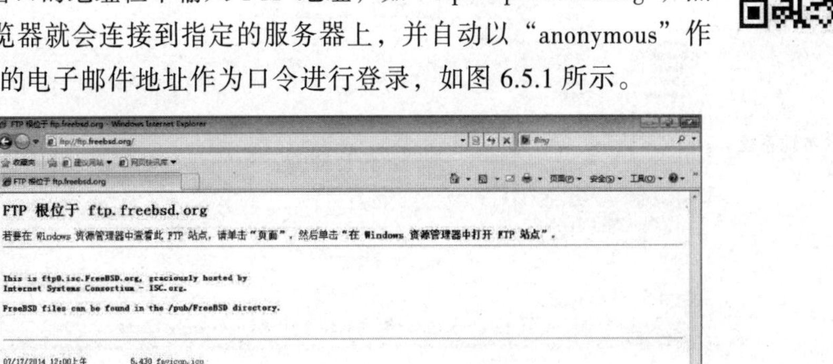

图 6.5.1 使用 IE 登录 FTP 服务器

其中，ftp://是指采用 FTP 协议进行传输，后面的 ftp.freebsd.org 是 FTP 服务器的域名。如果用户想以注册身份登录 FTP 服务器,则可以使用一个更为通用的 URL 方式:ftp://username@servername。例如，访问服务器 foo.bar.edu 需要的登录名为 john，使用 john@foo.bar.edu 这个格式将通过浏览器去访问一个 FTP 的私有账户。如果这个账户需要口令，浏览器会打开一个窗口提示输入口令。

② 在地址栏“ftp.freebsd.org”的后面加上要访问的路径“/pub/FreeBSD/”，然后按 Enter 键。

③ 鼠标指针移至目标文件 README.TXT 上，右击选择“将目标另存为”命令，选择好保存路径即可。

【例 6.5.2-2】使用 cuteftp 客户端访问 FTP 站点“ftp.freebsd.org”，下载路径“pub/FreeBSD/”下的 README.TXT 文件。(扫描二维码获取案例操作视频)

操作步骤:

使用 FTP 软件，如 CuteFTP、Transmit、FlashFXP 等，既可以下载文件，又可以上传文件，通常，这类软件打开后，其工作窗口会分成左、右窗格，就像 Windows 操作系统中的资源管理器一样。左窗格为本地系统，即用户计算机上的文件和文件夹；右窗格为远程主机，即用户已经连接的 FTP 服务器下的文件和文件夹，如图 6.5.2 所示。当要下载内容时，先在左窗格中选定目标位置，再从右窗格中选定源对象(文件或文件夹)，然后把源对象拖放到左窗格中，上传过程与此刚好相反，但上传内容到 FTP 服务器通常必须具有写的权限。

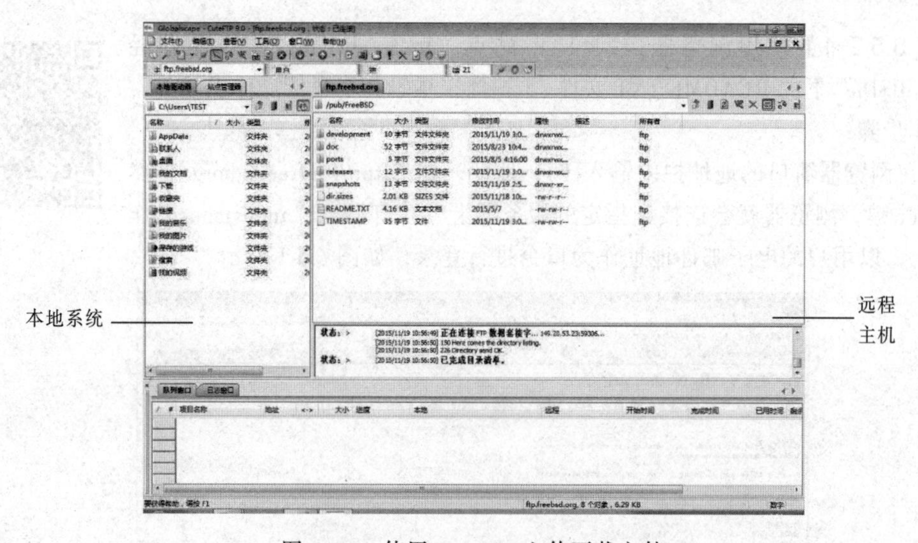

图 6.5.2 使用 CuteFTP 上传下载文件

6.6 网络资源的查找与应用

信息社会里，我们可以很方便地从网络上查找资源，但网络资源茫茫繁杂，要找到所需要的信息并不是一件容易的事，我们需要借助于一些通用的工具(如搜索引擎)和专用工具(如期刊信息查找工具)。本节，我们在了解搜索引擎和信息资源下载的方式等相关知识的基础上，掌握利用搜索引擎和专用工具查找信息资源的操作。

6.6.1 网络搜索

1. 搜索引擎

搜索引擎是指根据一定的策略及算法从互联网上搜集信息，并对信息进行整理后，为用户提供检索查询服务，将检索相关结果的信息展示给用户的系统。搜索引擎可以说是现今普通用户进入互联网的大门，因此互联网上有着许多各种各样功能各异的搜索引擎，其中最著名的有谷歌、百度和必应。

2. 搜索引擎使用技巧

（1）简单查询

在搜索引擎中输入关键词，然后单击“搜索”就行了，系统很快会返回查询结果，这是最简单的查询方法，使用方便，但是查询的结果却不准确，可能包含着许多无用的信息。

（2）使用双引号

给要查询的关键词加上双引号（半角状态下输入，以下要加的其他符号同此），可以实现精确的查询，这种方法要求查询结果要精确匹配，不包括任何关键字的演变形式。例如在搜索引擎的文字框中输入“电传”，它就会返回网页中有“电传”这个关键字的网址，而不会返回诸如“电话传真”之类网页。

（3）使用加号“+”

在关键词的前面使用加号，也就等于告诉搜索引擎该单词必须出现在搜索结果中的网页上，例如，在搜索引擎中输入“+电脑+电话+传真”就表示要查找的内容必须要同时包含“电脑、电话、传真”这 3 个关键词。

（4）使用减号“-”

在关键词的前面使用减号，也就意味着在查询结果中不能出现该关键词，例如，在搜索引擎中输入“电视台 -中央”，那么在查询结果中就一定不会出现包含“中央电视台”或“电视台中央”。

（5）使用通配符

通配符包括星号（*）和问号（?），前者表示匹配的数量不受限制，后者匹配的字符数要受到限制，主要用在英文搜索引擎中。例如输入“computer*”，就可以找到“computer、computers、computerised、computerized”等单词，而输入“comp?ter”，则只能找到“computer、compater、competer”等单词。

（6）指定网站检索

要想把关键字限制在指定的网站内进行检索，可以在检索的关键字前加上“site:网站域名”来实现，例如想要在 cnbeta.com 网站里检索有关 Windows 10 的文章，可以在检索栏里输入“Windows 10 site:cnbeta.com”，这样查询的结果就限制在 cnbeta.com 网站内的内容了。

（7）区分大小写

这是检索英文信息时要注意的一个问题，许多英文搜索引擎可以让用户选择是否要求区分关键词的大小写，这一功能对查询专有名词有很大的帮助，例如：Web 专指万维网或环球网，而 web 则表示蜘蛛网。

6.6.2 实例

【例 6.6.2-1】使用百度搜索引擎找到有关“木棉花”的百科知识。(扫描二维码获取案例操作视频)

搜索引擎通过数据库技术，收集和保存互联网上站点的信息，并不断更新，让用户很方便地查找自己所需的资料。百度是中国著名的搜索引擎，对中文搜索有很好的优化。图 6.6.1 所示为百度首页。

操作步骤：

① 在搜索栏中输入关键词“木棉花”，如图 6.6.2 所示。

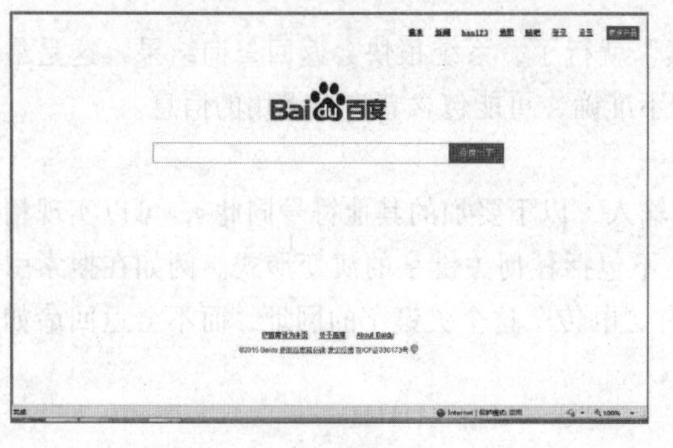

图 6.6.1 百度首页

图 6.6.2 搜索关键词

② 单击“百度一下”按钮，与“木棉花”相关的信息就以百度排名规则分页排列出来，如图 6.6.3 所示。

③ 单击其中某一搜索标题，如“木棉花 百度百科”，具体信息内容就显示出来，如图 6.6.4 所示。

图 6.6.3 搜索概要信息显示出来

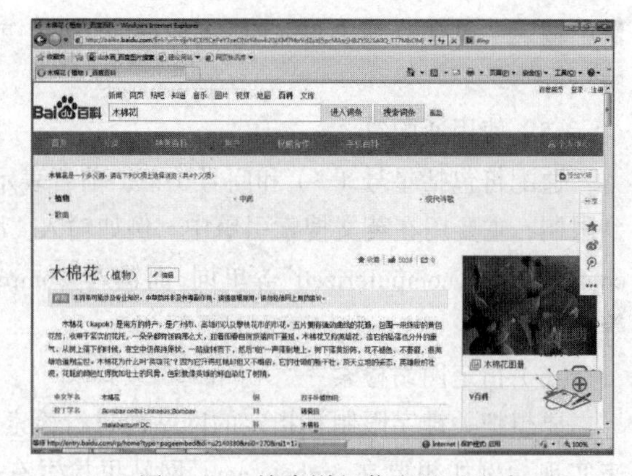

图 6.6.4 搜索详细信息显示出来

6.7 课 后 练 习

一、单选题

1. ________类 IP 地址的前 16 位表示的是网络号，后 16 位表示的是主机号。

   A. B　　　　B. A　　　　C. D　　　　D. C

2. 关于电子邮件，下列说法错误的是________。

A. 发件人必须有自己的 E-mail 账号　B. 发送电子邮件需要 E-mail 软件支持

C. 必须知道收件人的 E-mail 地址　D. 收件人必须有自己的邮政编码

3. 在下列选项中，关于域名书写正确的一项是________。

A. gdoa,edu1.cn　B. gdoa.edu1,cn　C. gdoa.edu1.cn　D. gdoa,edu1,cn

4. 为了解决 IP 数字地址难以记忆的问题，引入了域服务系统________。

A. DNS　B. SNS　C. MNS　D. PNS

5. 根据域名代码规定，域名为 gxtng.com.cn 表示的网站类别应是________。

A. 教育机构　B. 军事部门　C. 国际组织　D. 商业组织

6. HTML 指的是________。

A. 超文本标记语言　B. 超文本文件

C. 超媒体文件　D. 超文本传输协议

7. 对一封符合规定的电子邮件说法正确的是________。

A. 可以同时向多个电子邮件地址发送　B. 只能向一个收件人地址发送

C. 必须在写好后立即发送　D. 不可以发给发件人自己

8. 在给别人发送电子邮件时，________不能为空。

A. 收件人地址　B. 抄送人地址　C. 主题　D. 附件

9. IP 地址是一位 4 字节的________位二进制数。

A. 8　B. 64　C. 32　D. 16

10. Internet 实现了分布在全世界各地的各类网络的互联，其最基础和核心的协议是________。

A. FTP　B. HTTP　C. HTML　D. TCP/IP

11. Internet 的前身是美国的________网络。

A. COMnet　B. ARPAnet　C. ARCnet　D. NASAnet

12. Internet 是一种________。

A. LAN　B. WAN　C. MAN　D. 国际互联网

13. IP 地址是采用点分十进制标记法书写，每 4 位为一组，202.32.26.200 是属________类地址。

A. A 类　B. B 类　C. C 类　D. D 类

14. 一座建筑物内的几个办公室要实现联网，应该选择________方案。

A. WWW　B. LAN　C. WAN　D. MAN

15. 下列 4 项中，不合法的 IP 地址是________。

A. 190.220.5.8　B. 206.53.0.78

C. 206.53.256.76　D. 123.43.82.220

16. 下列四项中，不是 Internet 的顶域名的是________。

A. EDU　B. GOV　C. WWW　D. CN

17. 用户要想在网上查询 Web 信息，必须安装并运行一个被称为________的软件。

A. HTTP　B. 浏览器　C. 网络操作系统　D. FTP

18. 以下关于 URL 的说法中，正确的是________。

A. URL 就是网站的域名　　　　B. URL 是网站的服务器名

C. URL 就是 IP 地址　　　　D. URL 表明用什么协议，访问什么对象

19. 如果电子邮件到达时，收件方计算机没有开启，则电子邮件将会________。

A. 保存在发件方的 ISP 主机上

B. 保存在收件方的 ISP 主机上

C. 电子邮件内容丢失，需要发件方再次发送

D. 退回发件方

20. 下列关于匿名 FTP 的叙述中，正确的是________。

A. 匿名 FTP 允许用户在不接入 Internet 的情况下下载文件

B. 匿名 FTP 在 Internet 没有地址

C. 匿名 FTP 允许用户登录并下载文件

D. 匿名 FTP 允许用户之间传递文件

附录　课后练习单选题参考答案

第 1 章　计算机概论

第 1 题	第 2 题	第 3 题	第 4 题	第 5 题	第 6 题	第 7 题	第 8 题	第 9 题	第 10 题
B	B	D	B	B	C	A	A	D	C
第 11 题	第 12 题	第 13 题	第 14 题	第 15 题	第 16 题	第 17 题	第 18 题	第 19 题	第 20 题
A	B	B	A	C	D	D	B	D	A

第 2 章　Windows 7 操作系统

第 1 题	第 2 题	第 3 题	第 4 题	第 5 题	第 6 题	第 7 题	第 8 题	第 9 题	第 10 题
C	A	D	A	C	A	C	B	A	A
第 11 题	第 12 题	第 13 题	第 14 题	第 15 题	第 16 题	第 17 题	第 18 题	第 19 题	第 20 题
B	B	B	D	A	A	D	A	A	C

第 3 章　Word 2010 文字处理

第 1 题	第 2 题	第 3 题	第 4 题	第 5 题	第 6 题	第 7 题	第 8 题	第 9 题	第 10 题
D	D	B	A	C	C	B	B	B	C
第 11 题	第 12 题	第 13 题	第 14 题	第 15 题	第 16 题	第 17 题	第 18 题	第 19 题	第 20 题
B	C	B	B	A	D	D	B	A	B

第 4 章　Excel 2010 电子表格处理

第 1 题	第 2 题	第 3 题	第 4 题	第 5 题	第 6 题	第 7 题	第 8 题	第 9 题	第 10 题
A	A	A	C	C	B	B	D	D	B
第 11 题	第 12 题	第 13 题	第 14 题	第 15 题	第 16 题	第 17 题	第 18 题	第 19 题	第 20 题
C	C	B	D	A	D	C	D	D	D

第 5 章　Powerpoint 2010 演示文稿设计与制作

第 1 题	第 2 题	第 3 题	第 4 题	第 5 题	第 6 题	第 7 题	第 8 题	第 9 题	第 10 题
B	A	D	A	C	B	A	D	D	C
第 11 题	第 12 题	第 13 题	第 14 题	第 15 题	第 16 题	第 17 题	第 18 题	第 19 题	第 20 题
D	B	B	D	A	C	B	C	D	C

第 6 章　互联网应用

第 1 题	第 2 题	第 3 题	第 4 题	第 5 题	第 6 题	第 7 题	第 8 题	第 9 题	第 10 题
A	D	C	A	D	A	C	A	C	D
第 11 题	第 12 题	第 13 题	第 14 题	第 15 题	第 16 题	第 17 题	第 18 题	第 19 题	第 20 题
B	D	C	B	C	C	B	D	B	C

参 考 文 献

[1] 眭碧霞．计算机应用基础任务化教程（Windows 7+Office 2010）[M]．2 版．北京：高等教育出版社，2015.

[2] 刘万辉，刘升贵．计算机应用基础案例教程（Windows 7+Office 2010）[M]．北京：高等教育出版社，2015.

[3] 邱炳城．计算机应用基础[M]．北京：中国铁道出版社，2016.

[4] 饶兴明，李石友．计算机应用基础项目化教程[M]．北京：北京邮电大学出版社，2015.

[5] 深圳职业技术学院计算机与网络基础教研室．计算机应用基础——信息素养+Office 2013 办公自动化[M]．北京：高等教育出版社，2016.

[6] 聂敏，芦彩林，刘继华．计算机应用基础（Windows 7+Office 2010）[M]．北京：电子科技大学出版社，2016.

[7] 肖明．大学计算机基础[M]．3 版．北京：中国铁道出版社，2016.

[8] 贺忠华，黄勇．计算机基础与计算思维[M]．北京：中国铁道出版社，2016.

[9] 互联网+计算机教育研究院．WORD EXCEL PPT 商务办公从新手到高手[M]．北京：人民邮电出版社，2017.

[10] 王永祥，延丽平．计算机应用基础项目教程——Windows 7+Office 2010[M]．北京：科学出版社，2013.